"十四五"普通高等教育本科部委级规划教材

食品工厂设计

（第2版）

Shipin Gongchang Sheji

陈守江　高爱武　胡爱军◎主编

郭元新　陈义勇　李正涛　夏天兰◎副主编

中国纺织出版社有限公司

内 容 提 要

食品工厂设计分为“工艺设计”及“非工艺设计”两大部分,本书以“工艺设计”为中心,主要介绍了产品方案设计、工艺流程选择、工艺计算、设备选型、车间布置以及管路设计等内容。本书也介绍了基本建设程序相关知识,食品工厂建设前期的项目决策及可行性研究的意义和方法,食品工厂辅助部门和公用工程设计,食品工厂设计对厂址选择、总平面设计及卫生等方面的相关规范要求,以及食品工厂设计的技术经济分析等内容。本书旨在使食品类专业学生了解食品工厂设计的相关知识,理解设计工作对于保障食品质量和卫生安全的重要性,并通过案例介绍和实训锻炼提高学生的工程设计能力。

图书在版编目（CIP）数据

食品工厂设计 / 陈守江，高爱武，胡爱军主编. --2 版. -- 北京：中国纺织出版社有限公司，2023.7
“十四五”普通高等教育本科部委级规划教材
ISBN 978-7-5229-0266-1

Ⅰ. ①食… Ⅱ. ①陈… ②高… ③胡… Ⅲ. ①食品厂-设计-高等学校-教材 Ⅳ. ①TS208

中国版本图书馆 CIP 数据核字（2022）第 250135 号

责任编辑：毕仕林 国 帅 责任校对：高 涵 责任印制：王艳丽

中国纺织出版社有限公司出版发行
地址：北京市朝阳区百子湾东里 A407 号楼 邮政编码：100124
销售电话：010—67004422 传真：010—87155801
http://www. c-textilep. com
E-mail：faxing@ c-textilep. com
中国纺织出版社天猫旗舰店
官方微博:http://weibo. com/2119887771
三河市宏盛印务有限公司印刷 各地新华书店经销
2014 年 9 月第 1 版 2023 年 7 月第 2 版第 1 次印刷
开本：787×1092 1/16 印张：21. 5
字数：443 千字 定价：49. 80 元

普通高等教育食品专业系列教材
编委会成员

本书编写人员

主　编　陈守江（南京晓庄学院）

　　　　　高爱武（内蒙古农业大学）

　　　　　胡爱军（天津科技大学）

副主编　郭元新（江苏科技大学）

　　　　　陈义勇（常熟理工学院）

　　　　　李正涛（西昌学院）

　　　　　夏天兰（南京晓庄学院）

参　编（按姓氏笔画排序）

　　　　　王记成（内蒙古农业大学）

　　　　　王　磊（河北工程大学）

　　　　　王海鸥（南京晓庄学院）

　　　　　巩发永（西昌学院）

　　　　　刘　贺（渤海大学）

　　　　　孙晓春（伊利乳业集团）

　　　　　李　扬（吉林农业科技学院）

　　　　　李凤霞（闽南师范大学）

　　　　　李正涛（西昌学院）

　　　　　吴菲菲（广东石油化工学院）

　　　　　张继武（安徽科技学院）

　　　　　陈义勇（常熟理工学院）

　　　　　陈守江（南京晓庄学院）

　　　　　赵　茹（南京晓庄学院）

　　　　　赵兴杰（河北工程大学）

　　　　　胡爱军（天津科技大学）

　　　　　姚国强（内蒙古农业大学）

　　　　　夏天兰（南京晓庄学院）

　　　　　高爱武（内蒙古农业大学）

　　　　　郭元新（江苏科技大学）

　　　　　郭成宇（齐齐哈尔大学）

　　　　　谭建新（邵阳学院）

前　言

党的二十大报告指出,要树立大食物观,发展设施农业,构建多元化食物供给体系。实质上,这是引导人们饮食多样化,将饮食观念从吃得饱到吃得好,再到吃得健康方向转变,不断实现人民群众对美好生活的向往。食品工业是人类的生命与健康产业,食品工厂设计是食品企业进行基本建设的第一步,成功的食品工厂设计在经济上合理,技术上先进,投产之后产品在质量和数量上均能达到设计所规定的指标,各项经济指标和技术指标都能达到同类工厂的先进水平或国际先进水平,同时注意对环境的保护。

本食品工厂设计教材主要包括:绪论、基本建设程序及食品工厂建设项目的决策、食品工厂工艺设计、食品工厂辅助部门及生活设施设计、食品工厂公用工程设计、食品工厂设计的相关规范和要求、食品工厂设计的技术经济分析、AutoCAD在食品工厂设计中的应用以及食品工厂设计案例等内容。本书在章节后设置了案例分析,以此融入课程思政元素,结合各章内容对学生开展思政教育,包括家国情怀、个人品格和科学观方面的教育。本书坚决贯彻产教融合,邀请到了知名企业的多名技术人员参与了包括调研、咨询、内容编写等的教材建设过程,从行业、企业实际岗位需求出发设置教学内容和任务。食品工厂设计是适合食品科学与工程及其相关专业的一门专业课程,它是以工艺设计为主要内容,涉及工程制图、食品工程原理、食品机械与设备、食品工艺学等多学科的综合性交叉课程,同时又是一门实践性很强的课程。该门课程一般在学生具有一定制图基本知识和食品工艺知识之后的高年级阶段开设。

通过本课程的学习,使学生了解食品工厂设计的基本建设程序和组成,重点掌握食品工厂工艺设计方面的内容,具备书写可行性研究报告的能力,初步具备设计食品工厂的能力,完成工程师的综合性基本训练。本课程采用课堂教学与课程设计相结合的方法。除课堂讲授外,可以通过安排适当学时的课程设计,了解具体的食品工厂设计环节,使学生将所学知识与实际的工厂设计相结合,融会贯通,并在设计的过程中逐渐消化、吸收,真正领会自己所学专业知识,实现学有所用、学以致用的教学目标。

本课程涵盖内容多且具有多学科交叉的特点,因此,从教学内容的组织方式上针对该课程特点,将课程内容有机结合起来。首先,在教学实践中充分重视绪论对学生了解课程全貌的教学作用。其次,就课程涉及的基本内容、设计过程中的规定参数及设计过程中易出现的问题给学生一个大致的交代,以增强学生发现问题、分析问题、解决问题的兴趣与自觉性。最后,通过设计实例、工厂参观与课程设计等实践性环节,鼓励学生注重所学知识的应用,提高分析问题和解决问题的能力,以避免学生死学书本知识,而忽略实际应用的现象。

参加本书各章编写的人员有:绪论,陈守江;第一章,陈守江、郭元新、高爱武、赵兴杰;第二章,吴菲菲、陈守江、夏天兰、赵茹、李正涛、王磊、谭建新;第三章,胡爱军;第四章,胡爱军、陈义勇、夏天兰;第五章,巩发永、高爱武、张继武、姚国强、刘贺、李扬;第六章,郭元新、张继武、李凤霞、郭成宇;第七章,陈守江、王海鸥、夏天兰、高爱武;第八章,陈守江、李凤霞、高爱武、王记成、姚国强、孙晓春。全体编写人员经过辛勤的劳动,广泛收集了国内外的相关资料,最终使本书具有更加简明实用、重点突出、注重实践的特点,在此对所有参编人员表示衷心的感谢,同时在本书的编写过程中也得到了内蒙古伊利乳业集团的支持和提供资料帮助,在此一并感谢。

食品工厂设计是一门实用性很强的课程,但不同专业在工厂设计过程中所承担的设计任务各有侧重,因此本书在编写过程中主要针对食品科学与工程专业的学习特点,本着重点突出、注重实用的原则对已有教材的内容做了大胆的增减,但食品工厂设计所涉学科跨度大,知识更新快,限于编者的水平和能力,本书在编写和统稿中难免存在不足和错误,诚恳欢迎广大读者批评指正。

编者

2023年3月

目 录

绪　论

绪论课件

一、食品工业的发展现状

“民以食为天”,食品是人类赖以生存和发展的物质基础,是人们生活中最基本的必需品,充足的食品是社会稳定的基础,优质的食品是国民健康的保证。随着社会经济的发展和人民生活水平的不断提高,消费者对食品质量和安全的关注程度越来越高,食品市场的需求也日益旺盛,这些都推动了食品产业的快速发展,食品工业的发展水平已成为衡量一个国家或地区文明程度和人民生活质量的重要标志。

中华人民共和国成立以来,我国的食品工业发生了巨大的变化,从新中国成立之初的落后状况发展到如今独立的、门类基本齐全的现代食品工业体系,由小变大,由弱转强,目前我国的食品工业已成为国家现代工业体系中的第一大产业,为保障中国与世界的食品供应做出了历史性贡献。特别是改革开放后的40多年来,我国食品工业为适应消费者需求变化,不断调整优化产业结构,产品结构向多元化、优质化方向发展,新兴产品、创新品类不断涌现。根据2017年10月1日实施的《国民经济行业分类》(GB/T 4754—2017),我国食品工业已涵盖农副食品加工业、食品制造业、酒、饮料和精制茶制造业,以及烟草制品业4个大类、21个中类和64个小类,品种共计数万种。众多的细分产业和丰富的产品供应,有效保证了我国14亿人口对安全、营养、方便食品的消费需求。

食品工业的4个大类分别是:

(1)农副食品加工业,包括谷物磨制,饲料加工,植物油加工,制糖业,屠宰及肉类加工,水产品加工,蔬菜、菌类、水果和坚果加工,其他农副产品加工等。

(2)食品制造业,包括焙烤食品制造,糖果、巧克力及蜜饯制造,方便食品制造,乳制品制造,罐头食品制造,调味品、发酵制品制造,其他食品制造等。

(3)酒、饮料和精制茶制造业,包括酒的制造,饮料制造,精制茶加工等。

(4)烟草制品业,包括烟叶复烤及卷烟制造等。

回顾新中国成立以来我国食品工业的发展历程,可以将我国食品工业大致分为艰难起步、缓慢发展、高速增长、创新驱动等几个历史阶段。中华人民共和国成立之初,中国的食品工业在十分落后的情况下艰难起步。1952年中国食品工业总产值仅有82.8亿元,全国工业总产值349亿元,食品工业总产值占全国工业总产值的23.72%,体现出当时非常明显的农业国特征,这一状况基本延续到改革开放之初。自改革开放以来,我国食品工业进入快速发展的历史时期,1978年,全国食品工业总产值472亿元,1990年跃迁到了1360亿元,12年间生产持续增长,平均每年递增9%。进入20世纪90年代,中国食品工业发展开始全面提速,2000年总产值达到8165亿元,1990~2000年的年均增速达13.3%。

跨入21世纪,改革开放的红利进一步释放,中国食品工业呈现高速增长态势,龙头企业市场地位不断突出,2002年,全国食品工业总产值超过万亿元大关,中国食品工业发展成为门类比较齐全的现代产业。2005年,全国食品工业总产值突破2万亿元。2010年超过6万亿元,这一时期,食品行业细分品类不断壮大,龙头企业加速发展。2013年全国食品工业总产值突破10万亿之后,食品工业开始从高速增长阶段进入中高速增长阶段,年增速呈逐渐放缓趋势,但结构调整和产业升级成为了食品工业发展的主题。受互联网经济、电子商务和生产经营成本上涨等因素的影响,食品企业的发展模式开始多元化,国际化视野不断增强。

自2020年新冠疫情暴发以来,在全国工农业生产受到严重影响的情况下,我国食品工业依然保持正增长态势,这一结果充分表明食品行业作为重要的民生行业,在疫情期间承担着提供重要物资保障的重任,在保证民生、稳定市场、维护社会稳定方面发挥了重要的作用。

"十三五"时期我国食品工业产业规模壮大,支柱地位稳固;区域协调发展,集群优势提升;创新动能增强,转型升级加快;强化食安战略,食品安全向好。特别是自2020年开始,面对疫情对食品产业的冲击,全行业积极坚持疫情防控并迅速恢复生产,对社会经济稳定做出了贡献,我国食品工业整体呈现逆流而上发展趋势。

"十四五"时期,经济社会发展以推动高质量发展为主题,以深化供给侧结构性改革为主线,以改革创新为根本动力,以满足人民日益增长的美好生活需要为根本目的。"十四五"期间我国食品工业要做好新冠肺炎疫情对食品产业冲击的长期准备,建立应对机制,采取有效措施,化解食品产业安全风险,推动食品行业高质量发展,将调整产品结构,增强产业韧性,寻找发展新空间作为主要目标。力争到"十四五"末,现代食品产业体系健全齐备,在全国工业体系中的地位进一步巩固,在全球产业链的竞争力显著增强。产业规模稳步提升,产业结构持续优化,产业布局更趋合理,产业融合日益密切,经济、社会和生态效益明显改善,新业态新模式得到普及,全产业链现代化水平和价值链层级大幅跃升。

党的二十大报告指出,要树立大食物观,发展设施农业,构建多元化食物供给体系。实质上,这是引导人们饮食多样化,将饮食观念从吃得饱到吃得好,再到吃得健康方向转变,不断实现人民群众对美好生活的向往。高质量发展是全面建设社会主义现代化国家的首要任务。人员健康是民族昌盛和国家强盛的重要标志。把保障人民健康放在优先发展的战略位置完善人民健康促进政策。当今中国已经完成脱贫攻坚、全面建成小康社会的历史任务,人民群众开始追求更有质量的饮食与生活方式,树立大食物观是我国进入社会主义现代化新征程,食物进入高质量发展新阶段的战略安排,也是我国食品产业未来五年乃至更长时间内实现健康可持续发展的主要方向和根本遵循。

食品工业是一个古老而又永恒的常青产业,随着人类文明的演进而发展,历史悠久。如今的食品工业,作为事关民生保障、维护社会稳定、带动农业发展、助力乡村振兴的重要支柱性产业,已经进入了最好的发展时期。公众对吃得营养、吃得科学、吃得健康的认知和需求显著提升,健康中国更加具体、更加落地,从一个侧面反映了从"物质文化需要"到"美好生活需要”的变化。由于食品一头连着经济社会的目标,一头连着千家万户的幸福,现代的食品产业必须要肩负起更好地满足人民群众对美好生活的向往的时代任务,必须要向着高质量发展的目标大步迈进。

二、食品工厂建设中的设计工程

食品工业是名副其实的国民经济支柱产业和永恒的朝阳产业,是我国经济增长的重要驱动力。随着人民生活水平的不断提高以及安全卫生意识的增强,广大消费者对安全卫生、营养健康、高品质食品提出了更高的要求。

经过改革开放40多年来的快速发展,食品工业已经成为我国国民经济中最具活力的重要产业之一,在促进经济增长、提高城乡居民生活水平、扩大就业等方面具有重要的地位和作用。食品工业的快速发展带动了食品工厂建设规模的迅速扩大。

食品工业是人类的生命与健康产业,而食品工厂是食品生产的基本条件,是食品卫生、安全、质量的物质保证。近年来,我国的食品工业呈现出良好的发展势头,也推动了食品工厂的建设,全国各地新的食品工厂如雨后春笋地涌现。

无论是新建还是改建或扩建一个食品工厂,在工厂建设过程中都会涉及对新工艺、新技术以及新设备的研究等工程设计工作。科研成果在工厂内的转化更需要设计工作的密切配合。因此食品工厂设计是一项综合性的一门科学技术,在食品工业发展的过程中,设计发挥着非常重要的作用。设计工作需要对生产过程中所需的设备进行生产能力的标定,对所完成的技术经济指标进行评价,并发现生产薄弱环节,挖掘生产潜力;在科学研究中,从小试、中试以及工业化生产都需要与设计有机结合,进行新工艺、新技术、新设备的开发工作。

食品工厂扩建及产品结构优化催生了一种极具潜力的大学培养方式,即培养可以解决工厂结构问题的食品工程师。然而,同其他专业工程师相比,食品工程师必须掌握更多的专业背景知识用以解决食品工业中的一些技术性(加工设计、加工优化、自动化管理、研发和新技术的发展)难题。

食品工程师的作用主要体现在以下5个方面:

(1)产品技术的管理者。

(2)加工系统的设计者。

(3)食品加工企业的设计者。

(4)产品和食品加工技术的研发者。

(5)产品消费的经营者。

食品工程师的主要任务在于能够为相关的食品加工企业提供一种关于食品加工系统的设计方案,并且尽量用最少的设备和能源消耗以及最少的劳动力来生产出人们满意的产品。事实上,在考虑既定工艺的发展、综合处理以及优化的过程中必须结合资源及所面临的问题,因此在设计过程中必须采用适当的方法学习相关知识,包括方案生成技术及相应的评估方法等。

在加工系统设计中采用不同的组合会带来不同的选择,为了满足最佳的生产工艺,即使很小的改变也要充分考虑。因此,必须用适当的技术分析不同的方法,在此过程中也要考虑经济和卫生指标方面的因素。

食品工厂主要包括食品加工系统、辅助系统和一些必要的建筑物,所以食品工厂设计也就主要是对上述内容的设计。在设计食品加工系统及相应的食品加工厂时,必须全面地考虑各个方面,包括原料、产品的生产、加工技术和设备,以及辅助系统及设备等。食品加工车间和辅助系统车间的布局、车间外厂区的布局、车间内工艺设备的选择等,除了要达到良好的卫生、安全环境要求外,还要满足便于生产操作、符合工艺完整性的要求。食品工厂内的建筑物为食品加工和辅助系统提供可控环境,并容纳工厂生产设备,提供舒适、安全、实用、卫生的工作环境,建筑物的设计必须满足食品加工系统和辅助系统的存放,但由于建筑物通常在食品工厂施工预算中占有较大的投资比例,所以食品工厂设计首先要重视对建筑物的设计。

食品工厂在进行新产品开发时同时需要进行工艺设计,当为一个产品提供设计工艺时,首先需要给出具体的食物和必需的原料,其次浏览需要的各种食品加工设备,最后对所有选择的设备逐一进行评估。在设计食品加工系统时,按照技术、卫生和经济的要求选择最好的设备。食品加工系统必须与必要的辅助系统相连接,并在实用、技术和卫生方面正确合理地安装。对于一个特殊的食品加工系统,食品工厂设计完全建立在所采用的解决方案基础上。这样,一个食品加工厂的设计将最终会产生一个最适宜的食品加工系统。设计也将包含这些详细的信息:任何需要的土建工程,包括含食品加工车间的建筑(原料的接收和贮藏室、生产车间、包装车间、贮藏间等)、辅助建筑(锅炉房、冷藏室等)、各类必要的辅助系统的描述。

三、食品工厂设计的意义

对于食品工厂设计来说,要想建成质量优等、工艺先进的食品工厂,首先要有一个高质量、高水平、高效益的设计。设计工作是食品工厂扩大再生产、更新改造原有企业、增加产品品种、提高产品质量、节约能源和原材料,促进国民经济和社会发展的重要技术经济活动的组成部分。随着人民对食品的要求越来越高,食品工厂的设计要求也相应地越来越高。食品工厂设计必须符合国民经济发展的需要,符合科学技术发展的方向,并且要求经济合理,符合环保等法规的要求。因此,设计工作是科学技术工作中极为重要的一个环节,其状况如何,对我国现代化建设有着极大的影响。

食品工厂建设的先进性反映着一个国家的经济和科学技术发展的水平,食品工厂的先进性则首先决定于工厂设计的合理性。高标准的食品工厂是现代工业化食品生产的基础,是生产卫生、安全、高质量食品的重要保证,高标准的食品工厂需要高标准的工厂设计。

首先,食品工厂设计是安全食品生产的基础。经设计建成的工厂在制造、包装及储运食品等过程中,有关人员、建筑、设施、设备等的设置及卫生、制造过程、产品质量等管理均能符合良好生产条件,防止食品在不卫生条件或可能引起污染导致品质变坏的环境下生产,减少生产事故的发生,确保食品卫生和品质的稳定。

食品工厂设计是优质食品生产的前提。设计的工厂各项生产经济指标应达到或超过国内同类工厂的先进水平或国际水平,经施工、试车、投入生产后,产品的产量和质量均应达到设计标准和国家要求,从而为人们提供营养丰富,色、香、味、质地等俱优的优质食品。

工厂设计在工程项目建设的整个过程中,是一个极其重要的环节,可以说在建设项目立项以后,设计前期工作和设计工作就成为建设中的关键。食品工厂设计要求设计工程师为食品加工企业提供一种关于食品加工系统的设计方案,尽量用最少的设备和能源消耗,以及最少的劳动力来生产出人们满意的产品。

四、食品工厂设计的基本要求与原则

1. 食品工厂设计的基本要求

食品工厂设计是食品企业进行基础建设的第一步,一个优秀的、成功的食品工厂设计应该达到以下要求:

(1)经济上合理、技术上先进。食品工厂建成后生产的产品的质量和数量要达到设计的标准,食品工厂是现代科学技术集中的产物,它反映了一个国家的经济和科技水平,也可以间接反映人们生活水平的高低,因此一个设计合理的食品工厂,其生产的产品的成本是合理的,质量是合格的,那么人们就可以用较低的价格进行消费。如果一个食品工厂在设计上存在缺陷,那么有可能造成的产品成本很高,质量也差,人们付出的成本变高了,更严重的是工厂无法进行生产,不得不返工或改造,这就浪费了大量的人力物力,给投资方造成了巨大的损失,所以食品工厂设计必须在经济上是合理的,在技术上是先进的。

(2)在"三废"治理和环境保护方面必须符合国家有关规定。党的二十大报告中指出,中国式现代化是人与自然和谐共生的现代化,我们要大力推进生态文明建设,坚持可持续发展方针。任何工厂只要环保不过关,要么整改,要么停产,更不要说对环境要求高的食品工厂了,所以设计人员在设计的时候,必须要考虑到环保因素,并且予以重视。

(3)尽可能减轻工厂的劳动强度,使工人有一个良好的劳动工作条件。

(4)考虑到食品生产的季节差异性,不同季节、不同地域的原材料的价格可能不同,在设计的时候也要考虑这些因素。

2. 食品工厂设计的原则

(1)符合经济建设的总原则,做到精心设计、投资省、技术新、质量好、收效快、回收期短。

(2)设计的技术经济指标以达到或超过国内同类型工厂生产实际平均水平为宜。

(3)积极采用新技术,力求设计在技术上具有现实性和先进性,在经济上具有合理性。

(4)必须结合实际,因地制宜,体现设计的通用性和独特性相符合的原则,并留有适当的发展余地。

(5)食品类工厂还应贯彻国家食品卫生有关规定,充分体现卫生、优美、流畅并能让参观者放心的原则。

(6)设计工作必须加强计划性,各阶段工作要有明确进度。

五、食品工厂设计的任务和内容

工厂设计就是运用先进的生产工艺技术,通过工艺主导专业与工程地质勘察和工程测量、土木建筑、供电、给水排水、供热、采暖通风、自控仪表、三废处理、工程概预算以及技术经济等配套专业的协作配合,用图样并辅以文字做出一个完整的工厂建设蓝图,按照国家规定的基本建设程序,有计划按步骤地进行工业建设,把科学技术转化为生产力的一门综合性学科。

可以说,工厂设计对工厂的“功能价值”起到了决定性的作用,使科学技术(理论)通过设计转化为生产力(工厂实际)。

设计工作的基本任务是要做出体现国家有关方针政策、切合实际、安全适用、技术先进、经济效益好的设计,为我国经济建设服务。

食品工厂设计是一门涉及政治、经济工程和技术等诸多学科的综合性很强的一门科学技术。除了要求设计工作者具有计算、绘图、表达等基本功和专业理论、专业知识外,还应对工厂设计的工作程序、范围、设计方法、步骤、内容、设计的规范标准、设计的经济分析等内容和要求,熟练掌握和运用。只有这样,才能完成有关的设计任务。

从总体设计来说,生产工艺设计是总体设计的主导设计,生产工艺专业是主体专业,它起着贯穿全过程并且组织协调各专业设计的作用,而其他配套专业是根据生产工艺提出的要求来进行设计的。即食品工厂工艺人员的主要任务一方面是独立开展工艺设计,另一方面是配合其他部门人员工作,提供工艺资料和指导。工艺人员与非工艺人员之间必须相互配合,密切合作,共同完成设计任务。

食品工厂设计的内容一般包括:工厂总平面设计、工艺设计、动力设计、给排水设计、通风采暖设计、自控仪表、工厂卫生、环境保护、技术经济分析等。这些专业设计都要围绕着食品工厂设计这个主题,并按工艺对各专业的要求分别进行设计。各专业之间应相互配合,密切合作,发挥集体的智慧和力量,共同完成食品工厂设计的任务。

食品工厂的总体设计是由各个车间设计所构成的,车间设计是总体设计的组成部分。工厂的总体设计也好,车间设计也好,都是由生产工艺设计和其他非工艺设计(包括土建、采暖通风、供水、供电、供热等)组成的。而生产工艺设计人员主要是担负工艺设计部分,其中尤以车间工艺设计为主。因此,食品工厂工艺设计是本课程的中心内容。

树立大食物观,端稳中国饭碗

人与自然和谐共生的现代化

第一章　基本建设程序及食品工厂建设项目的决策

第一章课件

本章知识点：了解基本建设及基本建设程序的主要内容；了解食品工厂建设项目决策的原则及程序；掌握可行性研究的主要内容和作用，以及可行性研究报告的编制方法。

第一节　基本建设与基本建设程序

一、基本建设

基本建设

食品工厂建设属于基本建设，所谓基本建设是国民经济各部门的固定资产的再生产，是一种建造和购置固定资产的生产活动。如建造工厂、矿井、桥梁、铁路、农场、水库、住宅、学校及购置机器设备等。

固定资产

基本建设按其内容来说，包括固定资产的建造和购置，以及与此相联系的其他各项工作。具体包括：①固定资产的建造，包括建筑物和构筑物的建筑和机器设备的安装两部分工作。②固定资产的购置，包括设备、工具和器具的购置。③其他基本建设工作，主要是指土地征购、拆迁补偿、职工培训、建设单位管理工作、勘探设计工作、科研实验工作以及所需的费用等，这些工作和投资是进行基本建设所不可缺少的，没有他们，基本建设就难以进行，或者工程建成后也无法投产。因此，基本建设这一概念应当和固定资产的再生产联系起来。它的范围包括通过更新、恢复、新建、改(扩)建等形式实现的固定资产的再生产。

一切基本建设活动都需要有足够的、合理的资金来源，获得项目资金是建设项目初期工作的重要内容，只有得到足够的资金才能确保项目建设的顺利进行。随着计划经济体制向市场经济体制的转变，我国的基本建设项目由主要靠政府投资逐渐向市场多元化投资渠道转变，目前，基本建设投资资金的来源渠道主要有：财政预算投资、银行贷款、外资、自筹资金等。

建设项目一般在一个或几个建设场地上，并在同一总体设计或初步设计范围内，由一个或几个有内在联系的单项工程所组成，经济上实行统一核算，行政上实行统一管理。通常是以一个企业、事业、行政单位或独立工程作为一个建设单位。一个工厂、一座水库、一条公路等都是一个基本建设项目。

通过基本建设能为国民经济的发展提供大量新增的固定资产和生产能力，为社会化的扩大再生产提供物质基础，促进工业、农业、国防等实现现代化，提高人们的物质文化生活水平。

二、基本建设项目的分类及特点

(一)基本建设项目的分类

基本建设项目按不同的分类方式可分为多种类型:

1. 按建设性质可以分为新建项目、扩建项目、改建项目、迁建项目、恢复项目等

(1)新建项目,是指从无到有新开始建设的项目。

(2)扩建项目,是指原有企事业单位为扩大原有产品生产能力(或效益),或增加新的产品生产能力而新建主要车间或工程的项目。

(3)改建项目,是指原有企业为提高生产效率增加科技含量,采用新技术改进产品质量或改变新产品方向,对原有设备或工程进行改造的项目;有的企业为了平衡生产能力,增加一些附属、辅助车间或非生产性工程,也算改建项目。

(4)迁建项目,是指原有企事业单位,由于各种原因经上级批准搬迁到另地建设的项目。

(5)恢复项目,是指企事业单位因自然灾害、战争等原因,使原有固定资产全部或部分报废,以后又投资按原有规模重新恢复建设的项目。

2. 按建设项目的规模或投资总额分为大型项目、中型项目和小型项目

根据中华人民共和国财政部《基本建设财务管理规定》关于基本建设项目竣工财务决算大中小型划分标准的规定,经营性项目总投资在5000万元(含5000万元)以上、非经营性项目总投资在3000万元(含3000万元)以上的为大中型项目,其他项目为小型项目。

3. 按建设用途可分为生产性项目和非生产性项目

生产性基本建设:指用于物质生产和直接为物质生产服务项目建设,是从事生产经营活动,能够获取盈利、创造生产性固定资产的项目建设。既包括工业、农业、公共饮食业、仓储业等生产性建设项目,也包括房地产业、信息业等非生产性建设项目。例如,工厂、矿井、桥梁、电站、铁路、公路、港口、农场、水库、商店、仓库等的建设。

非生产性基本建设:指用于人民物质和文化生活项目的建设,是创造非生产性固定资产的项目建设。它不直接用于生产,而是为生产和生活服务的重要设施,因而既具有非生产性,又属于基本建设。非生产性基本建设一般是指行政事业单位的公益性建设项目,其资金来源主要由财政拨款或使用财政资金,包括科研、文教、卫生等项目。如住宅、学校、医院、托儿所、影剧院及国家行政机关和人民团体的房屋、设备等的建设。

由上述概念可知:食品工厂的新建、改建和扩建都属于生产性基建的内容。

(二)基本建设项目的工作特点

基本建设工程项目一般具有以下特点:

1. 涉及面广

基本建设项目涉及多个部门审批。按照基本建设流程,从编制项目申请报告或规划出具土地拍卖规划示意图到房管部门房屋权属登记,大致有80道左右的手续,根据大致的前后顺序,可以将其分为7个基本阶段,即项目立项阶段、用地规划许可阶段、勘察设计和设计审查阶段、用地审批阶段、工程规划许可阶段、施工许可阶段和竣工验收备案阶段。

2. 内外协作配合环节多

参与基本建设工作的单位主要有筹建单位(甲方)、设计单位(乙方)和施工单位(丙方)。筹建单位须严格执行国家有关基本建设的方针、政策和各项规定;编制并组织实施基本建设计划和基本建设财务计划;组织基本建设材料、设备的采购、供应;履行进行基本建设工作的一切法律手续;负责与设计单位签订勘察设计合同,负责与施工单位签订建筑安装合同;对竣工工程及时验收、办理工程结算和财务决算。设计单位要按照国家的规程、规范和技术条例,在可行性研究、设计任务书和选点报告批准后,根据设计任务书的内容,认真编制设计文件和概预算文件。配合施工单位及时了解设计文件执行情况,需要变更设计的,应负责编制变更设计。施工单位主要承担基本建设工程的施工任务。在整个建设过程中各单位之间要做到密切配合。

3. 投资大、工期长、任务重,情况复杂

基本建设项目由于投资大、工期长、工序多、施工条件复杂、施工难度高,在建设过程中不可预见的因素较多,如人员、材料、设备的情况变化,投资决策、设计、建设等阶段出现的诸多问题均会影响建设工程项目的实施,会以各种方式增加项目的风险,可以说,风险一直伴随着建设工程项目运行的整个过程。

由于基建工作具有上述特点,若基建过程中某一环节出现问题,将会给整个基建带来损失。为此,国家为了有效地进行基本建设,使其有计划、有步骤、有秩序地进行,特制定了有关基建管理的规定,规定了基本建设工作的程序,以确保在建设过程中各环节之间的相互配合,并在建设的各个时期严格做到科学计划,以便使项目完成后能够最大发挥建设资金的效益。

三、基本建设程序

基本建设程序是指基本建设从策划、评估、决策、设计、施工到竣工验收、投入生产或交付使用的整个建设全过程中各项工作必须遵循的先后顺序。它是对基本建设过程中客观存在和起作用的时序规律的认识和反映,是建设工程项目科学决策和顺利进行的重要保证。工程项目建设程序是人们长期在工程项目建设实践中得出来的经验总结。

进行基本建设,坚持按科学的基本建设程序办事,就是要求基本建设工作必须按照符合客观规律要求的一定顺序进行,正确处理基本建设工作中从制定建设规划、确定建设项目、勘察、定点、设计、建筑、安装、试车,直到竣工验收交付使用等各个阶段、各个环节之间的关系,达到提高投资效益的目的,这是基本建设工作中的一个重要问题,也是按照自然规律和经济规律管理基本建设的一个根本原则。

在我国,按照基本建设的技术经济特点及其规律性,规定基本建设程序主要包括 10 个步骤。步骤的顺序不能任意颠倒,但可以合理交叉。

(1)编制项目建议书。对建设项目的必要性和可行性进行初步研究,提出拟建项目的轮廓设想。

(2)开展可行性研究。可行性研究是对拟建项目进行全面分析及多方面比较,对其是否应该建设及如何建设做出认证和评价,为投资决策、编制和审批设计任务书提供可靠的依据。

(3)编制设计任务书。设计任务书的主要依据是获得批准的建设项目可行性研究报告,将可行性研究报告中的相关要求加以具体细化,它是建设项目的建设大纲,批准后是编制初步设计等建设前期工作的主要依据。设计任务书要对拟建项目的投资规模、工程内容、经济技术指标、质量要求、建设进度等做出规定。

(4)设计工作。根据设计任务书,从技术和经济上对拟建工程做出全面的研究和详尽的规划,寻求技术上可靠、经济上合理的最符合要求的设计方案。大中型项目一般采用两段设计,即初步设计与施工图设计,技术复杂的项目,可增加技术设计,按三个阶段进行。

(5)安排计划。可行性研究和初步设计,邀请有条件的工程咨询机构评估,经认可,报计划部门,经过综合平衡,列入年度基本建设计划。

(6)进行建设准备。包括征地拆迁,搞好"三通一平"(通水、通电、通道路、平整土地),落实施工力量,组织物资订货和供应,以及其他各项准备工作。

(7)组织施工。准备工作就绪后,提出开工报告,经过批准,即开工兴建;遵循施工程序,按照设计要求和施工技术验收规范进行施工安装。

(8)生产准备。生产性建设项目开始施工后,及时组织专门力量,有计划、有步骤地开展生产准备工作。

(9)验收投产。按照规定的标准和程序,对竣工工程进行验收(见基本建设工程竣工验收),编制竣工验收报告和竣工决算(见基本建设工程竣工决算),并办理固定资产交付生产使用的手续。

企业进行项目建设必须遵循基本建设程序

(10)项目后评价。项目完工后对整个项目的造价、工期、质量、安全等指标进行分析评价或与类似项目进行对比。

第二节 投资建设项目决策的原则与程序

一、决策的含义

决策是为达到某一目的,对若干可行方案进行分析、比较、判断,从中选择较优方案的过程,是在权衡各种矛盾、各种因素相互影响后做出的选择。

决策是人们在政治、经济、技术和日常生活中普遍存在的一种行为;决策是管理中经常发生的一种活动;决策是决定的意思,它是为了实现特定的目标,根据客观的可能性,在占有一定信息和经验的基础上,借助一定的工具、技巧和方法,对影响目标实现的诸因素进行分析、计算和判断选优后,对未来行动做出决定。决策分析的研究目的是帮助人们提高决策质量，减少决策的时间和成本。因此，决策分析是一门创造性的管理技术。它包括发现问题、确定目标、确定评价标准、方案制订、方案选优和方案实施等过程。决策需要考虑各种因素的影响，是一种综合的判断，如果在决策前信息收集不全面，则容易发生误判，进而产生错误的决策，造成投资失败。

投资建设项目的决策必须关注以下要素：①目标必须清楚；②必须有两个及两个以上的备选方案；③决策是以可行方案为依据；④在本质上决策是一个循环过程，贯穿整个管理活动的始终；⑤决策人是管理者；⑥决策的目的是解决问题或利用机会。

二、建设项目决策的基本原则

（一）项目决策的基本原则

1. 市场和效益原则

无论是企业投资项目还是政府投资项目都必须从市场需要出发，讲求投资效益，这是进行项目决策的前提条件，也是项目决策的最根本原则。企业投资项目是为了提高企业在市场中的竞争能力，获取经济效益，并创造社会效益；政府投资项目主要追求的是社会效益，满足社会需求，为公共利益服务，而不是单纯追求经济效益。

对于食品加工企业，一头连着亿万消费者，另一头连着广大农民，对解决“三农”问题意义重大。因此，对于一些涉及民生的农产品加工项目，充分考虑项目的社会效益非常重要。2022 年中央一号文件指出，从容应对百年变局和世纪疫情，推动经济社会平稳健康发展，必须着眼国家重大战略需要，稳住农业基本盘、守好“三农”基础，接续全面推进乡村振兴，确保农业稳产增产、农民稳步增收、农村稳定安宁。因此国家鼓励各地发展农产品加工，支持农业大县，聚焦农产品加工业，引导企业到产地发展粮油加工、食品制造。推进现代农业产业园和农业产业强镇建设，培育优势特色产业集群，继续支持创建一批国家农村产业融合发展示范园。为此，国家往往在税收上采取了大量的优惠和补贴，农业管理部门、科技部门等部门也有各种项目和政策的支持，在决策时应该统筹考虑。

2. 科学决策原则

（1）决策方法科学。必须用科学的精神、科学的方法和程序，采用先进的技术手段，运用多种专业知识，通过定性分析与定量分析相结合，最终得出科学合理的结论和意见，使分析结论准确可靠。

（2）决策依据充分。决策要掌握大量的信息，依据国家有关政策，充分了解项目的建设条件、技术发展趋势和市场环境状况，使决策有科学的依据。

（3）数据资料可靠。必须坚持实事求是的立场，一切从实际出发，尊重事实，在调查研究的基础上，注重数据分析，保证分析结论真实可靠。

3. 民主决策原则

（1）独立咨询机构参与。决策者委托咨询机构对项目进行独立的调查、分析、研究和评价，提出咨询意见和建议，以帮助决策者正确决策。对于政府投资项目，一般都要经过符合资质要求的咨询机构的评估论证,“先评估,后决策”,即政府在决策前先委托符合资质要求的咨询机构对项目进行论证,为政府决策提供咨询建议。对于企业投资项目,为了降低投资风险,通常也聘请外部咨询机构提供投资决策及咨询服务。

(2)专家论证。为了提高决策的质量,无论是企业还是政府的投资决策,都应该聘请项目相关领域的专家进行分析论证,以优化和完善建设方案。

(3)公众参与。对于政府投资项目和企业投资的重大项目,特别是关系社会公共利益的建设项目,政府将采取多种公众参与形式,广泛征求各个方面的意见和建议,以使决策符合社会公众的利益。

4. 风险责任原则

按照投资体制改革的目标,“谁投资、谁决策、谁受益、谁承担风险”,强调建设项目决策的责任制度。对采用直接投资和资金注入方式的政府投资项目,由政府进行投资决策。政府从投资决策角度要审批项目建议书和可行性研究报告。

企业投资项目由企业进行投资决策。项目的建设方案、资金来源和技术方案等均由企业自主决策、自担风险。政府仅对企业投资的重大项目和限制类项目从维护社会公共利益角度进行核准。

(二)建设项目业主在项目决策中的责任

(1)确定项目的目标和具体参数。如项目的市场定位和功能定位、项目的目标收益水平、投资回收期限、建设规模和投资规模等。

(2)确定项目的建设方案。如产品方案、选址方案、技术、设备和工程方案、环境保护方案以及实施计划等。

(3)确定项目的融资方案。如项目资本金和项目债务资金的比例、资金的筹措方案、债务资金的筹措方案等。

三、企业投资项目决策的程序

为实现企业投资项目决策的科学化,必须按照科学的程序办事,从程序上保证项目决策的正确性。投资项目决策程序的适用范围可以是企业一切重大投资活动。如对外投资、合资、合作、联营、融资、入股、公司收购、股份购买等资本经营活动,包括现有项目的增资、扩股、重大技术引进项目投资等。

投资项目决策程序包括投资机会研究、初步可行性研究、详细可行性研究、评价与决策4个方面,决策后转入项目实施准备阶段。决策程序见图1-1。

(一)投资机会研究的目的和内容

投资机会研究,也称投资机会鉴别,是指为寻找有价值的投资机会而进行的准备性调查研究,其目的在于发现投资机会。投资机会要和国内外行业发展与形势相结合。国内投资要以习近平新时代中国特色社会主义思想为指导,深入贯彻中央经济工作会议精神,与立足新发展阶段、贯彻新发展理念、构建新发展格局、推动高质量发展、促进共同富裕相结合。例

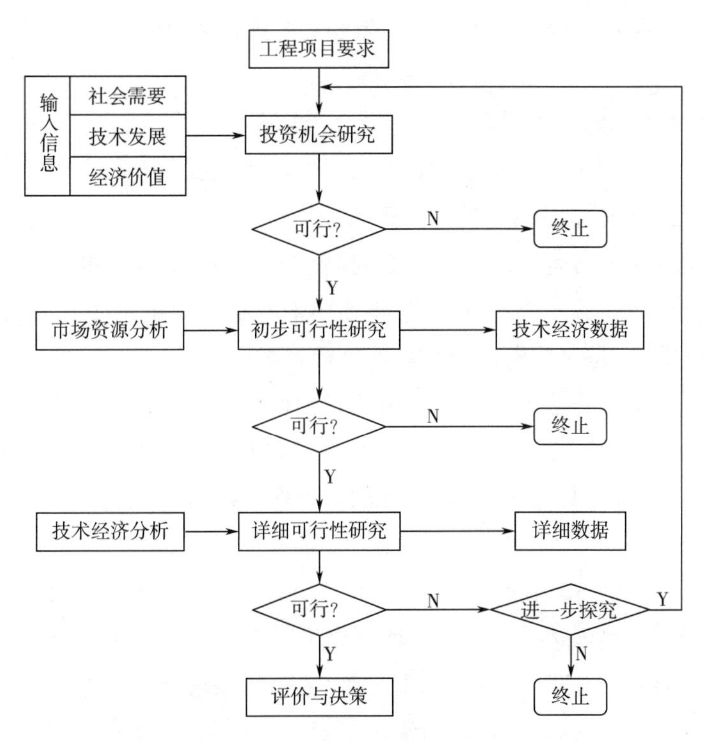

图 1-1　可行性研究决策的程序

如目前的乡村振兴战略、健康中国战略、振兴东北战略、西部开发战略，都为企业带来不同的投资机会。

投资机会研究包括一般性投资机会研究和具体项目投资机会研究两类。

1. 一般性投资机会研究

一般性投资机会研究是一种全方位的搜索过程，需要进行广泛的调查，收集大量的数据。一般性投资机会研究主要包括：①地区投资机会研究；②部门投资机会研究；③资源开发投资机会研究。

2. 具体项目投资机会研究

比一般性投资机会研究较为深入、具体，需要对项目的背景、市场需求、资源条件、发展趋势以及需要的投入和可能的产出等方面进行准备性的调查、研究和分析。例如在当前形势下，未来食品、特医特膳食品、保健食品、预制菜等的开发成为新的投资热点，具有广阔的投资价值。

“大食物观”给食品行业带来的投资机会

3. 投资机会研究的内容

包括市场调查、消费分析、投资政策、税收政策研究等，重点是对投资环境的分析。

（二）初步可行性研究

1. 初步可行性研究的目的

初步可行性研究，也称预可行性研究，是在机会研究的基础上，对项目方案进行初步的技术、财务、经济、环境和社会影响评价，对项目是否可行做出初步判断。主要目的是判断项目是否具有生命力,是否值得投入更多的人力和资金进行可行性研究,并据此做出是否进行投资的初步决定。

2. 初步可行性研究的内容

以食品工业项目为例,初步可行性研究的主要内容包括:项目建设的必要性和依据;市场分析与预测;产品方案、拟建规模和厂址环境;生产技术和主要设备;主要原材料的来源和其他建设条件;项目建设与运营的实施方案;投资初步估算、资金筹措与投资使用计划初步方案;财务效益和经济效益的初步分析;环境影响和社会影响的初步评价;投资风险的初步分析。初步可行性研究是对投资机会研究的分析和细化。

(1)初步可行性研究的主要任务。①分析机会研究的结论,并在详细调查资料的基础上做出投资决定;②确定是否应进行详细可行性研究;③确定有哪些关键问题需要进行辅助性专题研究,如市场需求预测,新技术、新产品的试验等;④判断项目设想是否有生命力,能否获得较大的利润等。

初步可行性研究与投资机会研究的主要区别在于所获得资料的详细程度不同。如果机会研究有足够的数据,也可越过初步可行性研究阶段。

(2)初步可行性研究主要解决的问题。①产品市场需求量的估计,预测产品进入市场的竞争力;②机器设备、建筑材料及生产所需的原材料、燃料动力的供应情况及其价格变动的趋势;③相关技术在实验室或中间工厂的试验情况分析;④厂址方案的选择,重点是估算并比较交通运输费用和重大工程的设施费等;⑤合理的经济规模研究,对设计不同生产规模的方案,依据投资、成本、价格、利润等指标选择合理的经济规模;⑥设备选型,着重研究决定项目生产能力的主要设备和一些投资费用较大的设备选型问题。

进行初步可行性研究后,要编制初步可行性研究报告,确定是否有必要进行下一步详细可行性研究,进一步判明建设项目的生命力。

3. 初步可行性研究的重点

主要是从宏观上分析论证项目建设的必要性和可能性。

(1)项目建设的必要性,一般体现在以下几个方面。①企业为了自身的可持续发展,为满足市场需求,进行扩建、更新改造或者新建项目;②为了促进地区经济的发展,需要进行基础设施建设,改善交通运输条件,改善投资环境;③为了满足人民群众不断增长的物质文化生活的需要而必须建设的文化、教育、卫生等社会公益性项目;④为了合理开发利用资源,实现国民经济的可持续发展而必须建设的跨地区重大项目;⑤为了增强国防和社会安全能力的需要而必须建设的项目。

(2)项目建设的可能性,主要指项目是否具备建设的基本条件,包括市场条件、资源条件、技术条件、资金条件、环境条件以及外部协作配套条件等。其重点是市场需求分析。

(三)可行性研究的目的和内容

1. 可行性研究的目的

可行性研究是指通过对拟建项目的市场需求状况、建设规模、产品方案、生产工艺、设备选型、工程方案、建设条件、投资估算、融资方案、财务和经济效益、环境和社会影响以及可能产生的风险等方面进行全面深入的调查、研究和充分的分析、比较、论证，从而得出该项目是否值得投资、建设方案是否合理的研究结论，为项目的决策提供科学、可靠的依据。可行性研究是建设项目决策阶段最重要的工作之一。

2. 可行性研究的内容

可行性研究也称最终可行性研究。通过初步可行性研究的项目一般不会再被淘汰，但在具体实施前还要进行详细可行性研究来确定具体实施方案和计划。详细可行性研究阶段要对项目的产品纲要、技术工艺及设备、厂址与厂区规划、投资需求、资金来源、建设计划以及项目的经济效果进行全面、深入、系统的技术经济论证，确定各方案的可行性，选择最佳方案。进行详细可行性研究后要编制可行性研究报告，作为项目投资决策的基础和重要依据。具体可行性研究的内容将在本章第三节介绍。

四、项目申请报告的作用与程序

（一）项目申请报告的作用

项目申请报告是政府行政许可的要求，适用于企业投资建设实行政府核准项目，即“核准目录”范围内的企业投资项目。是对政府关注的涉及公共利益的有关问题进行论证说明，以获得政府投资主管部门的核准（行政许可）。

项目申请报告是从维护经济安全、合理开发利用资源、保护生态环境、优化重大布局、保障公众利益、防止出现垄断等方面进行论证。

（二）企业投资项目核准的程序

对于企业投资建设实行政府核准制度的项目，一般是在企业完成项目可行性研究后，根据可行性研究的基本意见和结论，委托具备相应工程咨询资格的机构编制项目申请报告，上报政府投资主管部门进行核准。其中国务院投资主管部门核准的项目，其项目申请报告应由具备甲级工程咨询资格的机构编制。

企业投资项目核准的程序一般有以下过程：可行性报告—编制并提交项目申请报告—政府核准审查—核准建设—项目实施准备阶段。

五、建设项目咨询评估的作用和内容

（一）项目评估的作用

项目评估是咨询机构根据政府有关部门、金融机构和企业的委托，在项目投资决策前，基于项目的可行性报告或申请报告，按照一定的目标，采取科学的方法，对项目的市场、技术、财务、经济，以及环境和社会影响等方面进行进一步的分析论证和再评价，权衡各种方案的利弊和潜在风险，判断项目是否值得投资，做出明确的评估结论，并对项目建设方案等进行优化，从而为决策者进行科学决策或为政府核准项目提供依据的咨询活动。

对为项目提供贷款的银行，项目评估则是其贷款决策的必要程序，评估结论是发放贷款的重要依据。

(二)项目评估与可行性研究的区别与联系

项目评估与可行性研究是项目前期工作的两项重要内容。

两者都处于项目投资前期阶段,出发点是一致的,都以市场或社会需求研究为出发点;同时,内容和方法基本一致,均是要提高项目投资科学决策的水平,提高投资效益,避免决策失误。

两者也存在一定的区别,可行性研究是项目投资决策的基础,是项目评估的重要前提。项目评估则是可行性研究延续、深化和再研究,独立地为决策者提供直接的、最终的依据。

(三)项目评估的内容和重点

政府部门委托的项目评估:侧重于项目的经济及社会影响评价、资源配置的合理性等。

银行等金融机构委托的项目评估:侧重于融资主体的清偿能力评价。

企业或机构投资者委托的项目评估:侧重于项目本身的盈利能力、资金的流动性和财务风险等方面。

(四)咨询评估单位的选择

1. 选择的原则

评估单位应具有执业资格、有信誉、有实力。

评估单位应遵循“公正、科学、可靠”的宗旨和“敢言、多谋、善断”的行为准则。

2. 选择的方式

公开招标、邀请招标、征求意见书、两阶段招标、竞争性谈判、聘用专家。

第三节 可行性研究的方法及内容

可行性研究是对一个建厂项目的经济效果和价值的研究,即通过对技术、经济进行可行性调查研究、分析计算、预测,克服侥幸取胜,使建厂风险减少到最小,为建厂投资提供可靠依据的过程。

可行性研究的方法与步骤

食品工厂建设项目的可行性研究是项目前期工作的重要阶段,是建设程序中的重要组成部分,项目立项后必须进行可行性研究。可行性研究是在项目建议书被批准后,对项目进行更为详细、深入、全面的技术和经济论证,通过对各种可能的技术方案进行分析、测算、比较,最终推荐最佳方案,编制出可行性研究报告,供决策部门做出最终决定。因此,投资企业和国家审批机关主要根据可行性研究报告提供的评价结果,决定对食品工厂项目是否进行投资及如何进行投资。在项目投资决策之前进行可行性研究,不但有助于减少或避免项目投资失误,而且有助于项目的顺利实施和推进。

一、可行性研究的方法与程序

可行性研究就是采用各种方法,对项目建议书所提出的工程建设项目进行论证,并最终提交可行性研究报告的过程。可行性研究报告的撰写应由项目建设单位委托具有专业资质的设计单位或工程咨询单位编制。可行性研究的基本工作程序大致可以概括为以下 8 个步骤。

（一）签订委托协议

工程项目单位与咨询设计单位,就项目可行性研究报告的编制范围、重点、深度要求、完成时间、费用预算和质量要求交换意见,并签订委托协议,据此开展可行性研究各阶段的工作。

（二）组建工作小组

根据项目可行性研究的工作量、内容、范围、技术难度、时间要求等,组建项目的可行性研究工作小组。工作小组成员一般包括工艺、设备、市场分析、经济管理、电力工程、土建和财务等方面的人员。此外,还可以根据需要,请一些其他专业人员,如地质、土壤、实验室等人员协助工作。

（三）制订工作计划

工作计划内容包括工作的范围、重点、深度、进度安排、人员配置、费用预算及《可行性研究报告》编制大纲,并与委托单位交换意见。

（四）市场调查与预测

主要指资料的收集和实地考察工作。收集资料包括与项目相关的方针政策、项目所在地区的自然资源、市场、社会经济、文化等的情况,以及有关项目技术经济指标和信息。通过对获取的资料进行分析,预测项目投产后可能的市场前景与经济、社会效益。

（五）方案编制与优化

编制项目的建设规模与产品方案、厂址方案、技术方案、设备方案、工程方案、原料供应方案、总图布置与运输方案、公用工程与辅助工程方案、环境保护方案、组织机构设置方案、实施进度方案以及项目投资与资金筹措方案,进行多方案的分析和比较,推荐最佳方案。

（六）项目评价

对推荐方案进行评价。评价内容主要包括环境、财务、国民经济、社会风险等方面的评价,以判别项目的环境可行性、经济可行性、社会可行性和抗风险能力。当有关评价结论不足以支持项目方案成立时,应对原设计方案进行调整或重新设计。对放弃的方案应说明理由。对一些影响方案选择的重大原则问题,要与委托方进行深入的讨论。

（七）编写项目可行性研究报告

通过前几个阶段的工作,在认真分析论证的基础上,由各专业组人员分工编写可行性研究报告。经项目负责人衔接协调综合汇总,提出可行性研究报告初稿。

（八）与委托单位交换意见

可行性研究报告初稿完成之后,与委托单位交换意见,修改完善,形成正式可行性研究报告。

二、可行性研究的内容

可行性研究的内容根据行业分类不同而有所差异,但基本内容相似,
一般应包括以下内容。

(一)投资必要性

主要根据市场调查及预测的结果,以及有关的产业政策等因素,论证项目投资建设的必要性。在投资必要性的论证上,一是要做好投资环境的分析,对构成投资环境的各种要素进行全面的分析论证;二是要做好市场研究,包括市场供求预测、竞争力分析、价格分析、市场细分、定位及营销策略论证等。

(二)技术可行性

主要从项目实施的技术角度,合理设计技术方案,并进行比选和评价。对于食品工业项目,可行性研究的技术论证应达到能够比较明确地提出设备清单的程度。

(三)财务可行性

主要从项目及投资者的角度,设计合理的财务方案,从企业理财的角度进行资本预算,评价项目的财务盈利能力,进行投资决策,并从融资主体(企业)的角度评价股东投资收益、现金流量计划及债务清偿能力。

(四)组织可行性

制订合理的项目实施进度计划、设计合理的组织机构、选择经验丰富的管理人员、建立良好的协作关系、制订合适的培训计划等,保证项目顺利执行。

(五)经济可行性

主要从资源配置的角度衡量项目的价值,评价项目在实现区域经济发展目标、有效配置经济资源、增加供应、创造就业、改善环境、提高人民生活等方面的效益。

(六)社会可行性

主要分析项目对社会的影响,包括政治体制、方针政策、经济结构、法律道德、宗教民族、妇女儿童及社会稳定性等方面。

(七)风险因素及对策

主要对项目的市场风险、技术风险、财务风险、组织风险、法律风险、经济及社会风险等风险因素进行评价,制定规避风险的对策,为项目全过程的风险管理提供依据。

上述可行性研究的内容,适用于不同行业各种类型的投资项目。

三、可行性研究报告的编制内容与深度

可行性研究报告应根据国家或主管部门对项目建议书的审批文件进行编制。我国现行《轻工业建设项目可行性研究报告编制内容深度规定》(QBJS 5—2005)对轻工业建设项目的可行性研究内容进行了详尽规范,是目前食品工厂建设项目进行可行性研究的主要参考依据,一般包括如下19个部分。

(一)总论

总论主要包括项目背景与概况、研究工作概述、研究结论及问题与建议 4 个部分,要对项目名称、项目提出的理由、项目建设的条件及推荐的建设方案等进行概括性介绍,同时要提出项目实施中需协调解决的问题及建议。

(二)市场预测

市场预测在可行性研究中占有重要地位,任何一个项目,其生产规模的确定、技术的选择、投资估算甚至厂址的选择,都必须在对市场需求情况有了充分了解以后才能决定。在可行性研究报告中,市场预测主要包括 7 个部分内容:市场预测说明;产品市场供需现状;产品市场供需预测;产品目标市场分析;产品价格现状与预测;市场竞争力分析;市场风险分析。对主要产品的市场供需状况、价格走势以及竞争力进行预测分析。对于技术改造和改、扩建项目等产品增量不大、对原有市场影响较小的,预测分析内容可以适当简化。对于项目规模较大、市场竞争激烈的产品,其市场预测分析,应当进行专题研究,在做可行性研究报告之前,先完成市场报告。

(三)建设规模与产品方案

论述建设规模和产品方案确定的依据和合理性,并进行多种规模和产品方案的比较选择。对于改、扩建和技术改造项目,则要描述企业目前的规模和生产能力以及配套条件,结合企业现状确定合理改造规模并对产品方案和生产规模做出说明和方案比较。

(四)厂址选择

主要包括厂址现状分析、厂址建设条件及厂址方案比较 3 部分内容。目前食品工厂多建于开发区或工业园区内,需要按照厂址选择的原则和内容要求进行方案比选,但根据开发区或工业园区具体的条件情况,部分内容可以适当简化。对于改、扩建和技术改造项目,则需要说明企业所处的厂址条件,对原厂址的改、扩建进行论述,分析优、缺点,根据方案比较结果确定改造方案。

(五)技术方案、设备方案和工程方案

项目的技术方案主要包括产品标准、技术来源和生产方法、主要技术参数和工艺流程的比较等;设备方案主要指设备选型方案的比较,引进技术、设备的来源国别,设备的国内与外商合作制造方案设想等;工程方案则指全厂布置方案的初步选择和土建工程量估算,包括主要生产车间布置方案、总平面布置、厂内外运输方案、仓储方案、土建工程、其他工程如给排水工程和公用工程等的初步选择。

(六)主要原辅材料、燃料供应

包括主要原辅材料的品种、质量及年需求量、来源与运输方式;燃料的种类、年需求量及运输方式。

(七)节能、节水措施

食品工厂的节能、节水主要指工艺过程、生产设备、建筑、公用工程设计和使用中采取的节能、节水技术措施。其中,节能措施除工艺流程、设备选型的描述外,还应包括节能计算、

投资估算和投资回收期等内容。节水措施包括如下方面:①采用的节水型工艺和设备;②提高水回收和循环利用率;③供水系统的防漏、防渗措施;④提高再生水回收率;⑤其他措施。

(八)环境影响评价

包括项目建设和生产对环境的影响,项目生产过程产生的污染物(废水、废气、固体废弃物、粉尘、噪声等)对环境的影响,环境保护措施方案,环境保护投资及影响评价。

(九)劳动安全、工业卫生与消防

主要指生产过程中职业危害因素的分析,职业安全卫生主要措施,劳动安全与职业卫生机构,消防措施和设施的方案建议等。

(十)组织机构与人力资源配置

组织机构包括企业组织形式和企业工作制度;人力资源配置包括劳动定员和人员培训,年总工资和职工年平均工资估算,人员培训及费用估算等。

(十一)项目实施进度

叙述项目建设工期要求、项目实施的进度安排及项目前期各阶段的进度安排。项目前期指项目可行性研究、初步设计、施工图设计、施工图审查及施工招标等阶段。

(十二)投资估算

包括主要生产工程项目、辅助生产及服务性工程项目、公用工程项目和厂外工程项目等的投资估算。投资估算的编制主要参照《轻工业工程设计概算编制办法》(QBJS 10—2005)的规定。

(十三)融资方案

融资方案包括资金来源、资本金筹措、债务资金筹措和融资方案分析。

(十四)财务评价

包括销售收入及税金估算、成本费用估算、利润估算和财务评价,最后做出财务评价结论。

(十五)国民经济评价

国家、行业规定的重点轻工业建设项目和主管部门指定要求的项目,需要做出国民经济评价,内容包括项目对国家政治和社会稳定的影响,与当地居民的宗教、民族习惯的相互适应性及对保护环境和生态平衡的影响等。

(十六)社会评价

对社会影响久远、社会风险较大的项目,需编制社会评价。内容包括对社会的影响分析,与当地科技、文化发展水平的相互适应性等。

(十七)风险分析

包括项目主要风险因素识别、项目风险程度分析、项目风险防范措施等。

可行性研究典型案例

(十八)主要对比方案

对主要的对比方案进行描述,分析各方案的优缺点及存在问题,给出方案未被采纳的理由。

(十九)附图、表格和附件

附图主要包括厂址区域位置图、主要工艺流程简图、主要生产车间工艺布置示意图和总平面简图等。所附表格和附件的要求可参阅《轻工业建设项目可行性研究报告编制内容深度规定》。

复习思考题

(1)什么是基本建设？基本建设有什么特点？

(2)什么是基本建设程序？为什么企业进行项目建设必须遵循基本建设程序？

(3)项目决策的基本原则是什么？程序是怎样的？

(4)什么是可行性研究,可行性研究的程序和主要内容有哪些？

(5)简述可行性研究报告的主要内容。

农产品深加工助力乡村振兴

第二章　食品工厂工艺设计

第二章课件

本章知识点：了解食品厂工艺设计的内容；熟悉食品厂工艺设计的方法和步骤；掌握产品方案、工艺计算、设备选型、劳动定员、生产车间工艺布置、管路设计与布置等工艺设计的内容和方法；熟悉工艺设计对非工艺设计和其他有关方面的要求，学会工艺流程图及生产车间布置图的绘制。

第一节　概述

按设计任务的职责范围分，可将食品工厂设计分为“工艺设计”及“非工艺设计”两类。工艺设计就是按工艺过程的要求进行的设计工作。工艺设计事实上就是生产车间的工艺设计问题，而工艺设计的所有工作都应由食品工程专业的技术人员完成。

食品工厂工艺设计大致包括工艺流程设计和车间布置设计两个主要内容，它们决定着车间的功能和生产合理与否，决定工厂的工艺计算、车间组成、生产设备及其布置的关键步骤。一般工艺流程设计在先，车间布置设计是在工艺流程设计的基础上进行的。

食品工厂工艺设计包括以下具体内容。

(1)根据前期的可行性调查研究，确定产品方案和生产规模(主要包括全年要生产的产品品种和各产品的数量、规格标准、产期、生产班次等)。

(2)根据当前的技术和经济水平选择合适的生产方法。

(3)主要产品及综合利用产品的工艺流程确定。

(4)物料衡算。

(5)能量衡算(包括蒸汽用量、耗冷量等)和用水量计算。

(6)设备生产能力计算及选型。

(7)车间工艺布置。

(8)管路设计。

(9)其他工艺设计。

(10)编制工艺流程图、车间布置图、管道设计图及说明书等。

非工艺设计是除工艺设计任务以外的关于其他公用系统或设施的全部设计工作，主要包括：总平面、土建、给排水、动力、供电和仪表、制冷、通风、供暖、环境保护等设计，以上这些非工艺工程需要不同的专业工种技术人员承担。

非工艺设计都是根据工艺设计的要求和所提出的数据进行设计的，食品工程专业的技术人员必须向非工艺设计专业工程技术人员提出相关要求和提供相关的技术参数，包括：

(1)工艺对全厂总平面布置中建筑物相对位置的要求。

(2)工艺对车间建筑在土建、采光、通风及卫生方面的要求。

(3)生产车间水、电、汽、冷的消耗量计算。

(4)生产工艺对用水水质的要求。

(5)对三废(废水、废渣、废气)排放的要求。

(6)关于各种仓库建筑面积的计算及对仓库在保温、防潮、防鼠、防虫等方面的特殊要求。

本章主要介绍食品工厂工艺设计方面的内容。

第二节　产品方案及班产量的确定

一、制订产品方案的意义和要求

产品方案又称生产纲领,实际是食品厂准备全年(也可以是季度或月)生产哪些品种和各种产品的规格、产量、产期、生产车间及班次等的计划安排。实际生产计划中工厂一般以销定产,产品方案既作为设计依据,又是工厂实际生产能力的确定及挖潜余量的计算依据。影响产品方案的因素有诸多方面,主要包括:产品的市场销售、人们的生活习惯、地区的气候和不同季节的影响。

在制订产品方案时,首先要调查研究,得到相关资料,以此确定主要产品的品种、规格、产量和生产班次。其次是用调节产品来调节生产忙闲不均的现象。最后尽可能把原料综合利用及贮存半成品,以合理调剂生产中的淡、旺季节。例如,乳品厂主要的原料是牛奶或羊奶,一般城市的居民在冬季喜欢饮用鲜奶,但夏季却喜欢吃冰淇淋、冰糕和酸奶,致使鲜奶的销售有所下降,所以在夏季可以把部分鲜奶制成人们喜欢吃的冰淇淋、冰糕和酸奶等产品。在牧区奶源充足,但其交通运输不够便利,所以应以生产奶粉为主。由此可见,尽管乳品厂全年生产的主要原料是牛奶,但因市场的需求变化而引起乳品工厂产品品种的变化,这样就需要制订一个合理的产品方案。又如,根据市场对小包装食用油产品消费的淡季和旺季之分,在旺季到来之前,组织充足的力量生产,使工厂有一定的小包装食用油产品的贮备,来满足节日期间市场的集中消费需求。再如,饮料的生产企业在夏季大多以生产碳酸饮料及不同种类的果汁饮料为主,在冬季为了满足饮料市场的需求,大多生产杏仁露、花生乳等蛋白饮料或含有酒精的饮品。上述这些食品工厂虽然生产所需要的原料变化不大,而罐头加工和速冻果蔬、冻干果蔬等是以季节性原料为加工品种的食品工厂,品种繁多、季节性又强,生产过程有淡季和旺季区别,生产所用原料各异,即使同一种原料也往往因为品种不同、地域不同,收获季节有很大差异。

所以食品工厂在制定产品方案时,要进行全面的市场调查,确定产品的种类及包装规格;根据设计规格,结合各产品原料的供应量、供应周期的长短等实际情况,确定各种产品在总产量中所占比例及产量;根据原料的生产季节及保藏时间确定产品的生产时间;根据各种产品的设计产量,确定班次产量及生产班次数等。

在安排产品方案计划时,要尽量做到“四个满足”和“五个平衡”。

“四个满足”为:满足主要产品产量的要求;满足原料综合利用的要求;满足淡旺季平衡生产的要求;满足经济效益的要求。

“五个平衡为”:产品产量与原料供应量应平衡;生产季节性与劳动力应平衡;生产班次要平衡;产品生产量与设备生产能力要平衡;水、电、气负荷要平衡。

在编排生产方案时,应根据设计计划任务书的要求及原料供应的情况,并结合各生产车间的实际利用率,设计需要安排几个生产车间才能使方案得以顺利实施。另外,在编排产品方案时,每月按 25 天计(员工可按双休日调配休息),全年的生产日为 300 天左右,考虑原料供应方面等原因,全年的实际生产天数不宜少于 250 天,每天的生产班次一般为 1~2 班,季节性产品高峰期则要按 3 班考虑。

二、班(年、日)产量的确定

主要班产量是工艺设计最主要的计算基础,班产量直接影响到车间布置、设备配套、占地面积、劳动定员、产品经济效益以及辅助设施和公共设施的配套规格等。班产量大小的影响因素有:原料供应、产品市场销售状况、配套设备的生产能力及运行情况、延长生产期的条件(如冷库及半成品加工设施等)、每天生产班次及产品品种的搭配等。

一般情况下,食品工厂班产量越大,单位产品成本越低,经济效益越好。由于投资局限及其他方面制约,班产量有一定的限制,但是必须达到或超过经济规模的班产量。最适宜的班产量实质就是经济效益最好的规模。

(一)年产量

年生产能力按如下估算:

$$Q=Q_1+Q_2-Q_3-Q_4+Q_5$$

式中:Q——新建厂某类食品年产量;

Q_1——本地区该类食品消费量;

Q_2——本地区该类食品年调出量;

Q_3——本地区该类食品年调入量;

Q_4——本地区该类食品原有厂家的年产量;

Q_5——本厂准备销出本地区以外的量。

对于淡旺季明显的产品,如饮料、月饼、巧克力可按下式计算:

$$Q=Q_{旺}+Q_{中}+Q_{淡}$$

式中:$Q_{旺}$——旺季产量;

$Q_{中}$——中季产量;

$Q_{淡}$——淡季产量。

(二)生产班制

班产量受到各种因素的影响,每个工作日的实际产量并不完全相同。一般食品工厂每天生产班次为1~2班,淡季1班,中季2班,旺季3班制,根据食品工厂工艺和原料特性及设备生产能力来决定。

(三)食品工厂工作日及日产量

不同食品的生产天数和生产周期受到市场需要、季节气候、生产条件(温度、湿度等)和原料供应等方面影响。盛夏的冷饮、冰淇淋,春节前后的糖果、糕点和酒类,中秋节的月饼等生产都具有明显的季节性。糖果、巧克力在南方梅雨季节及酷暑、盛夏应缩短生产天数。

如面包全年生产的旺季为78天,中季135天,淡季75天,余下77天为节假日和设备检修日,则全年面包生产天数为:

$$t = t_{旺} + t_{中} + t_{淡} = 78+135+75 = 288(天)$$

由于受到各种因素的影响,每个工作日实际产量不完全相同。平均日产量等于班产量与生产班次及设备平均系数的乘积。

即:

$$q = q_{班} nk$$

式中:q——平均日产量,t/d;

$q_{班}$——班产量,t/班;

n——生产班次,旺季 $n=3$,中季 $n=2$,淡季 $n=1$;

k——设备不均匀系数,$k=0.7\sim0.8$。

(四)班产量

班产量 $q_{班}$ 计算公式如下:

$$q_{班} = Q/k(3t_{旺}+2t_{中}+t_{淡})$$

式中:Q——年产量,t/年;

k——设备不均匀系数;

$t_{旺}$——旺季天数;

$t_{中}$——中季天数;

$t_{淡}$——淡季天数。

如果某种产品生产只有旺季、淡季则:

$$q_{班} = Q/k(3t_{旺}+t_{淡})$$

例如,面包全年生产的旺季为78天,中季135天,淡季75天,设计任务书规定年产面包2000 t,求班产量。

解:$q_{班} = Q/k(3t_{旺}+2t_{中}+t_{淡}) = 2000/0.75(3\times78+2\times135+75) = 4.6$(t/班)。

三、产品方案的制订

制订产品方案应遵循4个原则,一是应根据设计任务书的要求确定产品的种类及包装规格;二是根据设计规模,结合各产品原料的供应量、供应周期的长短等实际情况,确定各种产品在总产量中所占比例及产量;三是根据原料的生产季节及保藏时间确定产品的生产时间;四是根据各种产品的设计产量,确定班次和班产量。

一般来说,一种原料生产多种规格的产品时,应力求精简,以利于实现机械化生产和连续性的操作。但是,为了尽可能地减少浪费,提高其利用率和使用价值,或为了满足消费者的需求,往往有必要将一种原料生产成几种规格的产品。例如:

(1)冻猪片加工肉类罐头的搭配:3~4 级的冻猪片出肉率在 75%左右,其中 55%~60%可用于午餐肉罐头,1%~2%用于圆蹄罐头,5%左右用于排骨罐头,8%~10%用于扣肉罐头,其余的可生产其他猪肉罐头。

(2)番茄酱罐头罐型的搭配:尽可能生产 70 g 装的小型罐,但限于设备的加工条件,通常是 70 g 装的占 13%~30%,198 g 装的占 10%~20%,3000 g 或 5000 g 装的大型罐占 40%~60%。

(3)水果罐头品种的搭配:在生产糖水水果罐头的同时,应考虑果汁、果酱罐头的生产,其产量视原料情况和水果果肉的多少而定。

(4)蘑菇罐头中整菇和片菇、碎菇比例的搭配:一般整菇占 70%,片菇和碎菇占 30%左右。

通常用表格的形式来表示食品工厂的产品方案,其主要内容包括产品名称、年产量(Q)、班产量($q_{班}$)、1~12 月的生产安排,用线条或数字两种形式表示产量及生产情况。

表 2-1 是某年产 4000 t 饼干厂的产品方案表,表中线条为每月生产情况,根据班产量,以每月平均 25 天生产时间计,计算得到每种产品的年产量。

表 2-1　年产 4000 t 饼干厂产品方案

产品名称	年产量/t	班产量/t	1月	2月	3月	4月	5月	6月	7月	8月	9月	10月	11月	12月
婴儿饼干	720	2.4	—	—	—	—	—	—	—	—	—	—	—	—
菊花饼干	147	1.96	—	—	—									
动物饼干	254	2.54		—				—	—	—				
鸡蛋饼干	105	2.1								—	—			
口香饼干	477.75	2.73				—	—	—	—	—	—	—		
椒盐饼干	200	2	—	—	—	—								
双喜饼干	46	1.84										—		
钙质饼干	577.5	2.1	—	—	—	—	—	—	—	—	—	—	—	
宝石饼干	127.5	1.7		—	—	—								
奶油饼干	558.25	2.03	—	—	—	—	—	—	—	—	—	—	—	
孔雀饼干	300	2					—	—	—	—	—	—		
鸳鸯饼干	131.25	1.75							—	—	—			
旅行饼干	141.75	1.89							—	—	—			
人参饼干	88	1.76									—	—		
维生素饼干	126	1.68	—	—	—									
全年总产量	4000													

表 2-2 为某食品厂年产 1.8 万～2.0 万 t 罐头工厂产品方案表,表中线条为每月生产情况,由于在实际生产中存在一定的生产波动情况,不一定严格执行每月 25 天的生产时间,但每种产品的年产量必须按产品方案制订的数量完成。

表 2-2　年产 1.8 万～2.0 万 t 罐头工厂产品方案

产品名称	年产量/t	班产量/t	劳动生产率/(人/t)	1月	2月	3月	4月	5月	6月	7月	8月	9月	10月	11月	12月	每班人数/(人/班)
午餐肉	6199	24	14													336
清蒸猪肉	3500	20	15													300
红烧扣肉	1332	20	15													300
红烧圆蹄	175	3	30													90
蘑菇	1949	18	13													234
什锦蔬菜	1250	15	12													180
咖喱鸡	200	6	22													132
番茄酱	1511	16.5	12													198
蚕豆	2874	15	6													90
每天产量/(t/天)				59			62		75.5	70.5	76.5	74	62	63	62　59	
每天需劳动力/(人/天)				816			870	816	924	816	846	816	870	894	870　816	
全年总产量	18990 t,其中肉类罐头占 60%															

从表 2-2 可以看出,该产品方案在制订时较好地遵循了“四个满足”和“五个平衡”的原则:

(1)全年总产量 18990 t,满足产品产量“1.8 万～2.0 万 t”的要求。

(2)根据产品的生产季节性,将不同品种产品进行合理搭配。

(3)全厂每天全部的生产班次大部分是 3 个班次(少数为 4 个班次)。

(4)每天的产量在 59～76.5 t。

(5)每天的劳动力数量基本稳定在 803～924 人。

四、产品方案比较与分析

在设计产品方案时,作为设计人员,应按照下达任务书中的年产量和品种,从生产可行性和技术先进性入手,制定出两种以上的产品方案进行分析比较,尽量选用先进的设备、先进的工艺并结合实际情况,考虑实际生产的可行性和经济上的合理性,再做出决定。比较项目大致如下:

(1)主要产品年产值的比较。

(2)每天所需生产工人数的比较。

(3)劳动生产率的比较(年产量 t/工人总数)。

(4)每天(月)原料、产品数之差比较。

(5)平均每人每年产值的比较[元/(人·年)]。

(6)生产季节性的比较。

(7)基建投资情况的比较。

(8)水、电、汽耗量的比较。

(9)组织生产难易情况的比较。

(10)环境保护比较。

(11)社会效益的比较。

(12)经济效益(利税,元/年)的比较。

(13)结论。

将多个产品方案填入如表 2-3 所示的产品方案分析表中。

表 2-3　产品方案分析表

项目	方案一	方案二	方案三
产品年产量/t			
每天工人数/t			
年劳动生产率/[t/(人·年)]			
每天(月)产品数差/t			
平均每人产值/[元/(人·年)]			
季节性			
设备平衡			
水、电、气消耗量			
组织生产难易比较			
基建投资/元			
社会效益比较			
年经济效益			
结论			

第三节　工艺流程设计

当产品方案确定以后,即可进行各主要产品(包括综合利用产品)的工艺流程的设计工作。

工艺流程是各种产品生产所采用的方法、步骤和途径及其各环节必需的技术参数。工艺流程是表示一个生产车间或工段自原料或半成品开始,经不同加工处理方法,直至成为合乎要求的半成品或最终产品的工艺要求和生产过程。

工艺流程设计是确定食品生产过程的具体内容、顺序和组合方式,最后以工艺流程图的形式表示出整个生产过程的全貌。工艺流程设计是食品工厂设计中非常重要的环节,它通过工艺流程图的形式形象地反映食品生产由原料进入产品产出的过程,其中包括物料和能量的流向,以及生产中所经历的工艺过程和使用的设备与仪表。

工艺流程设计是工艺设计的核心,在整个食品工厂工艺设计中,工艺计算、设备选型、设备布置等都与工艺流程有着直接关系。只有工艺流程确定后,其他各项工作才能开展。由于工艺流程涉及各个方面,而各个方面的变化又反过来影响工艺流程的设计,甚至使工艺流程发生较大的变化,因此,一般情况下,工艺流程在整个工艺设计中开始得较早,而往往结束得最晚。

一、工艺流程设计的任务与程序

1. 工艺流程设计的主要任务

(1)确定生产流程中全部生产过程的具体内容、顺序和组合方式,达到由原料制得所需产品的目的。

(2)绘制工艺流程图,要求以图纸的形式表示食品生产由原料经过各个单元操作到最终产品的全部过程中物料和能量的变化及其流向,以及采用了哪些设备、管道和仪表等。

在食品生产过程中,为了保证产品的质量,对于不同品种的原料应选择不同的工艺流程。即使原料品种相同,如果所确定的工艺路线和条件不同,不仅会影响产品质量,还会影响到工厂的经济效益。所以,我们对所设计的食品厂的主要产品工艺流程应进行认真探讨和论证,在选择生产工艺流程时不仅要考虑不同食品的工艺特点,也要确保工业流程的先进性与科学性。

2. 工艺流程设计的基本程序

(1)根据可行性、可靠性、先进性等原则选择合适的工艺流程。

(2)确定工艺流程的组成和顺序,包括设备的条件参数、顺序以及介质的性质和规格。

(3)确定生产线数目,即根据产品方案及生产规模,视生产实际情况,结合投资大小,确定生产线及生产线数目。如果产量大,可采用几条生产线,以便生产调剂,设备护理等。

(4)确定生产线自动化程度。生产线有间歇和连续两种,在确定生产线自动化程度时,根据生产特点和技术成熟性,结合生产规模,一般采用先进、经济、合理的自动化生产线,高品质产品生产配以自动化在线检测,以保证产品质量。

(5)最后进行工艺流程图的设计。

二、工艺流程选择的原则

在制定工艺流程时，必须通过分析比较相关因素，充分证实它在技术上是先进的，在经济上是高效益的，并且符合设计计划任务书的相关要求。

因此，制定工艺流程必须遵循以下原则：

(1)尽量选用先进、成熟、高效率低能耗的新设备，生产过程尽可能做到连续化，提高机械化和自动化生产能力，以保证产品的质量和产量。

(2)根据原料性质和产品规格要求拟订工艺流程。外销产品严格按合同规定拟订。

(3)注意经济效益，尽量选投资少、消耗低、成本低、产品收效高的生产工艺。

(4)充分利用原料，尽可能做到原料的综合利用。

(5)要重视"三废"处理效果。减少"三废"处理量。治理"三废"项目与主体工程同时设计、同时施工。选用产生"三废"少或经过治理容易达到国家规定的"三废"排放标准的生产工艺。

(6)对特产或名优产品不得随意更改其工艺过程；若需改动必须要经过反复试验、专家鉴定后，上报相关部门批准，方可作为新技术用到设计中来；非定型产品，需技术成熟后，方可用到设计中来。

(7)对科研成果，必须经过中试放大后，才能应用到设计中；对新工艺的采用，需经过有关部门鉴定，才能应用到设计中来。

生产工艺流程设计工作是一项重要而复杂的工作，所涉及的范围大，直接影响建厂的效益。工艺流程设计是指确定生产过程的具体内容、顺序和组合方式，并最后以工艺流程图的形式表示出整个生产过程的全貌。

在设计工艺流程时有几点注意事项：

(1)根据所生产的产品品种确定生产线的数量，若产品加工的性质差别很大，就要考虑几条生产线来加工。

(2)根据生产规模，投资条件，确定操作方式。对于目前我国的实际情况，采用半机械化，机械化操作很广泛，自动化操作是发展方向。

(3)确定主要产品工艺过程。

(4)在主要产品的工艺流程确定后，就要确定工艺过程中每个工序的加工条件。

(5)正确选择合理的单元操作，确定每一单元操作中的方案及设备的形式。

三、工艺流程的选择与优化

工艺流程是实现产品生产的技术路线，指将原料经过各个单元操作处理转变为产品的方法和过程，包括实现这一转变的全部技术措施。工艺流程的研究与优化主要是研究在一定的工艺条件下，如何用最合适的生产路线和生产设备，以及最节省的投资和操作费用，生产出最佳产品的工艺过程。通过对工艺流程的研究及优化，能够尽可能地挖掘出设备的潜能、找到生产瓶颈、寻求解决的途径,以达到产量高、功耗低和效益好的生产目标。

由于生产规模不同、技术水平不同,不同的食品工厂所采用的工艺流程也不一样,即使生产同一种食品,采用同一种生产路线,也可以采用不同的配方,同样即使采用同一种配方也可采用不同的生产路线。

选择生产路线就是选择生产方法,这对工艺计算、设备选型,以及车间布置等均有影响,甚至对产品的质量也有影响,因此,必须认真对待,通过分析研究、比较筛选,从多个不同的生产路线选择一个最佳的路线作为后续工艺流程设计的依据。在可供选择的多种生产方法中,选出技术先进、经济合理的工艺路线,以保证项目投产后能达到高产、低耗、优质和安全运转。

食品生产工艺流程主要由若干个单元操作所组成,因此,在工艺流程的分析优化时,一般可将工艺流程分解成若干个单元操作,运用有关的工程及工艺原理对每一个单元操作逐一分析优化,使生产成本降低、生产过程和工艺条件达到最优。

若采用的是现有工艺流程,通过分析与评价,可以掌握该流程具有哪些特点,存在哪些不合理、应改进的地方,与国内外相近流程比较,有哪些值得借鉴的措施和方案,使其得到不断优化。如果是新开发或新设计的工艺流程,通过评价可以使其不断完善和优化,成为一个先进流程。

四、工艺流程图的设计程序

把各个生产单元按照一定的目的和要求,有机地组合在一起,形成一个完整的生产工艺过程,并用图形描绘出来,即工艺流程是一种示意性的图样,它以形象的图形、符号、代号表示出生产设备、管路、附件和仪表自控等,以表达一个食品生产过程中物料能量的变化始末。工艺流程图是工程项目设计的一个指导性文件,它涉及面广,设计周期长,因此一般需要分阶段进行。

食品生产工艺流程图的设计可按照国家行业标准《化工工艺设计施工图内容和深度统一规定》(HG/T 20519.2—2009)和《管道仪表流程图设计规定》(HG/T 20519.1—1993)的规定执行。工艺流程图设计一般由浅入深,由定性到定量进行,根据所处的阶段不同,工艺流程图有初步设计阶段的工艺流程框图、方案流程图和物料流程图等,也有施工设计阶段使用的带控制点的工艺流程图。

(一)工艺流程框图

又称方框流程图,在物料衡算前进行。用方框、文字和箭头等定性表述由原料转变为半成品和成品的过程及应用的相关设备。内容包括工序名称、完成该工序工艺操作手段(手工或机械设备名称)、物料流向、工艺条件等。在方框图中,以箭头表示物料流动方向,具体内容参见图2-1~图2-6。

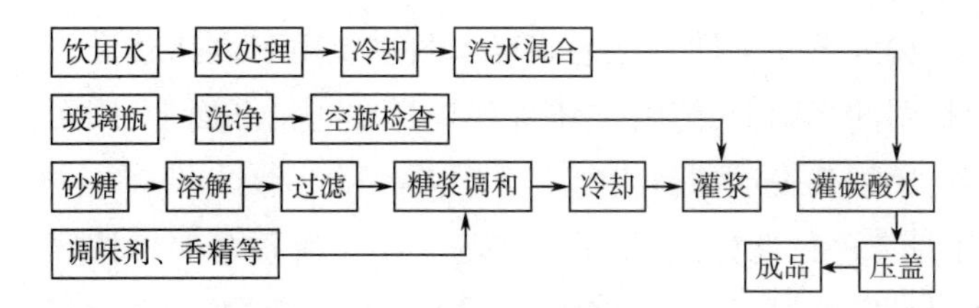

图 2-1　碳酸饮料生产工艺流程方框图

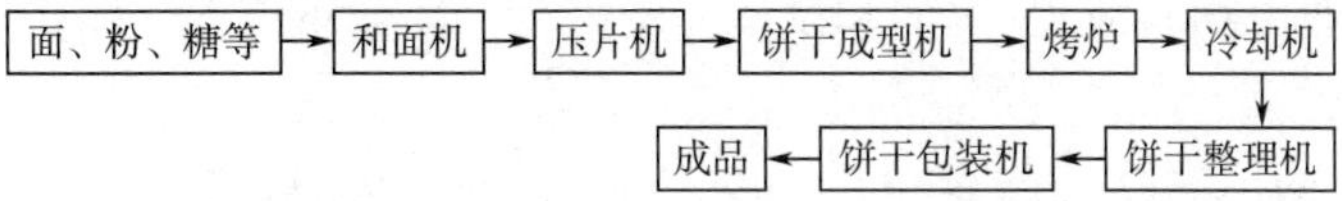

面、粉、糖等 → 和面机 → 压片机 → 饼干成型机 → 烤炉 → 冷却机 → 饼干整理机 → 饼干包装机 → 成品

图 2-2　饼干生产工艺流程方框图

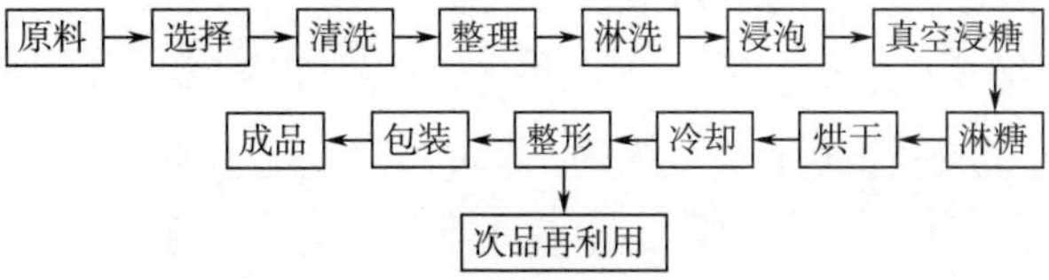

原料 → 选择 → 清洗 → 整理 → 淋洗 → 浸泡 → 真空浸糖 → 淋糖 → 烘干 → 冷却 → 整形 → 包装 → 成品

整形 → 次品再利用

图 2-3　果脯生产工艺流程方框图

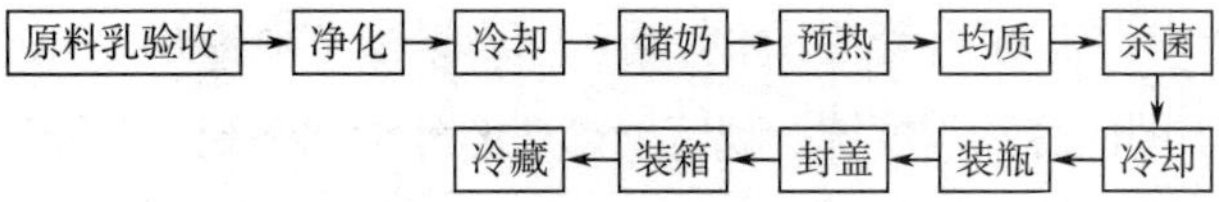

原料乳验收 → 净化 → 冷却 → 储奶 → 预热 → 均质 → 杀菌 → 冷却 → 装瓶 → 封盖 → 装箱 → 冷藏

图 2-4　消毒牛乳生产工艺流程方框图

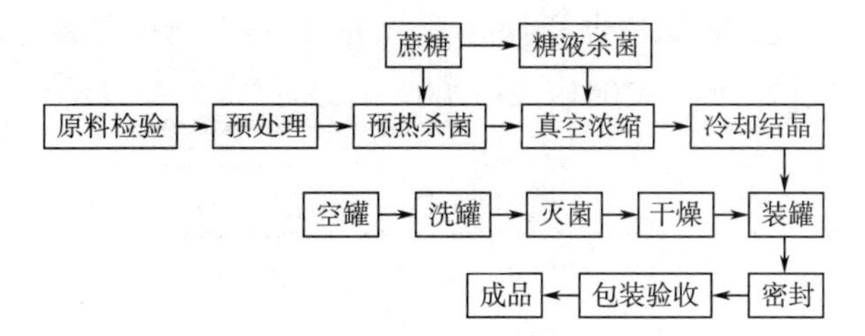

图 2-5　甜炼乳生产工艺流程方框图

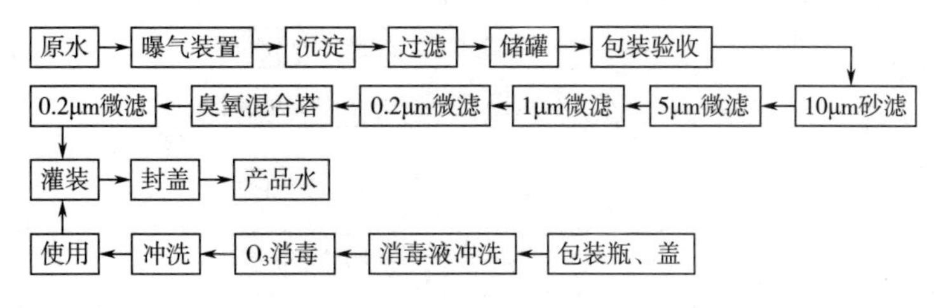

图 2-6　纯净水生产工艺流程方框图

（二）工艺流程草图

工艺流程草图又称方案流程图、流程示意图、流程简图等，是在工艺路线选定后，进行概

念性设计时完成,不编入设计文件。工艺流程草图主要用于表达整个工厂或车间生产流程的图样,是在流程框图的基础上,把设备和流程展开在同一平面上,用图例表示出主要工艺设备的位号和名称,用箭头表示物料流向。

流程草图由于没有进行计算,绘图时设备的大小没有要求严格按照实际的尺寸比例进行绘制,流程草图只是定性地标出由原料转化成产品的变化、流向顺序以及生产中采用的各种单元操作及设备(图2-7~图2-10)。

流程草图一般由物料流程、图例和设备一览表三个部分组成。

(1)物料流程。

设备示意图:图中的设备只画出大致轮廓和示意结构,甚至可以用一个方框代替。设备的相对位置高低也不要求准确,备用设备在流程草图中一般可省略不画,但设备一般都要编号,并在图纸空白处按编号顺序集中列出设备名称。

流程管线及流向箭头:流程草图中应画出全部物料管线和一部分动力管线(如水、蒸汽、压缩空气和真空等)。物料管线用粗实线画出,动力管线用中粗实线画出。在管线上用箭头表示物料的流向。

文字注解:在流程草图的下方或图纸的其他空白处列出各设备的编号和名称;在管线的上方或右方用文字注明物料的名称;在流程线的起始和终了处注明物料的名称来源及去向。

(2)图例。图例中只需标出管线图例,阀门、仪表等无须标出。工艺流程图的图例可参考《化工工艺设计施工图内容和深度统一规定 第2部分工艺系统》(HG/T 20519.2—2009)、《粮油工业用图形符号、代号 第1部分:通用部分》(GB/T 12529.1—2008)以及国家石油化工行业标准《石油化工流程图图例》(SH/T 3101—2017)相关要求绘制。

(3)设备一览表。设备一览表也只包括序号、位号、设备名称和备注,有时可省略设备一览表和图框。设备位号按HG/T 20519.2—2009执行,每台设备只编一个位号,由四个单元组成,如下所示:

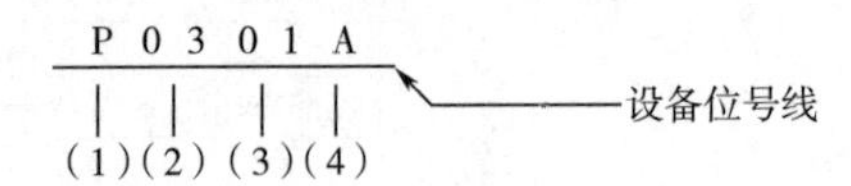

这四个单元依次是:设备类别代号;设备所在主项的编号;主项内同类设备顺序号;相同设备的数量尾号。

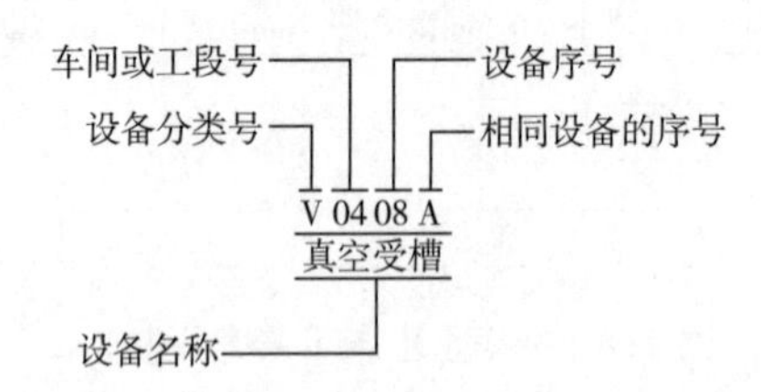

设备类别代号:按设备类别编制不同的代号,一般取设备英文名称的第一个字母(大写)做代号,具体规定如表2-4所示。

表 2-4　设备类别及代号

设备类别	代号	设备类别	代号
塔	T	火炬、烟囱	S
泵	P	容器(槽、罐)	V
压缩机、风机	C	起重运输设备	L
换热器	E	计量设备	W
反应器	R	其他机械	M
工业炉	F	其他设备	X

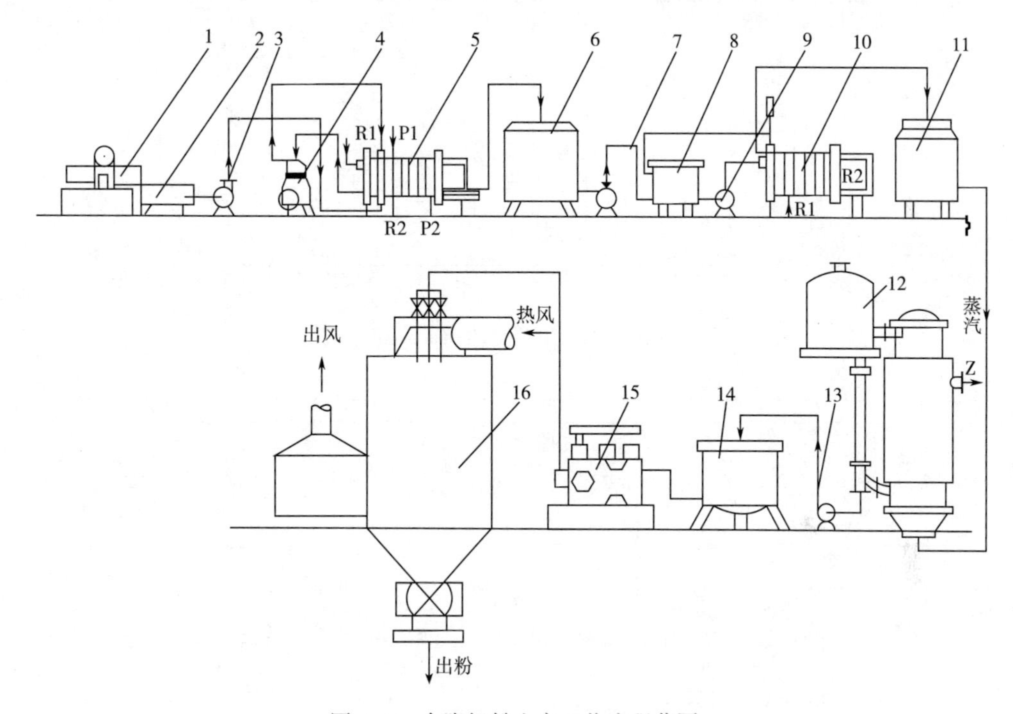

图 2-7　全脂奶粉生产工艺流程草图

1—磅奶秤　2—受奶槽　3,7,9,13—奶泵　4—标准化　5—预热冷却器　6—储奶缸　8—平衡缸　10—片式热交换器　11,14—暂存缸　12—单效升膜式浓缩锅　15—高压泵　16—压力喷雾塔

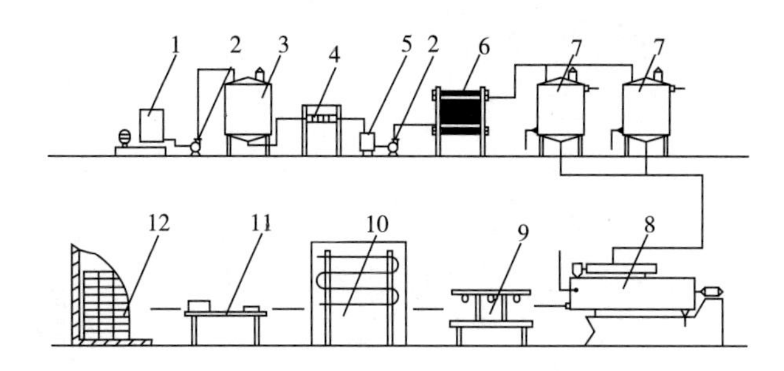

图 2-8　冰淇淋生产工艺流程草图

1—高速搅拌器　2—奶泵　3—配料　4—高压均质机　5—平衡罐　6—版式杀菌、冷却机　7—老化罐　8—凝冻机　9—注杯罐装机　10—速冻隧道　11—外包装机　12—冻藏库

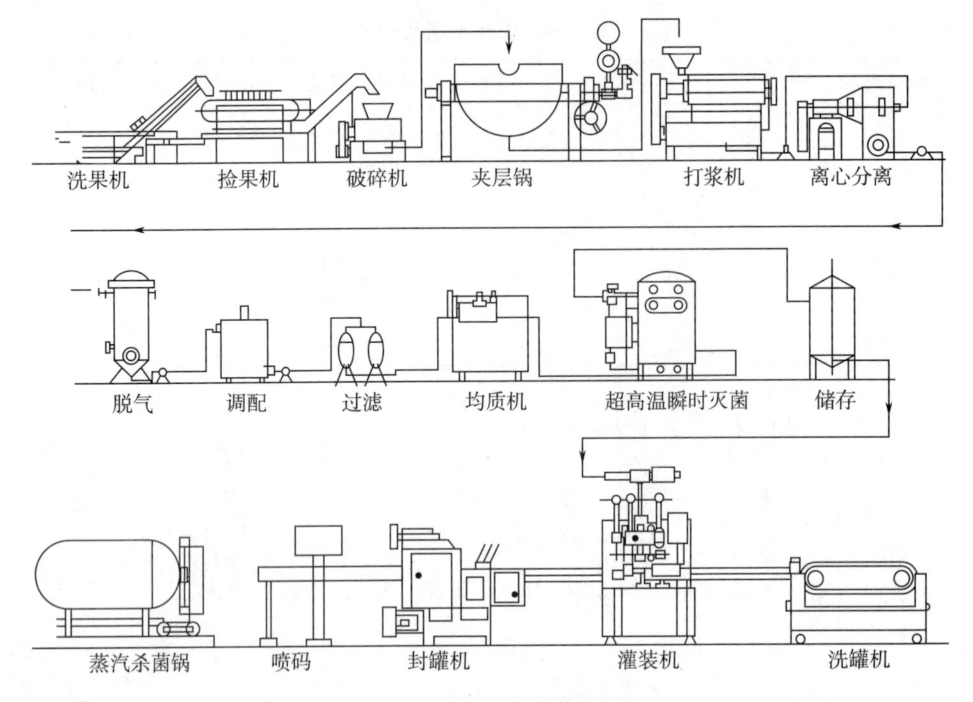

图2-9 果汁生产工艺设备流程草图

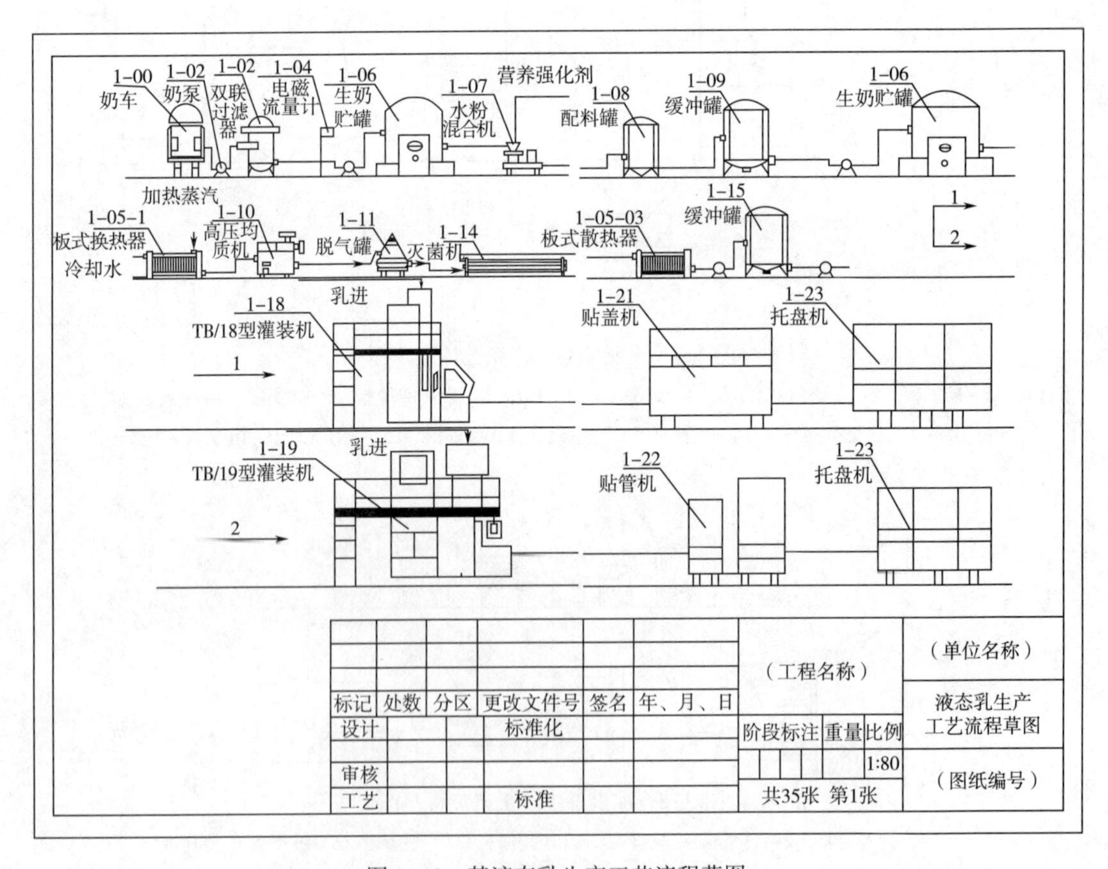

图2-10 某液态乳生产工艺流程草图

(三)工艺流程(process flow diagram,PFD)图

工艺流程图是在完成了物料衡算和热量衡算后根据工艺计算结果绘制的,由工艺专业人员完成。工艺流程图主要反映工艺计算的成果,使设计流程定量化。

它包含了整个装置的主要信息、操作条件(温度、压力、流量等)、物料衡算(各个物流点的性质、流量、操作条件等都在物流表中表示出来)、热量衡算(热负荷等)、设计计算(设备的外形尺寸、传热面积、泵流量等)、主要控制点及控制方案等。

工艺流程图的内容、画法和标注与工艺流程草图基本一致,只是增加了以下内容:设备的位号、名称下方,注明了一些特性数据或参数;如换热器的换热面积、贮罐的容积、机器的型号等。流程的起始部位和物料产生变化的设备之后,列表注明物料变化前后组分的名称、流量、组成等参数,按项目和具体情况增减。表格线和引线都用细实线绘制。

PFD图主要包括:设备、工艺管道及介质流向、工艺参数及操作条件、物料流率及关键物料组成和关键特性数据、加热及冷却设备热负荷等。

设备图形按设备外形绘制,尽量按比例。但有时简单的流程外形不必精确,常采用标准规定的设备标示方法,简化绘制。

要标注设备的位号及名称,有些主要设备应注明其特殊材质、主要工艺操作条件和结构特征,如不锈钢、高锰钢、反应温度、压力等。

对于物料发生变化的设备,要从物料管上画一个引出线,并于引出线端用列表的形式表示物料的组成、名称、质量流量、质量分数等。如果组分复杂,变化又较多,在物流图的管线旁很难一一列表表达时,也可以把物流表作为图的附件,或将图纸延长,或者单独汇编成册,与管道编号相对照列出。

物料的某些工艺参数,例如物料温度、压力等可在流程线旁注明。

(四)带控制点的工艺流程(piping and instrument diagram,PID)图

带控制点的工艺流程图,又称工艺管道和仪表流程图,它是在PFD的基础上,借助统一规定的图形符号和文字代号,用图示的方法把食品生产过程所需的设备、仪表、管道、阀门及主要管件,按其各自功能,为满足工艺要求而组合起来,以达到描述工艺装置的结构和功能的作用。

PID图应根据工艺流程图和公用工程流程图的要求,详细地表示装置的全部设备、仪表、管道和其他公用工程设施,为工艺、自控、设备、电气、电讯、配管、管机、管材、设备布置和给排水等专业及时提供相应阶段的设计信息。因此,PID图需由工艺、管道安装和自控等专业共同完成。

PID图包括的内容主要有:

(1)图形。用规定的图形符号和文字代号将各设备的简单形状按工艺流程次序,配以连接的主辅管线及管件、阀门、仪表和控制方法等展示在同一平面图上。

(2)标注。对上述图形内容进行编号和标注;注写设备位号和名称、必要的参数或尺寸、管道代号、管径、材料、保温、控制点代号等信息。

(3)图例。代号、符号及其他标注的注明,有时还有设备位号的索引等。

(4)标题栏。注明图名、图号、设计阶段等。有些图中还加入备注栏、详图和表格等项。

具体设计可参考《化工工艺设计施工图内容和深度统一规定》(HG/T 20519.2—2009)。

生产工艺流程的设计或绘制是随着工艺设计的展开而逐步进行的,它是一项非常复杂而细致的工作,除了少数工艺流程十分简单外,一般都需要经过反复推敲、精心安排,不断修改和完善才能完成。在整个工艺流程图的绘制过程常常要与物料计算、能量计算、设备设计计算与选型以及车间布置设计等交叉进行。

工艺流程图的分类

一般在设计工艺流程时,生产方法和生产规模确定后就可以考虑设计并绘制生产工艺流程框图和草图了,然后进行物料衡算、能量衡算以及部分设备的设计计算,待设备设计全部完成后,再修改、补充和完善工艺流程草图,形成物料流程图,再经过车间布置设计,除了将全部的设备按工艺流程顺序排列好外,还将管道、阀门、管件及仪表等全部表现出来,最终完成工艺管道与仪表流程图的绘制工作。工艺管道与仪表流程图更加全面、完整、合理,是设备布置和管道设计的依据,并可供施工安装、生产操作、检查维修时参考。

第四节　食品工厂设计中的平衡计算

为了能够对食品工厂进行科学管理、减少损耗、正确进行生产线设备选型,在食品工厂设计和食品生产过程中需要做好各项平衡计算工作。

食品工厂设计中的平衡计算主要包括:

(1)原辅材料及包装材料的平衡计算。

(2)用水量的计算。

(3)能量平衡计算,包括热量计算和耗冷量计算,而食品工厂的热量主要由蒸汽提供,因此热量计算一般指蒸汽用量的计算。

在一个工厂或一个车间内,平衡计算时一般需要遵循质量守恒定律和能量守恒定律两个基本定律。

一、物料衡算

物料衡算包括生产某产品所需要的原辅料和包装材料的计算。通过物料衡算,可以确定各种主要物料的采购运输量和仓库贮存量,并为生产过程中所需的设备、劳动力定员及包装材料等需要量的确定提供依据。

物料衡算是工艺计算的基础,是整个工艺计算工作中最早开始,并且是最先完成的项目。当产品方案和产品工艺流程确定并完成了工艺流程示意图设计后,即可进行物料平衡计算。

物料衡算作为食品工厂设计中的平衡计算的重要组成部分,其中蕴含着食品工厂设计者严谨的科学精神、满满的社会责任、职业伦理和工匠精神。

物料衡算的方法和步骤

物料衡算所依据的是质量守恒定律，即对于一定的衡算系统，它的进出物料的总量不变，用公式表示为：

$$G_{进}=G_{出}+G_{损}$$

式中：$G_{进}$——进入系统的物料量；

$G_{出}$——输出系统的物料量；

$G_{损}$——在系统中损失的物料量。

进行计算物料时，必须使原料、辅料的质量与经过加工处理后所得的成品及损耗量相平衡。加工过程中投入的辅料按正值计算，加工过程中的物料损失按负值计入。这样，可以计算出原料和辅料的消耗定额，绘制出原料、辅料耗用表和物料平衡图。并能为下一步进行设备计算、热量计算、管路设计等提供依据和条件。还能为劳动定员、成本核算等提供计算依据。因此，物料衡算在工艺设计中是一项既细致又重要的工作。

根据物料衡算结果，可进一步完成下列的设计工作：

(1)确定生产设备的型号、个数和主要尺寸。

(2)生产工艺设备流程图的设计。

(3)水、蒸汽、热量和冷量平衡计算。

(4)车间布置、运输量、仓库储存量、劳动定员、成本核算、管线设计。

在工厂建成投产后，同样可利用物料衡算，针对所用的生产工艺流程、生产车间或设备，利用可观测的数据去计算某些难于直接测定计量的参变量，从而实现对现行生产状况进行分析，找出薄弱环节，进行革新改造，挖掘生产潜力，制定改进措施，提高生产效率，提高正品率，减少副产品、杂质和三废排放量，降低投入和消耗，从而提高企业的经济效益。

根据设计的范围和需求来确定具体衡算范围，既可以是一个完整的生产全过程，也可是某一台设备或一组设备，例如在进行某一设备设计时则只需做局部的物料衡算。

选择恰当的计算基准可使整个计算过程得到简化，否则会增加计算难度，甚至于无法得到计算结果。通常，应选取生产过程中的物料是不随生产变化的一个物理量。例如对连续稳定生产过程，常选单位时间物料量作为计算基准，通常采用班产量；对间接操作过程，以每批处理的物料量作为计算基准，单位质量(G)、体积(V)、物质的量(mol)的产品或原料为计算基准；有化学变化过程，以质量为计算基准。

1. 物料衡算的基本方法——技术经济定额指标法

技术经济定额指标法是以“技术经济定额指标”为计算的基本资料。原辅料消耗定额是指在生产企业现有的正常生产条件下，在企业内部平均设备状况和平均劳动熟练程度下，在一段时间内生产某单位产品所耗用原辅料的平均值。物料计算中所用的原辅料定额指标是指各食品加工厂在生产实践中积累起来的关于原辅料与产品投入和产出方面的经验数据。这些数据因具体食品工厂的地区差别、机械化程度、原料品种、成熟度、新鲜度及操作条件等的不同会出现一定的幅度变化,选用时要根据具体情况而定。

运用技术经济定额指标法计算时,常以班产量作为计算基准,其计算公式如下:

每班耗用原料量(kg/班)=单位产品耗用原料量(kg/t)× 班产量(t/班)

每班耗用各种辅助材料量(kg/班)=单位产品耗用各种辅助材料量(kg/t)× 班产量(t/班)

每班耗用包装容器量(只/班)=单位产品耗用包装容器(只/t)× 班产量(t/班)×(1+损耗率)

以上仅指一种原料生产一种产品的计算方法,如一种原料生产两种以上产品时,则需分别求出各产品的用量,再汇总求总量。

2. 物料衡算的计算步骤

物料衡算法是在产品的配方及原料利用率和中间产品的物量分配比率基本已知条件下进行的计算方法。

物料衡算的基本依据是质量守恒定律,即引入系统(或设备)操作的全部物料质量必等于操作后离开该系统(或设备)的全部物料质量和物料损失之和。而食品生产和其他化工生产一样,有连续式或间歇式操作方法,连续操作又可分成有物料再循环和物料不循环两类。故在进行物料衡算时,必须遵循一定的方法步骤。

对于较复杂的物料平衡计算,通常可按下述步骤进行:

(1)弄清题意和计算的目的要求。要充分了解物料衡算的目的要求,从而决定采用何种计算方法。

(2)绘出工艺流程示意图。为了使研究的问题形象化和具体化,使计算的目的正确、明了,通常使用框图和线条图显示所研究的系统。图形表达方式宜简单,但代表的内容应准确、详细。把主要物料(原料或主产品)和辅助物料(辅助原料或副产品)都应在图上标示清楚,并尽可能标出各物料的流量、组成、温度和压力等参数,不得有错漏,故必须反复核对。

(3)写出生物反应方程式。根据工艺过程发生的生物反应,写出主反应和副反应的方程式。

(4)收集设计基础数据和有关物化常数。需收集的数据资料一般应包括:生产规模,班产量,年生产天数,原料、辅料和产品的规格、组成及质量,原料的利用率等。还有整个工艺过程各工序有关物料的数量,浓度,含水率等,常用的物化常数如密度、比热容等,可在相应的化工、生化设计手册中查到。

(5)确定工艺指标及消耗定额等。设计所用的工艺指标、原材料消耗定额及其他经验数据,可根据所用的生产方法、工艺流程和设备,对照同类型生产工厂的实绩水平来确定,这必须是先进而又可行的,它是衡量企业设计水平高低的标志。

(6)选定计算基准。计算基准是工艺计算的出发点,选得正确,能使计算结果正确,而且可使计算结果大为简化。因此,应该根据生产过程特点,选定统一的基准。在工业上,常用的基准有:①以单位时间产品量或单位时间原料量作为计算基准。这类基准适用于连续操作过程及设备的计算。如酒精工厂设计,可以每小时所需原料量或每小时产酒精量为计算基准。②以单位重量、单位体积或单位摩尔数的产品或原料为计算基准。对于固体或液体常用单位质量吨(t)或千克(kg),对于气体常用单位体积或单位摩尔数(L、m^3 或 mol),热量一般以焦耳为单位(J)。例如啤酒工厂物料衡算,可以 100 kg 原料作为计算基准进行计算,或以 100 L 啤酒作为计算基准进行计算。③以加入设备的一批物料量为计算基准。如啤酒生产,味精、酶制剂、柠檬酸生产,均可以投入糖化锅、发酵罐的每批次物料量为计算基准。

上述第②和③类基准常用于间歇操作过程及设备的计算。

(7)由已知数据,根据物料衡算式进行物料衡算。根据物料衡算式和待求项的数目列出数学关联式,关联式数目应等于未知项数目。当关联式数目小于未知项数时,可用试差法求解。

(8)校核与整理计算结果,列出物料衡算表,如表 2-5 所示。

表 2-5 物料衡算表

引入物料						排出物料					
序号	物料名称	组成/%	100%物料量/kg	密度/(kg/m^3)	体积/m^3	序号	物料名称	组成/%	100%物料量/kg	密度/(kg/m^3)	密度/(kg/m^3)
1 2 …						1 2 …					
合计						合计					

(9)绘出物料流程图。根据计算结果绘制物料流程图。物料流程图能直观地表明各物料在生产工艺过程的位置和相互关系,是一种简单、清楚的表示方法。物料流程图要作为正式设计成果,编入设计文件,以便于审核和设计施工。最后,经过各种系数转换和计算,得出原料消耗综合表(表 2-6)和排出物综合表(表 2-7)。

表 2-6 原料消耗综合表

序号	原料名称	单位	纯度/%	每吨产品消耗定额/t		每天或每小时消耗量/t		年消耗量/t		备注
				工业品	100%	工业品	100%	工业品	100%	

表 2-7 排出物综合表

序号	名称	特性成分	单位	每吨产品排出量/t	每小时排出量/t	每年排出量/t	备注

3. 物料衡算实例

实例一：397 g 装的原汁猪肉罐头的物料衡算(图 2-11)

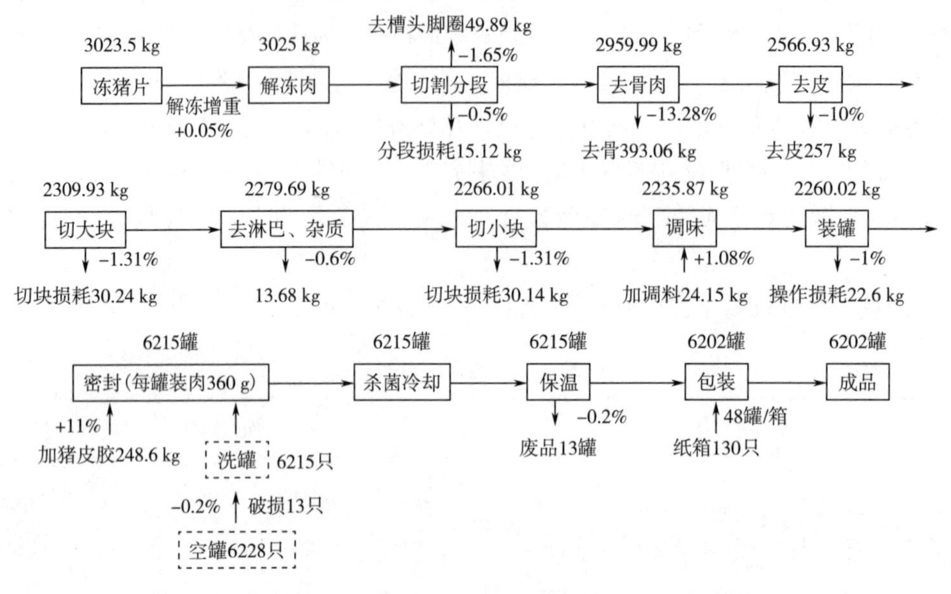

图 2-11 397 g 装原汁猪肉罐头工艺流程示意图(附每道工序的实测数据)

已知每班用原料冻条肉 3023.5 kg，解冻后增重 0.05%，得到 3025 kg 肉；然后去槽头脚圈 49.89 kg(占解冻肉的 1.65%)，分割损耗 15.12 kg(占解冻肉的 0.5%)，得分割肉 2959.99 kg；去骨 393.06 kg(占分割肉的 13.28%)，得去骨肉 2566.93 kg，去皮 257 kg(占去骨肉的 10%)，得去皮肉 2309.93 kg……(以下计算略)。

成品 397 g 原汁猪肉罐头 6202 罐，合计：6202 罐×397 g/罐 = 2462.2(kg)

根据所耗用的原料量和所得的成品量，即可求出原料的消耗定额为：

$$\frac{3023.5}{2462.2} \approx 1.23 \text{ (t 原料/t 成品)}$$

实例二：班产 20 t 蘑菇罐头的物料计算

表 2-8 中"指标"一栏给出了一般的蘑菇罐头生产的原料消耗定额，以该定额作为计算依据，计算时常以"班"产量作为计算基准。

表 2-8 班产 20 t 蘑菇罐头的物料计算

项　目	指　标	每班实际量
成品		20.06 t
其中 850 g 装 30%	成品率 99.7%	6.018 t
整菇 60%		3.611 t
片菇 40%		2.407 t

续表

项　　目	指　　标	每班实际量
425 g 装 50%		10.03 t
整菇 60%		6.018 t
片菇 40%		4.012 t
284 g 装 20%		4.012 t
整菇 60%		2.407 t
片菇 40%		1.605 t
蘑菇消耗量		
850 g 整菇	0.87 t/t 成品	3.14 t
850 g 片菇	0.88 t/t 成品	2.12 t
425 g 整菇	0.90 t/t 成品	5.42 t
425 g 片菇	0.90 t/t 成品	3.61 t
284 g 整菇	0.91 t/t 成品	2.20 t
284 g 片菇	0.92 t/t 成品	1.48 t
合计		17.97 t
食盐消耗量	22 kg/t	455 kg
空罐耗用量	损耗率 1%	
9124 号	1189 罐/t	7155 只
7114 号	2377 罐/t	23841 只
6101 号	3556 罐/t	14267 只
纸箱耗用量		
9124 号	24 罐/箱	296 只
7114 号	24 罐/箱	984 只
6101 号	48 罐/箱	295 只
劳动工日消耗	15~18 工日/t	300~360 人

下面以 850 g 装整菇罐头为例，进行物料计算。

（1）每班实际生产量计算。成品率 99.7%，班产 20 t 成品罐头需每班实际生产量为：20÷99.7%=20.06（t）。

每班实际生产 850 g 装整菇罐头量为：20×30%×60%÷99.7%=3.611（t）。

（2）每班整菇原料消耗量计算。850 g 装整菇罐头的每吨成品所需整菇原料为 0.87 t，则生产 850 g 装整菇罐头每班实际所需整菇原料消耗量为：3.611×0.87=3.14（t）。

（3）每班空罐耗用量计算。每班实际生产 850 g 装罐头（包括整菇和片菇，其包装所用罐形一致）量为 6.018 t，每吨产品需用 9124 号空罐 1189 只，每班共需 9124 号空罐量为：6.018×1189=7155（只）。

(4)每班包装纸箱耗用量计算。生产850 g装罐头(包括整菇和片菇),7155只罐头在生产过程中损耗1%,每个纸箱包装24只罐头,则每班共需包装9124号罐头的包装纸箱量为:7155×99%÷24=296(只)。

(5)其他不同规格产品的计算方式可以类推,将所有计算结果汇总后填入物料衡算表中。

在进行物料衡算时,往往通过查阅相关手册,先查得原辅料消耗定额,然后根据各工序的得率分步进行计算。以下列举了部分食品原料利用率表(表2-9)以及几种食品的原辅料消耗定额表(表2-10、表2-11),供参考。

表2-9　部分食品原料利用率表

序号	原料名称	工艺损耗率	原料利用率
1	芦柑	皮24.74%,核4.38%,碎块1.97%,坏柑6.21%,损耗6.66%	56.04%
2	蕉柑	皮29.43%,核2.82%,碎块1.84%,坏柑2.6%,损耗3.53%	59.78%
3	菠萝	皮28%,根、头13.06%,蕊5.52%,碎块5.53%,修整肉4.38%,坏肉1.68%,损耗8.10%	33.73%
4	苹果	果皮12%,籽核10%,坏肉2.6%,碎块2.85%,果蒂梗3.65%,损耗4.9%	33.73%
5	枇杷	草种—果梗4.01%,皮核42.33%,果萼3%,损耗4.66%	46%
		红种—果梗4%,皮核41.67%,果萼2.5%,损耗3.05%	48.78%
6	桃子	皮27%,核11%,不合格10%,碎块5%,损耗1.5%	50.5%
7	生梨	皮14%,果籽10%,果梗带4%,碎块2%,损耗3.5%	66.5%
8	李子	皮22%,核10%,果蒂1%,不合格5%,损耗2%	60%
9	杏子	皮20%,核10%,修正2%,不合格4%,损耗2.5%	61.5%
10	樱桃	皮2%,核10%,坏肉%,不合格10%,损耗2.5%	71.5%
11	青豆	豆53.52%,废豆4.92%,损耗1.27%	40.29%
12	番茄(干物质28%~30%)	皮渣6.47%,蒂5.20%,脱水72%,损耗2.13%	14.2%
13	猪肉	出肉率66%(带皮带骨),损耗8.39%,副产品占25.61%,其中:头5.17%,心0.3%,肺0.59%,肝1.72%,腰0.33%,肚0.9%,大肠2.16%,小肠1.31%,舌0.32%,脚1.72%,血2.59%,花油2.59%,板油3.88%,其他2.03%	—
14	羊肉	出肉率40%,损耗20.63%,副产品占39.37%,其中:羊皮8.42%,羊毛3.95%,头6.9%,心0.66%,肺1.31%,肝2.69%,肚3.60%,肠1.31%,舌0.32%,脚2.63%,血4.47%,油2.7%,其他0.73%	—
15	牛肉	出肉率38.33%(带骨出肉率≤72%),损耗12.5%,副产品占49.17%,其中:骨14.67%,皮9%,头5.17%,心0.52%,肺1.17%,肝1.37%,腰0.22%,肚2.4%,肠1.5%,舌0.39%,头肉2.27%,血4.62%,油3.28%,脚筋0.31%,牛尾0.33%,其他7.12%	—

表 2-10　糖水水果罐头主要原辅料消耗定额参考表

编号	产品			固形物装入量/(kg/t)	原料定额		辅料定额	工艺损耗率/%					利用率/%	备注
	名称	净重/g	固形物含量/%		名称	数量/(kg/t)	糖	皮	核	不合格料	增重(-)脱水(+)	其他损耗		
601	糖水橘子	567	55	670	大红袍	970	138	21	7	—	—	1	69	半去囊衣
601	糖水橘子	567	55	670	早橘	900	147	19	4	—	—	2.5	74.5	半去囊衣
601	糖水橘子	312	55	641	本地早	1070	111	24	8	—	—	8	60	半去囊衣
601	糖水橘子	312	55	721	温州蜜柑	1100	93	27	—	—	—	8	65	无核橘全去囊衣
602	糖水菠萝	567	58	660	沙捞越	2000	120	65	65	—	—	2	33	—
602	糖水菠萝	567	54	660	菲律宾	2200	115	65	65	—	—	5	30	—
605	糖水荔枝	567	45	485	乌叶	900	147	19	17	6	—	4	54	—
605	糖水荔枝	567	45	511	槐枝	1020	120	47	47	—	—	3	50	—
606	糖水龙眼	567	45	510	龙眼	1000	126	21	19	—	—	9	51	—
607	糖水枇杷	567	40	441	大红袍	860	180	16	26	—	—	7	79	—
608	糖水杨梅	567	45	521	荸荠种	660	156	—	—	14	—	7	79	—
609	糖水葡萄	425	50	647	玫瑰香	1000	110	—	3	30	1	1	65	核率指剪枝
610	糖水樱桃	425	55	518	那翁	700	507	2	11	7	—	6	74	糖盐渍
611	糖水苹果	425	55	565	国光	796	155	12	13	7	-6	3	71	核率包括花梗
612	糖水洋梨	425	55	553	巴梨	1025	145	18	17	7.6	—	3.4	44	核率包括花梗
612	糖水白梨	425	55	665	秋白梨	942	145	17	14	6.6		2.4	60	—
612	糖水莱阳梨	425	55	541	莱阳梨	1200	145	20	19	7.6	5	3.4	45	—
612	糖水雪花梨	425	55	541	雪花梨	1100	145	19	17	7.6	4	3.4	49	—

续表

编号	产品			固形物装入量/(kg/t)	原料定额		辅料定额	工艺损耗率/%					利用率/%	备注
	名称	净重/g	固形物含量/%		名称	数量/(kg/t)	糖	皮	核	不合格料	增重(-)脱水(+)	其他损耗		
613	糖水桃子	425	60	659	大久保	1100	130	11	15	6.6	4	3.4	60	硬肉
613	糖水软桃	425	60	659	大久保	1200	150	5	15	8.6	10	6.4	55	软肉
613	糖水桃子	425	60	659	黄桃	1200	150	12	16	6	4	7	55	—
613	糖水桃子	425	60	659	其他品种	1345	150	16	18	8	5	4	49	—
614	糖水杏子	425	55	623	大红杏	865	145	15	10	—	1	2	72	—
614	糖水杏子	425	55	623	其他品种	1113	145	20	16	5	—	3	56	—
616	糖水山楂	425	45	594	山楂	1235	180	—	25	22	—	13	40	—
617	糖水芒果	567	55	617	红花芒果	1500	1500	14	37	—	—	8	41	—
621	糖水金橘	567	50	518	柳州金橘	545	545	—	—	2	—	3	95	—
624	什锦水果	425	60	612	合计	880	140	—	—	—	—	—	—	—
				235	苹果	331	—	12	13	7	-6	3	71	—
				94	橘子	168	—	27	6	8	—	4	56	—
				118	菠萝	437	—	65	65	—	—	8	27	—
				66	洋梨	122	—	18	17	7.6	—	3.4	54	—
				66	葡萄	91	—	—	3	20	1	4	72	—
				33	樱桃	52	—	—	14	9	11	3	83	—
627	糖水李子	425	—	601	秋李子	985	160	23	—	12	—	4	81	—
630	干装苹果	1000	—	1000	国光苹果	1500	50	12	13	5	-2	4	67	—
636	双色水果	425	60	700	洋梨	250	18	17	8	4	3	54	—	—
				294	黄桃	600	—	12	18	10	—	7	49	—
	糖水苹果	510	52	530	国光苹果	747	170	12	13	7	-6	3	71	500 mL玻璃罐装
	糖水桃子	510	60	657	黄桃	1217	178	12	17	8	4	4	54	500 mL玻璃罐装
	糖水梨	510	55	549	梨水梨	1120	118	20	18	9.6	—	3.4	49	500 mL玻璃罐装
	糖水橘子	525	50	591	早橘	850	140	21	4	1	—	4	70	500 mL玻璃罐装

表 2-11 蔬菜罐头主要原辅料消耗定额参考表

编号	产品			固形物装入量/(kg/t)	原料定额		辅料定额/(kg/t)				工艺损耗率/%					利用率/%
	名称	净重/g	固形物含量/%		名称	数量/(kg/t)	油	糖	其他		皮	核	不合格料	增重(-)脱水(+)	其他损耗	
									名称	数量						
801	青豆	397	60	600	带壳青豆	1500					58		—	1	1	40
802	青刀豆	567	60	640	白花	710					5			2	3	90
804	花椰菜	908	54	551	花椰菜	1240					44			9	2	45
805	蘑菇	425	53.5	575	整蘑菇	880								-25 55	4.6	65.4
805	片蘑菇	3062	63	677	蘑菇	1035								-25 55	4.6	65.4
807	整番茄	425	55	589	小番茄	607					3					97
					番茄	793								34	2	54
					合计	1400	12									
809	香菜心	198	75	560	腌菜心	1200		150			20			30	3	47
811	油焖笋	397	75	625	早竹笋	3290	80	30			75				6.5	18.5
822	蚕豆	397		554	干蚕豆	280	15						10	-100	2	19.8
823	雪菜	200		875	雪菜粗梗	2500					叶 64				1	35
824	清水荸荠	567	60	608	小桂林	1600					53			7	2	38
825	清水莲藕	540	55	550	莲藕	1400					带泥 30			10	20	40
835	茄汁黄豆	425	70	557	干黄豆	268	20							-110	2	20.8
841	甜酸荠头	198	60	581	荠头坯	1090		170			20				17.5	62.5
847	番茄酱	70	干燥物 28~30	1028	鲜番茄	7200					10			72	3.7	14.3
847	番茄酱	198	干燥物 28~30	1010	鲜番茄	7100					10			72	3.8	14.2
847	番茄酱	198	干燥物 28~24	1010	鲜番茄	5570					10			68	3.8	18.2
851	清水苦瓜	540	85	676	鲜苦瓜	1250					20			20	6	54
854	鲜蘑菇	425	60	324	鲜草菇	980					14			20	2	64
854	原汁鲜笋	552	65	661	春笋	2500					56			10	7.5	26.5

二、水、汽用量计算

大部分食品加工企业在生产中都需要用水、汽(热),特别是水,几乎所有食品厂都要用。

水、汽用量常用“估算”法进行确定。由于种种原因而造成的生产车间水、汽用量不可能得出或计算出与实际用量相符的较精确的数据,但“估算”的结果可为供水、汽管道的管径选择,管道的保温及水处理设备、锅炉选择提供依据。

食品工厂中主要的载热体是饱和水蒸气,有时亦有热油、空气和水,而饱和水蒸汽容易取得,输送方便,对压力、温度与蒸汽量的控制都较容易,同时,饱和蒸汽无毒,且具有较大的凝结潜热,对金属无显著的腐蚀性;价格便宜,可直接和食品接触等优点。所以,食品工厂广泛采用饱和水蒸汽作为载热体。对蒸汽量的消耗、加热面积的大小、加热过程的时间以及加热设备的生产能力,都应通过最大负荷时热量衡算来确定。每台设备在加热过程中所消耗的热量应等于加热产品和设备所消耗的热量、生产过程的热效应以及借对流和辐射损失到周围介质中去的热量之和。

车间用水、汽量由于生产品种存在差异,一般计算有下列两种方法:

(一)用“单位产品耗水耗汽量定额”进行估算

1. 按平均每吨成品的耗水耗汽量来估算

水、汽用量(kg/班)=单位成品耗水、汽量(kg/kg 成品)×班产量

根据对我国部分乳品厂耗水耗汽量数据的调查统计,其单位耗水耗汽量大致如表 2-12 所示。在对某厂进行水、汽耗量估算时可用该表中数据按上式计算每班的耗水耗汽量。

表 2-12　部分乳制品平均每吨成品耗水耗汽量表

产品名称	耗汽量/(t/t 成品)	耗水量/(t/t 成品)	产品名称	耗汽量/(t/t 成品)	耗水量/(t/t 成品)
消毒乳	0.28~0.4	8~10	奶油	1.0~2.0	28~40
全脂乳粉	1.0~1.5	130~150	干酪素	40~55	380~400
全脂甜乳粉	9~12	100~120	乳粉	40~45	40~50
甜炼乳	3.5~4.6	45~60	—	—	—

注　①以上指生产用汽,不包括生活用汽。

②北方气候寒冷,应取较大值。

2. 按设备用水、汽量估算

车间内的耗水、汽量=所有用水、汽设备的用量的总和

表 2-13 和表 2-14 所列为一些设备的用水和用汽量。

表 2-13　一些设备的用水情况表

设备名称	设备能力	用水目的	用水量/(t/h)	进水管径 Dg/mm
真空浓缩锅	300 kg/h	二次蒸汽冷凝	11.6	50
	500 kg/h	二次蒸汽冷凝	30~35	80
	700 kg/h	二次蒸汽冷凝	25	70
	1000 kg/h	二次蒸汽冷凝	39	80

续表

设备名称	设备能力	用水目的	用水量/(t/h)	进水管径 Dg/mm
双效浓缩锅	1000 kg/h 4000 kg/h	二次蒸汽冷凝 二次蒸汽冷凝	35~40 125~140	80 150
常压连续杀菌锅	—	杀菌后冷却	15~20	50
消毒乳洗瓶机	20000 瓶/h	洗净容器	12~15	50
洗桶机(洗乳桶)	180 桶/h	洗净容器	2	20
600 L 冷却缸	—	杀菌冷却	5	20
1000 L 冷却缸	—	杀菌冷却	9	25

注　浓缩锅冷却水量按进水温度 20℃,出水温度 40℃计。

表 2-14　部分乳品用汽设备的用汽量表

设备名称	设备能力	用汽量/(kg/h)	进汽管径 DN/mm	用汽性质
可倾式夹层锅	300 L	120~150	25	间歇
双效浓缩锅	蒸发量 1000 kg/h 蒸发量 400 kg/h	400~500 2000~2500	50 100	连续 连续
KDK 保温缸	100 L	340	50	间歇
片式热交换器	3 t/h	130	25	连续
洗瓶机	20000 瓶/h	600	50	连续
洗桶机	180 个/h	200	32	连续
真空浓缩锅	300/L 700/L 1000/L	350 800 1130	50 70 80	间歇或连续 间歇或连续 间歇或连续
三效真空浓缩锅	3000 L/h	800	70	连续
喷雾干燥塔	75 kg/h 150 kg/h 250 kg/h 350 kg/h 700 kg/h	300 570 875 1050 1960	50 50 70 80 100	连续 连续 连续 连续 连续

需要注意的是,有些设备的用水用汽量较大,在安排管路系统时,要考虑到它们在生产车间的分布情况。对用水压力要求较高,用水量较大而又集中的地方对蒸汽压力要求较高,用汽量较大而又集中的地方,应单独接入主干管路。

3. 按生产规模拟定给水、汽能力

一个食品加工厂要设置多大的给水供汽能力,主要是根据生产规模,特别是班产量的大小而定。用水量与产量有一定的比例关系,但不一定成正比。班产量越大,单位产品的平均耗水量会越低,给水能力因而相应减低。

下面列举乳品方面的部分产品,按一定的生产规模推荐设置的给水能力如表2-15所示,供汽能力如表2-16所示。

表2-15 部分乳制品推荐的给水能力

成品类别	班产量/(t/班)	推荐给水能力/(t/h)
乳粉、甜炼乳	5	15~20
奶油	10	28~30
	15	57~60
消毒乳、酸奶	5	10~15
冰淇淋、奶油	10	18~25
干酪素、乳糖	15	70~90

注 ①以上单位指生产用水,不包括生活用水。
②南方地区气温高,冷却水量较大,应取较大值。

表2-16 部分乳制品推荐的供汽能力

成品类别	班产量/(t/班)	推荐用汽量/(t/h)
乳粉、甜炼乳	5	1.5~2.0
奶油	10	2.8~3.5
	20	5~6
消毒乳、酸奶	20	1.2~1.5
冰淇淋	40	2.2~3.0
	50	3.5~4.0
奶油、干酪素	5	0.8~1.0
乳糖	10	1.5~1.8
	50	7.5~8.0

注 ①指生产用汽,不包括采暖和生活用汽。
②北方寒冷,宜选用较大值。

如表2-17所示是一定生产规模的罐头和乳品工厂建议的给水能力。

表2-17 罐头和乳品工厂建议的给水能力

成品类别	班产量/(t/班)	建议给水能力/(t/h)	备注
肉禽水产类罐头	4~6	40~50	不包括速冻冷藏
	8~10	70~90	
	15~20	120~150	

续表

成品类别	班产量/(t/班)	建议给水能力/(t/h)	备注
果蔬类	4~6 10~15 25~40	50~70 120~150 200~250	
奶粉、甜炼乳、奶油	5 10 15	15~20 28~30 57~60	
消毒奶、酸奶、冰激凌、奶油、干酪素、乳糖	5 10 50	10~15 18~25 70~90	

注　①以上单位指生产用水，不包括生活用水。

②南方地区气温高，冷却水量较大，应取较大值。

以上三种“单位产品耗水耗汽量定额”估算方法，其方法简便，但由于目前我国尚缺少具体和确切的定额指标，且单位产品的耗水耗汽额还因地区不同、原料品种的差异以及设备条件、生产能力大小、管理水平等工厂实际情况的不同而有较大幅度的变化，因而该计算方法所得结果往往与实际有较大出入。所以，用“单位产品耗水耗汽量定额”来计算就只能看作是粗略的估算。

（二）按实际生产所耗用的水、汽用量计算

对于规模较大的食品工厂，在进行用水、用汽量计算时，必须采用计算的方法，保证用水、用汽量的准确性。用水、用汽量计算是按照实际用水、用汽点采用逐项计算的方法进行用水、用汽量的计算，要对整个生产过程和其中的每个设备做详细的用水、用汽量计算，计算要全面、细致，车间的总耗水、耗汽量等于各用水、用汽点的用量之和。

1. 生产车间主要用水量计算方法

（1）调配食品和添加汤汁的需水量 W_1（kg），一般根据工艺、班产量来定量的。

$$W_1=GZ\rho[1+(10\%\sim15\%)]$$

式中：G——班产量，kg；

Z——在调配食品或添加汤汁时所需水量，m^3/kg；

ρ——水的密度，kg/m^3。

（2）清洗物料或容器用水 W_2（kg），根据清洁程度和容器数量来定。

$$W_2=\pi d^2 v\rho t/4$$

式中：d——进水管内径，m；

ρ——水的密度，kg/m^3；

v——水的流速，m/s；

t——清洗时间，s。

(3)冷却用水 W_3(kg),包括冷却产品和二次蒸汽的冷凝。

$$W_3 = D \times (i - i_0) / C \times (t_2 - t_1)$$

式中:D——被冷却产品量(或者是被冷却的二次蒸汽的量),kg /h;

i——产品初始热焓(或者二次蒸汽的热焓),J/kg;

i_0——产品冷却后热焓(或者二次蒸汽冷凝液热焓),J/kg;

C——冷却水比热容,J/kg · K;

t_2——冷却水出口温度,K;

t_1——冷却水进口温度,K。

(4)冲洗地坪用水量 W_4(kg)。根据实测数据,1 t 水可冲地坪 40 m^2 左右,若食品加工厂生产车间每 4 h 冲洗一次地坪,即每班至少冲洗两次,则有:

$$W_4 = 2S \times 1000/40$$

式中:S——生产车间的面积,m^2。

根据生产车间的工艺要求,可计算出每班生产过程的耗水量。

2. 生产车间主要用汽量计算方法

在食品工厂的生产操作中,热量的需求是不可或缺的,而热量常常是以蒸汽的形式提供。食品工厂的用汽量计算实际上就是对生产中所需热量的计算,具体计算方法如下。

(1)根据能量守恒定律写出总热量方程式。

$$\Sigma Q_{入} = \Sigma Q_{出} + \Sigma Q_{损}$$

式中:$\Sigma Q_{入}$——输入的热量总和,kJ;

$\Sigma Q_{出}$——输出的热量总和,kJ;

$\Sigma Q_{损}$——损失的热量总和,kJ。

通常:

$$\Sigma Q_{入} = Q_1 + Q_2 + Q_3$$

$$\Sigma Q_{出} = Q_4 + Q_5 + Q_6 + Q_7$$

$$\Sigma Q_{损} = Q_8$$

式中:Q_1——物料带入的热量,kJ;

Q_2——由加热(或冷却)介质传给设备和所处理的物料的热量,kJ;

Q_3——过程的热效应,包括生物反应热、搅拌热等,kJ;

Q_4——物料带出的热量,kJ;

Q_5——加热设备耗热量,kJ;

Q_6——加热物料需要的热量,kJ;

Q_7——气体或蒸汽带出的热量,kJ;

Q_8——设备向环境散热,kJ/kg。

值得注意的是,对具体的单元设备,上述的 $Q_1 \sim Q_8$ 各项热量不一定都存在,故进行热量计算时,必须根据具体情况进行具体分析。

（2）具体的热量计算。

1）物料带入的热量 Q_1 和带出热量 Q_4 可按下式计算。

$$Q=\Sigma m_1c_1t$$

式中：m_1——物料质量，kg；

c_1——物料比热容，kJ/（kg·K）；

t——物料进入或离开设备的温度，℃。

2）过程热效应 Q_3。

$$Q_3=Q_B+Q_S$$

式中：Q_B——发酵热（呼吸热）（kJ），视不同条件、环境进行计算；

Q_S——搅拌热 $Q_S=3600P\eta$（kJ）。其中 P 为搅拌功率，kW；η 为搅拌过程功热转化率，通常 $\eta=92\%$。

3）加热设备耗热量 Q_5。为了简化计算，忽略设备不同部分的温度差异，则：

$$Q_5=m_2c_2(t_2-t_1)$$

式中：m_2——设备总质量，kg；

c_2——设备材料比热容，kJ/（kg·K）；

t_2、t_1——设备加热前后的平均温度，℃。

4）加热物料需要的热量 Q_6。

$$Q_6=m_1c(t_2-t_1)$$

式中：m_1——物料质量，kg；

c——物料比热容，kJ/（kg·K）；

t_2、t_1——物料加热前后的温度，℃。

5）气体或蒸汽带出的热量 Q_7。

$$Q_7=\Sigma m_3(c_3t+r)$$

式中：m_3——离开设备的气体物料（如空气、CO_2 等）量，kg；

c_3——液态物料由 0℃升温至蒸发温度的平均比热容，kJ/（kg·K）；

t——气态物料温度，℃；

r——蒸发潜热，kJ/kg。

6）设备向环境散热 Q_8。

$$Q_8=A\lambda_T(t_w-t_a)\tau$$

式中：A——设备总表面，m^2；

λ_T——壁面对空气的联合热导率，W/（m·℃）。①当空气作自然对流时，$\lambda_T=8+0.05t_w$；②当空气作强制对流时，$\lambda_T=5.3+3.6v$（空气流速 $v=5$ m/s）或 $\lambda_T=6.7\lambda_T(v>5$ m/s）；

t_w——壁面温度，℃；

t_a——环境空气温度，℃；

τ——操作过程时间,s。

7)加热(或冷却)介质传给设备和所处理的物料的热量 Q_2。对于热量计算的设计任务,Q_2 是待求量,也称为有效热负荷。若计算出的 Q_2 为正值,则过程需加热;若 Q_2 为负值,则过程需从操作系统移出热量,即需冷却。最后,根据 Q_2 来确定加热(或冷却)介质及其用量。

在进行用水、汽量计算时,按生产工艺要求,对生产车间内的凡需用水、汽的工序、设备、设施都要进行水、汽量的计算,它们的总和即为所需估算的耗水、汽量。由此计算出每班所耗水、汽量,再根据班产量得出单位成品的耗水、汽量。由于这种单位产品耗水、汽量并未反映出生产用水、汽设高峰进的耗用量。我们还必须根据生产过程编制用水(汽)作业表,在表中可看出高峰时耗量,生产时按高峰时耗量供水或汽,以保证正常的生产。计算法所得结果虽然比估算准确,但因为实际使用中或多或少存在浪费现象,所以计算的理论数据往往还是比较实际所耗要低。这种差异随企业不同而不同,主要取决于企业管理水平和工人素质等因素。

三、耗冷量计算

食品营养丰富、含水量高,容易发生腐烂变质,冷藏与冷冻是食品常用的保藏方法之一,将食品快速降温能够减缓其品质劣变速度,防止品质下降。果蔬等植物性食品采收以后需要及时地进行冷却以排除田间热,抑制呼吸作用,保持其新鲜品质。有些食品加工工序需要在低温下进行,即低温是其加工生产所必需的条件,例如冰淇淋生产过程中的保温、凝冻和冷藏等工序需要在低温条件下进行。

目前,有很多食品厂,尤其是冷冻食品厂,都建有配套的冷藏和冻藏库,用于对食品原料、辅料、半成品或成品的保藏。因此,应结合具体生产工艺要求,进行耗冷量的计算,为选定制冷系统以及其使用设备的型号、规格等提供依据。

(一)食品冷却过程中的传热问题

食品的冷却本质上是一种热交换过程,即是让易腐食品的热量传递给周围的低温介质,在尽可能短的时间内(一般数小时),使食品温度降低到高于食品冻结点的某一预定温度,以便及时地抑制食品内的生物生化和微生物的生长繁殖的过程。

食品在冷却过程中的热交换,主要包括传导传热和对流传热。

1.传导传热

食品冷却时,热量从内部向表面的传递就是传导传热。食品内部有许多不同温度的面,热量从温度高的一面向温度低的一面传递。

单位时间内以热传导方式传递的热量 Q(W)用下式计算:

$$Q=\lambda A(T_1-T_2)/x$$

式中:λ——食品的导热系数,W/(m·K);

A——传热面积,m^2;

T_1、T_2——两个面各自的温度,K;

x——两个面之间的距离,m。

2. 对流传热

对流传热是流体和固体表面接触时互相间的热交换过程。食品冷却时，热量从食品表面向冷风或冷水传递就属于对流传热。

单位时间内从食品表面传递给冷却介质的热量 Q(W)用下式计算：

$$Q = \alpha A(T_s - T_r)$$

式中：α——对流传热系数，W/(m^2·K)；

A——食品的冷却表面积，m^2；

T_s——食品的表面温度，K；

T_r——冷却介质的温度，K。

从上式可以看出，对流放热的热量与对流传热系数，传热面积，食品表面与冷却介质的温差成正比。

由于导热系数是食品的物性参数，其值一般可以由实验确定，也可从有关手册或参考书中查到。而对流传热系数非食品的物性参数，受到多种因素影响的一个参数，确定某种具体条件下的对流传热系数是一项比较复杂且困难的工作，需要用到对流传热系数的准数关联式，这部分内容请参阅"食品工程原理"中的相关章节的内容。

表 2-18 是几种常见条件下的对流传热系数的取值范围。

表 2-18　对流传热系数与流体流动状态的关系

冷却介质	流动状态	对流传热系数/[W/(m^2·K)]
空气	静止	4.6~8.1
	流速 5 m/s 以下	$6.16+4.18v$
	流速 5 m/s 以上	$7.5v^{0.75}$
液体	静止	81.3~174.2
	流动	$58.1+348v^{0.5}$

注　v 为流体的流速(m/s)。

从表 2-18 可以看出，流体的流动速度越快，则对流传热系数越大。因此当食品进行冷却时，常采用风机或搅拌器强制地驱使流体对流，以提高食品的冷却温度。

(二)食品材料的热物理数据

1. 查表法

目前通过查表法获得的食品材料的热物理数据是通过实验测得的结果，这些数据的测量是从 18 世纪开始的。目前的数据中有 2/3 左右是在 20 世纪 50~60 年代发表的。这些数据虽然有些离散度很大，但如果不是特别精确的计算，通过直接查表获得的数据计算是非常简便的方法。

2. 估算法

在进行传热计算时需要用到许多热物理数据(如密度、比热容、导热系数等)，而由于食品种类繁多,有许多数据通过查表法可能无法直接查到这些热物理数据,这种情况下,我们可以通过以下一些经验公式对其进行估算。

食品材料的热物理性质的估算法是根据食品的组分、各组分的热物理性质(表2-19)进行估算的结果。由于食品的热物理性质与其含水量、组分、温度,以及食品的结构、水和组分的结合情况等有关,所以估算结果可能存在较大的偏差,但该方法在工程上仍然有着重要的应用。

表2-19 一些食品组分的热物理性质

组分	密度ρ/(kg·m^{-3})	比热容c_p/[kJ·(kg·K)$^{-1}$]	热导率λ/[W·(m·K)$^{-1}$]
水	1000	4.182	0.60
碳水化合物	1550	1.42	0.58
蛋白质	1380	1.55	0.20
脂肪	930	1.67*	0.18
空气	1.24	1.00	0.025
冰	917	2.11	2.24
矿物质	2400	0.84	

* 固体脂肪的比热容为1.67 kJ/(kg·K);而液态脂肪的比热容为2.094 kJ/(kg·K)。

(1)密度。

$$\frac{1}{\rho}=W_v\left(\frac{1}{\rho_v}\right)+W_s\left(\frac{1}{\rho_s}\right)+W_i\left(\frac{1}{\rho_i}\right)=\sum_i\frac{W_i}{\rho_i}$$

式中:ρ_v、ρ_s、ρ_i——未冻水、固体成分和冰的密度;

w_v、w_s、w_i——未冻水、固体成分和冰的质量分数。

如食品中有明显的空隙度(ε),可用下式计算密度:

$$\frac{1}{\rho}=\frac{1}{1-\varepsilon}\sum\frac{W_i}{\rho_i}$$

(2)比热容。按食品的含水量计算得到的冻结前的比热容公式:

$$c_p=0.837+3.349W\ (\text{Siebel},1892)$$

$$c_p=1.200+2.990W\ (\text{Backstrom \& Emblik},1965)$$

$$c_p=1.382+2.805W\ (\text{Dominguez},1974)$$

$$c_p=1.256+2.931W\ (\text{Comini},1974)$$

$$c_p=1.470+2.720W\ (\text{Lamb},1976)$$

$$c_p=1.672+2.508W\ (\text{Riedel},1956)$$

除了水之外,食品中的其他成分也对比热容有一定的影响,因此,也有用各种组分所占的比例进行计算的,常见有以下两个公式:

$$c_p=4.18W_w+1.549W_p+1.424W_c+1.675W_f+0.837W_a\ (\text{Heldman 和 Singh, 1981 年})$$

$$c_p = 4.180W_w + 1.711W_p + 1.574W_c + 1.928W_f + 0.908W_a$$ (Choi 和 Okos，1983 年)

式中：w，p，c，f，a——食品中水分、蛋白质、碳水化合物、脂肪和灰分含量的质量分数。

冻结后食品中的水分变成了冰，比热容的近似公式：

$$c_p = 0.837 + 1.256W$$ (Siebel，1892)

(3)热导率。高于初始冻结温度时，食品的热导率用各种组分所占的比例进行计算，公式如下：

$$\lambda = 0.61W_w + 0.20W_p + 0.205W_c + 0.175W_f + 0.135W_a$$ (Choi 和 Okos，1983)

$$\lambda = 0.58W_w + 0.155W_p + 0.25W_c + 0.16W_f + 0.135W_a$$ (Sweat，1995)

按食品的含水量计算公式：

$$\lambda = 0.26 + 0.34W$$ (Backstrom，1965)

$$\lambda = 0.056 + 0.567W$$ (Bowman，1970)

$$\lambda = 0.26 + 0.33W$$ (Comini，1974)

$$\lambda = 0.148 + 0.493W$$ (Sweat，1974)

冻结食品的热导率远高于未冻食品。要预测冻结食品的热导率极困难，不仅因为热导率与纤维方向有关，而且因为在冻结过程中食品的密度、空隙度等都会有明显的变化，而这些都对热导率产生很大的影响。

Choi 和 Okos(1984)提出根据各组分的体积分数和热导率计算食品材料热导率的方法。

$$\lambda = \rho \sum_i \lambda_i \frac{V_i}{\rho_i}$$

式中：V_i，ρ_i，λ_i——各组分的体积分数、密度和热导率。在计算过程中未冻水和已冻冰作为两个组分处理。

(三)食品冷却耗冷量

此处主要讨论食品在冷却过程中的冷耗量，而工厂制冷系统的总耗冷量的计算见第四章第五节内容。

食品冷却耗冷量可以通过比热法或焓差法进行计算。

1. 比热法

$$Q = GC\Delta t$$

式中：Q——传热量，J；

G——被加热(或冷却)物料的量，kg；

C——物料的比热，J/(kg·K)；

Δt——物料加热或冷却前后的温差，K。

2. 焓差法

焓表示食品所含热量的多少，单位 J/kg，用字母 H 表示。焓是物质的内存属性，是一个状态函数，虽然焓的绝对值不能直接测定，但可以通过设定某个温度下(如-20℃)的焓值为相对零点，就可以计算某个组分状态参数发生变化后的焓变 ΔH，从而计算出耗冷量。

$$Q = G \times \Delta H$$

式中:Q——传热量,J;

G——被加热(或冷却)物料的量,kg;

ΔH——物料加热或冷却前后的焓差,J/kg。

在传热过程中如果遇到有物料发生了相变(如蒸汽的冷凝),则焓差法计算更简单,但前提是在相变前后的焓差已知的情况下。

(四)冷却时间的计算

1. 大平板状食品的冷却时间计算

$$t=0.2185\frac{\rho C}{\lambda}\left(\delta+\frac{5.12\lambda}{\alpha}\right)\left(\lg\frac{T_0-T_\infty}{T-T_\infty}\right)$$

式中:ρ——食品的密度,kg /m^3;

C——食品的比热容,J/(kg·K);

λ——食品的热导系数,W/(m^2·K);

α——对流传热系数,W/(m^2·K);

δ——食品的厚度,m;

T_0——食品的初始温度,℃;

T——冷却终温,℃;

T_∞——冷却介质温度,℃。

2. 球状食品冷却公式

$$t=0.1955\frac{\rho C}{\lambda}R\left(R+\frac{3.85\lambda}{\alpha}\right)\left(\lg\frac{T_0-T_\infty}{T-T_\infty}\right)$$

式中:R——食品的半径,m。

3. 长圆柱状食品冷却公式

$$t=0.3565\frac{\rho C}{\lambda}R\left(R+\frac{3.16\lambda}{\alpha}\right)\left(\lg\frac{T_0-T_\infty}{T-T_\infty}\right)$$

式中:R——食品的半径,m。

(五)食品冻结耗冷量

1. 比热法

(1)冷却时的热量。

$$q_1 = C_1 \Delta t$$

式中:C_1——冻结前食品的比热容,J/(kg·K);

Δt——食品冷却初始和终了时的温差,K。

(2)形成冰时的热量,这部分热量是相变潜热,也称相变热,这部分的热量较大,一般占全部热量的60%~70%。

$$q_2 = W\omega r$$

式中：W——食品最初含水率，%；

ω——食品中水的冻结率，%；

r——水的冻结潜热，一般取 335kJ/kg。

(3)冰点至终温的热量。

$$q_3=c_2\Delta t$$

式中：c_2——冻结后食品的比热容，J/(kg·K)；

Δt——食品冰点和冻结终了时的温差，K。

(4)质量为 G(kg)的物料冻结时所放出的总热量 Q(J)。

$$Q=G(q_1+q_2+q_3)$$

2. 焓差法

$$Q=G\Delta H$$

例：10 t 牛肉由+5 降至-20℃，求冻结耗冷量 Q。

解法一：比热法。

牛肉的冰点约为-2℃，牛肉从 5℃降至-20℃要经历以下三个阶段：

(1)从 5℃降至冰点-2℃的冷却耗冷。

(2)冻结耗冷。

(3)从-2℃降至-20℃的耗冷。

$$q_1=C_1\Delta t=2.9\times 7=20.3\ (\text{kJ/kg})$$

$$q_2=W\omega r=0.7\times 0.95\times 335=222.78\ (\text{kJ/kg})$$

$$q_3=C_2\Delta t=1.46\times 18=26.28\ (\text{kJ/kg})$$

$$Q=G(q_1+q_2+q_3)=10\times 10^3\times(20.3+222.78+26.28)=2.69\times 10^6(\text{kJ})$$

解法二：焓差法。

从相关手册上查得，5℃时的牛肉的焓约为 270 kJ/kg，-20℃的焓值为 0，则：

$$Q=G\Delta H=10\times 10^3\times(270-0)=2.7\times 10^6(\text{kJ})$$

(六)冻结时间

1. 冻结时间的计算

$$t=\frac{\rho r}{\Delta T}\left(\frac{Px}{\alpha}+\frac{Rx^2}{\lambda}\right)$$

式中：r——食品的冻结潜热，等于纯水的冻结潜热(355 kJ/kg)与食品含水率的乘积，J/kg；

ΔT——食品冰点与冷却介质之间的温差；

x——食品的特征尺寸，m；对于大平板状食品，x 是食品的厚度；对于圆柱形或球形食品，x 是食品的直径。

板状食品，P 取 1/2，R 取 1/8；

长圆柱状食品，P 取 1/4，R 取 1/16；

球状食品,P 取 1/6,R 取 1/24。

2. 缩短冻结时间的有效途径

从公式 $t=\frac{\rho r}{\Delta T}\left(\frac{Px}{\alpha}+\frac{Rx^2}{\lambda}\right)$ 看,对于某种确定的食品,可以通过以下途径缩短冻结时间:

(1)减少冻结食品的厚度。

(2)增加温差,降低冻结介质的温度。

(3)增大表面对流换热系数。一般地,液体换热介质比气体换热介质具有更大的对流换热系数,介质流速大时比流速小时的对流换热系数大。

普通冻库风速一般 1~2 m/s,而速冻/冻结装置一般要求达到 3~5 m/s。冷却介质温度也不同,冷库普通冻结间温度-23℃,而速冻/冻结装置一般要求达到-30~-40℃。

第五节　设备选型及安装调试

一、设备选型及安装调试的任务及一般原则

(一)设备选型的任务及一般原则

设备选型的任务是在工艺计算的基础上,确定车间内所有工艺设备的台数、型式和主要尺寸,为下一步施工图设计以及其他非工艺设计项目(如土建、供电、仪表控制设计等)提供足够的条件,为设备的制造、订购等提供必要的资料。

在设备选型时,要了解生产工艺所需设备的型号、规格、数量、来源和价格,比较各设备方案对建设规模的满足程度,对产品质量和生产工艺要求,以及设备使用寿命、物料消耗指标、操作要求、备品备件保障程度,并比较各设备方案的安装试车技术服务,以及所需的设备投资等,然后作出选择。设备选择应当提供生产工艺技术和达到生产能力所需的最佳的设备和机器类型。

设备的选型情况可以反映出生产的可靠性和工厂的先进性。设备选型的一般原则如下。

(1)满足产品产量要求,保证工艺过程实施的安全可靠。

(2)经济上合理,技术上先进。

(3)投资省,耗材少,加工方便,采购容易。

(4)运行费低,水电汽消耗少。

(5)操作和清洗方便,耐用,易维修,配件供应可靠,实施机械化和自动化方便。

(6)结构紧凑,尽量采用性能优良的设备。

(7)考虑生产波动与设备平衡,留有一定裕量。

(8)考虑设备故障及检修时的备用设备。

(二)设备安装调试的任务及一般原则

按照生产工艺所确定的设备平面布置图及安装技术规范的要求,将已到厂并经开箱检

查的外购或自制设备安装在规定的基础上进行找平、稳固，达到要求的水平精度，并经调试合格、验收后移交生产，这些工作统称为设备安装。

设备安装的具体工作包括基础准备、出库、运输、开箱检查、安装上位、安装检查、灌浆、清洗加油、检查试验、竣工验收等。

设备安装的一般原则如下。

(1)安装前要进行技术交底，组织施工人员认真学习设备的技术资料，了解设备性能、使用、安全卫生要求和施工中应注意的事项。生产设备及其零部件的设计、加工、使用、安全卫生要求应符合《生产设备安全卫生设计总则》(GB 5083—1999)的规定。

(2)设备相对于地面、墙壁和其他设备的布置，设备管道的配置和固定，设备和排污系统的连接，不应对卫生清洁工作的进行和检查形成障碍，也不应对产品安全卫生构成威胁。

(3)输送如液压油、冷媒等非生产介质的管道支架的配置、连接部位，应能避免因工作过程中偶发故障或泄漏而污染产品，也不应妨碍设备清洁卫生工作的进行。

(4)设备或安装中采用的绝热材料不应对大气和产品构成污染。在生产车间或间接和生产车间相接触而有可能对产品质量和安全性构成威胁时，严禁在任何表面或夹层内采用玻璃纤维和矿渣棉作为绝热材料。

(5)设备安装过程中应按照机械设备安装验收要求，做好设备安装找平，保证安装稳固，减轻震动，保证加工精度，防止不合理的磨损。

(6)安装过程中，对基础的制作，装配连接、电气线路等项目的施工要按照施工规范执行。

(7)安装工序中如果有恒温、防震、防尘、防潮、防火等特殊要求时，应采取相应措施，条件具备后方能进行该项工程的施工。

通用设备的调试工作包括清洗、检查、调整、试车，一般由使用单位组织进行。精密设备、大型设备、稀少设备、关键设备以及特殊情况下的设备调试，由设备动力部门会同工艺技术部门组织。自制设备由制造单位调试，设计、工艺、设备、使用部门参加。设备的试运转一般可分为空转试验、负荷试验和精度试验三种。运转试验的目的是检验设备安装精度的保持性，设备的稳固可靠性，传动、操纵、控制等系统在运转中状态是否正常；负荷试验主要检验设备在一定负荷下的工作能力，以及各组成系统的工作是否正常、安全、稳定、可靠；精度试验一般应在正常负荷试验后按说明书的规定进行。

设备试运转后应做好各项检验工作的记录，根据试验情况填写“设备运转试验记录”和“设备精度检验记录”一式三份，分别交移交部门、使用部门和设备动力部门。

二、专业设备的设计与选型

(一)专业设备设计与选型的依据

(1)依据工艺计算确定的成品量、物料量、耗汽量、耗水量、耗风量、耗冷量等。

(2)依据工艺操作的最适条件(温度、压力、真空度等)。

(3)依据设备的构造、类型和性能。

(二)专业设备设计与选型的程序和内容

(1)设备所担负的工艺操作任务和工作性质、工作参数的确定。

(2)设备选型及该型号设备的性能、特点评价。

(3)设备生产能力的确定。

(4)设备数量计算(考虑设备使用、维修及必需的裕量)。

(5)设备主要尺寸的确定。

(6)食品加工过程设备参数(换热、过滤、干燥面积、塔板数等)的计算。

(7)设备的转动搅拌和动力消耗计算。

(8)设备结构的工艺设计。

(9)支撑方式的计算和选型。

(10)壁厚的计算和选择。

(11)材质的选择和用量计算。

(12)其他特殊问题的考虑。

(三)专业设备计算与选型的特点

食品工业的产品种类繁多,在具体生产过程中的要求也不一样,其专业设备的设计选型差距很大。即使同一产品工厂,由于采用不同的操作方式,其专业设备的设计选型也不一样。设计人员应当在对各种产品生产全过程充分认识的基础上着手进行设计。其中主要考虑各种产品的生产特点、原材料性质及来源、产品的技术经济指标、有效生产天数、各个生产环节的周期与操作方式等因素。

(四)容器类设备的设计

食品工厂中有许多设备,有的用来储存物料,如储罐、计量罐、高位槽等;有的实现物理过程,如换热器、蒸发器等;有的用来进行化学反应,如中和锅、皂化锅和氢化釜等,这些设备虽然尺寸大小不一,形状结构各不相同,内部构件的形式更是多种多样,但它们都可以归为容器类设备。

容器类设备的外壳一般由筒体(又称壳体)、封头(又称端盖)、法兰、支座、接管及人孔、手孔、视镜等部件组成,如图2-12所示。

1. 食品工厂中常见的容器

(1)方形或柜形容器。由平板焊成,制造简单,但承受压力较差,只用作小型常压储槽。

(2)圆筒形容器。由圆筒形筒体和各种成型封头所组成。作为容器主体的圆柱形筒体,制造容易,安装内件方便,而且承压能力较好,应用最为广泛。

2. 容器设计的一般程序

(1)汇集工艺设计数据。包括物料衡算和热量衡算的计算结果数据,储存物料的温度和压力、最大使用压力、最高使用温度、最低使用温度、腐蚀性、毒性、蒸汽压、进出量、储罐的工艺方案等。

(2)选择容器材料。对有腐蚀性的物料可选用不锈钢等金属材料,在温度压力允许时可用非金属储罐、搪瓷容器或由钢制压力容器衬胶、搪瓷、衬聚四氟乙烯等。

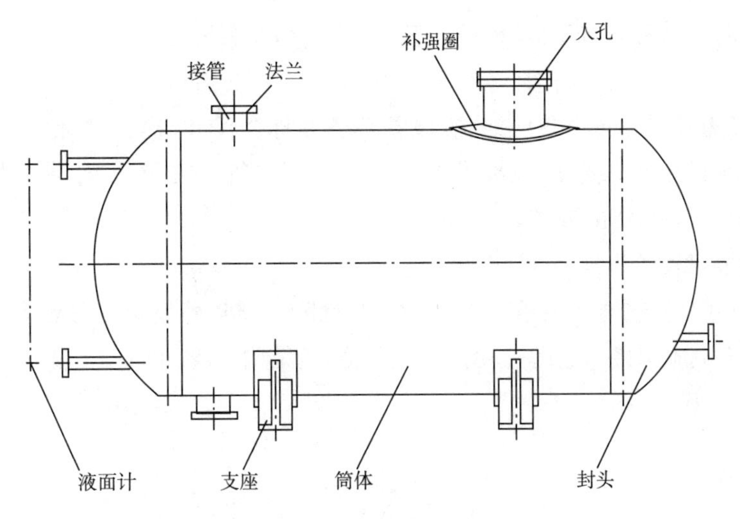

图 2-12　容器类设备结构简图

(3)容器形式的选用。我国已有许多食品储罐实现了标准化和系列化,在储罐形式选用时,应尽量选择已经标准化的产品。

(4)计算容器容积。计算容积是储罐工艺设计的尺寸设计的核心,液体储罐的容积可按下式计算。

$$V = \frac{m}{\gamma\lambda}$$

式中:V——容积,m^3;

m——所储液体的质量,t;

γ——所储液体的重度,t/m^3;

λ——容器的填充系数。

根据容器的用途不同,可将储罐分为:原料储罐或产品储罐(一般至少有一个月的储量,罐的填充系数一般取 0.8)、中间储罐(一般为 24 h 的储量),计量罐(一般至少 10~15 min 的储量,多则 2 h 的储量,填充系数一般取 0.6~0.7)、缓冲罐(其容量通常是下游设备 5~10 min 用量,有时可以超过 20 min 用量)等。对于连续流进、流出的容器,所储液体的质量要根据设备内存液体的周转量及周转时间来确定。

(5)确定储罐基本尺寸。根据物料密度、卧式或立式的基本要求、安装场地的大小,按"压力容器公称直径 *DN*"系列数确定储罐的直径,然后再确定容器相应的长度,核实长径比,并依据国家规定的设备零部件即筒体与封头的规范确定封头的形状与尺寸。

(6)确定筒体和封头的壁厚等,选择标准型号。

(7)开口和支座在选择标准图纸之后,要设计并核对设备的管口。在设备上考虑进料、出料、温度、压力(真空)、放空、液面计、排液、放净以及人孔、手孔、吊装等装置,并留有一定数目的备用孔。如标准图纸的开孔及管口方位不符合工艺要求而又必须重新设计时,可以利用标准系列型号在订货时加以说明并附有管口方位图。容器的支承方式和支座的方位在标准图系列上也是固定的,如位置和形式有变更时,则在利用标准图订货时加以说明,并附有草图。

(8)绘制设备草图(条件图)。绘制设备草图并标注尺寸,提出设计条件和订货要求。选用标准图系列的有关图纸,应在标准图的基础上提出管口方位、支座等的局部修改和要求,并附有图纸,作为订货的要求。

(五)换热器设备的设计

在食品工厂中,换热器应用很广泛,如冷却、冷凝、加热、蒸发等工序都要用。列管式换热器是目前生产上应用最广泛的一种传热设备,它的结构紧凑、制造工艺较成熟、适应性强、使用材料范围广(图2-13)。

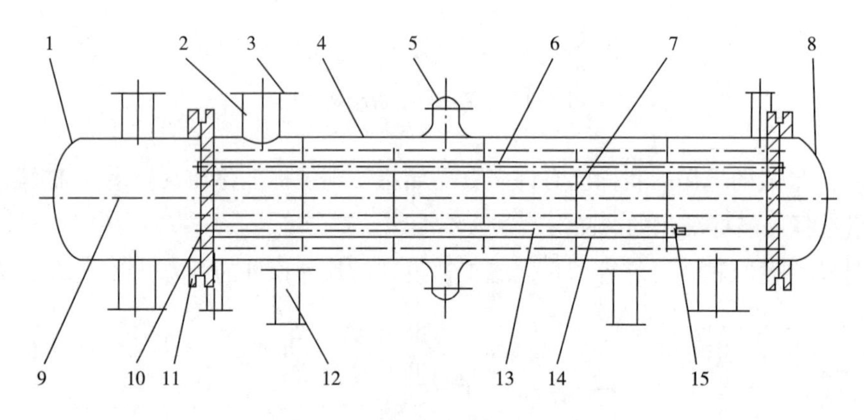

图2-13　列管式换热器结构

1—封头　2—接管　3—法兰　4—筒体　5—膨胀节　6—换热管　7—折流板
8—封头　9—隔板　10—管板　11—容器法兰　12—支座　13—拉杆　14—定距管　15—螺母

换热器设计的一般原则有以下8点。

(1)基本要求。换热器设计要满足工艺操作条件,能长期运转,安全可靠,不泄漏,维修清洗方便,满足工艺要求的传热面积,尽量有较高的传热效率,流体阻力尽量小,还要满足工艺布置的安装尺寸等要求。

(2)介质流程。何种介质走管程,何种介质走壳程,可按下列情况确定:腐蚀性介质走管程,可以降低对外壳材质的要求;毒性介质走管程,泄漏的概率小;易结垢的介质走管程,便于清洗与清扫;压力较高的介质走管程,这样可以减小对壳体的机械强度要求;温度高的介质走管程,可以改变材质,满足介质要求;黏度较大、流量小的介质走壳程,可提高传热系数。从压降考虑,雷诺数小的介质走壳程。

(3)终端温差。换热器的终端温差通常由工艺过程的需要而定。但在工艺确定温差时,应考虑换热器的经济合理性和传热效率,使换热器在较佳范围内操作。一般认为,热端的温差应在20℃以上;用水或其他冷却介质冷却时,冷端温差可以小一些,但不要低于5℃;当用冷却剂冷凝工艺流体时,冷却剂的进口温度应当高于工艺流体中最高凝点组分的凝点59℃以上;空冷器的最小温差应大于20℃;冷凝含有惰性气体的流体时,冷却剂出口温度至少比冷凝组分的露点低5℃。

(4)流速。在换热器内，一般希望采用较高的流速，这样可以提高传热效率，有利于冲刷污垢和沉积。但流速过大，磨损严重，甚至造成设备振动，影响操作和使用寿命，能量消耗亦将增加。因此，比较适宜的流速需经过经济核算来确定。

(5)压力降。压力降一般随操作压力不同而有一个大致的范围。压力降的影响因素较多。

(6)传热系数。传热面两侧的传热膜系数 α_1、α_2 若相差很大时，α 值较小的一侧将成为控制传热效果的主要因素。设计换热器时，应设法增大该侧的传热膜系数。计算传热面积时，常以小的一侧为准。增大 α 值的方法通常如下：缩小通道截面面积，以增大流速；增设挡板或促进产生湍流的插入；管壁上加翅片，提高湍流程度也增大了传热面积；糙化传热面积，用沟槽或多孔表面，对于冷凝、沸腾等有相变化的传热过程来说，可获得大的膜系数。

(7)污垢系数。换热器使用中会在壁面产生污垢，在设计换热器时慎重考虑流速和壁温的影响。从工艺上降低污垢系数，如改进水质，消除死区，增加流速，防止局部过热等。

(8)尽量选用标准设计和标准系列。选用标准设计和标准系列可以提高工程的工作效率，缩短施工周期，降低工程投资。

三、通用设备的选型

通用设备是指国民经济各部门用于制造和维修所需物质技术装备的各种生产设备，在一些工业或行业内通用。按功能，食品加工通用机械设备可分为：输送类；原料与处理类；粉碎、分切、分割类；混合类；分级、分选类；成形类；分离类；热处理类(预煮；蒸发浓缩；干燥；烘烤)；制冷类；定量、包装类和其他。

通用设备在食品生产中扮演着重要的角色，对其加工的通用性要求比较高，它需要较高的可调控性、较长的寿命、较好的操作性、很好的安全性以适应各种各样的食品加工环境，当然对其效率要求也比较高。总之通用设备的综合性能应该达到一定的要求。比如分离设备直线振动筛主要由筛箱、筛框、筛网、振动电机、电机台座、减振弹簧、支架等组成。直线筛筛箱由数种厚度不同的钢板焊制而成，具有一定的强度和刚度，是筛机的主要组成部分。直线振动筛筛框由松木或变形量较小的木材制成，主要用来保持筛网平整，达到正常筛分。筛网有低碳钢、黄铜、青铜、不锈钢丝等数种筛网。电机台座要安装振动电机，使用前连接螺钉必须拧紧，特别是新筛机试用前三天、必须反复紧固，以免松动造成事故。减振弹簧阻止振动传给地面，同时支持筛箱的全部重量，安装时，弹簧必须垂直于地面。支架由四个支柱和两个槽钢组成，支持着筛箱，安装时支柱必须垂直于地面，两支柱下面的槽钢应相互平行。工作时电动机作为动力来源，给筛网以进给力产生震动，食料于筛箱中被按需求分类。通过上面的介绍我们可以知道振动筛使用前三天电动机螺钉需要反复拧紧，减震弹簧可以减轻对地面的震动，说明了食品机械的安全性至关重要，因为食品的制造全程都需要人来操控，而对筛网材料的选取为钢铜等无害金属，说明了食品机械必须做到对健康没有危害，这也是食品机械相比其他类机械需要格外注意的。而直线箱的筛箱由很多钢板焊接而成,具有高强度、高刚度的特征,充分说明对其寿命的要求。

下面介绍输送设备和干燥设备的选型。

(一)液体输送设备的选型

泵是供水、排水的主要设备,同时又是其他设备和建筑物选型配套的依据,是主要的液体输送设备。

1. 泵的分类及特点

泵的特点介绍见表2-20。

表2-20　泵的特点介绍

指标	叶片式			容积式	
	离心式	轴流式	旋涡式	活塞式	日转式
液体排出状态	流率均匀			有脉动	流率均匀
液体品质	均一液体(或含固体液体)	均一液体	均一液体	均一液体	均一液体
允许吸上真空高/m	4~5	—	2.5~7	4~5	4~5
扬程(或排出压力)	范围大,低至10 m,高至600 m(多级)	低,2 ~20 m	较高,单级可达100 m以上	范围大,排出压力高,可达60 MPa	
体积流量/(m^3/h)	范围大,低至5,高至30000	大,可达60000	较小,0.4~20	范围较大,1~600	
流量与扬程的关系	流量减少,扬程增大;反之,流量增大,扬程降低	同离心式	同离心式,但增率和降率较大(即曲线较陡)	流量增减,排出压力不变。压力减,流量几乎为定值	
构造特点	转速高,体积小,运转平稳,基础小,设备维修较易		与离心式基本相同,翼轮较离心式叶片结构简单,制造成本低	转速低,能力小,设备外形庞大,基础大。与原动机连接较复杂	同离心泵
流量与轴功率关系	依泵比转数而定。离心式泵当流量减少时,轴功率减少	依泵比转速定,轴流式泵流量减少,轴功率增加	流量减少,轴功率增加	当排出压力一定时,轴功率减少	同活塞泵

2. 泵的选型要求

泵的选型应符合下列要求:①应满足泵站设计流量、设计扬程及不同时期供排水的要求,同时要求在整个运行范围内,机组安全、稳定,并且具有最高的平均效率;②在平均扬程时,水泵应在高效区运行;在最高和最低扬程时,水泵应能安全、稳定运行。排水泵站的主泵,在确保安全运行的前提下,其设计流量宜按最大单位流量计算;③由多泥沙水源取水时,应计入泥沙含量、粒径对水泵性能的影响;水源介质有腐蚀性时,水泵叶轮及过滤部件应有防腐措施;④应优先选用国家推荐的系列产品和经过鉴定的产品。当现有产品不能满足泵站设计要求时,应优先考虑采用变速、车削、变角等调节方式达到泵站设计要求,亦可设计新水泵,但新设计的水泵必须进行模型试验或装置模型试验,经鉴定合格后方可采用。采用国外先进产品时,应有充分论证;⑤具有多种泵型可供选择时,应综合分析水力性能、考虑运行调度的灵活性、可靠性、机组及其辅助设备造价、工程投资和运行费用以及主机组事故可能造成的损失等因素择优确定;⑥便于运行管理和检修。

3. 泵的选型步骤

泵的选型步骤如下:①确定排灌保证率;②制定泵站排灌流量及扬程变化过程图;③计算泵站设计扬程和设计流量;④从水泵综合性能图或表中,查出符合设计扬程要求的几种不同型号的水泵;⑤根据选型原则,确定最适宜的水泵(包括型号和台数)。

(二)气体输送设备的选型

1. 气体输送设备的分类与特点

食品厂常常需要用于输送压缩空气或制冷剂等工作介质的风机、压缩机,以及用于形成负压环境的真空泵等,这些设备可归为可压缩流体输送设备,按终压与压缩比分类。

(1)风机。风机有通风机和鼓风机之分。通风机也称送风机,分离心式和轴流式两种。离心式通风机常用于气体输送,按产生的风压不同,离心式通风机分为低压(0.98 kPa 以下)、中压(0.98~2.94 kPa)和高压(2.94~35.70 kPa)三种。轴流式通风机效率一般较高,范围在 60%~65%,但由于产生的风压较小(通常在 0.26 kPa 以下,但也有高达 0.98 kPa 的),一般常用于通风。生产中常用的鼓风机有旋转式和离心式两种。旋转式鼓风机特别适用于要求稳定风量的工艺过程,一般在输气量不大,压强为 10~200 kPa 下使用,但这种鼓风机在压强较高时,具有泄漏量大,磨损较严重,噪声大的缺点。离心式鼓风机的排气压强不高,一般单级离心式鼓风机出口表压多在 30kPa 以内,多级可达 0.30 MPa。

(2)压缩机。压缩机可用于食品工厂中需要压缩气体或其他气体的场合。例如,罐头反压杀菌、气流式喷雾干燥、蒸汽压缩制冷、充气包装、热泵蒸发等许多工艺过程都要使用压缩机。常见的压缩机有往复式和离心式两种。往复式压缩机又称活塞式压缩机,其结构和原理类似于往复泵,其容量范围广,价格较便宜,操作和维修较为方便。往复式压缩机按其气缸排列位置不同,有 V 型、W 型、L 型;按排气压力不同,可分为高压(8.0 ~10.0 MPa)、中压(1.0 ~8.0 MPa)和低压(小于 1.0 MPa)三类。由于往复式压缩机排气量是间歇式的,输气量不均匀,压出气体中常夹带油沫、水沫,因此必须在排气出口处安装储气罐。离心式压缩机体积和质量都很小而流量很大,构造简单、结构紧凑,供气量均匀,运转平稳,易损部件少、维护方便,特别适合于现代食品工厂的要求,用于输送或压缩空气以及排放其他气体。但离心式压缩机的压缩比值不大,效率也低于往复式压缩机。

(3)真空泵。食品工厂中许多单元操作,如过滤、脱气、成型、包装、冷却、蒸发、结晶、造粒、干燥、蒸煮以及冷冻升华干燥等都会用到真空泵。真空泵大致可分为两大类:干式真空泵和湿式真空泵。干式真空泵只从容器中抽出气体,效率较高,可获得96%~99.9%的真空度。湿式真空泵在抽吸气体的同时,还夹带有许多的水汽,只能产生85%~90%的真空度。真空泵按其结构特点,还可分为往复式真空泵、水环式真空泵、油封旋转式真空泵、蒸汽喷射泵和水力喷射真空泵等数种。往复式真空泵的极限压强一般在1333 Pa左右,可满足食品真空浓缩、真空干燥等操作的真空度要求,这种真空泵具有较大的抽气速率,如食品厂常用的W型系列真空泵的抽气速率范围为8~770 m^3/h。水环式真空泵是一种旋转式泵,属于湿式真空泵,须在不断通水的情况下才能正常工作,其最高真空度可达85%,这种真空泵的结构简单、紧凑,没有活门,经久耐用,常用于食品加工的真空封罐和真空浓缩等操作。蒸汽喷射泵是利用蒸汽流动时发生静压能与动能的相互转化,以吸收并排出气体的,可用于食品加工中的减压蒸发、减压蒸馏及真空冷却等操作。水力喷射真空泵兼具产生真空和冷凝蒸汽的双重作用,其效率通常在30%以下,一般只能达到93.3 kPa左右的真空度,属于粗真空设备,可用于食品加工中的真空蒸发、真空冷却等操作。

2. 气体输送设备选型步骤

气体输送设备选型的方法步骤如下。首先列出基本数据,通常包括:①气体的名称特性,湿含量,有无易燃易爆及毒性等;②气体中菌体量、固形物含量或固体物料量;③操作条件,如温度、进出口压力、流量等;④设备所在地的环境及对机电的要求等。然后确定生产能力及压头。选择最大生产能力,并取适当安全系数;按要求分别计算通过设备和管道等的阻力并考虑增加1.05~1.1倍的安全系数;根据生产特点,计算出的生产能力、压头以及实际经验或中试经验,查询产品目录或手册,选出具体型号并记录该设备在标准条件下的性能参数,配用机电辅助设备等资料。对已查到的设备,要列出性能参数,并核对能否满足生产要求。在此基础上,确定安装尺寸,计算轴功率,确定冷却剂耗量,选定电机并确定备用台数,填写设备规格表,作为订货依据。

(三)固体输送设备的选型

常用的固体输送设备分为机械输送设备和流体输送设备。其中,机械输送设备分为带式输送机、斗式提升机、螺旋输送机;流体输送设备分为气流输送设备、液体输送设备、埋刮板输送机等。

1. 带式输送机

带式输送机又称皮带运输机,是各行各业通用的运输设备,主要用于水平或有一定倾斜角的物料移送。它可以输送松散的或成包成件的物料,且可做成固定位置或者移动式的运输机,使用非常方便,操作连续性强,输送能力较高,在输送相同距离和质量的物料时,带式输送机的动力消耗最小,因此在工厂中应用广泛,如原料卸车与堆垛、成品入库与堆垛、散煤转送等。带式输送机的选型计算如下。

(1)水平带式输送机的输送能力可按下式计算。

$$G=3600Bhp v\varphi$$

式中:G——水平带式输送机输送能力,t/h;

B——带宽,m;

p——物料堆积密度,kg/m^3;

h——堆放物料的平均高度,m;

v——带的运动速度,m/s,运输时取 $v=0.8\sim2.5$ m/s;

φ——装载系数,取=0.6~0.8,一般取 $\varphi=0.75$。

(2)倾斜带式输送机输送能力可按下式计算。

$$G_0=G/\varphi_0$$

式中:G_0——倾斜带式输送机输送能力,t/h;

G——水平带式输送机输送能力,t/h;

φ_0——倾斜系数。

倾斜系数见表 2-21。

表 2-21　倾斜系数

倾斜角度	0°~10°	11°~15°	16°~18°	19°~20°
φ_0	1.00	1.05	1.10	1.15

注　凡是用带式输送机原理设计的其他设备,如预煮、干燥、杀菌等设备,均可用此公式。

(3)带式输送机功率可按下式估算。

$$P=K_1A(0.000545KLv+0.000147GL)\pm0.00274GH$$

式中:P——带式输送机功率,kW;

K_1——起动附加系数,$K_1=1.3\sim1.8$;

A——长度系数,超过 45 m 长,$A=1$,通常 $A=1.0\sim1.2$;

K——轴承宽度系数,带越宽,数值越大,通常滚动轴承 $K=20\sim50$;滑动轴承 $K=30\sim70$;

L——输送机长度,m;

v——输送带的速度,m/s;

G——输送带的输送能力,t/h;

H——输送机将物料提升的高度,m。

2. 斗式提升机

斗式提升机是一种垂直或大倾角向上输送粉状、粒状或小块状物料的连续性输送机械。在我国粮油加工业中使用非常广泛,如玉米淀粉的加工、各种罐头生产线等,都用斗式提升机提升物料。斗式提升机占地面积小,运行平稳无噪声,效率高,可将物料提升至较高位置(30~50 m),生产率范围较广(3~160 m^3/h)。但斗式提升机对过载较敏感,要求供料均匀一致。

目前,我国生产的斗式提升机型号主要有TD型、TH型、NE型、TG型等。TD型采用橡胶带为牵引构件,TH型采用锻造环链为牵引构件,NE型采用板链为牵引构件,TG型采用钢丝胶带作为牵引构件。食品工厂常用的是以胶带作为牵引构件的TD型和TG型斗式提升机。斗式提升机的选型计算如下:

(1)生产能力计算。斗式提升机的生产能力,可用下式计算:

$$G = 3.6\rho\omega\varphi V/L$$

式中:G——斗式提升机的生产能力,t/h;

V——斗的容量,L;

L——相邻两料斗距离,m;

ω——料斗提升速度,m/s;

φ——料斗填充系数,一般取0.7~0.8;

ρ——物料的堆积密度,t/m^3。

(2)功率计算。斗式提升机所需要的驱动功率决定于料斗运动时所克服的一系列阻力,其中包括:①提升物料的阻力;②运行部分的阻力;③料斗挖料时所产生的阻力,此项阻力较为复杂,只能通过实验确定。

斗式提升机驱动轴上所需要的轴功率,可近似地按下式求出:

$$P_0 = GH(1.15 + K_2K_3v)/367$$

式中:P_0——轴功率,kW;

G——斗式提升机的生产能力,t/h;

H——提升高度,m;

v——牵引构件的运动速度,m/s;

K_2、K_3——与料斗型式有关的系数。

3. 螺旋输送机

螺旋输送机俗称绞龙,在食品工厂中常用来输送潮湿的或松散的物料。由于它密闭性好,故常用于粉尘大的物料或同时用于输送和混料等场合。目前,我国食品工厂使用的螺旋输送机有些是根据工艺需要而设计的非定型设备,有些是采用专业厂生产的标准化设备。

设计时,螺旋输送机的直径可采用下式计算:

$$D = K^{2.5}\sqrt{\frac{G}{\varphi\rho C}}$$

式中:D——螺旋输送机的螺旋直径,m;

G——输送量,t/h;

ρ——物料堆积密度,t/m^3;

K——物料综合特性经验系数,当输送粉粒状原料、谷物、干粉时,为0.04~0.06,当输送湿粉料时取0.07;

φ——填充系数，即物料占螺旋器内的容积，一般对粉料式粒状物料取 0.25～0.35，对于湿粉料混合时取 0.125～0.20；

C——螺旋倾斜时操作校正系数，水平工作时取 $C=1$。

固体输送设备在选型上需要注意：由于气流输送能耗相对较大，一般比机械输送设备高 3～10 倍，因此尽量选用机械输送设备对固体物料进行输送。皮带输送机、螺旋输送机，以水平输送为主，也可以有些升扬，但倾角不应大于 20°，否则效率大大下降，甚至造成无法正常输送。

（四）干燥设备的选型

干燥类设备的选型要求如下。

（1）适用性好。干燥设备必须能适用于特定物料，且满足物料干燥的基本使用要求，包括能很好地处理物料（给进、输送、流态化、分散、传热、排出等）加热设备，并能满足处理量、脱水量、产品质量等方面的基本要求。

（2）干燥速率高。仅就干燥速率看，对流干燥时物料高度分散在热空气中，临界含水率低，干燥速度快；而且，同是对流干燥，干燥方法不同，临界含水率也不同，干燥速率也不同。

（3）耗能低。不同干燥方法耗能指标不同，一般传导式干燥的热效率理论上可达 100%，对流式干燥只能 70%左右。

（4）节省投资。完成同样功能的干燥设备，有时其造价相差悬殊，应择其低者选用。

（5）运行成本低。设备折旧、耗能、人工费、维修费，备件费等运行费用要尽量低廉。

（6）优先选择结构简单、备件供应充足、可靠性高、寿命长的干燥设备。

（7）符合环保要求，工作条件好，安全性高。

（8）选型前最好能做出物料的干燥实验设备，深入了解类似物料已经使用的干燥设备的优缺点，往往对恰当选型有帮助。

四、非标准设备的设计

非标准设备是指除专业设备和通用设备外，用于生产配套的贮罐、中间料池、计量罐等设备和设施。

（一）起贮存作用的罐、池（槽）设计

设计时，主要考虑选择适合的材质、相应的容量，以保证生产的正常运行。在此前提下，尽量选用比表面积小的几何形状，以节省材料、降低投资费用。球形容器省料，但加工较困难，因此多采用正方形和直径与高度相近的筒形容器。

设计基本步骤如下。

材质的选择→容量的确定→设备数量的确定→几何尺寸的确定→强度计算→支座选择

如物料易沉淀，还应加搅拌装置；需要换热的，还要设换热装置，并进行必要的设计。

（二）起混合、调量作用的非标准设备设计

这类非标准设备有：酒精生产的拌料罐、味精生产的调浆池等。为了使混合或沉降效果

好,选择这类设备的高径(或高宽)比小于或等于1是有利的。其设计步骤与上述基本相同。

(三)起计量作用的非标准设备设计

这类设备如味精生产的油计量罐、尿素溶液计量罐等。为使计量尽量准确,通常这类设备的高径比(或高宽比)都设计得比较大。这样,当变化相同容量时,在高度上的变化比较灵敏。而把节省材料放在次要地位。设计步骤大体同前所述,所不同的是要有更明显的液位指示或配置可靠的液位显示仪表。

五、食品工厂主要设备的选用

凡是为食品工业服务的各种加工、包装、储存、运输等机械设备,均可称为食品机械设备。但通常所说的食品机械设备指的是与食品加工生产直接相关的机械设备。

食品工厂机械设备的特点是:①符合食品卫生;②不破坏原料原有的风味;③不破坏原料固有的营养成分。

食品工厂机械设备的选用要求如下:①设备的生产能力应满足生产规模的要求;②设备所生产的产品质量应符合标准;③设备的性能可靠,具有合理的技术经济指标,还要能够尽可能减少原料和能量的消耗,或有回收装置,保证生产具有最低的成本,对环境污染小;④为了保证食品生产的卫生条件,机械设备应易于拆洗;⑤一般来说,单机的外形尺寸较小,重量较轻,传动部分多安装在机架上,便于移动;⑥与水、酸、碱等接触的机械设备,要求其制造材料应能防腐防锈,电动机宜选择防潮式,自控元件的质量良好且具有较好的防潮性能;⑦对于生产的产品品种、罐型较多的食品工厂,其机械设备应易于调节、易调换模具、易检修,并尽可能做到一机多用;⑧机械设备应安全可靠,操作简单,制造容易和投资较少。

食品工厂生产的产品种类多,使用的设备各式各样。设备生产厂家遍及国内外,其型号、规格不一,应正确选择设备,满足工艺要求,确保食品工厂产品的产量和质量。

1. 碳酸饮料厂生产设备

碳酸饮料生产过程中常用的设备主要包括水处理设备、配料设备及灌装设备,另外还有卸箱机、洗箱机、洗瓶机、装箱机等,见表2-22。

表2-22　部分碳酸饮料生产设备

生产设备	型号	主要参数规格	外形尺寸(长×宽×高)/mm	净重/t
反渗透水处理器	TY-014180	产水量1 ~100 t	—	—
电渗透超纯水过滤器	HYW-0.2	—	1200×900×1400	0.23
紫外线饮水消毒器	ZYX-0.3	最大生产能力0.3 t/h	450×250×520	0.02
净水器	SST103	生产能力3~6 t/h	480×1 800	0.3
汽水混合机	QHS-2000	最大生产能力2 t/h	1000×900×2000	0.3
一次性混合机	QHC-B	生产能力2.5 t/h	—	0.5

续表

生产设备	型号	主要参数规格	外形尺寸(长×宽×高)/mm	净重/t
汽水灌装机	GZH-18	7000 ~12000 瓶/h	1800×1200×980	1.5
二氧化碳净化器	EJQ-100	生产能力 100 kg/h	2000×1200×2500	1.1

2. 乳制品厂主要设备

常用的乳品生产设备除了夹层锅、奶油分离机、洗瓶机、热交换器、真空浓缩设备和喷雾干燥设备外,还有均质机、甩油机、凝冻机、冰激凌装杯机等。

喷雾干燥是利用喷雾器的作用,将溶液、乳浊液、悬浮液或膏糊状物料喷洒成极细的雾状液滴,在干燥介质中雾滴迅速汽化,形成粉状和颗粒状干制品的一种干燥方法。喷雾干燥技术特别适用于干燥初始水分高的物料。它具有干燥速度快、时间短,干燥温度较低,成品分散性和溶解性良好,生产过程简单、操作控制方便,自动化程度高,适宜连续化生产等优点。乳品生产除了利用喷雾干燥设备(压力喷雾、离心喷雾和气流喷雾)外,还应用微波干燥设备、红外辐射干燥设备、真空干燥设备、升华干燥设备、沸腾干燥设备和冷冻干燥设备等。奶粉的生产常使用压力喷雾干燥设备和离心喷雾干燥设备,麦乳精生产中常用真空干燥设备。

均质机是一种特殊的高压泵,利用高压作用,使料液中的脂肪球碎裂,主要通过一个均质阀的作用,使高压料液从极端狭小的间隙中通过,由于急速降低压力产生的膨胀和冲击作用,使原料中的粒子微细化。生产淡炼乳时,可减少脂肪上浮现象,并能促进人体对脂肪的消化吸收;生产搅拌型酸乳时,可使产品质地均匀,口感细腻爽滑;在冰激凌生产中,能降低牛乳表面张力,增加黏度,得到均匀一致的胶黏混合物,提高产品质量。均质机按构造可分为高压均质机、离心均质机和超声波均质机三种,目前常用的为高压均质机,其额定工作压力为 20~60 MPa。甩油机是黄油生产中的主要设备,能使脂肪球互相聚合形成奶油粒,同时分出酪乳。凝冻机和冰激凌装杯机主要用于冰激凌生产。

乳品厂常用机械设备如表 2-23 所示。

表 2-23　部分乳品加工设备

产品名称	型号	主要参数规格	外形尺寸(长×宽×高)/mm	净重/t
磅奶槽	RZGC03-1000	公称容量:1000 L	1200×1200×700	0.168
受奶槽	RZWG01-1200	公称容量:1200 L	1800×940×740	0.178
离心式奶泵	BAW150-5G	流量:5 m^3/h	500×260×370	0.0352
储奶缸	DHL-2000	容积:2000 L	1750×1600×2300	—
双效降膜蒸发器	AJZ-7	水分蒸发量:700 kg/h	4400×2200×6700	3.60
真空浓缩锅	RP3B1	水分蒸发量:300 kg/h	3000×2800×200	0.95

续表

产品名称	型号	主要参数规格	外形尺寸(长×宽×高)/mm	净重/t
离心喷雾干燥机	LPG-150	水分蒸发量:150 kg/h	5500×4500×7000	—
吊悬式筛粉机	RFFS01-1000	生产能力:1000 L/h	—	0.05
奶油分离机	LP5-2K-100	生产能力:100 L/h	324×288×500	0.01
奶油搅拌机	RPJ180	容量:180 L	1950×1640×2080	0.48
冷热缸	RL10	容积:1000 L	1600×1385×1660	1.15
高压均质机	GJJ-0.5/25	流量:500 L/h	1010×616975	0.4

3. 其他食品加工设备

除上述几类外,还有饼干、面包、方便食品等生产设备,各种糖果生产设备、巧克力生产设备,果蔬保鲜、脱水、速冻、冻干生产设备等,此处不一一叙述,详细资料可查阅《中国食品与包装工程装备手册》《食品机械产品供应目录》等。

六、食品工厂设备安装调试

(一)食品工厂设备安装调试步骤

1. 开箱验收

新设备到货后,进行开箱验收,检查设备在运输过程中有无损坏、丢失,附件、随机备件、专用工具、技术资料等是否与合同、装箱单相符,并填写设备开箱验收单,存入设备档案,若有缺损及不合格现象应立即向有关单位交涉处理,索取或索赔。

2. 设备安装施工

按照设备平面布置图及安装施工图、基础图、设备轮廓尺寸以及相互间距等要求划线定位,组织基础施工及设备搬运就位。在设计设备平面布置图时,对设备定位要考虑以下因素。

(1)应适应工艺流程的需要。

(2)应方便工件的存放、运输和现场的清理。

(3)设备及其附属装置的外尺寸、运动部件的极限位置及安全距离。

(4)应保证设备安装、维修、操作安全的要求。

(5)厂房与设备工作应匹配,包括门的宽度、高度,厂房的跨度,高度等。

3. 设备试运转

设备试运转一般可分为空转试验、负荷试验、精度试验三种。

(1)空转试验。是为了检查备安装精度的保持性,设备的稳固性,以及传动、操纵、控制、润滑、液压等系统是否正常,灵敏性、可靠性等有关各项参数和性能在无负荷运转状态下进行。一定时间的空负荷运转是新设备投入使用前必须进行磨合的一个不可缺少的步骤。

（2）负荷试验。设备在标准负荷工况下进行试验，有些情况下可结合生产进行试验。在负荷试验中，应按规范检查轴承的温升，考核液压系统、传动、操纵、控制、安全等装置工作是否达到出厂的标准，是否正常、安全、可靠。不同负荷状态下的试运转，也是新设备进行磨合所必须进行的工作，磨合试验进行的质量如何，对于设备使用寿命影响极大。

（3）精度试验。一般应在负荷试验后按说明书的规定进行，既要检查设备本身的几何精度，也要检查其工作（加工产品）的精度。这项试验大多在设备投入使用后两个月后进行。

4. 设备试运行后的工作

首先断开设备的总电路和动力源，然后做好下列设备检查、记录工作：

（1）做好磨合后对设备的清洗、润滑、紧固，更换或检修故障零部件并进行调试，使设备进入最佳使用状态。

（2）做好并整理设备几何精度、加工精度的检查记录和其他性能的试验记录。

（3）整理设备试运转中的情况（包括故障排除）记录。

（4）对于无法调整和消除的问题，分析原因，从设备设计、制造、运输、保管、安装等方面进行归纳。

（5）对设备试运转做出评定结论，处理意见，办理移交生产的手续，并注明参加试运转的人员和日期。

5. 设备安装工程的验收与移交使用

（1）设备基础的施工验收由修建部门质量检查员会同土建施工员进行验收，填写施工验收单。基础的施工质量必须符合基础图和技术要求。

（2）设备安装工程的最后验收，在设备调试合格后进行。由设备管理部门和工艺技术部门会同其他部门，在安装、检查、安全、使用等各方面有关人员共同参加下进行验收，做出鉴定，填写安装施工质量、精度检验、安全性能、试车运转记录等凭证和验收移交单，设备管理部门和使用部门签字方可竣工。

（3）设备验收合格后办理移交手续。设备开箱验收（或设备安装移交验收单）、设备运转试验记录单经参加验收的各方人员签字后，随同设备带来的技术文件，交由设备管理部门纳入设备档案管理；随设备的配件、备品，应填写备件入库单，送交设备仓库入库保管。安全管理部门应就安装时严重的安全问题进行建档。

（4）设备移交完毕，由设备管理部门签署设备投产通知书，并将副本分别交设备管理部门、使用单位、财务部门、生产管理部门，作为存档、通知开始使用、固定资产管理凭证、考核工程计划的依据。

（二）试车

试车是通过对所安装设备按规定要求进行试运行，检验设备在设计、制造和安装等方面是否符合工艺要求和满足设备技术参数，设备的运行特性是否符合生产需要。试车是对整个设计和安装质量进行的一次全面检验和鉴定，同时对设备试运转中存在的缺陷进行分析、处理，以确保工程投产后运行安全、稳定、高效。每个新建或改、扩建厂（车间）在设备安装工作完成后必须进行试车。按照工程验收规定,试车成功、各项技术经济指标能达到设计要求后,方可移交生产部门使用。

试车的主要内容有单机试车、联动试车、空载试车、负载试车等,根据不同要求分步骤进行。在试车中应详细记录现场情况和所发现的问题,以便进一步调整和研究解决方案。

1. 试车程序

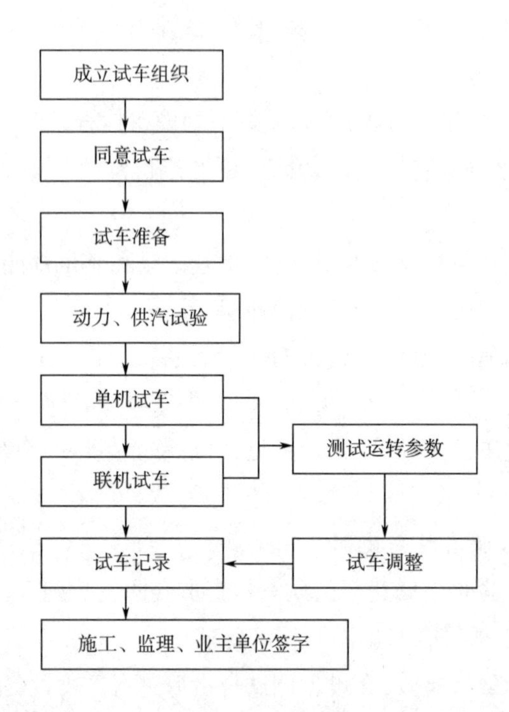

2. 试车准备

(1)组织准备。为保证试车工作顺利进行,应由设备使用单位牵头,成立监理、安装、土建、设计、有关设备生产厂家等单位参加的试车工作组,统一指挥、安排、协调试车工作。工作组成员应包括项目负责人、施工安装负责人、设备负责人、电气负责人、工艺及管道负责人等,还要配备安全员和记录员。指挥人员及操作人员必须具备设备安装经验和试车安全知识。

试车工作组的职责是:①负责试车计划的安排、方案制订、监理单位、设备厂家的工作联系;②负责试车前的检查和准备工作及试车记录以及验收资料;③负责处理试车中出现的问题及试车后的整改工作。

(2)技术准备。试车人员必须充分认识试车的重要性,应熟悉设备随机技术文件、设计意图,了解设备的构造和性能,掌握其操作程序、操作方法和安全守则,并熟悉生产工艺流程。同时要提高安全意识,开车前必须对系统的设备和生产管道进行认真全面的检查,避免事故发生。试车时应执行相应的工程施工及验收规范,工艺设计图和设备说明书也是试车的重要技术依据。

试车的技术准备包括以下内容:①根据施工图检查各设备的安装质量是否符合技术要

求，特别是设备地脚螺栓的二次灌浆应达到设计强度，与设备连接的管道及支架应安装到位；②根据工艺流程图核对各设备的进出口和输送管路的连接是否正确；③检查水、电、气线路是否安装正确、清洁畅通，开关、阀门位置是否正确，是否有漏水、漏气现象；④检查设备各部件是否完好无损，各连紧固件连接是否牢固，润滑系统能否良好循环，密封油脂、润滑脂及机油等情况是否良好，各种仪表和安全装置等均应检验合格，各种安全设施，如安全防护罩、栏杆、围绳等均安设妥当；⑤检查供电系统情况：各类电缆应敷设到位且符合要求，配电柜的电气元件应符合设备及设计的技术参数要求，接线端连接应规范，各设备的接地装置连接要可靠，绝缘电阻是否符合要求，配电柜及现场控制柜的控制元件，如闸刀、空开、启停按钮、报警系统应能正常操作；⑥检查自控系统：各部连接是否符合规范和设计要求和能否满足使用需要，电流表、电压表、功率表、压力表、流量计等仪表均应经计量检定、显示准确，且均在检定有效期内；⑦清除设备内部一切杂物，清扫设备周边环境，特别是振动设备和电机周围，保证操作人员进出安全；⑧确认试车所需的水、电、汽、油等辅助材料能可靠供应，确认修理工具、防护用具、备用易损件等齐备，现场道路畅通、照明充足。

3. 试车内容及要求

试车应遵循“先低速后高速、先单机后联机、先无负荷后带负荷、先附属系统后主机、先手动后电动”的原则。试运转时，必须做到前一步的试运转合格才能进行后一步的试运转。单机试运转全部合格后，才能进行全厂性联动试运转；试运转的程序必须与设计的生产工艺流程相吻合。

(1)试车内容。试车内容包括：①电气装置试验；②供气系统试验；③润滑系统试车；④冷却系统试车；⑤空载试车；⑥负载试车；⑦单台设备分别试车合格后，进行系统联动试车。

(2)试车要求。电气装置试验应按电力部门有关规定和电气装置安装标准规范，进行送电试验和验收。需做好以下几点：①从变电配电间送电至总动力室，或每层楼配电柜，检查是否符合车间各台设备动力配备的需要；②按照机器主轴的旋转方向，校对电动机的旋转方向；③测定电动机的空载电流；④根据电动机的大小，一般空运转 15 min~1 h，以轴承不发热、电动机无振动、噪声低为合格。

供气试验其目的是检查空压机向各用气设备的供气状况和设备的气动运转状况。需要：①按施工图核对供气管路，检查有无漏气部位，油水分离器、阀门等部件是否符合使用要求；②试验供气压力是否符合要求；③对每台用气设备进行供气试验，看是否能进行正确的动作。

润滑、冷却及安全装置试验进行该试验需注意：①试车时，在主机未开动前，应先进行润滑系统调试，所用润滑剂规格均应符合设备技术文件规定，整个试车过程中，应随时注意油位的变化，每个润滑部位应先注润滑油脂；②润滑油冷却系统中的冷却水的供应压力必须低于油压；③安全联锁装置及调压、调速、换向等各种操纵装置应灵活可靠，执行机构的推动力、行程和速度应符合设计要求；④事故报警信号装置、紧急制动装置等应运行可靠。

第六节　劳动定员

劳动定员,也称企业定员或人员编制,是指在一定的生产技术组织条件下,为保证企业生产经营活动正常进行,按一定素质要求,对企业各类人员所预先规定的限额。

人力资源作为生产力的基本要素,是任何劳动组织从事经济活动赖以进行的必要条件。劳动组织从设计组建时起,就要考虑需要多少人,各种人应具备什么样的条件,如何将这些人合理组合起来,既能满足生产和工作的需要,又使各人都能发挥其应有的作用。这就需要制定企业的用人标准,即需要加强企业定编、定岗、定员、定额工作,促进企业劳动组织的科学化。

劳动定员是以企业劳动组织常年性生产、工作岗位为对象,即凡是企业进行正常生产经营所需要的各类人员,都应包括在定员的范围之内。一般来说,食品工厂职工按其工作岗位和劳动分工不同,可分为以下四类人员。

(1)工人。是指在基本车间和辅助车间中直接从事生产的工人及厂外运输与厂房建(构)筑物大修理的工人。

(2)工程技术人员。是指担负工程技术工作并具有工程技术能力的人员。

(3)管理与经营人员。是指在企业各职能机构及在各基本车间与辅助车间从事行政、生产管理、产品销售的人员。

(4)服务人员。是指服务于职工生活或间接服务于生产的人员。

这是劳动组织中最基本的分工,也是研究企业人员结构,合理配备各类人员的基础。另外,也可按职工与企业生产的关系和在生产中的作用分为直接生产人员和非直接生产人员;按聘用劳动者的身份和用工期限分为固定工、临时工等。

一、劳动定员的原则

在制定劳动定员时要从实际出发,既要考虑现实的生产技术组织条件,又要充分挖掘劳动潜力;既要保证满足生产需要,又要避免人员浪费。

1. 劳动定员水平应保持先进合理

所谓先进合理,是指定员水平既要先进、科学,又要切实可行。没有先进性,就会失去定员应有的作用;没有合理性,先进性也就失去了科学的基础。应做到:组织机构精干,非生产人员比例恰当,劳动组织科学,劳动效率高,符合企业生产和工作的合理需要。

2. 正确安排各类人员之间的比例关系

企业人员结构合理与否,直接影响着劳动定员的质量。因此,企业定员工作必须合理安排各类人员的比例关系。

(1)直接生产人员与非直接生产人员的比例关系。直接生产人员是企业生产活动中的主要力量,为保证生产活动的正常进行,必须保证直接生产人员的足够数量。非直接生产人员也是企业生产经营活动得以正常进行不可缺少的条件。应在加强企业生产经营管理和搞好职工服务的前提下,尽量减少非直接生产人员在职工总数中所占比重,努力增加直接生产人员的比重。

(2)直接生产人员内部基本生产工人和辅助生产工人的比例关系。基本生产工人不足,不利于生产的发展;相反,辅助生产工人过少,过多的辅助工作由基本生产工人承担,也会影响劳动效率的提高。非直接生产人员内部各类人员之间的比例关系、基本生产工人的辅助生产工人内部各工种之间的比例关系应合理安排。

3. 应做到人尽其才,人事相宜

劳动力的浪费有两种:一是对劳动力的数量使用不当,用人过多,人浮于事,造成劳动力的浪费;二是对劳动力的质量使用不当,用非所学或降级使用劳动力等,也是对劳动力的浪费。为减少劳动力的浪费,企业定员时应尽可能做到合理使用劳动力,充分挖掘生产潜力,发挥每一个劳动者的生产积极性。

4. 劳动定员标准应保持相对稳定和不断提高

劳动定员确定后应保持相对稳定。变动过多,不利于劳动定员的贯彻执行,也会造成过大的工作量,牵涉过多的精力;但也不能固定不变,应根据生产和工作任务的变化、工艺技术的改进、生产条件和劳动组织的改善、职工素质的提高等因素,定期修订定员或定员标准,保持定员水平先进合理并不断提高。

二、劳动定员的依据

(1)国家相关的法律、法规、劳动保护和各项规章制度。

(2)食品工厂和生产车间的生产计划,如产品品种和产量。

(3)劳动定额、产量定额、设备维护定额和服务定额。

(4)工作制度(连续或间歇生产、每日班次)。

(5)出勤率(指全年扣除法定假日,病、事假等因素的有效工作日和工作时数)。

(6)全厂各类人员的规定比例数。

三、劳动定员的基本方法

劳动定员管理是企业安全生产管理的重要基础工作,是科学合理组织生产,优化企业劳动组织,提高劳动效率,促进安全生产的基本保障。科学合理的劳动定员有利于改善企业劳动组织,有利于减轻工人劳动强度,有利于提高劳动效率。

在食品工厂设计中,若劳动定员过少,会造成生活设施不足,工人工作负荷大,从而影响生产的正常进行;若定员过多,又会造成基建投资费用的增加,资源浪费、增加成本和人浮于事现象。在实践中,劳动定员既不能单靠经验估算,也不能将各工序岗位人数简单地累加,而是应该根据工作任务和员工的工作效率按照科学的计算方法进行劳动定员。

由于企业内各类人员的工作性质不同,总的工作量和个人的工作效率表现的形式也不同,计算定员也就有不同的方法,制定企业定员标准,核定各类人员用人数量的基本依据是:

制度时间内规定的总工作任务量和各类人员的工作(劳动)效率。

某岗位用人数量=某类岗位制度时间内计划工作任务总量/某类人员工作(劳动)效率

主要的劳动定员方法有以下5种。

(1)按劳动效率定员。就是根据生产任务量和工人的劳动效率,以及出勤率来核算定员人数。这种方法是以劳动定额为计算基础,凡是实行定额考核的工程、岗位均可采用这种方法。其计算公式如下:

定员人数=计划期生产任务总量/(工人劳动效率×出勤率)

其中,工人劳动效率=劳动定额×定额完成率。

劳动定额是指在一定的技术组织条件下,为完成一定量的产品或任务,所规定的劳动消耗量标准。劳动定额按其表现形式不同可分为:产量定额、时间定额(也称工时定额)、看管定额、服务定额以及其他形式的劳动定额等多种。其中产量定额和工时定额之间的关系为:

工时定额=工作时间/产量定额

因此,按劳动效率定员人数的计算可以采用以下两种公式:

定员人数=计划期生产任务总量/(产量定额×定额完成率×出勤率)　　(2-1)

或:

定员人数=生产任务量×工时定额/(工作时间×定额完成率×出勤率)　　(2-2)

公式(2-1)是按产量定额计算的,公式(2-2)是按工时定额计算的。

例如,计划期内某车间每班生产某产品的产量任务为1000件,每个工人的班产量定额为5件,定额完成率预计为125%,出勤率为90%,则可直接用上述公式计算出该车间每班的定员人数:

按产量定额公式(2-1)计算:

定员人数=1000/(5×1.25×0.9)=178(人)

按工时定额公式(2-2)计算:

因为工时定额=工作时间/产量定额=8/5=1.6工时/件,所以:

定员人数=1000×1.6/(8×1.25×0.9)=178(人)

某工种生产产品的品种单一、变化较小而产量较大时,宜采用产量定额来计算人数。如计划期任务量是按年规定的,而产量定额是按班期定的,可采用下式计算:

定员人数=Σ(每种产品年产量×单位产品工时定额)/(年制度工日×8×定额完成率×出勤率)　　(2-3)

在实际生产中,有些工种(或工序)不可避免地会有一定数量的废品产生,计算定员时,需要把废品因素考虑进去,可将公式(2-3)可改为:

定员人数=Σ(每种产品年产量×单位产品工时定额)/[年制度工日×8×定额完成率×出勤率×(1-计划废品率)]　　(2-4)

例如:某车间某工种计划生产A产品100件、B产品500件、C产品250件,其单台工时定额分别为20、30和40小时,全年生产251天,计划期内定额完成率为120%,出勤率为

90%,废品率为8%,则该车间该工种的定员人数为:

定员人数=[(100×20)+(500×30)+(250×40)]/(251×8×0.9×1.2×(1-0.8))=14(人)

有时企业由于生产任务不固定,偶然性因素的干扰很大,时常出现生产中断,计算定员人数时,根据实际情况,可以在公式的分母再乘以作业率(又称工时利用率)。

例如:某公司年计划生产某产品25万件,全年生产250天,现行工时定额为100工时/件,出勤率为97%,工时利用率90%,定额完成率为120%,废品率2%,核算该公司计划年度的基本生产工人定员。

定员人数=250000×100/(250×8×0.97×0.9×1.2×(1-0.02))=12175(人)

(2)按设备定员。就是根据机器设备需要开动的数量和开动班次、工人看管定额来计算定员人数。计算公式如下。

定员人数=为完成生产任务必需的设备台数×每台设备开动班次/(工人看管定额×出勤率)

例如:某车间为完成生产任务需开动设备20台,每台开动班次为两班,看管定额为每人看管2台,出勤率为96%,则该车间定员人数为:

定员人数=20×2/(2×0.96)=21(人)

设备定员法主要适用于以机械操作为主的工种,也适用于实行多设备管理的工种。

(3)按岗位定员。根据岗位的多少、岗位的工作量大小来计算定员人数。采用这种方法首先应确定设备操作岗位或工作岗位的数目,然后根据各岗位工作量、工人的劳动效率、设备开支班次、工人出勤率等因素计算出定员人数。这种方法适用于不宜制定定额的工程或岗位,如门卫、锅炉工等。

(4)按比例定员。按照与企业员工总数或某一类服务对象的总人数的比例,确定某种人员的定员人数。这种方法大多用于计算非生产人员、辅助工人、炊事人员等。

(5)按组织机构、职责范围和业务分工确定定员人数。这种方法主要用于确定企业管理 人员和工程技术人员的定员数量。采用这种方法时,应先确定企业的管理体制和组织机构,然后确定各职能科室的业务分工及职责范围,最后依据各部门、各单位、各项业务的工作量大小进行定员。

在上述劳动定员的五种基本方法中,前三种与劳动定额存在着直接的联系,而后两种方法是制定劳动定额的基本方法。

四、车间和全厂劳动定员表

在将各车间和全厂各类人员确定后,可将定员数据按表2-24和表2-25进行汇总。

表2-24　车间(或工段)定员表

序号	工种名称	生产工人		辅助工人		管理 人员	操作班数	轮休人员	合计
		每班定员	技术等级	每班定员	技术等级				

续表

序号	工种名称	生产工人		辅助工人		管理 人员	操作班数	轮休人员	合计
		每班定员	技术等级	每班定员	技术等级				
合计									

表2-25　全厂定员表

序号	部门	职务	人数						说明
			管理人员	技术人员	生产人员	辅助生产人员	后勤人员	合计	
1	厂部科室								
2	生产车间								
3	辅助车间								
4	后勤服务								
5	其他								
6	合计								
7	占全员的比例								
8	临时工、季节工								

第七节　生产车间工艺布置

生产车间工艺布置设计,即生产车间设备布置,就是将各生产工序中所用的单元设备按工艺流程顺序在车间平面或空间进行合理组合和厂房配置、操作空间排列布置、运行费用最优配置等。

食品工厂生产车间工艺布置是工艺设计的重要部分,不仅对建成投产后的生产实践(产品种类、产品质量、各产品产量的调节、新产品的开发、原料综合利用、市场销售、经济效益等)有很大关系,而且影响到工厂整体布局。生产车间布置一经施工就不易改变,所以,在设计过程中必须全面考虑。车间工艺设计还必须与土建、给排水、供电、供汽、通风采暖、制冷、安全卫生、原料综合利用以及“三废”治理等方面取得统一和协调。

生产车间平面设计，主要是把车间的全部设备（包括工作台等），在一定的建筑面积内做出合理安排。平面布置图是按俯视，画出设备的外型轮廓图。在平面图中，必须标示清楚各种设备的安装位置。下水道、门窗、各工序及各车间生活设施的位置，进出口及防蝇、防虫措施等。除平面图外，有时还必须画出生产车间剖面图（又称立面图），以解决平面图中不能反映的重要设备与建筑物立面之间的关系，画出设备高度，门窗高度等在平面中无法反映的尺寸（在管路设计中另有管路平面图、管路立面图及管路透视图）。

生产车间的工艺布置设计与建筑设计之间关系比较密切。因此，生产车间工艺布置设计需要在工艺流程示意图和工艺流程草图的基础上进行，并相互影响，相互协调。其关系示意图见图 2-14。

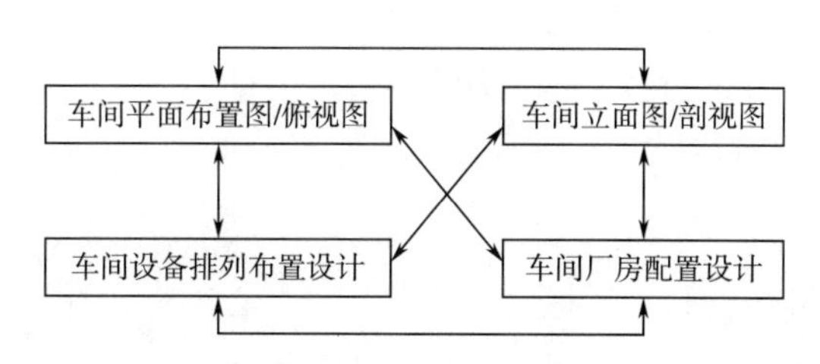

图 2-14　生产车间工艺布置设计关系图

一、车间工艺布置设计的依据

（1）工程设计的相关规范和规定：①常用设计规范和规定；②粮油食品行业设计规范；③工业企业设计防火规定；④食品工厂设计防火规范；⑤工业企业设计卫生标准；⑥工业企业噪声卫生标准；⑦企业爆炸和火灾危险场所电力设计技术规定；⑧粮油食品企业生产技术安全操作规程等。

（2）工艺或仪表（管道）流程图，包括工艺流程示意图、工艺流程草图、工艺流程设计简图、带控制点的工艺流程图等。

（3）物料性质及工艺衡算数据，包括物料衡算数据及物料性质、包括原料、半成品、成品、副产品的数量及性质；“三废”的数量及处理方法。

（4）设备、电机一览表，包括设备外形尺寸、重量，支撑形式、保温情况及其操作条件等，电机尺寸、重量、绝缘防护等级等。

（5）公用工程系统的耗用情况，包括公用系统用量，供排水、供电、供热、冷冻、压缩空气、外管资料等。

（6）厂址选择情况，土建施工资料和劳动安全、防火、防爆资料等。

（7）车间组织及劳动定员、劳动保护等资料。

（8）厂区总平面布置设计，包括本车间与其他生产车间、辅助车间、生活设施的相互联系，厂区内交通运输，人流物流的情况与数量。

二、车间工艺布置设计的原则

在进行车间工艺布置时,应根据下列原则进行。

(1)要有总设计的全局观点,首先满足生产的要求,同时必须从本车间在总平面图的位置,与其他车间或部门间的关系,以及发展前景等方面,满足总体设计要求。

(2)设备布置要尽量按工艺流水线安排,但有些特殊设备可按相同类型适当集中。使生产过程中占地最少、生产周期最短、操作最方便。

(3)在进行生产车间设备布置时,要考虑到多种生产的可能,以便灵活调动设备,并留有适当余地便于更换设备。同时还应注意设备相互间的间距及设备与建筑物的安全维修距离,保证方便操作,以及便于维修装卸和清洁卫生。

(4)生产车间与其他车间的各工序要相互配合,保证各物料运输通畅,避免重复往返要尽可能利用生产车间的空间运输,合理安排生产车间各种废料排出,人员进出要和物料进出分开。

(5)应注意车间的采光,通风、采暖、降温等设施。必须考虑生产卫生和劳动保护,如卫生消毒、防蜗防虫、车间排水、电器防潮及安全防火等措施。

(6)对散发热量,气味及有腐蚀性的介质,要单独集中布置。对空压机房、空调机房、真空泵等既要分隔,又要尽可能接近使用地点,以减少输送管路及损失。

(7)可以设在室外的设备,尽可能设在室外并加盖简易棚保护。

(8)对生产车间或流水线的卫生控制等级要进行明确的区域划分和区间隔离,不同卫生等级的制品不能混流、混放,更不能倒流,造成重复性加工和污染。

(9)严格执行GMP、HACCP、ISO 14000的规范性。

(10)要对生产辅助用房留有充分的面积,如更衣间、消毒间、工具房、辅料间等。要使各辅助部门在生产过程中对生产控制做到方便、及时、准确。

三、车间工艺布置设计的程序

(1)确定总平面布置方案,明确各车间的相互关系、位置关系。

(2)确定各车间的设备的组成和外形尺寸等。

(3)确定车间内外的运输形式和线路。

(4)初步估算车间面积,包括化验室、更衣室等。

(5)车间工艺布置设计选优。

(6)绘制车间设备布置图。

四、生产车间工艺布置的实施步骤与方法

食品工厂生产车间平面布置设计一般有两种情况,一种是新设计的车间平面布置,另一种是对原有厂房进行平面布置设计。现将生产车间平面布置设计步骤叙述如下:

(1)整理车间设备清单及工作生活室等各部分的面积要求,格式见表2-26。根据工艺流程对生产区域、辅助区域、生活行政区域的面积做初步的划分。

表2-26　××食品厂××车间设备清单

序号	设备名称	规格型号	安装尺寸	生产能力	台数	备注
1						
2						
…						

(2)分析设备清单。根据设备清单将设备进行分类,明确是轻量级的还是重量级的、是固定式还是可移动的、是公用的还是专用的等。对笨重的、固定的和专用的设备,应尽量排布在车间四周;轻的、可动的设备,排在车间的中间,便于在更换产品时调换设备比较方便。

(3)根据该车间在全厂总平面中的位置,确定厂房的建筑结构、形式、朝向、跨度、绘出宽度和承重墙(柱)的位置等。一般车间50~60 m长为宜(不超过100 m)。利用AutoCAD或VISIO等计算机辅助设计手段进行车间布置设计,并进行多种方案分析比较选优。或用硬纸板剪成小方块(按比例)在草图上布置。

(4)按照总平面图的构思,确定生产流水线方向。

(5)将设备尺寸按比例大小,剪成设备外形轮廓俯视图,在草图上进行排布,排出多种不同的方案,以便分析比较。若采用AutoCAD或VISIO流程布置设计,会更加方便和合理,这也是作为一个现代的工程设计人员所必须掌握的基本技能。

(6)方案比较选优。①工艺流程的合理性,人流、物流的畅通,与总平面的协调(包括废弃物及包装物的流向);②建筑结构的造价、建筑形式的实用和美感;③管道安装(包括工艺、上下水、冷、电、汽等方面)的便捷、隐蔽、规范和美观,与公用设施的距离及施工的便利;④车间内外运输的流畅(包括原料进厂及产品出厂的流向);⑤生产卫生条件的合理、规范;⑥操作条件的可靠性、消防安全措施的完整;⑦通风采光等。

(7)对自己确认的方案征求配套专家的意见,在此基础上完善后,再提交给委托方和相关专家征求意见,集思广益,根据讨论征求的意见做出必要的修改、调整,最终确定一个完整的方案。

(8)在平面图的基础上再根据需要确定剖视位置,画出剖视图,最后画出正式图。

生产车间工艺布置实例见图2-15。

五、生产车间工艺设计对非工艺设计的要求

车间工艺布置设计与建筑设计密切相关,在工艺布置过程中应对建筑结构、外形、长度、宽度、层高、楼层数及有关建筑问题提出设计要求。

(一)建筑外形的选择要求

车间建筑的外形有长方形、L形、T形、U形等。一般为长方形,其长度取决于生产流水

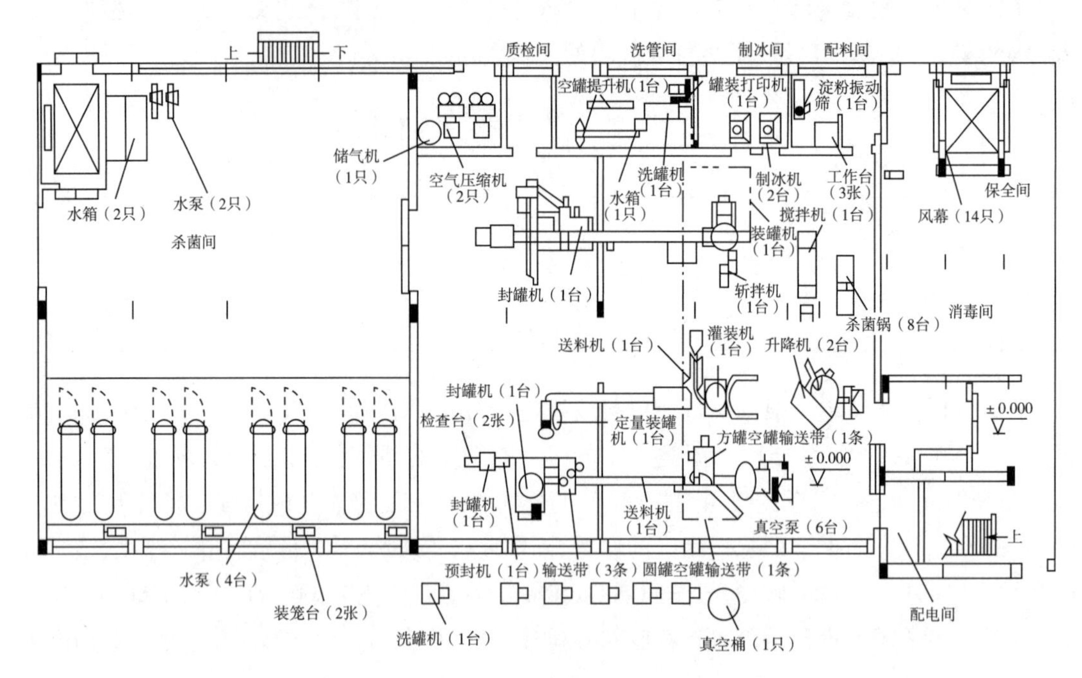

图2-15　某罐头厂午餐肉车间底层工艺平面布置图

作业线的形式相生产规模,一般60 m左右适宜。车间层高按房屋的跨度(食品工厂生产车间的跨度有:9 m、12 m、15 m、18 m、24 m)和生产工艺要求而定,一般以6 m为宜。单层厂房可酌量提高,车间内立柱越少越好。

国外生产车间柱网一般6~10 m,车间为10~15 m连跨,一般高度7~8 m(吊平顶4 m),也有车间达12 m以上。

(二)建筑物的统一模数制

建筑工业化要求建筑物件必须标准化,定型化、预制化。尺寸按统一标准,规定建筑物的基本尺度,即实行建筑物的统一模数制。基本尺度的单位叫模数,用 m_0 表示,我国规定为100 mm。任何建筑物的尺寸必须是基本尺寸的倍数。模数制是以基本模数(又称模数)为标准,连同一些以基本模数为整倍数的扩大模数相一些以基本模数为分倍数的分模数共同组成。模数中的扩大模数有3 m_0(300 mm)、6 m_0、15 m_0、30 m_0、60 m_0 等。

基本模数连同扩大模数的3 m_0、6 m_0 主要用于建筑构件的截面、门窗洞口、建筑构配件和建筑物的进深、开间与层高的尺寸基数。扩大模数的15 m_0、30 m_0、60 m_0 主要用于工业厂房的跨度、柱距相高度以及这些建筑的建筑构配件。在平面方向和高度方向都使用一个扩大模数,在层高方向,单层为200 mm(2 m_0)的倍数,多层为600 mm(6 m_0)的倍数。在平面方向的扩大模数用300 mm(3 m_0)的倍数,在开间方面可用3.6 m、3.9 m、4.2 m、6.0 m,其中以4.2 m和6.0 m在食品厂生产车间用得较普遍。跨度小于或等于18 m时,跨度的建筑模数是3 m;跨度大于18 m时,跨度建筑模数是6 m。

（三）对车间门的要求

（1）作用。人流、设备、货物的进出口，安全疏散等。

（2）数量。按生产工艺和车间的实际情况进行设计，一般每个车间不能小于两扇门。

（3）尺寸。应满足生产要求，并在火灾或某种紧急状态下应能满足迅速疏散的要求。要求适中，不宜过大，也不能过小，作为运输工具及机器设备进出的门，一般要能让生产车间最大尺寸的机器设备顺利通过。

（4）规格。（单位：mm）（宽×高）。①单扇门：1000×2200，1000×2700；②双扇门：1500×2200，1500×2700，2200×2700；③车间大门：根据不同交通工具来确定门的大小；④电瓶车或手推车门：2000×2400，3000×2400；⑤汽车门：3000×3000，4000×3000。

（5）门与交通工具的关系。①门要比装满货物后的车高出 400~500 mm；②门的两边都要宽出 300~500 mm。

（6）要求。应设置防蝇、防虫的装置，如水幕、风幕、暗道或飞虫控制器。

（7）种类。生产车间一般有空洞门、单扇门和双扇门、单扇推拉门和双扇推拉门、单扇双面弹簧门和双扇双面弹簧门、单扇内外开双层门和双扇内外开双层门等。

（四）通风采光要求

食品工厂生产车间一般为天然采光，车间的采光系数为 1/4~1/6。采光系数是指采光面积和房间地坪面积的比值。采光面积不等于窗洞面积。采光面积占宙洞面积的百分比与宙的材料、形式和大小有关。一般钢窗的玻璃面积占空洞面积的 74%~79%，木窗的玻璃面积占空洞面积的 47%~64%。窗户分为侧窗和天窗两类。

（1）侧窗。窗台高度：工人坐着工作时，窗台的高度 h 可取 0.8~0.9 m；工人立着工作时，窗台高度 h 可取 1~1.2 m。

侧窗作用：①单层固定窗：只作采光，不作通风；②单层外开上悬窗、单层中悬和单层内开下悬窗：这三种窗一般用于房屋的层高较高，侧窗的窗洞也较高的上下部之组合窗；③单层内外开窗：用于卫生要求不高的车间；④双层内外开窗（纱窗+普通玻璃窗）：是食品厂目前用得较多的一种窗。

（2）天窗。就是开在屋顶上的窗。

作用：增加采光面积。

种类：①三角天窗：只能采光，不能通风；②单面天窗：方位朝北，全天光线变化较小，并且柔和均匀。但开启不便，卫生工作难做，故在纺织厂用得较多；③矩形天窗：因卫生工作难做，我国目前已不用，但在国外大面积生产车间的厂房中，为了很好地排汽，仍被采用。

（3）人工采光。用双管日光灯，LED 灯等，局部操作区要求采光强的，则可吊近操作面，也有采用聚光灯照明的。

（4）空调装置。无空调时门窗应设纱门纱窗；车间层高一般不低于 6 m，以确保有较好的通风。而密闭车间则：①应有机械送风，空气经过过滤后送入车间。②屋顶部有通风器，风管一般可用铝板或塑料板。③产品有特别要求者,局部地区可使用正压系统和采取降温措施。④车间除一般送风外,另有吊顶式冷风机降温。该冷风机之风往车间顶部吹,以防天花板上聚集凝结水。

也有采用过滤的空气送入净化室,使房间呈正压系统,不让外界空气进入该室。

(五)对地坪的要求

设计时应采取适当措施,减轻地坪受损。

(1)将有腐蚀介质排出的设备集中布置,做到局部设防,缩小腐蚀范围。

(2)生产车间的地面必须有足够的坡度(0.5%~1%)来排放废水,并设明沟或地漏,将生产车间的废水和腐蚀性介质及时排除。

(3)改进运输条件,采用输送带或胶轮车,以减少对地坪的冲击等。

(4)采用适宜的土建结构。①石板地坪:耐腐蚀、不起灰、耐热和防滑;②高标号混凝土地面:采用耐酸骨料并严格控制水灰比,表面需做防滑处理,提高混凝土的密实性;③缸砖地面:在不使用铁轮手推车的工段,并需防腐蚀的部位;④塑料地面:耐酸、耐碱、耐腐蚀,具有广阔前景;⑤水磨石地坪;⑥无尘地坪:水泥地坪上敷涂层(环氧树脂+石英砂),耐酸、耐碱、耐腐蚀、不起尘、防滑、无接缝的优点,是食品工厂地坪的最佳选择。

(5)地坪排水。原设计使用明沟加盖板,但卫生较差;现新厂常使用地漏,直径一般为200 mm和300 mm;根据实际情况,采用明沟加地漏的组合形式是可行的。地漏推荐的地坪坡度为1.5%~2%,排水沟筑成圆底,以利于水的流动和做清洁工作。

(六)内墙面要求

食品工厂对车间内墙面要求很高,墙面、隔断应使用无毒、无味的防渗透材料建造,在操作高度范围内的墙面应光滑、不易积累污垢且易于清洁;若使用涂料,应无毒、无味、防霉、不易脱落、易于清洁。墙壁、隔断和地面交界处应结构合理、易于清洁,能有效避免污垢积存,例如设置漫弯形交界面等。具体要求如下:

(1)墙裙。一般有1.5~2.0 m的墙裙(护墙),可用白瓷砖,墙裙可保证墙面少受污染,并易于洗净。

(2)内墙粉刷。一般用白水泥沙浆粉刷,还要涂上耐化学腐蚀的过氯乙烯油漆或六偏水性内墙防澎涂料。近年来有仿瓷涂料代替瓷砖,可防水、防留。这种新型涂料,对食品工厂车间内墙面很适宜。

(七)对楼盖的要求

楼盖是由承重结构、铺面、天花、填充物等构成(图2-16)。

(1)承重结构。承担楼面上一切重量的结构,如梁和楼板等。

(2)铺面。保护承重结构,并承受地面上的全部作用力。

(3)填充物。起着隔热的作用,用多孔松散材料。

(4)天花。起隔音、隔热、防止建筑材料灰尘飞落而污染食品以及美观的作用。

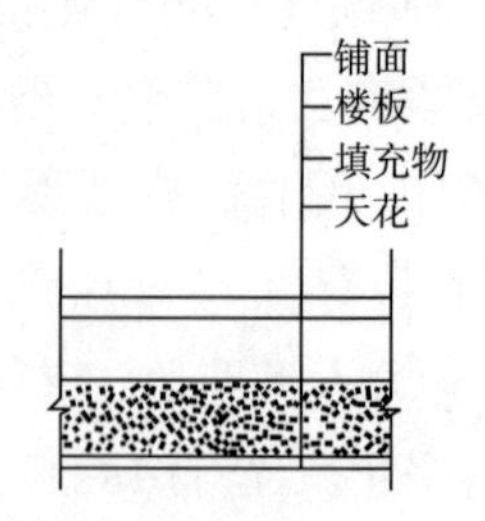

图2-16　楼盖组成示意图

(八)对楼梯的要求

(1)种类。主楼梯、辅助楼梯和消防楼梯。

(2)规格。主楼梯宽度1500~1650 mm,坡度为30°,辅助楼梯为1000~1200 mm,坡度为45°。

(3)要求。个数、宽度、坡度、结构形式需符合安全、防火、疏散和使用的规范要求。

(4)形式。单跑、双跑、三跑及双分、双合式楼梯(图2-17)。

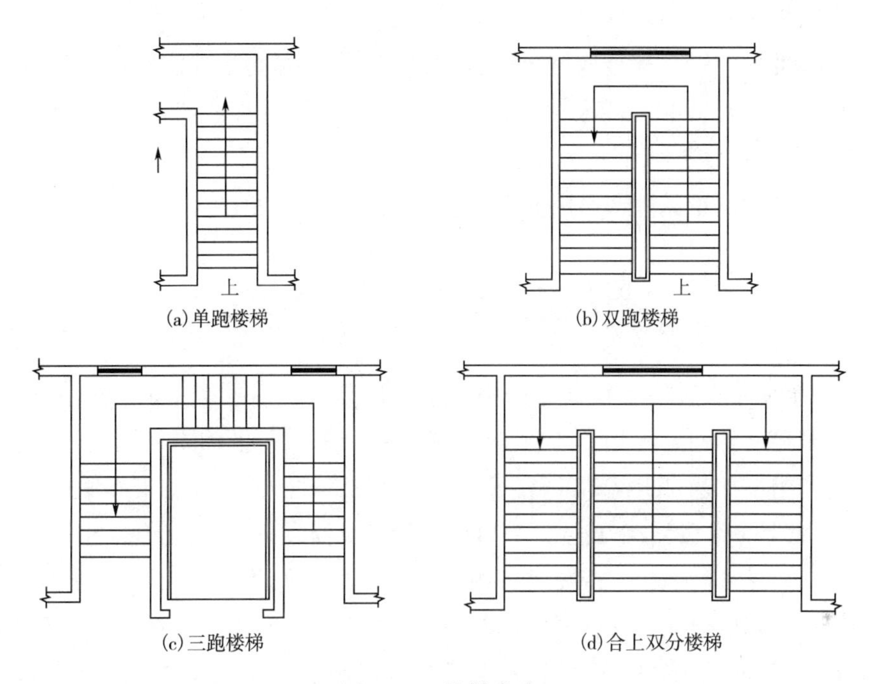

图2-17　楼梯形式

(九)车间办公室、控制室、质量检查室以及福利设施的设计标准

(1)车间办公室。按车间值班的最大班的管理和技术人员人数以及4 m^2/人的使用面积计算,建筑平面系数采用65%。

(2)车间控制室。不宜与变压器室、动力机房、化学药品室相邻。与办公室、操作工值班室、生活间、工具间相邻时,应以墙隔开,中间不要开门,不要互相串通。

有很好的视野,从各个角度都能看到装置的地方;仪表盘和控制箱通常都是成排布置,盘后要有安装和维修的通道,通道宽度不小于1 m,操作台至墙(窗)至少应有2~3 m的间距,以供人员通行。

(3)会议室。可兼作休息室,供交接班、用餐时使用,面积按最大班人数以及使用面积1.2 m^2/人计算,建筑平面系数65%。

(4)质量检查室。根据检测分析试验工作的需要,应安放检验仪器桌和分析桌、药品柜和上下水具以及检测人员制表、统计用办公桌和资料柜,一般可根据实际布置决定用房面积,建筑平面系数65%。

(5)更衣间。设在靠车间进口处,供上下班工人使用。

随着食品生产卫生安全管理要求的提高,一般出口食品工厂要求二道更衣,工人进入车间要提供每人一格的密闭保管橱柜以放置私人物品,在一道更衣间将自己的外衣、鞋脱下,换上拖鞋进入二道更衣间,换上进入车间的工作服、工作鞋,再进入洗手、消毒程序。这样更衣间的使用面积就比以前要增大,一般可按 3 m^2/人计算,建筑平面系数 65%。

(6)车间浴室。按最大班人数每 10 人设一个淋浴器,每人淋浴器按使用面积 5 m^2 计算,建筑平面系数 65%。

(7)车间卫生间。卫生标准应符合《出口食品工厂、库最卫生要求》,厕所便池蹲位数量应按最大班人数计,男每 40~50 人设一个,女每 30~35 人设一个(车间工人以女工为主时另计),厕所建筑面积按 2.5~3.0 m^2/蹲位计算。

其他要求可参考《食品生产通用卫生规范》(GB 14881—2013)进行设计。

第八节　管路设计与布置

管路系统是食品工厂生产过程中必不可少的部分。食品工厂中的管路在生产中的作用,主要是用来输送各种流体介质,如牛奶、饮料、啤酒、果汁等液体物料,水蒸气及其他气体等,使其在生产中按工艺要求流动,以完成各个食品加工过程。食品生产车间中的设备与设备之间几乎也都是依靠管路相互连接的,管路同所有机器设备一样,是食品生产中不可分割的一个组成部分。要确保安全、持续、稳定的生产,除了妥善设计好各种工艺流程、设备布置外,还必须重视管路的设计工作,否则也会直接影响正常的生产。管路设计是否合理,不仅直接关系到建设指标是否先进合理,而且关系到生产操作能否正常进行以及厂房各车间布置的整齐美观和通风采光良好等问题。所以,搞好管路设计与布置具有十分重要的意义。

一、管路基本知识

管路由管子、管件和阀门等按一定的排列方式构成,也包括一些附属于管路的管架、管卡和管撑等辅件。

(一)管子、管件与阀门

1. 管子

管子是管路的主体。由于生产系统中的物料和所处工艺条件各不相同,所以用于连接设备和输送物料的管子,除须满足强度和通过能力的要求外,还必须耐受一定的温度(高温或低温)、耐压、耐腐蚀以及具有一定的导热性能等。根据所输送物料的性质(如腐蚀性、易燃性、易爆性等)和操作条件(如温度、压力等)来选择合适的管材是工艺设计中经常遇到的问题之一。

管路系统所用的管材种类很多,可分为金属管和非金属管。金属管按材料可分为碳素钢管、合金钢钢管、不锈钢管、铸铁管、有色金属管等;非金属管可分为塑料管、玻璃钢管、陶瓷管等。

在管路设计和管件选用时,为了便于设计选用、降低成本和互换,国家有关部门制定了管子、阀门和法兰等管路用零部件标准。对于管子、阀门和法兰等标准化的最基本参数就是金属管公称直径和公称压力。

(1)公称直径。为了简化管路直径规格和统一管路器材元件连接尺寸,对管路直径分级进行了标准化,引入了公称直径的概念。公称直径是为了使管子、法兰和阀门等的连接尺寸统一。即凡是能够实现连接的管子与法兰、管子与管件或管子与阀门,就规定这两个连接件具有相同的公称直径,以 *DN* 表示,其后附加公称直径的尺寸,单位 mm。例如:公称直径为 100 mm,用 *DN*100 表示。

公称直径是各种管子与管路附件的通用口径。对大多数制品而言,公称通径既不等于实际内径,也不等于外径,而是一种称呼直径,所以公称通径又叫名义直径。无论制品的外径或内径是多大,管子都能与公称通径相同的管路附件相连接。

按照《管路元件　公称尺寸的定义和选用》(GB/T 1047—2019),优先选用的公称尺寸数据如表 2-27 所示。

表 2-27　公称尺寸数据

公称尺寸数据					
*DN*6	*DN*80	*DN*500	*DN*1000	*DN*1800	*DN*2800
*DN*8	*DN*100	*DN*550	*DN*1050	*DN*1900	*DN*2900
*DN*10	*DN*125	*DN*600	*DN*1100	*DN*2000	*DN*3000
*DN*15	*DN*150	*DN*650	*DN*1150	*DN*2100	*DN*3200
*DN*20	*DN*200	*DN*700	*DN*1200	*DN*2200	*DN*3400
*DN*25	*DN*250	*DN*750	*DN*1300	*DN*2300	*DN*3600
*DN*32	*DN*300	*DN*800	*DN*1400	*DN*2400	*DN*3800
*DN*40	*DN*350	*DN*850	*DN*1500	*DN*2500	*DN*4000
*DN*50	*DN*400	*DN*900	*DN*1600	*DN*2600	—
*DN*65	*DN*450	*DN*950	*DN*1700	*DN*2700	—

(2)公称压力。管路及管件的公称压力是指与其机械强度有关的设计给定压力,它一般表示管路及管件在规定温度下的最大允许工作压力。公称压力一般应大于或等于实际工作的最大压力。在制定管路及管路用零、部件标准时,只有公称直径这样一个参数是不够的。公称直径相同的管路、法兰或阀门,能承受的工作压力不一定相同,它们的连接尺寸也不一样。所以,管路及所用法兰、阀门等零部件所承受的压力,也分成若干个规定的压力等级,这种规定的标准压力等级就是公称压力。公称压力是为了设计、制造和使用方便,而人为地规定的一种名义压力。以 *PN* 表示,其后的数值不代表测量值。例如:公称压力为 4.0 MPa,标识为 *PN*40。

按照《管路元件　公称压力的定义和选用》(GB/T 1048—2019),公称压力用 *PN* 标识的

12个压力等级系列如下：*PN*2.5、*PN*6、*PN*10、*PN*16、*PN*25、*PN*40、*PN*63、*PN*100、*PN*160、*PN*250、*PN*320、*PN*400。

2. 管件与阀门

管路中除管子以外，为满足工艺生产和安装检修的需要，管路中还有许多其他构件，如短管、弯头、三通、异径管、法兰、盲板、阀门等，通常称这些构件为管路附件，简称管件和阀件。它是组成管路不可缺少的部分。管路附件可以使管路改换方向、变化口径、连通和分流，以及调节和切换管路中的流体等。其不仅满足了工艺生产和安装检修的需要，而且使管路的安装和检修方便了很多。下面介绍几种常见的管路附件。

弯头

(1)弯头。弯头的作用主要是用来改变管路的走向，常用的弯头根据其弯头程度的不同，有90°、45°、180°弯头。180°弯头又称U形弯管。

三通

(2)三通。当一条管路与另一条管路相连通时，或管路需要有旁路分流时，其接头处的管件称为三通。根据接入管的角度不同，有垂直接入的正接三通，有斜度的斜接三通。此外，三通还可按入口的口径大小差异来分，如等径三通、异径三通等。除常见的三通管件外，根据管路工艺需要，还有更多接口的管件，如四通、五通、异径斜接五通等。

短接管和异径管

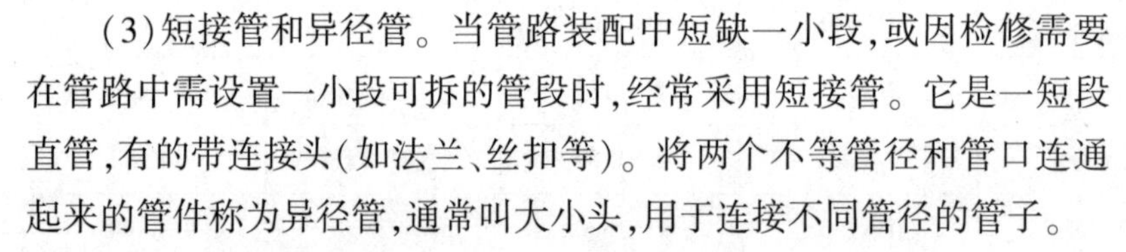

(3)短接管和异径管。当管路装配中短缺一小段，或因检修需要在管路中需设置一小段可拆的管段时，经常采用短接管。它是一短段直管，有的带连接头(如法兰、丝扣等)。将两个不等管径和管口连通起来的管件称为异径管，通常叫大小头，用于连接不同管径的管子。

法兰

(4)法兰、活络管接头、盲板。为便于安装和检修，管路中采用可拆连接，法兰、活络管接头是常用的连接零件。活络管接头大多用于管径不大的水煤气钢管，绝大多数钢管管路采用法兰连接。在有的管路上，为清理和检修需要设置手孔盲板，也可直接在管端装盲板，或在管路中的某一段中断管路与系统联系。

阀门

(5)阀门。阀门在管路中用来调节流量，切断或切换管路，或对管路起安全、控制作用。阀门的选择是根据工作压力、介质温度、介质性质(含有固体颗粒、黏度大小、腐蚀性等)和操作要求(启闭或调节等)进行的。

常见的阀门种类主要有以下几种。

旋塞阀：旋塞阀具有结构简单，外形尺寸小，启闭迅速，操作方便，管路阻力损失小的特点。但其不适于控制流量，不宜使用在压力较高、温度较高的流体管路和蒸汽管路中。旋塞可用于压力和温度较低的流体管路中，也适用于介质中含有晶体和悬浮物的流体管路中。使用介质：水、煤气、油品、黏度低的介质。

截止阀:截止阀具有操作可靠,容易密封,容易调节流量和压力,耐高温达300℃的特点。缺点是阻力大,杀菌蒸汽不易排掉,灭菌不完全,不得用于输送含晶体和悬浮物的管路中。截止阀常用于水、蒸汽、压缩空气、真空、油品介质。

闸阀:闸阀阻力小,没有方向性,不易堵塞,适用于不沉淀物料管路安装用。一般用于大管路中作启闭阀。使用介质:水、蒸汽、压缩空气等。

隔膜阀:隔膜阀结构简单,密封可靠,便于检修,流体阻力小,适用于输送酸性介质和带悬浮物质流体的管路,特别适用于发酵食品,但其所采用的橡皮隔膜应耐高温。

球阀:球阀结构简单,体积小,开关迅速,阻力小,常用于食品生产中罐的配管中。

针型阀:针型阀能精确地控制流体流量,在食品工厂中主要用于取样管路上。

止回阀:止回阀靠流体自身的力量开闭,不需要人工操作,其作用是阻止流体倒流。止回阀也称止回阀、单向阀。

安全阀:安全阀在锅炉、管路和各种压力容器中,为了控制压力不超过允许数值,需要安装安全阀。安全阀能根据介质工作压力自动启闭。

减压阀:减压阀的作用是自动地把外来较高压力的介质降低到需要压力。减压阀适用于蒸汽、水、空气等非腐蚀性流体介质,在蒸汽管路中应用最广。

疏水器:疏水器作用是排除加热设备或蒸汽管路中的蒸汽凝结水,同时能阻止蒸汽的泄漏。

蝶阀:蝶阀又称翻板阀。它的结构简单,外形尺寸小,是用一个可以在管内转动的圆盘(或椭圆盘)来控制管路启闭的。由于蝶阀不易和管壁严密配合,密封性差,仅适用于调节管路流量。蝶阀在输送水、空气和煤气等介质的管路中较常见,用于调节流量。

(二)管道的连接

管道的连接包括管道与管道的连接、管道与各种管件、阀件及设备接口等处的连接。目前比较普遍采用的管道连接有:法兰连接、螺纹连接、焊接连接及其他连接。

1. 法兰连接

这是一种可拆式的连接。法兰连接通常也叫法兰盘连接或管接盘连接。适用于大管径密封性要求高的管子连接,特别是在管路易堵塞处和弯头处应采用法兰连接。它由法兰盘、垫片、螺栓和螺母等零件组成。法兰盘与管路是固定在一起的。法兰与管路的固定方法很多,常见的有以下几种。

(1)整体式法兰。整体式法兰的管路与法兰盘是连成一体的,常用于铸造管路中(如铸铁管等)以及铸造的机器设备接口和阀门的法兰等。在腐蚀性强的介质中,可采用铸造不锈钢或其他铸造合金及有色金属铸造整体法兰。

(2)搭焊式法兰。搭焊式法兰的管路与法兰盘的固定是采用搭接焊接的,搭接法兰习惯又叫平焊法兰。

(3)对焊法兰。对焊法兰通常又叫高颈法兰,它的根部有一较厚的过渡区,这对法兰的强度和刚度有很大的好处,改善了法兰的受力情况。

(4)松套法兰。松套法兰又称活套法兰。法兰盘与管路不直接固定。在钢管路上,是在管端焊一个钢环,法兰压紧钢环使之固定。

(5)螺纹法兰。这种法兰与管路的固定是可拆的结构。法兰盘的内孔有内螺纹,在管端车制相同的外螺纹,利用螺纹的配合来固定的。

法兰连接主要依靠两个法兰盘压紧密封材料达到密封。法兰的压紧力是靠法兰连接的螺栓实现。

2. 螺纹连接

管路中螺纹连接大多用于自来水管路、一般生活用水管路和机器润滑油管路中。管路的这种连接方法可以拆卸、但没有法兰连接那样方便,密封可靠性也较低,因此使用压力和使用温度不宜过高。螺纹连接的管材大多采用水、煤气管。

3. 焊接连接

这是一种不可拆的连接结构,它是用焊接的方法将管路和各管件、阀门直接连成一体的。这种连接密封非常可靠,结构简单,便于安装,但给清洗检修工作带来不便。焊缝焊接质量的好坏,直接影响连接强度和密封质量,可用X射线拍片和试压方法检查。

4. 其他连接

除上述常见的三种连接外,连接还有承插式连接、填料涵式连接、简便快接式连接等。

(三)管道绝热与热膨胀

1. 管道绝热

管道绝热是指为了减少管道及其附件向周围环境散热,在其外表面采取的增设绝热层的措施,按热流方向分为保温和保冷。管道绝热的目的是减少管路介质在输送过程中的热量或冷量损失,保障介质的运行参数,满足工艺流程的技术要求,节约热能能源,提高系统运行的经济性和安全性。管道绝热常采用热导率较小的材料作保温材料包裹管外壁,常用的保温材料有毛毡、石棉、玻璃棉、矿渣棉、珠光砂及其他石棉水泥制品等。

保温保冷层厚度的具体计算方法应按《设备及管道绝热效果的测试与评价》(GB/T 8174—2008)和《设备及管道绝热设计导则》(GB/T 8175—2008)的有关规定执行。

在绝热层的施工中,必须使绝热材料充分填满被绝热的管路周围,绝热层要均匀、完整、牢固。绝热层的外面还应采用石棉水泥抹面,防止绝热层开裂。在要求较高的管路中,绝热层外面还须缠绕玻璃布或加铁皮外壳,以免绝热层受雨水侵蚀而影响绝热效果。

2. 管道的热膨胀及补偿

(1)管道的热膨胀。管道内输送的介质温度如果很高,将会引起管道的热膨胀,使管壁内或某些焊缝上产生巨大的应力,如果此应力超过了管材或焊接的强度极限,就会使管道造成破坏。

管道的热膨胀量可按下式计算:

$$\Delta L = \alpha \times L \times (t_2 - t_1)$$

式中:ΔL——管路长度变化值,m;

α——管材的热膨胀系数(表 2-28),钢的 $\alpha=12\times10^{-6}℃^{-1}$;

L——管路长度,m;

t_2-t_1——管路工作温度与安装温度差,℃。

表 2-28　各种材料的热膨胀系数表

管子材料	α (1/℃)	管子材料	α (1/℃)
镍钢	13.1×10^{-6}	铁	12.35×10^{-6}
镍铬钢	11.7×10^{-6}	铜	15.96×10^{-6}
碳素钢	11.7×10^{-6}	铸铁	11.0×10^{-6}
不锈钢	10.3×10^{-6}	青铜	18×10^{-6}
铝	8.4×10^{-6}	聚氯乙烯	7×10^{-6}

(2)管道热补偿。管道热补偿是防止管道因温度升高引起热伸长产生的应力而遭到破坏所采取的措施。在某管路上有热应力产生时,人为地把管路设计成非直线形,用来吸收热变形产生的应力,防止管路由于热应力而遭破坏。即在直管中的弯管处可以自行补偿一部分伸长的变形,但对较长的管路往往是不够的,所以须设置补偿器来进行补偿。常见的补偿器有常见的补偿器有:方型补偿器、套筒补偿器、球形补偿器、波纹补偿器等。

(四)管路的标志

食品工厂生产车间需要的管路较多,一般有水、蒸汽、真空、压缩气体和各种流体物料等管路。为了区分各种管路,常在管路外表面或保温层外表面涂有各种不同颜色的油漆。油漆既可以保护管路外壁不受环境大气影响而腐蚀,同时也用来区别管路的类别,可醒目地知道管路输送的是什么介质,这就是管路的标志。这样既有利于生产中的工艺检查,又可避免管路检修中的错误和混乱。对工业生产中中非地下埋设的气体和液体输送管路的基本识别色、识别符号和安全标识,要有详细准确的划分,方便我们对管路日常的保养维修,同时也可区分危险等级,制定相应的安全措施。

根据《化工设备、管路外防腐设计规范》(HG/T 20679—2014)中管路表面涂色与标识的规定,管路整体涂漆时所涂刷的颜色称为基本色,为识别管路内介质的流向和介质特性在管路局部设置的识别符号称为管路标识。对绝热设备、管路的外保护层,当需要涂漆时,其颜色按本规范执行;对不需要进行外防腐的设备、管路,以及不需要涂漆的绝热设备、管路外保护层,不予涂色,只按本规范进行标识(表 2-29)。

表 2-29　常用管路的基本色与标识色

序号	介质种类	基本色	标识色
1	一般物料	银灰	大红
2	酸、碱	紫色	大红
3	氨	中黄	大红

续表

序号	介质种类	基本色	标识色
4	氮气	淡黄	大红
5	空气	淡灰	大红
6	氧气	淡蓝	大红
7	水	艳绿	白色
8	污水	黑色	白色
9	蒸汽	银白	大红
10	天然气、燃气	中黄	大红
11	油类、可燃液体	棕色	白色
12	消防水管	大红	白色
13	放空管	红色	淡黄
14	排污管	艳绿	白色

根据介质流向,管路标识可分为单向输送介质的管路标识(图 2-18)和双向输送介质的管路标识(图 2-19),管路标识的尺寸可按表 2-30 的规定确定,其尺寸大小应与管路的外径相适应。

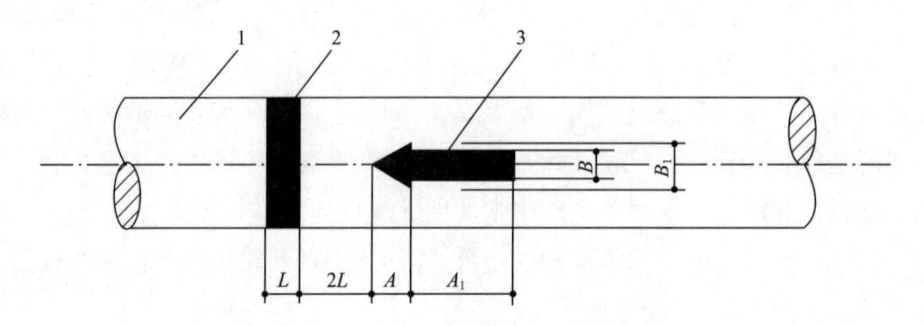

图 2-18　单向输送介质的管路标识

1—管路基本色　2—色环　3—单流向箭头

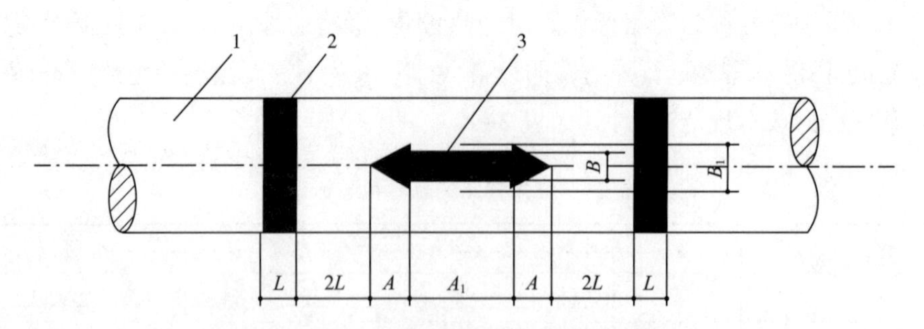

图 2-19　双向输送介质的管路标识

1—管路基本色　2—色环　3—双流向箭头

表 2-30　管路标识的尺寸

管径/mm	L	A	A_1	B	B_1
<50	30	30	75	20	50
50~150	50	50	125	35	85
150~300	70	70	175	50	115
>300	100	100	250	70	175

注　有隔热层时,管径为隔热层外径。

当同一类介质中的不同品种需要区别时,如饮用水、冷凝水、盐水等,可通过设置不同的标识颜色加以区分,而管路的基本色不变。对于不需要整体涂漆的管路,其基本色可用色环表示,即在标识色环两侧各涂刷一道基本色色环。常用管路的分类标识可按表 2-31 的规定确定。

表 2-31　常用管路的分类标识色和标识方法

介质类别	介质名称	需要整体涂漆的管路		不需要整体涂漆的管路	
		基本色	色环、流向	外色环	中间色环、流向
水	饮用水、新鲜水	艳绿	白色	艳绿	白色
	热水		褐色		褐色
	软水		黄色		黄色
	冷凝水		灰色		灰色
	冷冻盐水		浅蓝		浅蓝
	锅炉给水		淡黄		淡黄
	热力网水		紫色		紫色
蒸汽	高压蒸汽(4~12 MPa)	银白	大红,字母 HS	银白(本体颜色为银白时,取消外色环)	大红,字母 HS
	中压蒸汽(1~4 MPa)		大红,字母 MS		大红,字母 MS
	低压蒸汽(1 MPa 以下)		大红,字母 LS		大红,字母 LS
	消防蒸汽		大红		大红
酸、碱	无机酸	紫色	大红	紫色	大红
	有机酸		白色		白色
	烧碱		橘黄		橘黄
	纯碱		淡蓝		淡蓝

续表

介质类别	介质名称	需要整体涂漆的管路		不需要整体涂漆的管路	
		基本色	色环、流向	外色环	中间色环、流向
空气	压缩空气	淡灰	大红	淡灰	大红
	仪表空气		淡蓝		淡蓝
	真空		淡黄		淡黄
油类、可燃液体	汽油	棕色	白色	棕色	白色
	柴油		灰色		灰色
	润滑油		淡蓝		淡蓝

注 1. 需要整体涂漆的管理,整体涂基本色,用单色环和流向箭头进行标识。

2. 需要整体涂漆的管理(如不锈钢、塑料、玻璃钢及不需要涂漆的隔热外护层),如本体颜色与基本色相同或相近,用单色环和流向箭头进行标识;如本体颜色与基本色不同,用多色环和流向箭头进行标识。

管路涂色及分类标识图例见图2-20。

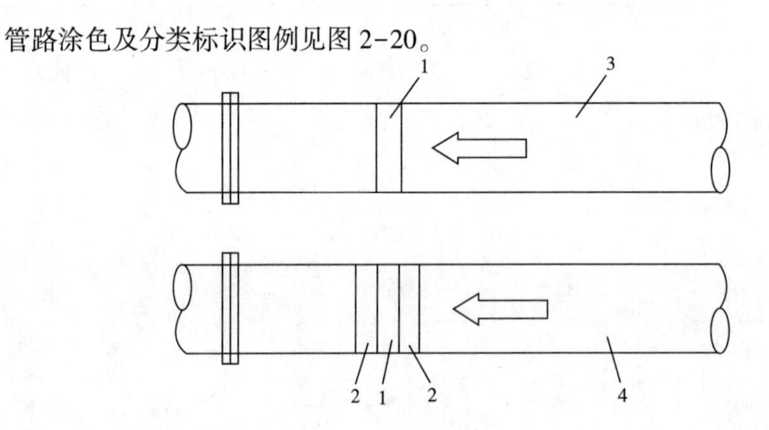

(a) 新鲜水管道涂色及标识

1—白色环 2—艳绿色环 3—艳绿色(涂刷或本体色) 4—非绿色(不涂色)

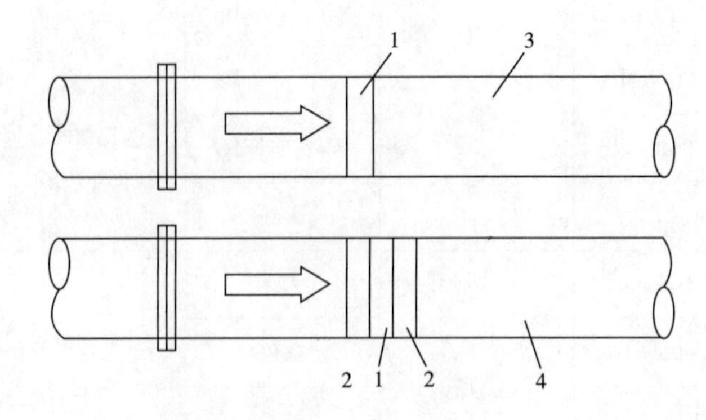

(b) 高压蒸汽管道涂色及标识

1—大红色环 2—银白色环 3—银白色(涂刷或本体色) 4—非银白色(不涂色)

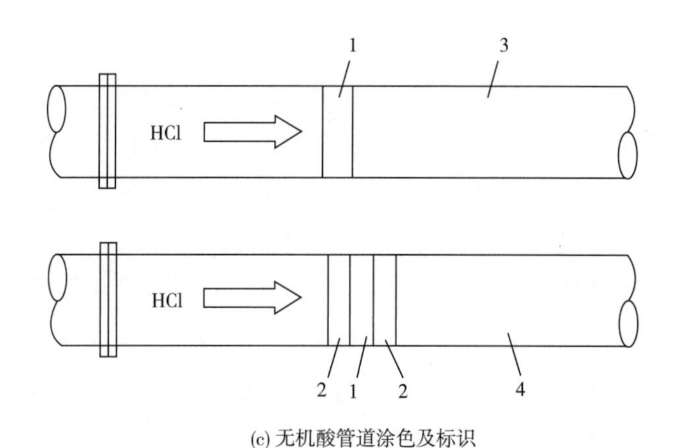

(c) 无机酸管道涂色及标识

1—大红色环　2—紫色环　3—紫色（涂刷或本体色）　4—非紫色（不涂色）

图 2-20　管路涂色及分类标识图例

二、管路设计与布置的内容和步骤

管路设计与布置的内容主要包括管路的设计计算和管路的布置两部分内容。管路设计计算包括管径计算,阻力(压降)计算,管路保温工程,管路应力分析,热补偿计算,管子、管件和阀门的选择,管路支吊架计算等内容;而管路布置设计不仅要满足工艺流程的要求,还必须满足施工安装及安全生产、方便人员操作等的要求。

管路设计与布置的步骤如下:

(1)选择管路材料。根据输送介质的化学性质、流动状态、温度、压力等因素,经济合理地选择管路的材料。

(2)选择介质的流速。根据介质的性质、输送的状态、黏度、成分,以及与之相连接的设备、流量等,参照有关表格数据,选择合理经济的介质流速。

(3)确定管径。根据输送介质的流量和流速,通过计算、查图或查表,确定合适的管径。

(4)确定管壁厚度。根据输送介质的压力及所选择的管路材料,确定管壁厚度。实际上在给出的管材表中,可供选择的管壁厚度有限,按照公称压力所选择的管壁厚度一般都可以满足管材的强度要求。在进行管路设计时,往往要选择几段介质压力较大,或管壁较薄的管路,进行管路强度的校核,以检查所确定的管壁厚度是否符合要求。

(5)确定管路连接方式。管路与管路间、管路与设备间、管路与阀门间、设备与阀门间都存在着一个连接的方法问题,有等径连接,也有不等径连接。人们可根据管材、管径、介质的压力、性质、用途、设备或管路的使用检修状态,确定连接方式。

(6)选择阀门和管件。介质在管内输送过程中,有分、有合、转弯、变速等情况。为了保证工艺的要求及安全,还需要各种类型的阀门和管件。根据设备布置情况及工艺、安全的要求,选择合适的弯头、三通、异径管、法兰等管件和各种阀门。

(7)选择管路的热补偿器。管路在安装和使用时往往存在有温差,冬季和夏季使用往往也有很大温差。为了消除热应力,要计算管路的受热膨胀长度,然后考虑消除热应力的方法:当热膨胀长度较小时可通过管路的转弯、支管、固定等方式自然补偿;当热膨胀长度较大时,应从波形、方形、弧形、套筒形等各种热补偿中选择合适的热补偿形式。

(8)绝热形式、绝热层厚度及保温材料的选择。首先根据管路输送介质的特性及工艺要求,选定绝热的方式:保温、加热保护或保冷。其次根据介质温度所处环境(振动、温度、腐蚀性),管路的使用寿命,取材的方便及成本等因素,选择合适的保温材料及辅助材料。需要注意的是,应当计算出热力管路的热损失,为其他设计组提供资料。

(9)管路布置。首先根据生产流程,介质的性质和流向,相关设备的位置、环境、操作、安装、检修等情况,确定管路的敷设方式是明装或暗设。其次在管路布置时,在垂直面的排布和水平面的排布、管间距离、管与墙的距离、管路坡度、管路穿墙、穿楼板、管路与设备相接等各种情况,要符合有关规定。

(10)计算管路的阻力损失。根据管路的实际长度、管路相连设备的相对标高、管壁状态、管内介质的实际流速,以及介质所流经的管件、阀门等来计算管路的阻力损失,以便校核检查选泵、选设备、选管路等前述各步骤是否正确合理。当然计算管路的阻力损失,不必所有的管路全部计算,要选择几段典型管路进行计算。当出现问题时,或改变管径,或改变管件、阀门,或重选泵等输送设备或其他设备的能力。

(11)选择管架及固定方式。根据管路本身的强度、刚度、介质温度、工作压力、线膨胀系数,投入运行后的受力状态,以及管路的根数、车间的梁柱、墙壁、楼板等土木建筑结构,选择合适的管架及固定方式。

(12)确定管架跨度。根据管路材质、输送的介质、管路的固定情况及所配管件等因素,计算管路的垂直荷重和所受的水平推力,然后根据强度条件或刚度条件确定管架的跨度。也可通过查表来确定管架的跨度。

(13)选定管路固定用具。根据管架类型、管路固定方式、选择管架附件,即管路固定用具。所选管架附件是标准件,可列出图号。是非标准件,需绘出制作图。

(14)绘制管路图。管路图包括平、剖面配管图、透视图、管架图和工艺管路支吊点预埋件布置图等。

(15)编制管材、管件、阀门、管架及绝热材料综合汇总表。

(16)选择管路的防腐蚀措施,选择合适的表面处理方法和涂料及涂层顺序,编制材料及工程量表。

三、管路设计计算

(一)管径计算

1. 介质流速选择

流速的选用是计算管径的关键,根据流量、流速与管径之间关系公式可知,当管道流量不变时,如选择管径较大时,流速则减小,水在管道内的流动阻力也会减少,选择水泵扬程较低，可节省投资及运行费用。相反，如选择管径较小，流速增大，水在管道内的阻力变大，此时需提高水泵的扬程而加大运行成本。因此，为了使投资和运行费用更合理化，水流速度应选择一个最佳的流速，这一最佳流速称为经济流速。

在管路设计中，一般采用经济流速法来确定管径，根据经济流速计算出的管径如果不符合市售标准管径时，可以选用相近的标准管径。根据《建筑给排水设计规范》（GB 50015—2019），生活给水管道的水流速度，可采用表 2-32 中的数据。一般大管径可取较大的平均经济流速，小管径可取较小的平均经济流速。

表 2-32　生活给水管道的水流速度

公称直径/mm	15～20	25～40	50～70	≥80
水流速度/(m/s)	≤1.0	≤1.2	≤1.5	≤1.8

考虑到经济流速因素，设计时生产给水管道的流速应不宜大于 2.0 m/s。由于流体在管内流动的阻力受着管道材质、流速、管径、输送长度、管道上各种管件、阀门等多种因素影响，确定一个合理的经济流速是很困难的，所以人们通过多次试验及长期的实践，总结测定较为合理的经济流速作为选择使用，经济流速可参考表 2-33。

表 2-33　管内流体常用流速范围

流体种类	应用场合	管道种类	平均流速	备注
水	一般给水	主压力管道	2～3	—
		低压管道	0.5～1	—
	泵进口	—	0.5～2	—
	泵出口	—	1～3	—
	冷却	冷水管	1.5～2.5	—
		热水管	1～1.5	—
	凝结	凝结水泵吸水管	0.5～1	—
		凝结水泵出水管	1～2	—
		自流凝结水管	0.1～0.3	—
气体	低压	—	10～20	—
	高压	—	8～15	20～30 MPa
	排气	烟道	2～7	—
压缩空气	压缩机	压缩机进气管	10	—
		压缩机输气管	20	—
	一般情况	$DN<50$	<8	—
		$DN>70$	<15	—

续表

流体种类	应用场合	管道种类	平均流速	备注
饱和蒸汽	锅炉、汽轮机	$DN<100$	15~30	—
		$DN=100\sim200$	25~35	—
		$DN>200$	30~40	—
过热蒸汽	锅炉、汽轮机	$DN<100$	20~40	—
		$DN=100\sim200$	30~50	—
		$DN>200$	40~60	—

2. 管径的计算

由物料衡算和热量衡算,可得知工艺过程所需的各类流体介质的流量,根据流体在管内的流量、流速与管径之间的关系即可计算出管路的内径:

$$d = 0.0188\sqrt{\frac{q_v}{u}}$$

式中:d——管路内径,m;

q_v——流体流量,m^3/h;

u——流体的流速,m/s。

也可应用有关流速、流量、管径算图求取管径。但是通过计算或查图所求取的管径,未必符合管径系列,这时可以选用距求取的管径值最接近的数值略大些的管径。然后按采用的管径复核流体速度,流速应符合选取流速规定的范围。

(二)管子壁厚计算

管子壁厚与介质的压力温度,重力荷载及介质的管路的腐蚀等因素有关,为了简化计算方法,一般只按承受压力的公式计算壁厚,对其他影响壁厚的因素,在安全系数中予以考虑。一般工作压力较低时,可凭经验选用管壁厚度。如果工作压力和温度过高,可按壁厚计算公式或按公称压力与管路壁厚对照表选择常用的壁厚,壁厚计算公式可查有关手册。

(三)管路压力降计算

流体在管路中流动时,遇到各种不同的阻力,造成压力损失,以致流体总压头减小。流体在管路中流动时的总阻力可分为直管阻力 ΔP_f 和局部阻力 ΔP_k。直管阻力是流体流经一定管径的直管时,由于摩擦而产生的阻力。它是伴随着流体流动同时出现的,又可称为沿程阻力。局部阻力是流体在流动中,由于管路的某些局部障碍(如管路中的管件、阀门、弯头、流量计及出入口等)所引起的。

由于流体在管路内流动会产生阻力,消耗一定的能量,造成压力的降低。尤其长距离输送时,压力的损失是较大的。由于在初步设计阶段不需进行管路设计,所以管路的阻力不能准确地计算,这样在设备(主要是泵类)的造型和车间布置(依靠介质自流的设备的竖向布置)时带有一定的盲目性。

在管路设计阶段,应当对某些重要管路或长管路进行压力降计算,目的是校核各类泵的选择、介质自流输送设备的标高确定或用以选择管径。

管路压力降的计算应符合下列规定:

(1)圆形直管摩擦压力损失 ΔP_f 计算。

$$\Delta P_f = \frac{\lambda \rho v^2}{2} \cdot \frac{L}{D}$$

式中:ΔP_f——直管的摩擦压力损失,Pa;

L——管路总长度,m;

D——管子内径,m;

v——平均流速,m/s;

ρ——流体密度,kg/m^3;

λ——液体摩擦阻力系数,是雷诺数 Re 与管壁粗糙度的函数,查《食品工程原理》等有关书籍。

以上两公式为直管阻力计算的一般式,对于滞流与湍流两种流动型态下的直管阻力计算都是适用的。

(2)局部摩擦压力损失的计算。通常采用两种方法,一种是当量长度法;另一种是阻力系数法。

当量长度法:流体通过某一管件或阀门时,因局部阻力而造成的压力损失,相当于流体通过与其具有相同管径的若干米长度的直管的压力损失,这个直管长度称为当量长度,用 L_e 表示。这样计算局部阻力可转化为计算直管摩擦压力损失。其计算公式为:

$$\Delta P'_f = \frac{\lambda \rho v^2}{2} \cdot \frac{L_e}{D}$$

阻力系数法:流体通过某一管件或阀门的压力损失用流体在管路中的速度头(动压头)倍数来表示,这种计算局部阻力的方法,称为阻力系数法。其计算公式为:

$$\Delta P'_f = \xi \cdot \frac{\rho v^2}{2}$$

式中:$\Delta P'_f$——局部的摩擦压力损失,Pa;

L_e——阀门和管件的当量长度,m;

ξ——局部阻力系数,可查有关手册。

流体管路总压力损失为直管摩擦压力损失和局部摩擦压力损失之和,并应计算适当的裕度(裕度系数宜取 1.05~1.15)。

在实际的管路压力降计算时,可采用简易的估算法计算总压力降。如某管路系统中,测得直管的总长度 L,局部阻力采用当量长度法,即选取 0.3~1 倍的直管长度为局部阻力的当量长度,即按照(1.3~2.0)L 的总长度计算管路系统的总压力降。在采用该方法时,须考虑到管路的长短、形状(直的或弯的)、管径的大小和管路中管件及阀门等的数目多少。一般管件数目较少,管路形状较直,即局部阻力所占比重较小,所取的倍数可偏低些,反之,则选取高值。另外,在计算管路阻力或压力降时,应当考虑有 15%的富裕量。

四、管路布置设计

管路布置设计又称配管设计,是施工图设计阶段的主要内容之一。食品工厂工艺设计是以车间工艺设计为主。因此,本部分内容以车间管路布置设计为中心内容。

(一)设计依据

设计依据包括:工艺流程图;车间平面布置图和立面布置图;设备布置图,并标明流体进出口位置及管径;工艺计算资料,包括物料计算、热量计算和管路计算;工厂所在地地质资料,主要包括地下水水质和冻结深度等;工厂所在地气候条件;厂房建筑结构;其他(如水源、锅炉蒸汽压力和水压力等)和有关配管规范等。

(二)车间管路布置设计的任务和原则

1. 车间管路布置设计的任务

车间管路布置设计的任务是用管路把由车间布置固定下来的设备连接起来,使之形成一条完整连贯的生产工艺流程。因此要求确定各个设备的管口方位和各个管段(包括阀件、管件和仪表)在空间的具体位置以及它们的安装、连接和支撑方式等。车间内布置的设备是单独、孤立的单体设备,只有通过工业管路的联结,才能满足生产设备对物料的供需要求,组成完整连贯的生产工艺流程。因此,工业管路是生产工艺流程中不可分割的组成部分,也是车间设计中的重要内容之一。在进行车间设备布置设计时,要考虑管路安装的要求和原则。在进行车间管路布置设计时,为了满足管路安装的要求,对设备布置有时需要进行适当的调整,特别是要确定设备安装的管口方位。

车间管路布置合理、正确,管路运转就顺利通畅,设备运转也就顺畅,就能使整个车间或工段,甚至整个工厂的生产操作卓有成效。因此,在车间布置设计时,设备布置与管路布置是相辅相成,组成一个工艺流程的生产整体。

管路布置设计除了把设备与设备之间联结起来外,有些管路输送的介质有腐蚀性,有的容易沉积堵塞管路,有的含有害气体,有的有冷凝液体产生。为了保证生产流程的通畅顺利,在管路的布置和安装设计中,要考虑和满足一定的特殊技术要求。因此,管路布置设计是一项比较繁杂的设计任务,有的设计单位专门设立管路工程设计室(组),简称配管专业。一般中小单位,由工艺设计人员完成。

2. 车间管路布置设计的原则

正确的设计和敷设管路,可以减少基建投资、节约管材以及保证正常生产。管路设计安装合理,会使车间布置整齐美观,操作方便、易于设备的检修、甚至对生产的安全都起着极大的作用。要正确地设计管路,必须根据设备布置进行考虑。以下几条原则,供设计管路时参考。

(1)管路布置设计不仅影响工厂(车间)整齐美观,而且直接影响工艺操作,产品质量,甚至导致杂菌或噬菌体污染,也影响安装检修和经济合理性。因此,管路布置首先应满足生产需要和工艺设备的要求,便于安装、检修和操作管理。

(2)尽可能使管线最短、阀件最少。管路应平行敷设,尽量走直线,少拐弯,少交叉,必须避免管路在平面上迂回折返,立面上弯转扭曲等不合理布置。凡是高浓度介质尽可能采用重力自流转送,需要保持设备一定真空度的水腿等管线,尽可能保持垂直泻泄状态。

(3)车间内管路与住宅建筑不同,一般采用明线敷设,这样可以降低安装费用,检修安装方便,操作人员容易掌握管路的排列和操作。

(4)车间内工艺管路布置普遍采用沿墙、楼板底或柱子的成排安装法,使管线成排成行平行直走,并协调各条管路的标高和平面坐标位置,力争共架敷设,使其占空间小。尽量减少拐弯,避免挡光和门窗启闭,适当照顾美观。管与管间及管与墙间的距离,以能容纳活管接或法兰,以及进行检修为度(表 2-34)。

表 2-34　管路离墙的安装距离

DN	25	40	50	80	100	125	150	200
管中心离墙距离/mm	120	150	150	170	190	210	230	270

(5)管架标高应不影响车辆和人行交通,管底或管架梁底距行车道路面高度要大于4.5 m,人行道要大于 2.2 m,车间次要通道最小净空高度为 2 m,管廊下通道的净空要大于3.2 m,有泵时要大于 4 m。

(6)分层布置时,大管径管路、热介质管路、气体管路、保温管路和无腐蚀性管路在上;小管径、液体、不保温、冷介质和有腐蚀性介质管路在下。引支管时,气体管从上方引出,液体管从下方引出。

(7)并列管路上的管件与阀门应错开安装。在焊接或螺纹连接的管路上应适当配置一些法兰或活管接,以便安装、拆卸检修。

(8)管路上的焊缝不应设在支架范围内,与支架距离不应小于管径,但至少不应小于200 mm,管件两焊口之间的距离也相同。

(9)管径大的、常温的、支管少的、不常检修的和无腐蚀性介质的管路靠墙;管径小的,热力管路、常检修的支管多的和有腐蚀性介质管路靠外。

(10)管路穿过楼板、墙壁时,应预先留孔,过墙时,管外加套管。套管与管子的间隙应充满填料,管路穿过楼板时也相同。穿过楼板或墙壁的管路,其法兰或焊口均不得位于楼板或墙壁之中。

(11)易堵塞管路在阀门前接上水管或压缩空气管。

(12)管路应避免经过电动机或配电板的上空,以及两者的邻近。

(13)输送腐蚀性介质管路的法兰不得位于通道上空;与其他介质管路并列时,应保持一定距离,且略低。

(14)阀门和仪表的安装高度应满足操作和检查的方便与安全。下列数据提供参考:阀门(球阀、闸阀及旋塞等)1.2 m,安全阀2.2 m,温度计1.5 m,压力表1.6 m。

(15)管路各支点间的距离是根据管子所受的弯曲应力来决定,并不影响所要求的坡度见表2-35。

表2-35 管路跨距

管外径/mm		32	38	50	60	76	89	114	133
管壁厚/mm		3.0	3.0	3.5	3.5	4.0	4.0	4.5	4.5
无保温	直管/m	4.0	4.5	5.0	5.5	6.5	7.0	8.0	9.0
	弯管/m	3.5	4.0	4.0	4.5	5.0	5.5	6.0	6.0
保温	直管/m	2.0	2.5	2.5	3.0	3.5	4.0	5.0	5.0
	弯管/m	1.5	2.0	2.5	3.0	3.0	3.5	4.0	4.5

(16)室外架空管路的走向宜平行于厂区干道和建筑物。

(17)不锈钢管路不得与碳钢支架或管托梁长期直接接触,以免形成腐蚀核心。必须在管托上涂漆或衬以不锈钢板块予以隔离。输送冷流体(冷冻盐水等)管路与热流体(如蒸汽)管路应相互避开。

(18)一般的上、下水管及废水管适用于埋地敷设,埋地管的安装深度应在冰冻线以下。

(19)真空管路避免采用球阀,因球阀的流体阻力大。

(20)长距离输送蒸汽的管路在一定距离处安装疏水器,以排除冷凝水。

(21)陶瓷管的脆性大,作为地下管线时,应埋设于离地面0.5 m以下。

(三)车间管路布置设计的内容

车间管路布置设计主要通过管路布置图的设计来体现设计思想和设计原则,指导具体的管路安装工作。因此,车间管路布置设计的内容,也就是管路布置图的内容。

(1)管路布置图包括管路平面图、重点设备管路立面图和管路透视图。根据生产流程、设备布置、厂房建筑和设备制造图纸,先在图纸上绘出工业厂房、设备和构筑物,用细实线画出它们的外形和接口于正确的定位尺寸上,然后用实线画出管路和阀门。每根管路都应标注介质代号、管径、立面标高和平面定位尺寸以及流向。

管路上的管件和阀门、仪表的传感装置和控制点、管路支(吊)架和管沟内管架均应按规定的图例和符号在图纸上表示。

(2)管路支架及特殊管件制造图。

(3)施工说明书,管路材料表,包括管路的保温层、保温情况,油漆颜色及保温材料等。

五、管路布置图的绘制

管路布置图是根据管路及仪表流程图、设备平面立面布置图、机泵设备图纸及有关管线安装设计规定进行设计。管路布置图主要用于表达车间或装置内管路的空间位置,尺寸规格以及与机器、设备的连接关系。管路布置图也称配管图，是管路布置设计的主要文件，也是管路施工安装的依据。

管路布置图应完整的表达车间(装置)的全部管路、阀门、管线上的仪表控制点，部分管件、设备的简单形状和建筑物，构筑物轮廓等内容；应绘制出管路平面布置图及必要的立面图和透视图，其数量以能满足施工要求、不致发生误解为限；画出全部管子，支架、吊架并进行编号；图上应注明全部阀门及特殊管件的型号、规格等。管路布置图的设计首先应满足工艺要求，便于安装，操作及维修，并要合理，整齐，美观。

管路布置图一般只绘平面图，当管路平面布置图表示不够清楚时，应绘制必要的剖视图或轴测图。剖视图或轴测图可画在管路平面布置图边界线外的空白处，或绘在单独的图纸上。剖视图符号规定用 *A—A*、*B—B* 等大写英文字母表示，平面图上要表示所剖截面的剖切位置、方向及编号，如图 2-21 所示。

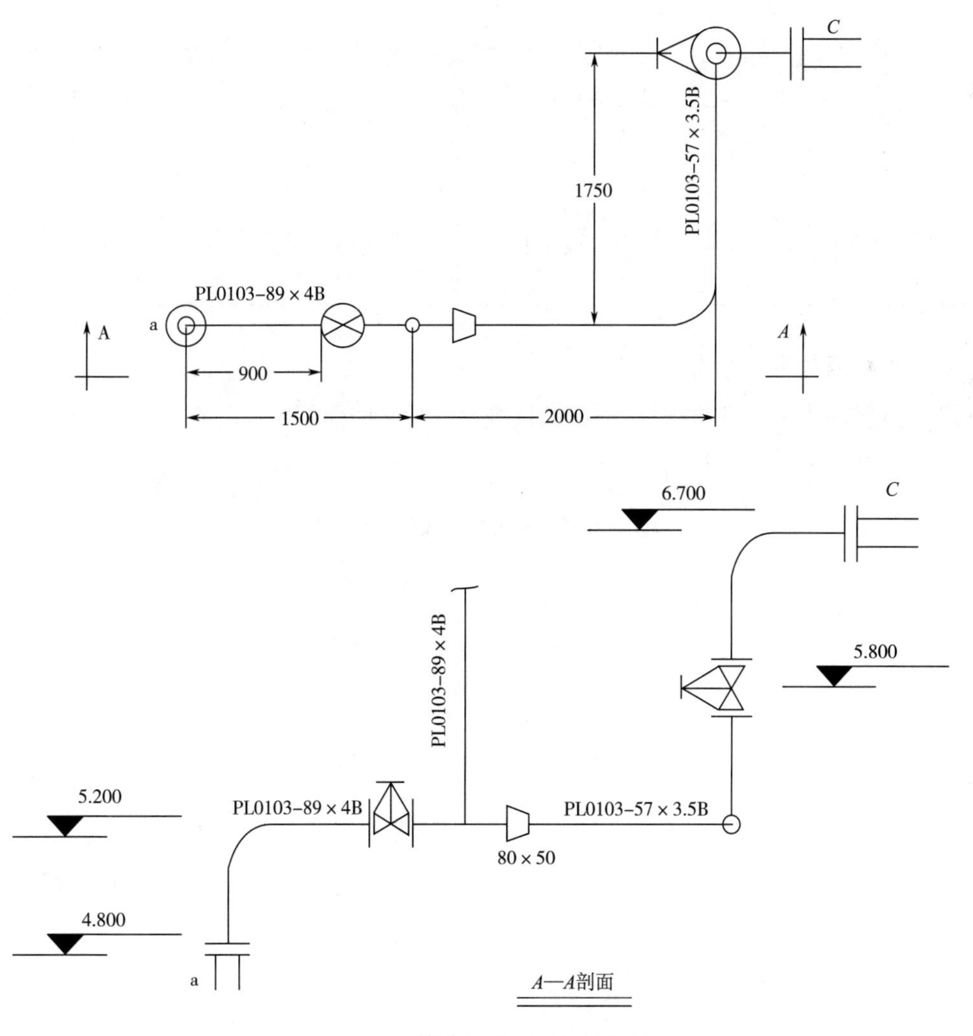

图 2-21 管路的平面图与剖视图

(一)管路图示符号

管路图是用标准所规定的各种图形符号和代号绘制而成的,管路图示符号包含管线、管件、联接等图示符号和物料代号组成。

1. 管线图示符号

管道工程中的管线一般用单线表示,对大径或重要管线也可用双线表示。由于所观察(投影)的方向不同,管线多由平面和立面两种图示符号表示。表2-36列举了部分管线图示符号。

表2-36 部分管线图示符号

名称	符号	名称	符号
主要管线		夹套线	
埋地管线		介质流向	
辅助管线		管道坡度	i=0.003
弯折管		交叉管	d 5$d$min
相交管	3d~5d d	重叠管	

2. 管件与阀件图示符号

在工程管路中的管件与阀件起着流向、流量等重要的控制作用。表2-37列举了部分常用的管件与阀件的图示符号。

表2-37 常用管件和阀门图示符号

名称	符号	名称	符号
离心泵		水龙头	
异径管接头(同心、同底、同顶)		管架	
截止阀		碟阀	
闸阀		隔膜阀	
球阀		旋塞阀	
节流阀		止回阀	

3. 管路连接符号

通常管线需要使用联接件将其连接起来,根据情况可选择不同的联接方式。表 2-38 列举了部分管路连接符号。

表 2-38　管路连接图示符号

连接形式	法兰连接	螺纹连接	焊接连接	承插连接
符号				

(二)管路图的标注

1. 标高

管路安装标高均以 m 为单位,以室内地面±0. 000 为基准,管路一般标注管中心线标高加上标高符号。零点标高标注成±0. 000,正标高前可不加正号(+),负标高前必须加注负号(-)。平面图、剖面图以及轴测图的标高的标注方式分别如图 2-22、图 2-23 所示。

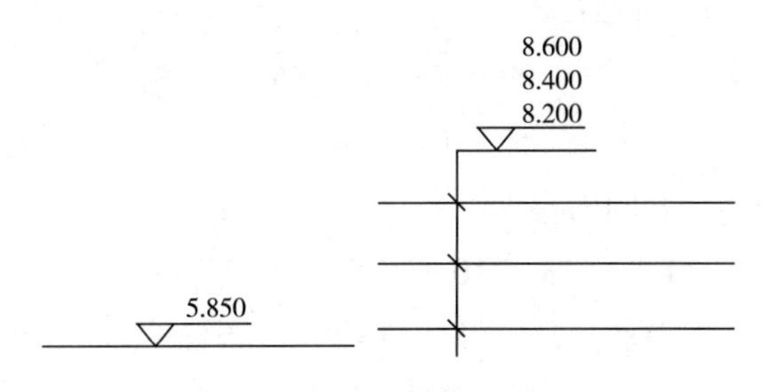

图 2-22　平面图标高标注方式

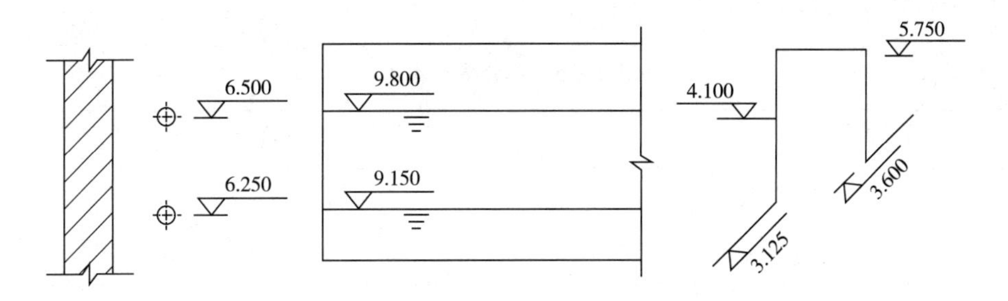

图 2-23　剖面图和轴测图的标高标注方式

2. 管径标注

管径应以 mm 为单位,对无缝钢管或有色金属管管路,应采用“外径×壁厚”标注,如 ϕ108×4,其中 ϕ 允许省略;对输送水、煤气的钢管、铸铁管、塑料管等其他管路应采用公称通径“*DN*”标注(图 2-24)。

3. 管路的标注

管路标注一般包括四个部分内容,即管段号、管径、管路等级和绝热(或隔声),总称为

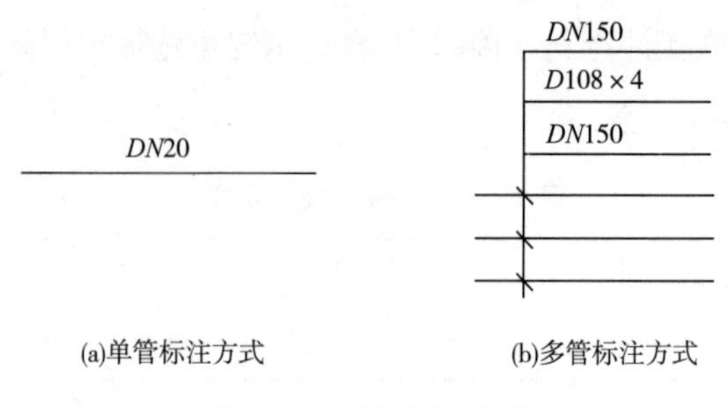

图2-24 管径标注方式

管路组合号。管段号由三个单元组成,和管径一起为一组,管段号和管径中间用一短横线隔开;管路等级和绝热(或隔声)为另一组,用一短横线隔开。水平管路宜平行标注在管路的上方,竖直管路宜平行标注在管路的左侧。在管路密集、无处标注的地方,可用细实线引至图纸空白处水平(竖直)标注。也可将管段号、管径、管路等级和绝热(或隔声)代号分别标注在管路的上下(左右)方,如下所示:

$$\frac{\text{PG 13 10—300}}{\text{L1B—C}}$$

上述的管路标注具体代表的内容如下:

PG　13　10 — 300　　L1B — C

(1)　(2)　(3)　(4)　　(5)　(6)

(1)至(6)分别代表:物料代号、主项编号、管路序号、管路规格、管路等级号以及绝热或隔声代号,其中(1)(2)(3)共同组成管段号。

(1)物料代号如表2-39所示。

表2-39 部分物料代号

部分物料代号	部分物料代号
PA 工艺空气	HWR 热水回水
PL 工艺液体	CWR 循环冷却水回水
PG 工艺气体	HWS 热水上水
AR 空气	CWS 循环冷却水上水
CA 压缩空气	RW 原水、新鲜水
BW 锅炉给水	SW 软水
FW 消防水	DW 自来水、生活用水
LS 低压蒸汽	SC 蒸汽冷凝水
VE 真空排放气	VT 放空

(2)主项编号,按工程设计总负责人给定的主项编号填写,采用两位数字,从01到99。

(3)管路序号,相同类别的物料在同一主项内以流向先后为序编号,采用两位(或三位)数字,从01到99(或001到999)。

(4)管路规格,一般标注公称直径,以mm为单位,只注数字,不注单位。

(5)管路等级号由三个单元组成,第一单元为管道的公称压力(表2-40);第二单元为顺序号;第三单元为管道材质类别(表2-41),与顺序号组合使用。

表2-40　国内标准公称压力等级代号

压力等级/MPa	L	M	N	P	Q	R	S	T	U	V	W
	1.0	1.6	2.5	4.0	6.4	10.0	16.0	20.0	22.0	25.0	32.0

表2-41　管道材质类别

管道材质类别	管道材质类别
A 铸铁	2E 316L 不锈钢
B 碳钢、镀锌碳钢	F 有色金属
C 普通低合金钢	1G 聚丙烯塑料
D 合金钢	2G 聚四氟乙烯料
1E 304 不锈钢	H 衬里及内防腐

(6)绝热或隔声代号见表2-42。

表2-42　常见绝热或隔声代号

绝热或隔声代号	绝热或隔声代号
H 保温	E 电伴热
C 保冷	S 蒸汽伴热
P 人身防护	J 夹套伴热
D 防结露	N 隔声

以上具体代号可参考《化工工艺设计施工图内容和深度统一规定　第2部分工艺系统》(HG/T 20519.2—2009)。

当工艺流程简单、管道品种规格不多时,则管道组合号中的第5、6两单元可省略。第4单元管道尺寸可直接填写管子的“外径×壁厚”,并标注工程规定的管道材料代号,如图2-25所示。

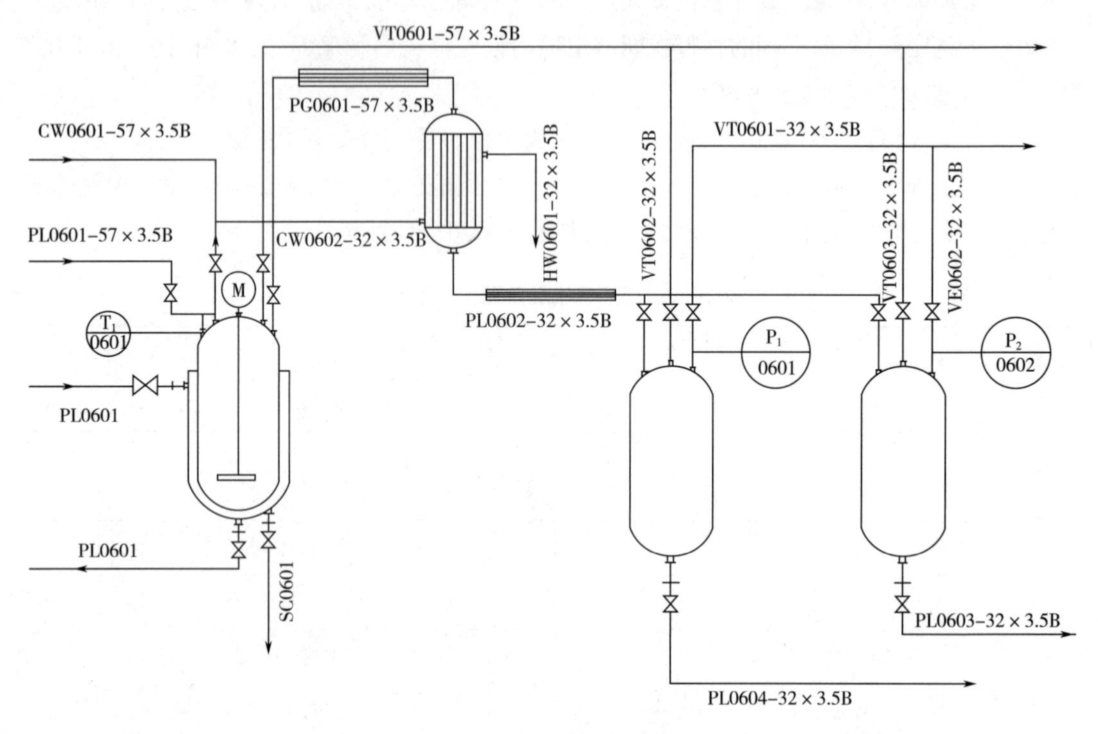

图 2-25 某车间工艺管路图

复习思考题

(1)什么是食品工厂工艺设计和非工艺设计?

(2)食品工厂工艺设计主要包括哪些内容?食品工厂工艺设计的步骤是怎样的?

(3)什么是产品方案?安排产品方案计划要遵循的原则和要求是什么?

(4)影响产品方案的因素主要有哪些?

(5)食品生产工艺流程如何确定?

(6)食品工厂工艺计算包括哪些?

(7)什么是物料衡算?物料衡算目的是什么?

(8)用水用汽量计算的方法有哪些?

(9)如何对生产车间的用水、用汽量进行估算?

(10)如何进行设备选型?

(11)食品工厂设备选型的一般原则有哪些?

(12)食品工厂专业设备设计与选型的程序和内容有哪些?

(13)专业设备、通用设备和非标准设备的区别是什么?

(14)简述食品工厂设备安装调试的步骤。

(15)劳动定员的依据有哪些?

(16)如何计算各生产工序所需要的劳动力数量?

(17)车间工艺布置设计的原则是什么?

(18)什么叫采光系数?食品生产车间对采光系数有什么要求?

(19)管道布置与设计的步骤是什么?

(20)什么是公称直径和公称压力?

(21)给水管路的阻力损失有哪些?如何计算?

(22)如何合理地选择管道介质的流速?

(23)简述管路布置图的标注方法及各代号的含义。

第三章　食品工厂辅助部门及生活设施设计

第三章课件

本章知识点：了解食品工厂辅助部门的组成；掌握原料接收装备的设计原则、化验室和中心实验室的任务；了解原料仓库及成品仓库、工厂运输和机修车间的合理配置及设计要求；熟悉食品工厂生活设施的内容及设计基本要求；领会本章内容中蕴含的社会责任、职业伦理以及工匠精神等。

第一节　辅助部门

食品厂中，除了生产车间（物料加工所在的场所）以外的其他部门和设施，都可称之为辅助部门。其设计的主要内容包括原料接收装备、化验室和中心实验室、原料及成品仓库、机修车间、车间外和厂内外的运输等的设计。

一、原料接收装备

（一）食品工厂原料接收装备的设计原则

原料接收是食品工厂生产的第一个环节，直接影响后面的生产工序。其装备主要包括原料接收站及其相关设备。原料接收站中同时设有计量、验收、预处理或暂存等设施。

原料接收站内的计量装置的目的是提供真实的物料重量数据，为生产管理和成本核算提供依据。

原料验收装置的目的是收取合格的原料，对不同质量的原料进行大致分级。

当工厂在收购食品原料后不能立即运到厂内加工贮存的情况下，需要预处理或暂存，一般可采用择地堆放的方法暂存。此时必须有防晒、防冻、防雨和防腐烂等措施，确保原料不变质。

原料接收站必须有一个适宜的卸货验收计量、及时处理、车辆回转和容器堆放的场地，并配备相应的计量装置、容器和及时处理的配套设备（如冷藏装置）。原料接收站还应考虑不同原料、不同等级分别存放的场地或仓库。

多数原料接收站设在厂内，利用厂内的原料仓库，而不需暂贮，并且可利用厂内化验室设备对原料质量即时进行检验，确保原料质量能满足生产要求，也可设在厂外，或者直接设在产地。不论设在厂内或厂外，原料接收站都需要有适宜的卸货、验收、计量、即时处理、车辆回转和容器堆放的场地，并配备相应的计量装置（如地磅、电子秤）、容器和及时处理配套设备（如冷藏装置）。

由于食品原料品种繁多，性状各异，它们对原料接收站的要求各不相同。但无论哪一类原料，对原料的基本要求是一致的：原料应新鲜、清洁、符合加工工艺要求；应未受微生物、化学物质和放射性物质的污染;一些原料需要定点种植、管理、采收,建立经权威部门认证验收的生产基地(如无公害食品、有机食品、绿色食品原料基地),以保证加工原料的安全性。

(二)食品工厂接收站

1. 肉类原料接收站

食品工厂使用的肉类原料,绝大多数来源于屠宰厂,应使用经专门检验合格的原料,不得使用非正规屠宰加工厂或没有专门检验合格的原料。因此,无论是冻肉还是新鲜肉,来厂后首先检查有无检验合格证,然后经地磅计量验收后进入冷库贮存。

2. 水产原料接收站

水产品容易腐败,其新鲜度直接影响产品品质。为了保证食品成品的质量,水产品的原料接收站,应对原料及时采取冷却保鲜措施。水产品的冻结点一般在-0.6~-2℃,一般常采用加冰冷却法,将产品温度控制在冻结点以上,即0~5℃。水产品的保鲜期较短,原料接收完毕以后,应尽快进行加工。

3. 果蔬原料接收站

对肉质娇嫩、新鲜度要求较高的浆果类水果,如杨梅、葡萄、草莓等,原料接收站应具备避免果实日晒雨淋、保鲜、进出货方便的条件。而且使原料尽可能减少停留时间,尽快进入下一道生产工序。

对一些进厂后不要求立即加工,甚至需要经过后熟,以改善质构和风味的水果(如阳梨、菠萝等),在原料接收站验收完毕后,经适当地挑选和分级,进入常温仓库或冷藏库进行适期贮存,因此需要考虑有足够的场地。

对于蔬菜原料,除需进行常规安全性验收、计量之外,还应视物料的具体性质,在原料接收站配备相应的预处理装置,如蘑菇的护色、马蹄的去皮等。预处理完毕后,应尽快进行下一道生产工序,以确保产品的质量。

4. 乳制品原料接收站

乳品工厂的收奶站一般设在奶源比较集中的地方,也可设在厂内。奶源距离以10km以内为好。原料乳应在收奶站迅速冷却至5℃左右,同时,新收的原料乳应在12h内运送到厂。如果收奶站设在厂内,原料乳应迅速冷却,及时加工。

5. 粮食原料接收站

对入仓粮食应按照各项标准严格检验。对不符合验收标准的,如水分含量大、杂质含量高等,要整理达标后再接受入仓;对发生过发热、霉变、发芽的粮食不能接受入仓。

入仓粮食要按不同种类、不同水分、新陈、有虫无虫分开储存,有条件的应分等贮存。除此之外,对于种用粮食要单独贮存。

二、实验室

食品工厂的实验室主要分为化验室和中心实验室。化验室是工厂的检验部门,主要是对原料、半成品和产品等进行质量检验,确定这些物料能否满足正常的生产要求和产品是否符合国家或企业有关的质量、卫生标准。中心实验室是工厂生产技术的研究、检验机构，它能根据工厂实际情况向工厂提供新产品、新技术，对工厂的产品进行严格的质量和卫生检验，使工厂具有较强的竞争能力，获得较好的经济效益。二者在业务上密切联系，但又有不同的工作重点，所以在设计时要根据分工范围和工作条件确定其设置内容。

（一）化验室

1. 化验室的设置和任务

化验室一般设置在各个车间或工段某一适当的地点，也有工厂将化验室与车间或工段分开，单独设置。设置化验室的目的是对生产的各个环节进行质量检查和监督，通过定期的化验分析，把生产情况和质量变化反映给车间管理部门，以保证生产过程的正常进行及产品的质量。

化验室的任务可按检验的对象和项目来划分。就检验对象而言，可分为：对原料的检验、对成品的检验、对包装材料的检验、对各种食品添加剂的检验、对水质的检验以及对环境的监测等。就检验的项目而言，可分为：感官检验、物理检验、化学检验、细菌检验。并不是每一种对象都要检查4个项目，检查项目根据需要而定。一般对成品的检查比较全面，是检查的重点。

2. 化验室的组成

根据工厂的规模大小、检验分析项目、任务的多少来确定化验室的组成。食品工厂的化验室主要由以下部分组成：

（1）感官检验室。用于原辅材料、半成品和产品等物料的感官分析。

（2）理化检验室。它是化验室的工作中心，主要用于检测常规的物理、化学检验项目。

（3）微生物检验室。用于原辅材料、半成品和产品等物料的微生物分析，食品的微生物检验项目主要有：菌落总数的测定、大肠菌群的测定和致病菌的测定等。

（4）精密仪器室。放置精密仪器（如分析天平、分光光度计、气相及液相色谱仪等）。

（5）贮藏室。主要用于存放化学药品等。

（6）其他部分。准备间、无菌室、细菌培养间和镜检工作室等。

3. 化验室的装备

化验室配备的大型用具主要有双面化验台、单面化验台、支撑台、药品橱、通风橱等。另外，化验室还要配备各种玻璃仪器。化验室的仪器及设备根据所化验的样品、项目要求等进行适当的选择。不同产品（或原料）的化验室所需的仪器和设备有不同，表3-1是一些常用的仪器及设备（表3-1）。

此外，化验室还需配备玻璃仪器、器具和器材。按用途可分为容器类和特殊用途类。按能否受热分类为可加热仪器类和不可加热仪器类。化验工作不仅需要各类玻璃仪器，更需要耐高温的化学仪器，这种仪器能耐1000℃高温，如蒸发皿，坩埚等。在化验工作中，为了进行各种化验工作以及存放和维修各类仪器，还需要配置各种器具和器材，如铁架、三角架等。

表3-1 化验室常用仪器及设备

名称	主要规格
普通天平	最大称量1000 g,感量5 mg
分析天平	最大称量200 g,感量1 mg
水分快速测定仪	最大称量10 g,感量5 mg
电热鼓风干燥箱	工作室(350×450×450)mm,温度:10~300℃
电热恒温干燥箱	工作室(350×450×450)mm,温度:10-300℃
电热真空干燥箱	工作室 ϕ(350×400)mm,温度:10~300℃
冷冻真空干燥箱	工作室(700×700×700)mm,温度:-40~40℃
电热恒温培养箱	工作室(450×450×450)mm,温度:10-70℃
自动电位滴定计	测量范围pH 0~14,(0~±1400)mV
精密酸度计	测量范围pH 0~14,(0~±1400)mV
生物显微镜	总放大30~1500倍
光电分光光度计	波长范围420~700 nm
阿贝折射仪	测量范围:1.3~1.7
手持糖度计	测量范围1%~50%, 50%~80%
旋片式真空泵	极限真空度0.133 Pa
箱式电炉	功率4 kW,工作温度950℃
坩埚电炉	功率3 kW,工作温度950℃
电冰箱	温度10~30℃
火焰光度计	钠钾10 mg/kg
电动离心机	1000~4000 r/min
高压蒸汽消毒器	内径 ϕ(600×900)mm,自动压力控制32℃
旋光仪	旋光测量范围±180°
离子交换软水器	树脂容量31 kg

4. 化验室的建筑

(1)建筑位置。化验室的位置最好选择在距离生产车间、锅炉房、交通要道稍远一些的地方。并应在车间的下风或楼房的高层。这是为了不受烟囱和来往车辆灰尘的干扰以及避免车辆、机器振动影响精密分析仪器。另外,化验室里有时会有有害气体排出,应设置在下风向或高层楼位置,有害气体不至于严重污染食品和影响工人的健康。如果所设化验室主要是检查半成品,此化验室也可设在低层楼或平房。

车间和班组化验室(岗),属于基层化验室,因其工作性质和服务对象的要求,一般设置在生产车间附近或内部,这里由于工厂条件限制,化验室位置的环境要求可作为设计工作的附加条件。

(2)主要功能室的基本要求和设计原则。功能室的通用原则是室内阴凉、通风良好、不潮湿、避免粉尘和有害气体侵入,并尽量远离振动源、噪声源等,不同功能室还有各自的特殊要求。

天平室:①天平室的温度、湿度要求:食品工厂化验室常用3~5级天平,在称量精度要求不高的情况下,工作温度可以放宽到17~33℃,相对湿度可放宽到50%~90%,但温度波动不宜大于0.5℃/h。天平室应配备空调设施,调节室内温度湿度,同时,当天平室安置在底层时应注意做好防潮工作;②天平室设置应避免靠近受阳光直射的外墙,不宜在室内安装暖气片及大功率灯泡(天平室应采用“冷光源”照明),以免因局部温度的不均衡影响称量精度;③有无法避免的震动时应安装专用天平防震台;④天平室只能使用抽排气装置进行通风;⑤天平室应专室专用,即使是精密仪器,期间也应安装玻璃屏墙分隔,以减少干扰。

精密仪器室:①②③④参照天平室相应条件;⑤大型精密仪器宜安装在专用实验室,最好有独立平台;⑥精密电子仪器及对电磁场敏感的仪器,应远离高压电线、大电流电力网、输变电站(室)等强磁场,必要时加装电磁屏蔽。应防静电,不要使用地毯。

加热室:加热装置操作台应使用防火、耐热的不燃烧材料构筑,以保证安全。当有可能因热量散发而影响其他室工作时,应注意采取防热或隔热措施并设置专用排气系统。

通风柜室:通风柜室的排气系统要加强,如果该室单独设置,其门窗不宜靠近天平室及精密仪器室的门窗。室内应有机械通风装置,以排除有害气体,并有新鲜空气供给通道和足够的操作空间。还要配备专用的给水、排水设施,以便操作人员接触有毒有害物质时能够及时清洗。

试样制备室:该室要求通风良好、避免热源、潮湿和杂物对试样的干扰。根据需要设置粉尘、废气的收集和排除装置。

电子计算机室:使用温度控制在15~25℃,波动小于2℃/h;湿度在50%~60%为宜。杜绝灰尘和有害气体,避免电场、磁场干扰和振动。

化学分析室:温度湿度要求较精密仪器略宽松,可放宽至35℃,但温度波动不能过大(≤2℃/h)。室内照明避免直射阳光,宜用柔和自然光,并避免色调对实验的干扰,另外,需配备专用的给水和排水系统。

感官评定室:感官评定室的总要求是保证参评人员注意力集中,情绪稳定,不受或尽量少受外来或内部的相互干扰。室内保持一定的温度和湿度条件(可参照化学分析室条件,温度、湿度要求可根据实际要求而定)。有适合的照明和房间装饰颜色,以避免对色泽的判断失真。由于食品工厂条件不同,感官评定室可以为专业设计的大实验室,也可以是任何安静、舒适的房间。

微生物检验室:微生物检验室的房屋建设除了要符合我国建筑法总则和建筑工程安全标准外,其周围环境要安静无明显粉尘污染,且要避开有毒有害场所和远离住宅区。

食品厂微生物检验室的功能主要包括:灭菌室、准备室、更衣室、缓冲室、无菌室、培养室等。在建设中各功能室可根据具体情况来选材建造。

灭菌室是培养基及有关的检验材料灭菌之场所,灭菌设备如灭菌锅等是高压设备,在方便工作的同时要与办公室保持一定距离以保证安全。灭菌室里应水电齐备并有防火措施和设备,人员要遵守安全操作制度。

更衣室是为微生物学检验时进入无菌室之前工作人员更衣、洗手的地方,室内设置无菌室及缓冲室的电源控制开关和放置无菌操作时穿的工作服、鞋、帽子、口罩等。

缓冲室是进入无菌室之前所经过的房间,安装有照明灯、紫外灯、鼓风机,以减少操作人员进入无菌室时的污染,保证实验结果的准确性。进口和出口要呈对角线位置,以减少空气直接对流造成的污染。缓冲间的面积一般为9~12 m^2,室内设小工作台。要求比较高的微生物学检验项目如致病菌的检验,应设有多个缓冲室。

无菌室是微生物学检验过程无菌操作的场所,要求密封、清洁,尽量避日光,安装照明灯、紫外灯和空调设备(带过滤设备)及传递物品用的传递小窗,传递小窗应向缓冲室内开口以减少污染和方便工作。并且照明灯、紫外灯的开关最好设在缓冲间外面。为便于进行清洁和灭菌工作,无菌室高度为2.5 m左右,大小6~9 m^2均可,墙面、地面和天花板要光滑,墙角做成圆弧形,最好在距地面0.9 m处镶磁环。另外,无菌室内还应配备超净工作台和普通工作台,其大小根据需要和具体条件而定。有条件的工厂可设置生物安全柜。墙上要装多个电插座。无菌室和缓冲间的门最好用拉门,两门应斜对开,这样可避免外界空气被带入。

培养室是为微生物学检验时培养微生物的场所,配备有恒温培养箱、恒温水浴锅及震荡培养箱等设备,或整个房间安装保温、控温设备。房间要求保持清洁,有防尘、隔噪音等功能,实际情况下,灭菌室与准备室可以合并在一起使用,有条件的工厂还可以设置样品室和仪器室。总之,微生物实验室的硬件建设要合理和实用,讲究科学性。

数据处理室(化验人员办公室):办公室是检验工作人员办公的地方,其面积主要依据化验员人数确定,一般20 m^2左右,通风采光好,内设基本办公桌、椅、电脑、存放资料和留样的柜等。按一般办公室要求,但不要靠近加热室。

一般贮存室:分试剂贮存室和仪器贮存室,供存放非危险性化学药物和仪器,要求阴凉通风、避免阳光暴晒,且不要靠近加热室、通风柜室。

危险物品贮存室:通常设置于远离主建筑物、结构坚固并符合防火规范的专用库房内。有防火门窗和足够的泄压面积,通风良好。远离火源、热源、避免阳光暴晒。室内温度宜在30℃以下,相对湿度不超过85%。室内照明系统必须符合安全要求(如采用“防爆”灯),或用自然光照明。库房内应使用不燃烧材料制作的防火间隔、贮物架,腐蚀性物品的柜、架,应进行防腐蚀处理。危险试剂应分类分别存放,挥发性试剂存放时,应避免相互干扰,并方便地排放其挥发物质。

食品工厂根据化验工作的需要和工厂的实际情况,考虑各种类型的专业室的设置,尽可能做到既有利于工作的开展又要充分利用资源。

(3)化验室对建筑结构和相关方面的要求。

化验室空间尺寸要求:化验室占地大小主要取决于食品厂生产检验工作的要求,并考虑安全和发展的需要等因素。考虑到建筑结构、通风设备、照明设施及工程管网等因素,建筑楼层高度宜采用 3.6 或 3.9 m;专用的电子计算机室工作空间要高于一般实验室。

走廊:化验室走廊有单向走廊、双面走廊和安全走廊之分。单向走廊,用于狭长的条形建筑物,自然通风效果较好,各实验室之间干扰较小,单面走廊净宽 1.5 m 左右。双面走廊,适用于宽型建筑物,实验室成分列布置,中间为走廊,净宽为 1.8~2.0 m,当走廊上空布置有通风管道或其他管线时,宜加宽到 2.4~3.0 m,以保证空气流通截面,改善各个实验室的通风条件。对于需要进行危险性较大的实验或安全要求较大的检验室,或者工作危险性不是很大但工作人员较多,或因其他原因可导致发生事故时人员疏散有困难、不便抢救的实验室,需在建筑物外侧建设安全走廊,直接连通安全楼梯,以利于紧急疏散,宽度一般为 1.2 m。

化验室的朝向:化验室一般应取南北朝向,并避免在东西向(尤其是西向)的墙上开门窗,以防止阳光直射实验室仪器、试剂和影响实验工作进行。若条件不允许可设计局部“遮阳”。

建筑结构和楼面载荷:化验室宜采用钢筋混凝土框架结构,可以方便地调整房间的间隔及安装设备,并具有较高的载荷能力。对于需要荷载量过大,采取加强措施显得不经济的化验室,应安置在底层,以减少建筑投资。另外,化验室要使用“不脱落”的墙壁涂料,也可镶嵌瓷片(或墙砖),或安装密封的“天花板”,以避免墙灰掉落。化验室的操作台及地面应作防腐蚀处理。对于旧楼房改建的化验室,必须注意楼板承载能力,必要时应采取加强措施。

化验室建筑的防火:化验室要按一、二级耐火等级设计,吊顶、隔墙及装修材料应采用非燃烧或难燃烧材料。位于两楼梯之间的实验室的门与楼梯之间的最大距离为 30 m,走廊末端实验室的门与楼梯间的最大距离不超过 15 m,把比较容易发生问题的实验室布置在接近楼梯的位置,以利于人员疏散和抢救。通道(门、楼梯及走廊)的最小宽度见表 3-2。

表 3-2　通道(门、楼梯及走廊)的最小宽度

楼层数	1~2	3	≥4
宽度/(m/100 人)	0.65	0.80	1.0

实际设计时的最小宽度尺寸,楼梯为 1.1 m,走廊为 1.4 m,门为 0.9 m。当人数最多的楼层不在底层时,该楼层的人员通过的楼梯、走廊、门等通道均应按该楼层的人数计算,当楼层人数少于 50 人时,“最小宽度”可以适当减少。

专用的安全走廊不得安装任何可能影响疏散的设施,并确保净宽达到 1.2 m。单开间的化验室可以设置一个门,双开间或以上的化验室应有两个出入口。

采光和照明:化验室内应光线充足,窗户要大些。最好用双层窗户,以防尘和防止冬天稀浓度试剂的冻结。光源以日光灯为好,并在布置试验台时应尽量避免背光摆放,便于观察颜色变化。化验室内除装有共用光源外,操作台上方还应安装工作用灯,以利于夜间和特殊情况下操作。

化验室的防震:在选择化验室的建设基地时,应注意尽量远离震源较大的交通干线,在总体布置中,应将所在区域内震源较大的车间(空气压缩站、锻工车间等)合理地布置在远离化验室的地方;尽可能利用自然地形,经全面考虑,采取适当的隔震措施以消除振源的不良影响。

5. 化验室的基础设施建设

(1)实验台。实验台分为单面实验台(或称靠墙实验台)和双面实验台(包括岛式实验台、半岛式实验台、组合实验台和带算式排气口的实验台)。实验室一般采用岛式、半岛式实验台。实验台面高度一般选取750~920 mm,长度为2700 mm,实验台宽度一般以双面实验台采用1500~1700 mm,单面实验台650~850 mm为宜,台上如有复杂的实验装置可取700 mm,台面上药品架部分可考虑宽200~500 mm。

(2)通风系统。在化验过程中产生的各种难闻的、有腐蚀性的、有毒的或易爆的气体,需要及时排出室外。化验室的通风方式有局部排风和全室排风两种。

局部排风是有害物质产生后立即就近排出,常用设备为通风柜,能以较小的风量排走大量的有害物,被广泛应用。通风柜的排风效果依据结构、使用条件不同而定。当实验室不能使用局部排风或局部排风满足不了要求时,应采用全室通风。

(3)采暖设施。化验室的采暖方式有电热或蒸汽,采暖设施要合理布置,避免局部过热(最好使用较低温度的热媒和大面积的散热器)。天平室、精密仪器室和计算机房不宜直接加温,可以通过由其他房间的暖气自然扩散的方法采暖。

(4)空气调节装置。化验室空调布置的方式有三种:单独空调、部分空调和中央空调。

单独空调:在个别有特殊需要的实验室安装窗式空调机。空气调节效果好,可以随意调节。能耗较少,但噪声较大。

部分空调:部分需要空调的化验室,设计时集中布置,然后安装适合功率的大型空调机,进行局部的"集中空调",可以实现部分空调又降低噪声的目的。

中央空调:当全部化验室都需要空调的时候,可以建立全部集中空调系统,即所谓"中央空调"。集中空调可以使各个化验室处于同一温度水平下,有利于提高检验及测量精度,而且集中空调的运行噪声极低。缺点是能量消耗较大,且未必能满足个别要求较高的特殊实验室的需要。

设置空调的化验室除了需要安装空调设备以外,还需要对室内的地坪、墙面、吊顶以及门、窗等建筑及附件采取隔热和换气措施。

(5)化验室的供电系统。化验室的多数仪器属于间歇用电设备,其供电线路宜直接由企业的总配电室引出,并避免与大功率用电设备共线,以减少线路电压波动。

各化验室均应设置电源总开关;配备三相和单相供电线路,以满足不同用电器的需要。照明用电单独设闸。对于某些必须长期运行的用电设备,如冰箱、冷柜、老化试验箱等,则应专线供电而不受各室总开关控制。供电线路应采用较小的载流量,并预留一定的备用容量(通常可按预计用电量增加30%左右);应采用护套(管)暗铺。在使用易燃易爆物品较多的实验室,还要注意供电线路和用电器运行中可能引发的危险,并根据实际需要配置必要的附加安全设施(如防爆开关、防爆灯具及其他防爆安全电器等);所有线路均应符合供电安装规范,应配备安全接地系统,总线路及各实验室的总开关上均应安装漏电保护开关,确保用电安全;要有稳定的供电电压,在线路电压不够稳定的时候,可以通过交流稳压器向精密仪器实验室输送电能,对特别要求的用电器,可以在用电器前再加一级稳压装置,以确保仪器稳定工作。必要时可以加装滤波设备,避免外电线路电厂干扰。为保证实验仪器设备的用电需要,应在实验室的四周墙壁、实验台旁的适当位置配置必要的三相和单相电源插座(以安全和方便为准,并远离水盆和燃气)。通常情况下,每一实验台至少应有2~3个三相电源插座和数个单相电源插座,所有插座均应有电源开关控制和独立的保险(熔丝)装置。

(6)化验室的给水和排水系统。

化验室给水系统:在保证水质、水量和供水压力的前提下,从室外的供水管网引入进水,并输送到各个用水设备、配水龙头和消防设施,以满足实验、日常生活和消防用水的需要。给水方式有直接供水、高位储水槽(罐)供水、混合供水和加压泵进水。在外界管网供水压力及水量能够满足使用要求时,一般采用直接供水方式,否则,要考虑采用"高位储水槽(罐)",即常见的水塔或楼顶水箱等进行储水,再利用输水管道送往用水设施。混合供水通常是对较高楼层采用高位水箱间接供水("高位水箱"供水普遍存在"二次污染"故多采用"加压泵供水"),而对低楼层采用直接供水,可降低成本,此法可用于化验室,但在单独设置时运行费用较高。

自来水的水龙头要适当多安装几个,除墙壁角落应设置适当数量水龙头外,实验操作台两头和中间也应设置水管。化验室水管应有自己的总水闸,必要时各分水管处还要设分水闸,为了方便洗涤和饮水,条件允许下可设置热水管,洗刷效果好,换水方便,同时节省时间和用电。

化验室的排水系统:由于实验室的不同要求,化验室需要在不同的实验位置安装排水设施。排水管道应尽可能少拐弯,并具有一定的倾斜度,以利于废水排放。当排放的废水中含有较多的杂物时,管道的拐弯处应预留"清理孔",以备必要之需。排水管应尽量靠近排水量大、杂质较多的排水点设置。排水管道最好采用耐腐蚀的塑料管道,并在实验室排水总管设置废水处理装置。

排水管应设置在地板下和低层楼的天花板中间,即应为暗管式。下水道口采用活塞式堵头,发生水管堵死现象时可很方便打开疏通管道。下水管的平面段,倾斜角度要大些,以保证管内不存积水和不受腐蚀性液体的腐蚀。

(7)化验室“工程管网”布置。工程管网包括供水管网、电线管网、进风管道、燃气管道、压缩空气管道、真空管道等各种供应管道以及排水、排风管道等各种排放管道系统。由总管(室外管网接入化验室内的一段管道)、干管和连接到实验台(或实验设备)的支管构成管网系统。

工程管网的布置基本原则如下:在满足实验要求的前提下,尽量使各种管道的线路最短,弯头最少,以减少系统阻力和节约材料;管道的间距和排列次序应符合安全要求,并便于安装、维护、检修、改造和增添等施工需要;尽可能做到整齐有序、美观大方。

干管尤适用于多层实验楼的垂直布置,以及适用于单层实验室的水平布置两种基本方式,大型实验楼采用混合布置方式。当干管垂直布置时,通常需要设置干管支架。支架布置常采用沿建筑物天花板水平布置方式,然后从天花板垂直向下连接到实验台,另一种方法是把支管从楼板下向下穿孔由实验台底下接入实验台。具体应根据实际需要做决定。

6.化验室的设计

(1)化验室的建设规划。化验室的建设规划是实验室具体设计的指导思想,其依据来源于化验室的实际检验工作要求。①企业产品质量检验的要求;②实现企业产品检验工作必须配备的仪器设备的种类、数量和辅助设施;③实现企业产品检验工作必须配备的检验人员空间;④安全需要的空间;⑤配合企业发展需要的检验工作的远景规划空间。

在综合考虑上述因素外,还需要为“不可预见因素”再留出适当的“安全系数”,注意资源的充分利用,注意投资效率后才能做出最后的规划。

(2)化验室的平面布置。①单式布置:把所有实验集中于一个实验室内,适用于检验类型和项目比较少的小型企业;②专室布置:把某些项目分解为多个环节,分别以专室形式进行布置。这种布置通常用于使用精密仪器的实验室;③综合布置:这种布置可以充分发挥各专业室的作用,又便于不同专业室之间的交流,有利于开展工作。为多数企业所采用;④多室布置。

(3)化验室设计的实施。①根据化验室建设规划确定专业实验室类型和数量;②配合建筑模数要求确定实验室的开间和分隔;③根据安全和防干扰原则组合实验室。一般情况下,工作联系密切、或要求相似的实验室相邻布置,有干扰的实验室尽量远离布置,必要时可以对高温加热室的墙体加隔热屏障,以减少对邻室的干扰;实验室的组合便于给排水、供电及其他工程管线的布置:容易发生危险的实验室,应布置在便于疏散且对其他实验室不发生干扰(或干扰较少)的位置;可能发生燃烧、爆炸的实验室要考虑灭火禁忌;凡使用的灭火剂有可能发生干扰的实验室,应分室布置;总体布局要符合安全要求;④绘制单个实验室平面图和全化验室总体组合布置图。

(4)化验室的建筑施工和验收。化验室建筑属于高标准的建筑,应由具有注册资格的建筑施工队伍施工。化验室建筑施工应严格符合国家建筑法规和施工规范。

验收时必须符合国家的标准规范,应由化验室负责人和有关工程技术人员参加。验收完成后才能投入室内装修和使用,必须由合格的施工队负责,并安装工程管网和各种辅助设施,完工后同样必须经过验收,才能进行室内布置。

化验室正式投入运行后,化验室的基建工作才真正完成。化验室建设的所有图纸、资料均应妥善保存。

(二)中心实验室

1. 中心实验室的任务

(1)中心实验室应该能够对供加工用的原料品种进行研究。如协助农业部门进行原料的改良和新品种的培育工作,对产品成分的分析和加工试验工作,提出原料的改良方向,设计新配方以及采用新资源新原料等。

(2)制定并改良符合本厂实际情况的生产工艺。食品的生产过程是一个多工序组合的复杂过程,每一个工序又牵涉若干工艺条件和工艺参数。为寻求符合本厂实际情况(如工厂的设备条件、工人的熟练程度、操作习惯、各种原料的性质差异)的合理的工艺路线,往往需要进行反复试验与探索。一般需要先进行小样试验,再进行扩大试验,最后确定工艺路线及整套工艺参数才能进行批量生产。食品工艺也是常常需要改良的,中心实验室的研究人员要随时了解市场变化,根据市场变化改良本厂的生产工艺和产品。

(3)开发新产品。为使食品厂的活力经久不衰,必须不断地推出新的产品,中心实验室应能为新产品的研究提供可靠的数据,对产品成分进行分析和加工实验,设计新配方,进行新产品的开发工作。

(4)对生产中出现异常情况时的物料进行测定,以便于分析和解决生产中出现的问题,并对事故的责任作出仲裁。

(5)研究新的原辅材料、半成品、成品等物料的分析检测方法。对出厂成品以及产品在销售过程中出现的质量问题进行检验和分析。

(6)根据国家标准和有关规定,制定本企业的企业标准。

(7)其他方面的研究。如原辅材料的综合利用,新型包装材料的研究,三废治理工艺的研究,国内外技术发展动态的研究等。

2. 中心实验室的组成

中心实验室一般由感官分析室、理化分析室、微生物检验室、样品室、药品试剂室及试制场地组成。此外,还有办公室、资料室、计算机房、更衣室和卫生间等。

3. 中心实验室对土建等工程的要求

(1)中心实验室的位置。中心实验室应远离易爆、易燃、散发粉尘和有害气体、远离产生较大震动的建筑物、锅炉房、配电室、交通要道等干扰因素,尽可能避免噪声的影响,做到环境清洁、幽雅。原则上应在生产区内,也可单独或毗邻生产车间,或安置在由楼房组成的群体建筑内。总之,要与生产密切联系,并使水、电、汽供应方便。

(2)中心实验室的面积。中心实验室的总建筑面积,包括使用面积和辅助建筑面积(如过厅、走廊、楼道、墙体横截面积等)。其总建筑面积可由各类分析实验室和辅助实验室的使用面积之和及建筑面积利用系数估算出:

$$\text{建筑面积利用系数}=\frac{\text{各实验室与辅助实验室使用面积之和}}{\text{总建筑面积}}$$

对于单独建筑的中心实验室,其建筑面积利用系数一般取0.5~0.7。主要实验室的大致使用面积范围见表3-3。

表3-3 主要实验室使用面积范围

实验室类型	使用面积/m^2		
	大型食品工厂	中型食品工厂	小型食品工厂
化学分析实验室	120~130	75~90	50~75
精密光电仪器实验室	60~75	50~60	—

(3)开间与层高。中心实验室层数不宜过高,以2~3层建筑为好,层高多取3.6~4.2 m,可采用3.6 m或3.9 m,进深6 m×3.6 m的小房间内,可靠墙设置两个长×宽为3 m×0.75 m的化验台,且有较充裕的操作空间。

(4)门窗、地面和墙裙。对温湿度要求较高的房间(如计算机房、仪器分析室、保温室等)需设置双层门窗,对于有恒温恒湿要求的房间和暗室则要建成无窗建筑。在有腐蚀性化学实验的实验室中,地面和墙裙均应贴敷瓷砖,其他实验室最好采用水磨石地面,墙壁喷涂浅色防潮涂料或水泥墙裙外涂浅色油漆,墙裙高度为1.2~2.0 m。

(5)通风系统。实验室的通风不仅包括新鲜空气的引入,还需要注意灰尘、废气及其他测试过程中所产生的有害副产品的排除问题。实验室最好安装自动通风系统。

通风方式有局部排风和全室通风两种,局部排风是在有害物产生后就近排除,节能有效,被广泛使用。当不能使用局部排风时或局部排风满足不了要求时,应该采用全室通风。

实验室通风系统设计指导思想是:①有效、经济的原则,力求达到排出实验中所有污染气体的目的;②采取将试验中产生的污染气体就近抽走,不使其扩散的措施;③通风管路系统布局要合理,消除各种不合理因素、减少阻力和噪声;④通风台面装置力求外形美观、布局合理,其高度和位置不影响实验装置的安装,不影响实验操作;⑤合理地选择风机,防止或减少噪声和震动,便于安装和维护;⑥考虑局部和全室通风的同时,兼顾给排水、煤气、电源线路的合理安排。

使用有害物质的实验过程,特别是会产生强烈刺激气味、废气或蒸汽的实验过程及分析化验项目,应设置通风橱,有独立的排气孔。如果实验室的面积小,数目少,可采用抽流式风机局部排风。

(6)水电供应。中心实验室应设专门的电源线路并保证电压稳定。估算实验室的总用水量,确定给水管径。下水管径可选粗些,以便排水通畅。实验室的强酸、强碱性废液,集中收集,然后经中和处理或充分稀释后可倒入排水管。

(7)采光与照明。实验室的照明灯具应采用日光灯或白炽灯,在有易燃、易爆物质的房间,设防爆灯,湿度大的房间采用密闭式灯具。

为了便于自然采光,中心实验室应坐北朝南建造,采用较高的楼层高度,以增加采光面积。采光面积比一般为1/4~1/60。

4. 实验台的设计及室内布置

实验台设计的效果,不但影响到开展实验工作的方便程度,而且影响到实验室的平面布置。在设计时,实验台必须与有窗的外墙垂直排列,在化学分析室中,单面化验台一般靠墙放置,台宽0.75 m左右,并在一端装备洗涤槽。双面化验台宽1.5~1.7 m,在台的一端或两端装备洗涤槽。对于特殊实验台,根据仪器的要求,分析实验的特点单独设计。

在化学分析实验时,在实验室中央配置从两面都能够操作的中央实验台,两边配置边台、测试台、通风柜、药品柜、干燥柜等,根据需要配备净化台、恒温恒湿设备。

为了便于分析仪器的操作使用,分析仪器使用的特殊气体的配管,应该尽量接近分析仪器。

5. 实验室其他配套设施设计

(1)实验台面。常用材料有环氧树脂台面、耐蚀实心理化板、TRESPA(千思板)等,均具有耐酸碱、耐撞击、耐热等特点。各材料的特性如表3-4所示。

表3-4　实验台面各材料特性

材料	环氧树脂	耐蚀实心理化板	TRESPA(千思板)
特性	加强型,内外材质一致,可修复	表面特殊耐蚀处理	耐酸、耐腐蚀、耐撞击

(2)实验用柜。包括药品柜、专用柜两大类。药品柜主要放置固体化学试剂和标准溶液,两者分类放置。药品柜应设置玻璃门窗,柜体也应具有一定的承重能力和防腐蚀性。专用柜包含样品柜(设分隔且可贴标签等的隔板)、药品保管柜(木制或钢制)、危险品保管柜(不锈钢制作或耐火砖砌而成)、玻璃器皿干燥和保管柜(设有用导轨与柜体固定托架)。除此之外,还有工具柜、杂品柜、更衣柜等。

(3)椅凳、洁净柜、安全柜。根据实验需要,工作椅凳通常用圆凳,钢制可调节高度。仪器实验室可有带滑轮的靠背椅,便于操作。

洁净柜又称超净工作台,可提供无菌、无尘的洁净操作环境。根据气体的流向可分为水平层流和垂直层流,规格有单人、双人、单面、双面,也可串联使用。

生物安全柜是微生物实验操作的主要洁净设备,可防止可能存在的有毒有害悬浮颗粒的扩散,保护实验过程中操作者和环境的安全,也可保护操作过程中样品免受污染。

(4)通风柜。通风柜用于实验室局部排风,通风柜的性能好坏,主要取决于通过通风柜空气移动的速度。实验室通风柜主要有顶抽式通风柜、狭缝式通风柜、旁通式通风柜、补风式通风柜、自然通风式通风柜和活动式通风柜等六类,根据实验室实际需要情况选用。

(5)安全设施。这里指实验室室内设计的安全距离等。安全门作为疏散通道,通常门宽0.9~1.5 m,其中单门一般为0.9 m,双门有1.2 m、1.4 m、1.5 m等。对于主通道,若两个实验台双面操作,安全距离应≥1.5 m;单面操作≥1.2 mm;有排毒柜的话,距离应≥1.5 mm,且特别注意排毒柜不能放置在靠近门口的位置。实验室内部的消防通道最少应留

1.5 m宽。

6. 中心实验室的规划设计

中心实验室规划设计涉及到的内容很多,如实验室内的仪器设备、卫生要求、建筑和人员安全、防火要求、电路布线、给排水等。设计现代化的实验室,首先要确定实验室的性质、目的、任务、依据和规模;确定各类实验室功能、条件以及规模大小;了解室内空间的总体概念以及天花板的类型和高度等。要针对不同的实验室采用不同地面。墙面包括柱体的位置、窗台高、踢脚板的宽度等都要确定。对上述情况充分了解后进行中心实验室的规划设计。

要确定实验室空间的大小,其决定因素如下:实验台的大小及各种装置所占的面积、实验台的配置与作业内容、室内的通路空间(尤其是作业空间要充分考虑)、与采光有关问题以及与其他实验室或实验台之间的相互关系及作业顺序。在规划平面配置图时,要在深入调查、再三审核实验台的位置、作业流程、人员的配置、通道的宽度等之间的关系后,决定出设备的配置图。

不同实验室有不同的要求,化学实验室,通常在实验室中央配置两面操作的中央台,两边配置边台、测试台、通风台、药品柜、干燥柜等,根据需要配备净化台、恒温室设备。在微生物实验室中,需要可靠性高的无菌、无尘环境,可在进口处设置洗涤台和干燥台。

在中央台和边台上,安装试剂架,万向支架,用来放置根据不同实验目的的反应管,抽离管等器具。另外在实验台上要引入特殊气体配管,以及作为冷却用的给排水管,在通风柜内部安装固定器具的万向支架。

为了便于分析仪器的操作使用,实验室中央需要配备单面使用的仪器台,外墙配置测试台,分析仪器使用的特殊气体的配管,并尽量接近分析仪器。

中心实验室的建设规划、平面布置、设计的实施、建筑施工和验收参考(化验室)有关内容。

三、原料及成品等仓库的设计

(一)仓库的概念及分类

仓库即所有储存物资的场所。按不同的分类特征,食品企业仓库的分类主要有以下几种:

(1)按仓库在社会再生产中的作用和所处领域不同分为食品生产企业仓库和食品流通领域仓库。食品生产企业仓库又可细分为食品原料仓库(包括常温库、冷藏库)、辅助材料仓库(存放油、糖、盐及其他辅料)、包装材料库(存放包装纸、纸箱、商标纸等)、设备库、工具库、劳保用品库等。食品流通领域仓库又可分为成品库、中转仓库、储备仓库等。

(2)按仓库存放物资的种类和保管条件分为通用仓库、特种仓库、专门仓库等。

(3)按仓库是否独立经营分为营业性仓库和非营业性仓库。

(4)按仓库的建筑结构不同分为库房、货棚和露天货场。

(二)仓库设计的基本点

仓库设施设计的基本观念,最为重要的是把握下列基本点:①设计要先进;②除不得已的情况下,要避免建造木质仓库,可设计成多用途仓库;③掌握仓库的性质与种类及各种仓库的目的;④仓库的职工人数应尽可能少;⑤仓库的内部设计要把保管前的作业、保管作业、保管后的作业,综合设计成物资连续流动的系统;⑥事务处理要求简化,要预先注意到便于实现电子计算机化;⑦在允许条件下,设置空调装置;⑧有较好的视野;⑨无论利用海运或陆运,货物的进出,要使设备达到平衡。

仓库的设计要采用新的,具有现代化的仓库管理要素,要了解经办物资的价值,并针对其特性进行仓库设计。

(三)食品工厂仓库的平面布置要求

仓库的平面布置是指在已经选定的库址上,对仓库各种主要建筑物在规定的库区范围内进行合理的布置。将各建筑物、各区域间的相对位置,反映在一张平面图上,称为仓库的总平面图。

仓库的平面布置主要取决于仓库的业务流程和运输条件。仓库的平面布置,应当尽量保证物资从验收入库、保管保养直至出库等一系列作业过程中,不发生重复拖运、迂回运输等问题。

在确定某一仓库具体位置时,要综合考虑工厂仓库存量、保管条件、作业方式、服务对象等各方面的因素。

1. 工厂仓库的组成

总体上看,工厂仓库一般分为两大类。一类是全厂性仓库,也称为中心仓库或总仓库;另一类是车间仓库,也称专用仓库或分库。

全厂性仓库是为全厂服务的,如通用器材库、工具库、设备库、配套件及协作件库、劳保用品库等。车间库是为本车间或主要为本车间服务的仓库。如金属材料库、燃料库等。

2. 对工厂仓库布置的基本要求

工厂仓库的平面布置应遵循工厂总平面布置的原则,同时还要根据仓库的特有功能满足以下几方面要求:①与工厂生产工艺流程相适应;②仓库应尽量接近所服务的车间;③仓库要有方便的运输条件;④在总平面布置中尽量减少仓库占地;⑤有利于工厂的劳动卫生和防火安全。

库房、料棚、料场等是仓库的主体,在仓库中,应该呈直线布置,避免斜向布置,并使之互相平行。这样,既可以使运输线路布置合理,又可以使仓库场地得到充分利用。将存放性质相同或相近、互相没有不良影响的物资库房(或料棚),布置在同一个区域而把互有不良影响的物资库房(或料棚)相互隔开。

仓库的办公室和生活区,要设在仓库入口处附近,便于接洽业务和管理。但必须和储存物料的库房、料棚、料场分开,并保持一定的距离,以保证安全。

根据上述要求,归结起来,仓库平面布置与总体规划要达到以下目标:①尽量做到仓库的建筑和设备设施投资最省;②保证迅速、齐备、按质、按量地供应生产建设需要的物资;③物资在库内的搬运时间短、重复装卸的次数最少,库内搬运费用最低;④面积利用率和库内空间利用率等各项利用指标要高,仓库总面积、长宽比、专用线与装卸台的长度、验收场地的大小等各项参数要选择适当合理;⑤确保物资储备的安全无损,并有利于降低物资的储备定额,加速物资的周转;⑥为逐步实现仓库管理机械化、现代化提供方便条件。

(四)仓库容量和面积的确定

仓库的总面积(也称仓库占地面积)是从仓库外墙线算起,整个围墙内所占用的全部平面面积。仓库总面积的大小,取决于企业消耗物资的品种和数量的多少,同时与仓库本身的技术作业过程的合理组织,以及面积利用系数的大小有关。设计的仓库总面积,必须与预定的仓库容量相适应。

原辅材料仓库的大小,决定于各种原辅材料的日需要量和生产贮备天数。成品仓库的大小,决定于产品的日产量及周转期。此外,仓库的大小还和货物的堆放形式有关。在确定以上几项参数后,通过前面的物料衡算,根据单位产品消耗量,即可计算出仓库面积。

各类仓库的容量,可用下式确定:

$$V = W \cdot t$$

式中:V——仓库容量,t;

W——单位时间(日或月)的货物量(t/d 或 t/m);

t——存放时间,日或月。

单位时间的货物量 W 可通过物料平衡的计算求取。但是,需要强调的是,食品厂的产量是不均衡的,单位时间货物量 W 的计算,一般以旺季为基准。存放时间 t 则需根据具体情况选择确定。对原料库来说,不同的原料要求有不同的存放时间(最长存放时间)。究竟要存放多长时间,还应根据原料本身的贮藏特性和维持贮藏条件所需要的费用做出经济分析,不能一概而论。如糕点厂、糖果厂存放面粉和糖的原料库,存放时间可适当长些,但肉制品加工厂和乳制品厂的原料库,存放时间可适当短一些。对成品库的存放时间,不仅要考虑成品本身的贮藏特性和维持贮藏条件所需要的费用,而且应考虑成品在市场上的销售情况,按销售最不利,也就是成品积压最多时来计算。

仓库容量确定以后,仓库的建筑面积可按下式计算:

$$A = V/d \cdot K = V/d_p$$

式中:A——仓库面积,m^2;

d——仓库单位面积堆放量,t/m^2;

K——仓库面积有效利用系数(一般取 $K = 0.50 \sim 0.77$);

d_p——单位面积的平均堆放量;

V——库容量,t。

单位面积的平均堆放量与库内的物料种类和堆放方法有关。现将一些产品和原材料的贮放标准列于表 3-5 和表 3-6 中。

表 3-5　产品存放标准

产品	存放时间/天	存放方式	面积利用系数	贮存量/(t/m²)
炼乳	30	铁听放入木箱	0.75	1.4
奶粉	30	铁听放入木箱	0.75	0.71
罐头 1517	30~60	铁听放入木箱	0.70	0.9

表 3-6　部分原料仓库平均堆放标准

原料名称	堆放方法	平均堆放量/(t/m²)
橘子	15 kg/箱,堆高 6 箱	0.35
菠萝	20 kg/箱,堆高 6 箱	0.45
番茄	15 kg/箱,堆高 6 箱	0.30
青豆	散堆,堆高 0.1 m	0.04
食盐	袋装,堆高 1.5 m	1.3

如果没有辅助用房,仓库面积可按下式计算:

$$F = F_1 + F_2 = \frac{W}{qK} + F_2(\mathrm{m}^2)$$

式中:F_1——仓库中库房的建筑面积,m^2;

F_2——仓库中辅助用房的建筑面积,包括办公室、走廊、电梯间与卫生间等,m^2;

W——库房内应堆放的物料量,kg;

q——单位库房面积上可堆放的物料净重,$\mathrm{kg/m}^2$;

K——库房面积利用系数。

(1) K 值的确定。对于贮存在架子上的材料,K 取 0.3~0.4;对于箱装、桶装和袋装的物料,K 取 0.5~0.6;对于贮存在料仓中的散装材料 K 取 0.5~0.7。

(2) F_2 的确定。仓库辅助用房面积的大小没有严格的规定,须根据建筑规模、堆垛与装运方式,土地充裕情况等多种因素来考虑。

(3) q 值的确定。单位库房面积可堆放物料量是由包装形式、包装材料的强度和堆放方式等因素决定的。设计时可查取有关数据和资料,同时还应考虑库内地坪或楼板的结构及承受能力,即有包装的物料负荷不能超过地板或楼板的承重极限。负荷很大的物料应放在多层库房的下层,如机床、大型工具等。多层库房的上层载荷应控制在 2 $\mathrm{t/m}^2$ 以内。对于露天堆场,要考虑到避雨、避雷、防火、运输、排水和通风间距,因而堆场面积为仓库面积的 1~1.5 倍。

(五) 仓库的结构形式

仓库场地的长度和宽度,直接影响着基本建设投资和经营费用的支出。标准仓库场地,以长方形为佳。一般库房的长宽比见表3-7。

表3-7　一般库房的长宽比

库房总面积/m^2	宽/长
500以下	1/2~1/3
500~1000	1/3~1/5
1000~2000	1/5~1/6

(六)仓库建筑

物资仓库建筑,是保证物资在保管过程中完整无损的重要设施,也是保证仓库作业到达安全迅速与经济合理的基本条件。仓库建筑结构要适应物资的保管条件和物资的验收保管与发放等作业组织程序,能最大限度利用仓库存放,在任何天气和任何时间都能进行工作,保证仓库内外物资和运输工具便于移动和通过,符合劳动保护和安全生产以及仓库防火安全,保证物资仓库未来扩建和改建的便利;尽量降低建筑物的工程造价和节省在使用中的维修经费等要求。

1. 仓库建筑的分类

组成仓库的各种建筑物可分为生产性和非生产性两类。前者主要指各类库房和与仓库技术作业有关的辅助性建筑物,如汽车房、包装间等,后者主要是指行政办公用房和生活用房。其中,库房包括平库和楼库。

(1)按仓库构造特点分为三类:封闭式仓库建筑、半封闭式仓库建筑和露天料场。

(2)按仓库建筑耐火程度分为耐火仓库、非耐火仓库两类。

(3)按仓库建筑材料分为木质建筑仓库、砖木结构建筑仓库、钢架结构建筑仓库、钢筋水泥建筑仓库四类。

(4)按作业方式分为人力作业仓库、半机械化仓库、机械化仓库、半自动化仓库和自动化仓库。

(5)按仓库层数分为平库和楼库。

2. 仓库建筑结构

库房的建筑必须是经济、坚固、适用,符合物资的安全存放,物资和机械设备进出方便以及工程造价合理等条件。库房的选型,要因地制宜,最好选用定型设计,库房建筑的一般要求是:

(1)库房的建筑基础,必须要稳定、坚固,其断面尺寸要符合有效荷重和地层的承载能力。其基础材料必须有抵抗潮湿和地下水作用的能力。基础的形状和尺寸应保证使荷载能均匀地分布在地基上。

(2)库房的墙体,是库房的主要支撑结构和围护结构。库房的墙,应该尽量使库内不受外部温、湿度变化及风沙的影响,坚固耐久。墙的高度按存放物所达到的高度和采用的机械设备而定。

(3)库房的地坪,是由基础、垫层相面层构成。仓库的地坪必须要坚固,具有一定的荷载能力。同时还应具有耐摩擦和耐冲击等作用,能容许运输工具的通行,光洁平坦,容易整修,不透水,防潮性能良好,导热系数小。

(4)库房的屋顶,是由承重构件和围护构件组成。库房的屋顶,要求能有效地防雨、防雪、防风和日光的曝晒,屋面坡度能保证雨水迅速排掉,符合防火安全要求,导热系数小,其坚固性和耐久性应与整个建筑物相适应。

(5)库房的门窗和库门的多少决定于技术操作过程和物资吞吐量。对于较长的库房,每隔20~30 m在其两侧设库门。对于通行小车或电瓶车的库门,宽高一般均在2.0~2.5 m;对于通行载重汽车的库门,宽3.0~3.5 m,高3.0 m。库门的型式以拉门最好。库窗的形状、尺寸和位置,必须保证库房的采光、通风、防火和安全要求。多采用小气窗(通风口),以保证库房内的自然通风。库窗要设在较高位置,启闭灵活,关闭要严密。

仓库柱子间距应适当,柱子间距在很大程度上取决于仓库的用途、仓库的层数、仓库的构造、仓库的负荷能力,同时也受到建筑费用的影响。

3. 食品工厂仓库的不同要求

食品工厂仓库有原料库、成品库等,不同仓库对建筑的要求不同。

(1)原料库。果蔬原料库可为两种,一种是短期贮藏。一般用常温库,可用简易平房,便于物料进出。另一种是较长时间贮藏,一般用冰点以上的冷库,也称高温冷库,库内相对湿度以85%~90%为宜,可以设在多层冷库的底层或单层平房内。有条件的工厂对果蔬原料还可采用气调贮藏、辐射保鲜、真空冷却保鲜等。

肉类原料所用的冷库一般也称为低温冷库,温度为-18~-15℃,相对湿度为95%~100%,为防止物料干缩,避免使用冷风机,而采用排管制冷

粮仓类型较多,按控温性能可分为低温仓、准低温仓和常温仓。其划分标准为:可将粮温控制在15℃以下(含15℃)的粮仓为低温仓;可将粮温控制在20℃以下(含20℃)的粮仓为准低温仓。除低温仓、准低温仓以外的其他粮仓为常温仓。按仓房的结构形式可分为房仓式和机械化立筒仓等,贮粉仓库应保持清洁卫生和干燥,袋装面粉堆放贮存时,用枕木隔潮。

(2)保温库。保温库一般只用于罐头的保温,宜建成小间形式,以便按不同的班次、不同规格分开堆放。保温库的外墙应按保温墙考虑,不开窗,门要紧闭,库内空间不必太高,一般2.8~3.0 m即可。应单独配设温度自控装置,以自动保持恒温。

(3)成品库。成品库要求进出货方便,地坪或楼板要结实,每平方米可承重1.5~2.0 t,可使用铲车,并考虑附加负载。面糖制品不可露天堆放,糖果类及水分含量低的饼干类等面类制品的库房应干燥、通风,防止制品吸水变质。而水分和(或)油脂含量高的蛋糕、面包等制品的库房,则应保持一定的温、湿度条件,以防止制品过早干硬或油脂酸败。

(4)马口铁仓库。由于负荷太大,只能设在楼库底层,最好是单独的平库。地坪的承载

能力宜按 10~12 t/m^2。为防止地坪下陷,库内应装设电动单梁起重机,此时单层高应满足起重机运行和起吊高度等的要求。

(5)空罐及其他包装材料仓库。要求防潮、去湿、避晒,窗户宜小不宜大。库房楼板的设计载荷能力,随物料容重而定。物料容重大的,如罐头成品库之类,宜按 1.5~2.0 t/m^2 考虑,容重小的如空罐仓库,可按 0.8~1.0 t/m^2 考虑。介于两者之间的按 1.0~1.5 t/m^2 考虑。如果在楼层使用机动叉车,由土建人员加以核定。

4. 仓库的技术设施

仓库的技术设施,是指仓库进行保管维护、搬运装卸、计量检验、安全消防和输电用电等各项作业的劳动手段。仓库的技术设施主要可以分为以下六类。

(1)储存设施。放置储存物资设施,包括货架和储罐。储罐分露天、室内和地下三种,都是专门用来储存液体产品。

(2)搬运装卸设施。仓库为了提高工作效率,减轻劳动强度,所配备的一切手动的、机动的搬运装卸机具,是联系仓库内外各个作业环节的纽带,使仓库工作构成一个整体。搬运装卸设施主要包括各种起重机、吊车、载重汽车、拖车、叉车、堆码机械和传送装置等。

(3)检验计量设施。为了准确地检测物资化学物理性能和物资的称量,仓库需要配备检验计量设施。这类设施包括各种秤、衡器、量尺、万用电表、绝缘测试器和游标卡尺等。

(4)安全消防设施。为了保障仓库的安全而配备的各种防火、防水、防盗、卫生等的器械,如灭火机、消防水龙头、报警器、水桶、水池、水泵、水管等。

(5)输电用电设施。为了仓库照明、机械维修、机械开动等作业而配备的各种输送电和用电器具,如电线、电缆、各种电灯、变压器、开关板、保险装置等。

(6)维修包装设施。维护仓库作业时使用机械的磨损与更换,要配备各种手动的钳子、扳手、巨斧、改锥以及必要的金属切削机床等。此外,有的中转型仓库,需要发运货物,还要配备包装机器,如钉箱机、打包机、木工工具等。

仓库设施的配备,首先是要产生效果,其次要配备就绪,最后要保证设施的完整配套。

设施是以配套为前提的,下表列举了仓库的代表性设施,根据仓库的种类、经营方针及营运方法,表 3-8 中的设施也可能有的项目不需要。

表 3-8 仓库的常见设备

区分	项目	备注
一般设备	大门	出、入口的门
	房屋	一般建筑物
	出、入口	接收口、发放口
	收、发场地	接收、发放的地方
	拆包场地	打开包装的地方
	检查场地	接收、检查的地方
	分类场地	容纳物品分类的地方

续表

区分	项目	备注
一般设备	包装场地	为接收储存、保管货物等使用的包装场地
	通路	外部、内部
	阶梯	外部、内部
	门	各种门
	保管场地	储藏、保管、储藏场地
	周转平台	作业使用的富余场地
	预备场地	预备用的场地
	地板	—
	捆包场地	发放货物打包捆扎的地方
	检查场地	发货检查的地方
	整理场地	发放货物的整理场地
	分类场地	发放货物的分类场地
	包装场地	发放货物的包装场地
	照明	电灯照明及其附属设备
	采光	自然采光、窗子等
	标示	各种标示
	变电所	有关的全部设备
	其他	空气调节及灭火设备、厕所、盥洗室、通讯及传票处理设备、休息室、食堂、更衣室等
保管设备	台座	一般的台座
	架	各种架子
	自动保管设备	自动仓库使用的保管设备等
	其他	其他保管设备
冷藏设备	冷冻设备	有关的全部设备
	冷藏设备	有关的全部设备
	保冷设备	有关的全部设备
	控制设备	有关的全部设备
搬运设备	工具	滚轴、撬杆
	器具	滚子传送机、滑槽等
	机械	电梯、轿车、吊车、叉车等
	设备	其他全部设备
分类装置	机械分类	自动分类设备
	分类设备	大型自动分类设备
包装装置	包装机械	自动及半自动包装机械
	包装装置	大型的自动包装设备
加工设备	小加工机械	仓库的小加工机械
	防锈装置	容纳物资的防锈装置

续表

区分	项目	备注
废物处理装置	捆扎机 切断机 焚烧炉	把废物压缩的机械 把长的废物切短的机械 焚烧废屑的炉子
情报处理装置	电子计算机 事务处理机 资料保管设备	保管装置使用,库内管理使用,情报处理费用 各种事务处理机 有关情报处理资料的保管及其他设备
其他	杂品、备品等其他	内部的各种物品、办公室等其他的各种物品

上述设施中应当注意:出入口的高度以搬运机械能自由进出的高度为准,约3~5 m。收发场地在允许的条件下必须设置,如果能有一定程度的富余较为理想。拆包场地必须预先考虑到拆包皮屑的处理。检查场地要求处理的物资能顺利流通,检查场地不应有横向岔道。分类场地要利用分类设备。仓库地面上要画好编号,供修理用。地面必须充分达到规定的条件,要求有足够的负荷能力、平整、防滑、不起尘埃、具有一定程度的柔软性和弹性,而且要牢固。照明要尽可能明亮,一般照明度为100~200 lx。

5. 自动化立体仓库

自动化立体仓库是采用高层货架储存货物,用巷道堆垛起重机及其他周边设备进行作业,由电子计算机进行自动控制的现代化仓库。

(1)自动化立体仓库的主要优点。采用高层货架储存货物,利用巷道式堆垛机进行作业,可大幅度增加仓库和货架的高度,充分利用仓库空间,使货物储存集中化、立体化,从而可以大大减少仓库占地面积,节省土地购置费用。

由于货物集中储存,便于实现仓库作业机械化和自动化,以减轻工人的劳动强度,改善劳动条件,提高作业效率,节约人力,减少劳动力费用的支出。

由于货物在有限空间内密集储存,便于进行库内温湿度控制,有利于改善物资保留条件。

利用电子计算机进行控制和管理,作业过程和信息处理准确、迅速、及时,可实现合理储备,加速物资周转,减少资金占用,降低储存费用,提高经济效益。

由于货物的集中储存,便于利用计算机进行控制和管理,有利于采用现代科学技术和现代管理方法,可不断提高仓库的技术水平和管理水平。

(2)自动化立体仓库的主要缺点。仓库结构复杂,配套设备多,需要大量的基建和设备投资。

高层货架多采用钢结构,需要使用大量的钢材。

计算机自动控制系统是仓库的“精神中枢”,一旦出现故障或停电,将会使某个局部甚至整个仓库处于瘫痪状态。

单元式货架是利用标准货格储存货物,长大笨重货物不能存入单元货架,对储存货物的种类有一定的局限性。

由于仓库实行自动控制与管理,技术性比较强,对工作人员的技术业务素质要求比较高。

(3)自动化立体仓库的构成。自动化立体仓库是集建筑物、机械、电气及电子技术为一身的综合体。它主要由仓库建筑物、高层货架、巷道堆垛机、周边设备和自动控制系统等所构成。

高层货架:高层货架是立体仓库的主体,是储存货箱和托盘的支承结构。

从高层货架与仓库建筑物的关系看,可分为整体式和分离式两种类型。整体式高层货架是指货架与仓库建筑物形成互相连接不可分割的整体,由货架的上部支撑屋盖,在货架的四周加挂保温轻体墙板,形成封闭式仓库建筑物。这种货架整体性好,具有较强的刚性和稳定性,同时能减少建筑材料的消耗、缩短施工周期、降低工程造价。

分离式货架是指高层货架与仓库建筑物互相分离,高层货架安装在仓库建筑物之内,货架与库墙和库顶均保持一定的距离。货架只作为储存货物之用。这种形式适用于利用原有建筑物改建立体库,或在厂房、库房内的局部建造立体仓库。在高层货架比较矮和地面载荷不大时采用这种结构比较方便。

按高层货架的结构材料,可分为钢货架和钢筋混凝土货架。钢货架的优点是结构尺寸小,仓库空间利用程度高,制作方便,安装周期短,便于调整,能保证精度,且随着货架高度的增加,钢货架的优越性更为明显。钢筋混凝土货架的突出优点是防火性能好,抗腐蚀能力强,维护保养简单。其缺点是货架构建截面尺寸小,重量也大,现场施工周期长,不便于调整。

巷道堆垛起重机及周边设备:巷道堆垛起重机是由机架、走行机构、起升机构、载货台及货叉伸缩机构、电气设备及控制装置所构成。这种起重机只能在巷道轨道上运行,所以灵活性较差。无轨巷道堆垛机又称高架叉车,能克服有轨巷道堆垛机的不足,但起升高度比较低,所需通道宽度比较宽,但机动灵活性好,适用于高度 12 m 以下,货物出入库不频繁,规模不大的仓库,特别是利用旧厂房或库房改造立体库时尤为适用。

此外,自动化立体仓库的周边设备主要有各种输送机、叉车、自动搬运小车、升降机、升降货台等。

自动化立体仓库的自动控制系统:自动化立体仓库的门控制系统主要是计算机系统。其控制方式可分为集中控制和分散控制。前者利用一台计算机对仓库进行全面控制,一般多采用小型计算机。后者是利用多台计算机对仓库各方面进行控制,一般多采用微型计算机。其控制的对象主要是巷道堆垛机、输送机、升降机和升降货台、仓库监测报警系统、仓库温湿度控制系统等。与计算机配套的设备还有磁盘驱动器、磁带驱动器、大屏幕显示器、打印机、条形码识别器、集中控制台等。

(4)自动化立体仓库总体规划。自动化立体仓库的总体规划是在充分调查研究掌握大量资料的基础上,按照使用方面的要求,对仓库规模、仓库总体布置、作业方式、控制方式以及机械设备等所进行的全面规划。

仓库规模的确定:自动化立体仓库的规模主要取决于拟存货物的平均货存量。可根据历史资料和生产的发展,大体估算出平均库存量。

在库存量大体确定后,还要根据拟存货物的规格品种、体积、单位重量、形状、包装等确定每个货物单元的尺寸和重量。一般货物单元以托盘或货箱为载体,每个货物单元的重量多为200~500 kg。货物单元的外形尺寸(长、宽、高)多在1 m左右。最好采用标准托盘的尺寸或1/2标准托盘的尺寸。

货物单元的重量和尺寸确定后,根据拟订的库存量,确定货物单元数量。方法有两种:一是按货物单元的最大重量计算,二是按货物单元的最大容积计算。前者适用于散装或无规则包装,硬质包装的货物;后者适用于具有定型硬包装的货物,如硬纸箱、木箱等。货物单元的重量和体积是相互矛盾的统一体,按重量计算时不得超出最大容积;按容积计算时,也不能超出最大重量,经过两方面的考虑确定每个货物单元的能贮存货物的重量或储存某种货物的件数,在货物总重量和总件数一定的情况下,计算出货物单元总数,即所需货格的总数。这就决定了仓库的规模。

仓库总体布置:仓库总体布置主要包括货架货格尺寸的确定,货架排列、层数的确定,储存区、收发区、货物整理区等。

第一,货格尺寸的确定。在货物单元尺寸确定后,货格尺寸主要取决于货物单元四周需留出的净尺寸和货架构件的有关尺寸。这些净尺寸的确定,应考虑货架制造和安装精度和巷道堆垛起重机的停止精度。

第二,货架长、宽、高及排数的确定。自动化立体仓库的货架长度是由货架列数决定的。在之前确定了仓库的高度后,也就确定了货架的层数,货架的层数在货格尺寸一定的情况下,就决定了货架的高度。货架的排数比较容易确定,它等于货格的进深。

第三,仓库的分区布置。自动化立体仓库的总体布置包括货物储存区和作业区的平面布置和垂直布置。

储存区的布置:仓库储存区即货架区的布置,主要是对货架和巷道的布置。当货架长、宽、高及排数确定后,巷道的长度和数量随之确定。一般货架的布置方式为两侧单排、中间双排、每两排货架之间形成巷道。巷道的宽度是由巷道堆垛机的宽度和巷道堆垛机与货架之间的间隙所决定的。巷道堆垛机与货架之间的距离一般为75~100 mm。

出入库作业区的布置:自动化立体仓库的出入库作业区可集中布置在巷道的一端,也可分别布置在巷道的两端。出入库作业区集中布置便于进行控制和管理,同时也可节省仓库建筑面积。其缺点是货物同时出入库时容易发生干扰,必须进行立体交叉布置,才能使出入库作业顺利进行。出入库作业区分先布置,使货物出入库互不干扰,但不便于管理,并多占用仓库面积。

控制室的布置:自动化立体仓库一般都设有集中控制室,电子计算机及各种控制装置安装在控制室内。控制室应布置在立体库的入库端,为了减少占地面积和便于对仓库作业进行瞭望,可将控制室设在入库端的二层平台上。

仓库作业方式的确定及设备配置:自动化立体仓库多为单元货格式货架,其出入库方式有两种:一是以货物单元为单位进行存和取;二是以货物单元为单位进行整存,而按发货的数量零取。前者作业比较简单方便,可以利用巷道堆垛机进行整存整取。后者作业比较困难一些,其取货方式有两种:

第一,在出库端设分拣台,利用巷道堆垛机将货物单元取出,放置在分拣台上,由分拣人员按照出库凭证取出所需要的数量,然后再由巷道堆垛机将货物单元送回原来货格。

第二,由分拣人员驾驶巷道分拣机或堆垛机,按照发货凭证到每种货物的相应货格位置,从货物单元中拣出所需要的数量。

仓库的作业方式与设备的配置关系密切。仓库设备的配置要与作业方式相适应。对于以整存整取为主的仓库多采用巷道堆垛机;对于以整存零取为主的仓库多采用拣选机。堆垛机和拣选机的数量主要根据巷道数和出入库频率来确定。同时,仓库周边设备的配置主要取决于仓库的规模和仓库的总体布置。

6. 仓库在总平面布置中的位置

生产车间是全厂的核心,仓库的位置应围绕这个核心进行合理的安排,通盘全局地考虑工艺布局,力求做到节省运输的往返,提高生产效率,利于厂容厂貌的整洁,利于工厂的远期发展。

四、机修车间的设计

食品工厂机修车间是重要的辅助车间,它担负着全厂设备的维修、保养,有关磨具的制造,部分设备零部件的加工制造及简单非标准设备的制造、通用设备易损件的加工任务等。大型食品厂的机修车间一般设有厂部机修与车间保养,中小型食品厂一般只设厂级机修车间,负责全厂的维修业务。

(一)机修车间的设计内容

机修车间的设计主要包括以下内容:

(1)根据维修与加工任务和工作量确定机床和其他加工设备的种类及数量。

(2)划分本车间的工段(组),进行车间平面布置。

(3)确定机修车间面积和建筑形式。

(二)机修车间设备的选择

机修车间的设备应根据本行业的特点、工厂的规模、机修工作范围和工作量来确定,其要点如下:

(1)机修车间的设备应保证生产车间常见机械设备的维修及一般易损零、部件的加工。对于加工量不大,但加工工艺复杂,难度较大的零部件,应考虑协作加工或订购。

(2)对加工量不多、加工维修较容易,但必须在本型专用机床上加工的零部件,如果在普通车床上采用附加专用工具夹来解决的,可配备专用工具夹。

(3)对需要用特殊设备加工维修的易损零部件,当加工量较大时,可酌情选用专用机床设备。

(三)机修车间的组成及布置

机修车间的组成因不同食品厂、不同专业而有所差异。

机修车间一般由钳工、机工、锻工、钣焊、热处理、管工、木工等工段或工组构成。机修车间一般不设铸工段,其铸件一般由外协作加工,或作为附属部分而设在厂区外。

在机加工工段,应将同类机床布置在一起。机床之间,机床与柱壁之间都应保持一定的距离,以保证操作维修方便及操作安全。在车间布置时,应将高温作业工段和有强烈震动的工段(如铸工、锻工、热处理等工段)与其他工段分开,放置在厂区较偏僻的角落。机工工段最好布置在单独的厂房中,其余工段应尽量合并在同一建筑物中。布置时,应注意各工段的协调性,并在车间前面留出一些空地。

机修车间在厂区的位置应与生产车间保持适当的距离,使它们既不互相影响而又互相联系方便。锻打设备则应安置在厂区的偏僻角落,要考虑噪声对厂区和周围居民区的影响。

(四)机修车间面积和对土建的要求

机修车间的面积须根据车间的组成、生产规模及机床设备的型号、数量来确定。目前多采用经验估算。对不同类型的食品工厂,机修车间面积估算方式也不同,并无定型的模式,一般可按以下方法估算机修车间面积:

(1)机加工工段主要机床的占地面积 15~18 m^2/台。

(2)钳工、装配工段。占地面积为机工段的70%~85%。

(3)其他工段及库房。占地面积为上述(1)和(2)两个工段之和的25%~35%。

在其他工段中不包括热处理工段、电修与管路工段(组)。机修车间各工段(组、室)的面积百分比可见表3-9。

表3-9 机修车间各个工段(组、室)使用面积比

工段(组、室)名称	占车间总面积的百分数/%	工段(组、室)名称	占车间总面积的百分数/%
机工	38~47	工具室、磨刀室	2~3.5
钳工	26.5~31	中间仓库	4~6
油漆工	2~3.5	半成品库	3~3.5
钣焊工	5~21	备件、辅料库	0.5~1.5
喷镀工	2~3	办公室	3~5
实验室	2~3	—	—

机修车间对土建仅作一般要求。如果设备较多且较笨重,则厂房应考虑安装行车。对需要安装行车或吊车的工段,应注意厂房高度,使吊车轨面离地面不小于6 m。一般机修车间的净高可选4.2~4.5 m,车间主跨度一般为9~15 m。

五、电的维修与其他维修工程

电器维修部门担负着全厂生产与生活用电设备和电路的维护、检修、保养等工作。食品工厂均设有电工房或电工组，一般设在用电设备较集中的生产区内，以便对电气设备和电路及时维修。电工房或电工组不能设在人员通道处和易燃、易爆物品的旁边。

此外，工厂中常见的维修部门有：仪器、仪表维修工组（或工段）、土木维修等，它们的规模一般均小于机修车间，因此多以工组的形式存在。但也刻意把机修车间、电修组、仪表维修组合称为维修车间，实施统一领导，分别设置，各尽其责。

（一）电的维修

1. 电维修的任务

（1）负责全厂供电系统（包括动力用电和照明用电）的正常运行。

（2）负责生产中电机及其他电器（如继电器、接触器、电磁铁等）的检查、调整、维修等工作。

（3）对车间及全厂室内外的照明线路和设备进行检查和修理。

（4）负责全厂的防雷、除静电等设备的维护和修理。

2. 电维修的组成

在食品工厂中电维修一般由电工班（组）负责。其电工房一般设在紧接配电房的地方，一些小厂则直接设在配电房内。电工房内设工作间、工具室、更衣室、电气仓库，对于连续性生产的工厂还应设休息室。其工作间内应安装和汇总不同电气使用的电源、操作台、检修电机及其他电器所用的设备，同时还应有绝缘保护设施。

（二）其他维修工程

1. 仪表及自控系统维修

专业的仪表维护班组主要负责全厂的生产用仪表和自控系统的维护和检修。在中、小型厂和仪表自控系统较少的厂中，仪表和自控系统的维修是由电工班组负责。

2. 管道维修

工厂中每个车间设置有专业的管道维修工，负责管道出现的渗漏、破裂、截断等问题的维修。全厂设置管道班组，来处理生产中管线上出现的各种问题。

3. 建筑维修

建筑维修一般是由后勤部门负责。建筑维修不宜安排在正常的生产期内，一方面影响安全生产，另一方面可能对生产中的原料、半成品、成品造成污染。一般情况下在设备大修的同时进行建筑维修。

六、运输设施

食品工厂运输方式的设计，决定了运输设备的选型，而运输设备的选型，又直接关系到全厂总平面布置、建筑物的结构形式、工艺布置、劳动生产率、生产机械化与自动化。但是必须注意的是,计算运输量时,不要忽视包装材料的重量。比如罐头成品和瓶装饮料的吨位都是以净重计算的。下面按运输区间来分别简述对一些常用的运输设备的要求:

(一)厂外运输

进出厂的货物,一般通过水路或公路。公路运输视物料情况,一般采用载重汽车,对冷冻物品则需保温车或冷藏车,特殊物料则用专用车辆。对水路运输,一般工厂只需配备装卸机械。现在大部分食品工厂仍是自己组织安排运输工具,但一些工厂已逐步由有实力的物流企业来承担。

(二)厂内运输

厂内运输主要是指的是厂区车间外的各种运输。由于厂区内道路转弯多,窄小,许多物料有时又要进出车间,这就要求运输设备轻巧、灵活、装卸方便。常用的有各种电瓶叉车、电瓶平板车、内燃叉车以及各类平板手推车、升降式手推车等。

(三)车间运输

车间运输的设计,也可属于车间工艺设计的一部分,如输送设备选择得当,将有助于生产过程更加完美。一些输送设备的选择原则如下:

1. 垂直运输

生产车间采用多层楼房的形式时,要考虑垂直运输,垂直运输设备最常见的是电梯,它的载重量大,常用的有1 t、1.5 t、2 t,轿厢尺寸可选用2 m×2.5 m、2.5 m×3.5 m、3 m×3.5 m等,可容纳大尺寸的货物。但电梯也有局限性,它要求物料另用容器盛装;它的运输是间歇的,不能实现连续化;它的位置受到限制,进出电梯往往还得设有输送走廊;电梯常出现故障,且不易一时修好,影响生产正常进行。此外,还可选用斗式提升机、磁性升降机、真空提升装置、物料泵等。

2. 水平运输

车间内的物料大部分呈水平流动,最常用的是带式输送机,其输送带的材料必须符合食品卫生要求,可采用胶带、不锈钢带、塑料链板、不锈钢链板等,很少用帆布带。干燥粉状物料可使用螺旋输送机。包装好的成件物品常采用带式输送机。笨重的大件可采用低起升电瓶铲车或普通铲车。此外,一些新的输送设备和方式逐步兴起,输送距离远,且可以避免物料的平面交叉等。

3. 起重设备

车间内常用的起重设备常有电动葫芦、手动或电动单梁起重机等。

第二节　生活设施

食品工厂的主要生活设施包括:行政办公室、食堂、更衣室、浴室、厕所、婴儿托儿所、医务室、礼堂等。

一、办公楼

办公楼应布置在靠近人流入口处，其面积与管理人员数及机构的设置情况有关。

办公楼建筑面积的估算可以采用下式：

$$F = \frac{GK_1A}{K_2} + B$$

式中：F——办公室建筑面积，m^2；

G——全厂职工总人数；

K_1——全厂办公人数比例，一般取8%~12%；

K_2——建筑系数，取65%~69%；

A——每个办公人员平均使用建筑面积，取5~7 m^2/人；

B——辅助用房面积，根据需要确定。

二、食堂

食堂在厂区的位置，应靠近工人出入口处或人流集中处。它的服务距离以不超过600 m为宜，不能与有危害因素的工作场所相邻设置，不能受有害因素的影响。食堂内应设洗手、洗碗、热饭设备，厨房的布置应防止生、熟食品的交叉污染，并应有良好的通风、排气装置和防尘、防蝇、防鼠措施。

（一）食堂座位数的确定

$$N = \frac{M0.85}{CK}$$

式中：N——座位数；

M——全场最大班人数；

C——进餐批数；

K——座位轮换系数，一、二班制为1.2。

（二）食堂建筑面积的计算

$$F = \frac{N(D_1 + D_2)}{K}$$

式中：F——食堂建筑面积；

N——座位数；

D_1——每座位餐厅使用面积，0.85~1.0 m^2；

D_2——每座位厨房及其他面积，0.55~0.7 m^2；

K——建筑系数，82%~89%。

三、医务室

食品工厂医务室的组成和面积见表3-10。

表 3-10　食品工厂医务室的组成与面积

部门名称	职工人数		
	300~1000	1000~2000	2000 以上
候诊室	1 间	2 间	2 间
医疗室	1 间	3 间	4~5 间
其他	1 间	1~2 间	2~3 间
使用面积	30~40 m^2	60~90 m^2	80~130 m^2

四、会议室

会议室建筑面积可按下式估算:

$$S=\frac{MS_1}{K}$$

式中:S——会议室建筑面积,m^2;

M——最大班人数;

S_1——座位使用面积,0.8~1.0 m^2;

K——建筑系数,82%~89%。

复习思考题

(1)食品工厂辅助部门由哪些部门组成?

(2)食品厂化验室和中心实验室的任务是什么?

(3)如何计算仓库的容量和面积?

(4)食品工厂的运输设备主要有哪些?

(5)机修车间的设计主要包括哪些内容?

(6)食品工厂的生活设施指的是什么?

第四章　食品工厂公用工程设计

第四章课件

本章知识点：掌握公用工程设计的主要内容；了解食品工厂的用水水源及水质，掌握给水处理方法及全厂用水量及排水量的计算方法；了解全厂电力负荷的计算及供电、变配电系统的组成；掌握锅炉选型的方法、锅炉房的位置布置及热负荷的简要计算方法；掌握冷库设计要求；了解食品厂对通风、空调和采暖的一般规定。

所谓公用系统，是指与全厂各部门、车间、工段有密切关系的，为这些部门所共有的一类动力辅助设施的总称。就食品工厂而言，这类设施一般包括给排水、供电及仪表、供汽、制冷、暖通等五项工程。

食品工厂的公用系统由于直接与食品生产密切相关，所以必须符合如下设计要求：

(1)符合食品卫生要求。在食品生产中，生产用水的水质必须符合卫生部门规定的生活饮用水的卫生标准，直接用于食品生产的蒸汽也不含危害健康或污染食品的物质。制冷系统中氨制冷剂对食品卫生有不利影响，应严防泄漏。公用设施在厂区的位置是影响工厂环境卫生的主要因素，环境因素的好坏会直接影响食品的卫生，如锅炉房位置、锅炉型号、烟囱高度、运煤出灰通道、污水处理站位置、污水处理工艺等是否选择正确，与工厂环境卫生有密切关系，因此设计必须合理。

(2)能充分满足生产负荷。食品生产的一大特点就是季节性较强，导致公用设施的负荷变化非常明显，因此要求公用设施的容量对生产负荷变化要有足够的适应性。对于不同的公用设施要采取不同的原则，如供水系统，须按高峰季节各产品生产的小时需水总量来确定它的设计能力，才能具备足够的适应性。供电和供气设施一般采用组合式结构，即设置两台或两台以上变压器或锅炉，以适应负荷的变化。还应根据全年的季节变化画出负荷曲线，以求得最佳组合。

(3)经济合理，安全可靠。进行设计时，要考虑到经济的合理性，应根据工厂实际和生产需要，正确收集和整理设计原始资料，进行多方案比较，处理好近期的一次性投资和长期经常性费用的关系，从而选择投资最少、经济收效最高的设计。在保证经济合理的同时，还要保证给水、配电、供汽、供暖及制冷等系统供应的数量和质量都能达到可靠而稳定的技术参数要求，以保证生产正常安全的运营。

第一节　给排水工程

食品厂给水工程的任务在于经济合理、安全可靠地供应全厂区用水，满足工艺、设备对水量、水质及水压的要求。食品厂排水工程的任务是收集和处理生产和生活使用过程中的废水和污水,使其符合国家的水质排放标准,并及时排放;同时还要有组织地及时排除降雨及冰雪融化水,以保证工厂生产的正常进行。

一、设计内容及所需的基础资料

整体项目给排水工程设计内容包括:取水及净化工程、厂区及生活区给排水管网、车间内外给排水管道、室内卫生工程、冷却循环水系统、消防系统等设计。

给排水工程设计大致需要收集如下资料:

(1)各用水部门对水量、水质、水温的要求。

(2)建厂所在地的气象、水文、地质资料。

(3)接入厂区的市政自来水及排水管网状况。

(4)当地环保和消防主管部门的要求。

(5)厂区和厂区周围地质、地形资料(包括外沿的引水排水路线)。

(6)当地管材供应情况。

二、食品工厂用水分类及水质要求

在食品工厂特别是饮料工厂中,水是重要的原料之一,水质的优劣直接影响产品的质量,食品工厂的用水大致可分为:①产品用水;②生产用水;③生活用水;④锅炉用水;⑤冷却循环补充水;⑥绿化、道路的浇洒水及汽车冲洗用水;⑦未预见用水及管网漏失水;⑧消防用水。

一般生产用水和生活用水的水质要求符合生活饮用水标准。特殊生产用水是指直接构成某些产品的组分用水和锅炉用水。这些用水对水质有特殊要求,必须在符合《生活饮用水标准》的基础上给予进一步处理,各类用水的水质标准的某些项目指标见表4-1。

表4-1 各类用水水质标准

项目	生活饮用水	清水类罐头用水	饮料用水	锅炉用水
pH	6.5~8.5	—	—	>7
总硬度($CaCO_3$)/(mg/L^{-1})	<250	<100	<50	<0.1
总碱度/(mg/L^{-1})	—	—	<50	—
铁/(mg/L^{-1})	<0.3	<0.1	<0.1	—
酚类/(mg/L^{-1})	<0.05	无	无	—
氧化物/(mg/L^{-1})	<250	—	<80	—
余氯/(mg/L^{-1})	0.5	无	—	—

三、全厂用水量计算

(一)生产用水量

生产用水包括工艺用水、锅炉用水和冷冻机房冷却用水。食品工厂的工艺用水量,可根据工艺专业的产品水单耗、小时变化系数、日产量分别计算出平均小时用水量,最大小时用水量及日用水量。

锅炉用水可按锅炉蒸发量的1.2倍计算,小时变化系数取1.5。锅炉房水处理离子交换柱的反冲洗瞬间流量,即配置锅炉房进口管径时,应按锅炉的总蒸发量加上最大一台锅炉蒸发量的4~5倍计算。

制冷剂的冷却水循环量取负荷和进出水温差。一般情况下,取 $t_2 \leqslant 36℃$,$t_1 \leqslant 32℃$。冷却循环系统的实际耗水量即补充水量可按循环量的5%计。

一个食品厂往往同时生产几种产品,各产品的耗水、耗汽量因生产工艺不同而异。即使生产同一种产品,生产原料品种的差异以及设备的自动化程度、生产能力的大小、管理水平等工厂实际情况的不同也会引起其耗水、耗汽量会有较大幅度的变化。可以采用估算的方法。

(1)按单位产品的耗水、耗汽量计算。根据生产相同类型产品的食品厂,其单位产品的耗水、耗汽量来估算。

(2)按单位时间设备的用水、汽量估算。在一条生产线中,用各设备单位时间用水、用汽量的定额的总和来估算。设备单位时间用水、用汽量的定额可查阅相关设备资料获得。

(3)按生产规模的用水、用汽量估算。按生产相同类型的产品、生产规模相当的食品厂的用水、用汽量来估算。

(二)生活用水量

生活用水量的多少与当地气候、人们的生活习惯以及卫生设备的完备程度有关,生活用水量标准按最大班次的工人总数计算,依据我国的标准,高温车间(每小时放热量为83.6 kg/m^3 以上)每人每班次用水量为35 L;其他车间每人每班次用水量为25 L。

淋浴用水:在易污染身体的生产车间(工段)或为了保证产品质量而有特殊卫生要求的生产车间(工段),每人每次用水量为40 L;在排除大量灰分的生产岗位(如锅炉、各料等)以及处理有毒物质或易使身体污染的生产岗位(如接触酸、碱岗位),每人每次用水量为60 L。

盥洗用水:脏污的生产岗位,每人每次5 L,清洁的生产岗位每人每次3 L,计算生活用水总量时,要确定淋浴的盥洗的次数,乘以每班人数。

家属宿舍以每人每日用水量30~250 L计算;集团宿舍以每人每日用水量50~150 L计算;办公室以每人每班10~25 L计算;幼儿园、托儿所以每人每日25~50 L计算;小学、厂校以每人每日10~30 L计算;食堂以每人每餐10~15 L计算;医务室以每人每次15~50 L计算。根据食品工厂的特点,生活用水量相对生产用水量小得多。在生产用水量不能精确计算的情况下,生活用水量可根据最大班人数按下式估算:

$$Q=N\times 70/100$$

式中：Q——生活最大小时用水量，m^3/h；

N——最大班人数。

消防用水量的确定：消防用水，由于消防设备一般均附有加压装置，对水压的要求不严格，但必须根据工厂面积、防火等级、厂房体积和厂房建筑消防标准而保证供水量的要求。食品工厂的室外消防用水量为 10～75 L/s，室内消防用水量以 2×2.5 L/s 计，由于食品工厂的生产用水量一般都较大，在计算全厂总用水量时，可不计消防用水量，在发生火警时，可调整生产和生活用水量加以解决。

(三)其他用水量

厂区道路、广场浇洒用水量按浇洒面积 2～3L/(m^2·d)计算。厂区绿化浇洒用水量按浇洒面积 1～3 L/(m^2·d)计算，干旱地区可酌情增加。汽车冲洗用水量的定额，应根据车辆用途、道路路面等级、沾污程度以及所采用的冲洗方式确定。

管网漏失水量和不可预见用水量之和，可按日用水量 10%～15%计算。

(四)生产用水水压的确定

生产用水水压的确定，因车间不同、用途不同而有不同的要求。如要求脱离实际，过分提高水压，不但增加动力消耗，而且要提高耐压温度，从而增加建设费用。如果水压太低，不能满足生产要求，将影响正常生产。确定水压的一般原则为：进车间的水压，一般应为 0.2～0.25 MPa；如果最高点的用水量不大时，车间内可另设加压泵。

四、水源的选择

水源的选用应通过技术经济比较后综合考虑确定，并应符合水量充足可靠、原水质符合要求，取水、输水、净化设施安全、经济和维护方便，具有施工条件的要求。各种水源的优缺点比较见表 4-2。

表 4-2　各种水源的优缺点比较

水源类别	优点	缺点
自来水	技术简单，一次性投资省，上马快，水质可靠	水价较高，经常性费用大
地下水	可就地直接取水，水质稳定，且不易受外部污染，水温低，且基本恒定，一次性投资不大，经常使用费用小	水中矿物质和硬度可能过高，甚至有某种有害物质，抽取地下水会引起地面下沉
地面水	水中溶解物少，经常性使用费用低	净水系统管理复杂，构筑物多，一次性投资较大，水质、水温随季节变化较大

食品工厂用地下水作为供水水源时，应有确切的水文地质资料，应以枯水季节的出水量作为地下取水构筑物的设计出水量，设计方案应取得当地有关管理部门的同意。水下构筑物的型式一般有：①管井：适用于含水层厚度大于 5 m，其底板埋藏深度大于 15 m；②大口

井：适用于含水层厚度在 5 m 左右，其底板埋藏深度小于 15 m；③渗渠：仅适用于含水层厚度小于 5 m，渠底埋藏深度小于 6 m；④泉室：适用于有泉水露头，且覆盖厚度小于 5 m。

用地表水作为供水水源时，其枯水流量的保证率一般可采用 90%～97%。食品工厂地表水构筑物必须在各种季节都能按规范要求取足相应保证率的设计水量。取水水质应符合有关水质标准要求，其位置应位于水质较好的地带，靠近主流，其布置应符合城市近期及远期总体规划的要求，不妨碍航运和排洪，并应位于城镇和其他工业企业上游的清洁河段。江河取水口的位置，应设于河道弯道凹岸顶冲点稍下游处。在各方面条件比较接近的情况下，应尽可能选择近点取水，以便管理和节省投资，凡有条件的情况下，应尽量设计成节能型（如重力流输水）。

五、给水系统

（一）自来水给水系统

自来水给水系统如图 4-1 所示。

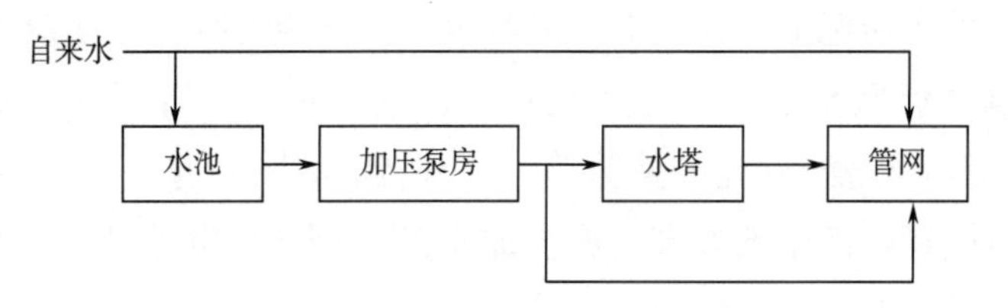

图 4-1　自来水给水系统示意图

（二）地下水给水系统

地下水给水系统如图 4-2 所示。

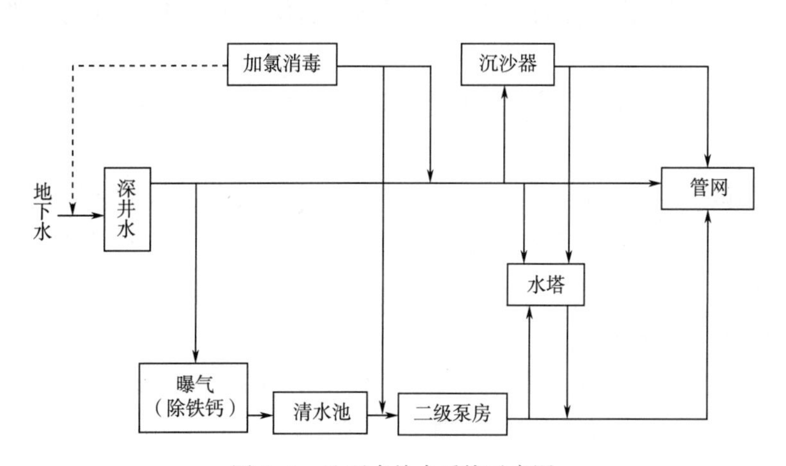

图 4-2　地下水给水系统示意图

（三）地面水给水系统

地面水给水系统如图 4-3 所示。

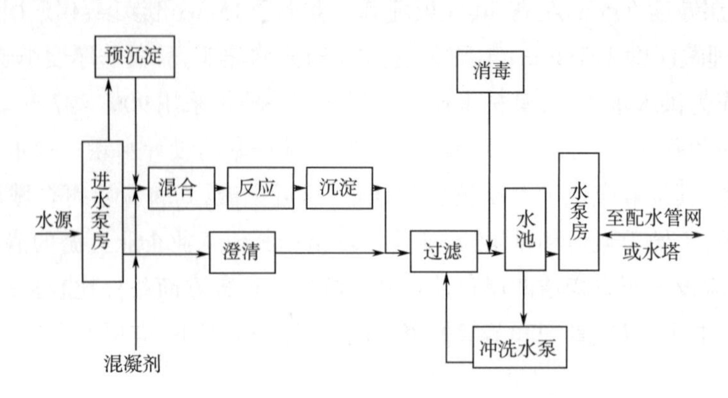

图4-3　地面水给水系统示意图

六、给水处理

给水处理的任务是根据原水水质和处理后水质要求,采用最适合的处理方法,使之符合生产和生活所要求的水质标准。食品工厂水质净化系统分为原水净化系统和水质深度处理系统。如果使用自来水为水源,一般不需要进行原水处理。采用其他水源时常用的处理方法有混凝、沉淀和澄清、过滤、软化和除盐等。此外,当水中铁、锰等离子含量超过水质标准时,还需要进行除铁、锰等离子的处理。根据原水的不同水源和水质以及生产、生活对水质的不同要求,使用不同的给水处理工艺。

(一)给水处理工艺

(1)以地面水(如河水、湖水等)作为生活饮用水时,一般必须经过以下工序的处理:原水→预沉→混凝沉淀或澄清→过滤→消毒。

(2)地下水的水质要优于地面水,所以若以地下水作为生活饮用水时,一般只经过消毒即可。

(3)为了减少水垢的形成,锅炉用水都必须进行软化处理,且一般用离子交换法进行软化。

(4)当被用作特殊生产用水时,水质要求较为严格,水处理工艺也较为复杂:生活用水→机械过滤→电渗透或反渗透→阳离子交换器→阴离子交换器→混合离子交换器→紫外线或超滤杀菌→特种用水。

(二)给水处理单元操作

(1)混凝、沉淀和澄清处理。主要是对等含沙量较高的原水进行处理。投加混凝剂(如硫酸铝、明矾、硫酸亚铁、三氯化铁等)和助凝剂(如水玻璃、石灰乳液等),使悬浮物及胶体杂质同时絮凝沉淀,然后通过重力分离(澄清)。

(2)过滤。原水经沉淀后一般还要进行过滤,以去除细小悬浮物质和有机物等。过滤设备有快滤池、虹吸滤池、重力或无阀滤池等,都是借助水的自重和位能差或在压力(或抽真空)状态下进行过滤,用不同粒径的石英砂组成单一石英砂滤料过滤,或用无烟煤和石英砂组成双层滤料过滤。

(3)消毒处理。生产用水、生活饮用水除澄清、过滤处理外,还需经消毒处理。通过物理或化学的方法杀死水中的致病微生物。通常用到的物理方法有加热、紫外线、超声波和放射线等。化学方法有氯、臭氧、高锰酸钾及重金属离子等,其中氯消毒法,即在水中加适量的液氯和漂白粉,是目前普遍采用的方法。一般用液氯或漂白粉进行过滤后清水的杀菌消毒;如水质不好,也有采用在滤前和滤后同时加氯的。消毒后水的细菌总数、大肠菌群等微生物指标和游离性余氯量都应达到生活饮用水标准。

(4)软化处理。锅炉用水经过滤后,需要进行软化。水软化的方法主要有加热法、药剂法和离子交换法。加热法是将水加热到100℃以上,使水中的Ca^{2+}、Mg^{2+}形成$CaCO_3$、$Mg(OH)_2$和石膏沉淀而除去;药剂法是在水中加石灰和苏打,使水中的Ca^{2+}、Mg^{2+}形成$CaCO_3$、$Mg(OH)_2$沉淀而除去;离子交换法使水和离子交换剂接触,用交换剂中的Na^+或H^+把水中的Ca^{2+}、Mg^{2+}交换出来。

(三)给水管网的布置

给水管网包括室外管网和室内管网。室外管网布置形式分为环状和树枝状两种,小型食品工厂的给水系统一般采用树枝状,大中型生产车间进水管多分几路接入,为确保供水正常,多采用环状管网。室外管网一般采用铸铁管,用铅或石棉水泥接口,若采用焊接钢管和无缝钢管要进行防腐处理,用焊接接口。

室内管网布置形式有上行式、下行式和分区式三种,具体采用何种方式,由建筑物的性质、几何形状、结构类型、生产设备的布置和用水点的位置决定。室内管网由进口管、水表接点、干管、支管和配水设备组成,有的还配有水箱和水泵。

处理后的清水贮存在清水池内。清水池的有效容积,根据生产用水的调节贮存量、生活用水的调节贮存量、消防用水的贮存量和水处理构筑物自用水(快滤池的冲洗用水)的贮存量等加以确定。清水池的个数或分格至少有两个,并能单独工作和泄空。

七、配水系统

水塔以下的给水系统称为配水系统。配水工程一般包括清水泵房、调节水箱和水塔、室外给水管网等。如果采用城市自来水,上述的取水泵房和给水处理均可省去,建造一个自来水贮水池(相当于上述的清水池),以调剂自来水的水量和水压(用泵)。采用自来水为水源,给水工程的主要内容即为配水工程。

清水泵房(又称二级水泵房):从清水池吸水,增压送到各车间,以完成输送水量和满足水压要求为目的。水泵的组合是配合生产设备用水规律而选定,并配置用水泵,以保证不间断供水。

水塔:是为了稳定水压和调节用水量的变化而设立的。

室外给水管网:主要为输水干管、支管和配水管网、闸门及消防栓等。输水干管一般采用铸铁管或预应力钢筋混凝土管。生活饮用水的管网不得和非生活饮用水的管网直接连接,在以生活饮用水作为生产备用水源时,应在两种管道连接处采取设两个闸阀,并在中间加排水口等防止污染生活饮用水的措施。

在输水管道和配水管网需设置分段检修用阀门,并在必要位置上装设排气阀、进气阀或泄水阀。有消防给水任务的管道直径不小于100 mm,消防栓间距不大于120 m。小型食品工厂的配水系统一般采用枝状管网。大中型厂一个车间的进水管往往分几路接入,故多采用环状管网,以确保供水正常。

管网上的水压必须保证每个车间或建筑物的最高层用水的自由水头不小于6 m,对于水压有特殊要求的工段或设备,可采取局部增压措施。

室外给水管线通常采用铸铁埋地敷设,管径的选择应当恰到好处,管内流速应控制在经济合理的范围内,对于管道的压力降一般控制在66.65 Pa/100 m之内为宜。

八、冷却水循环系统

食品工厂制冷机房、车间空调机房及真空蒸发工段等常需要大量的冷却水。为减少全厂总用水量,通常设置冷却水循环系统和可降低水温的装置,如冷却池、喷水池、自然通风冷却塔和机械通风冷却塔等。为提高效率和节省用地,广泛采用机械通风冷却塔(其代表产品有圆形玻璃冷却塔),这种冷却塔具有冷却效果好、体积小、重量轻、安装使用方便等特点,并只需补充循环量的5%左右的新鲜水,这对水源缺乏或水费较高且电费不变的地区特别适宜。

九、排水系统

食品工厂的排出水按性质可以分为生产废水、生活污水和雨水等。一般情况下,食品工厂的排水系统已采用污水与雨水分流排放系统,即采用两个排水系统分别排放污水与雨水。根据污水处理工艺的选择,有时还要将污水按污染程度再进行细分,清浊分流,分别排至污水处理站,分质进行污水处理。

(一)排水系统的组成

食品工厂的排水系统由室内排水系统和室外排水系统两部分组成。室内排水系统包括洁具和生产设备的受水器、水封器、支管、立管、干管、出户管、通气管等钢管。室外排水系统包括支管、干管、检查井、雨水口及小型处理构筑物等。

(二)排水量计算

食品工厂的排水量普遍较大。根据国家环境保护法,生产废水和生活污水需经过处理达到排放标准后才能排放。排水量的计算采用分别计算,最后累加的方法进行。

生产废水和生活污水的排放量可按生产、生活最大小时给水量的85%~90%计算。

雨水量的计算按下式计算:

$$W = q\varphi F$$

式中:W——雨水量,kg/s;

q——暴雨强度,kg/(s·m²),可查阅当地有关气象、水文资料;

φ——径流系数,食品工厂一般取0.5~0.6;

F——雨水汇集面积,m^2。

(三)排水设计要点

排水管网汇集了各车间排放的生产废水、卫生间污水和生活区排出的生活污水等。排水设计是否合理直接关系到工厂卫生,设计人员应予以足够重视,在排水设计时需要注意以下要点。

(1)生产车间的室内排水(包括楼层)宜采用无盖板的明沟,或采用带水封的地漏。明沟宽200~300 mm,深150~400 mm,坡度不小于1%,车间地坪的排水坡度宜为1.5%~2.0%。明沟终点设排水地漏,用铸铁排水管或焊接钢管排至室外。

(2)在进入明沟排水管之前,应设置格栅,以截留固形物,防止管道堵塞,垂直排水管的口径应选比计算值大1~2号的,以保持排水畅通。

(3)生产车间的对外排水口应加设防鼠装置,宜采用水封窖井,而不用存水弯,以防堵塞。

(4)生产车间内的卫生消毒池、地坑及电梯坑等,均需考虑排水装置。

(5)车间的对外排水尽可能考虑清浊分流,其中对含油脂或固体残渣较多的废水(如肉类和水产加工车间),需在车间外,经沉淀池撇油和去渣后,再接入厂区下水管。

(6)室外排水也应采用清浊分流制,以减少污水处理量。

(7)食品工厂的厂区污水排放不得采用明沟,而必须采用埋地暗管,若不能自流排出厂外,则需采用排水泵站进行排放。管道排水管包括排水管、排水支管、排水立管和排出管、通气管。

(8)厂区下水管不宜用渗水材料砌筑,一般采用混凝土管。其管顶埋设深度一般不宜小于0.7 m;严寒地区无保温的排水管,其管顶应在冰冻线以下0.3~0.5 m。由于食品工厂废水中含有固体残渣较多,为防止淤塞,设计管道流速应大于0.8 m/s,最小管径不宜小于150 mm,同时每隔一段距离应设置窖井,以便定期排出固体沉淀污物。排水工程的设计内容包括排水管网、污水处理和利用两部分。

食品工厂用水量大,排出的工业废水量也大。许多废水含固体悬浮物,生化需氧量(BOD)和化学需氧量(COD)很高,将废水(废糟)排入江河污染水体。按照国家颁布的《中华人民共和国环境保护法》和《建设项目环境保护管理条例》以及相应的环境标准。对于新建工厂必须贯彻把三废治理和综合利用工程与项目同时设计、同时施工、同时投入使用的"三同时"制度。目前处理废水方法有:沉淀法、活性污泥法、生物转盘法、生物接触氧化法,以及氧化塘法等。无论采用何种方法,排出的工业废水必须达到国家排放标准。

十、消防水系统

食品工厂的建筑物耐火等级较高,生产性质决定其发生火警的危险性较低。食品工厂的消防给水宜与生产、生活给水管合并,室外消防给水管网应为环形管网,水量按15 L/s考虑,水压应保证当消防用水量达到最大且水枪布置在任何建筑物的最高处时,水枪充实水柱仍不小于10 m。

室内消火栓的配置,应保证两股水柱每股水量不小于2.5 L/s,保证同时达到室内的任何部位,充实水柱长度不小于7 m。

第二节　供电及自控

一、供电及自控设计的内容和要求

(一)设计内容

供电设计的主要内容有:供电系统,包括负荷、电源、电压、配电线路、变电所位置和变压器选择等;车间电力设备,主要包括电机的选型和电动机功率的确定以及其他电力设施等;照明、信号传输与通讯、自控系统与设备的选择、厂区外线及防雷接地、电气维修工段等。

(二)设计要求

工厂的供电是电力系统的一个组成部分,必须符合电力系统的要求,如按电力负荷分级供电等。工厂的供电系统必须满足工厂生产的需要,保证高质量的用电,必须考虑电路的合理利用与节约,供电系统的安全与经济运行,施工与维修方便。

(三)供电设计资料

供电设计时,工艺专业应提供的资料有:①全厂用电设备清单和用地按要求,包括用电设备名称、规格、容量和特殊要求;②提出选择电源及变压器、电机等的型式、功率、电压的初步意见;③弱电(包括照明、信号、通信等)的要求;④设备、管道布置图、车间土建平面图和立面图;⑤全厂总平面布置图;⑥自控对象的系统流程图及工艺要求。

此外,还应掌握供电协议和有关资料,供电电源及其有关技术数据,供电线路进户方位和方式、量电方式及量电器材划分,供电费用、厂外供电器材供应的花费等。

二、食品工厂电力负荷及供电特殊要求

(一)工厂电力负荷的分级

电力负荷的分级是按用电设备或用电部门对供电可靠性的要求来划分的,通常分为三级。

一级负荷是指符合下列情况之一时的用电负荷:①中断供电将造成人身伤害;②中断供电将造成重大损失或重大影响;③中断供电将影响重要用电单位的正常工作,或造成人员密集的公共场所秩序严重混乱。特别重要场所不允许中断供电的负荷应定为一级负荷中的特别重要负荷。

符合下列情况之一时,则为二级负荷:①中断供电将造成较大损失或较大影响;②中断

供电将影响较重要用电单位的正常工作或造成人员密集的公共场所秩序混乱。

不属于一级和二级的用电负荷应定为三级负荷。

(二)各种负荷对供电的要求

一级负荷应由双重电源供电,当一个电源发生故障时,另一个电源不应同时受到损坏。

二级负荷应尽量做到当发生电力变压器故障或电力线路常见故障时,不致中断供电或中断后能迅速恢复(如设置备用电源、采用两回线路供电等)。有困难时,允许由一回专用线路供电。

三级负荷对供电电源无特殊要求,设计时需注意用电系统的特点。

应急电源与正常电源之间,应采取防止并列运行的措施。

设置在建筑内的变压器,应选择干式变压器、气体绝缘变压器或非可燃性液体绝缘变压器。当成排布置的配电柜长度大于 6 m 时,柜后面的通道应设置两个出口。当两个出口之间的距离大于 15 m 时,尚应增加出口。

可燃油油浸变压器室以及电压为 35 kV、20 kV 或 10 kV 的配电装置室和电容器室的耐火等级不得低于二级。电气装置外可导电部分,严禁用作保护接地导体。对于突然断电比过负荷造成损失更大的线路,不应设置过负荷保护。

在有可燃物的闷顶和封闭吊顶内明敷的配电线路,应采用金属导管或金属槽盒布线。室外带金属构件的电动伸缩门的配电线路,应设置过负荷保护、短路保护及剩余电流动作保护电器,并应做等电位联结。

(三)食品工厂供电要求及相应措施

有些食品工厂如罐头厂、饮料厂、乳品厂等生产的季节性强,用电负荷变化大,因此,大中型食品工厂宜设 2 台变压器供电,以适应负荷的剧烈变化。

食品工厂的用电性质属三级(Ⅲ类)负荷,采用单电源供电,有条件的也可采用双电源供电。

为减少电能损耗和改善供电质量,厂内变电所应接近或毗邻负荷高度集中的部门。当厂区范围较大,必要时可设置主变电所及分变电所。

食品生产车间水多、汽多、湿度高,所以供电管线及电器应考虑防潮。

三、负荷计算

食品工厂的用电负荷计算一般采用需要系数法,在供电设计中,首先由工艺专业提供各个车间工段的用电设备的安装容量,作为电力设计的基础资料。然后供电设计人员把安装容量变成计算负荷,其目的是用以了解全厂用电负荷,根据计算负荷选择供电线路和供电设备(如变压器),并作为向供电部门申请用电的数据,负荷计算时,必须区别设备安装容量及计算负荷。设备安装容量是指铭牌上的标称容量。根据需要系数法算出的负荷,通常是采用 30 min 内出现的最大平均负荷(指最大负荷班内)。统计安装容量时,必须注意去除备用容量。电力负荷计算如下。

1. 车间用电计算

$$P_j = K_c P_e$$

$$Q_j = P_j \tan\varphi$$

$$S_j = \sqrt{P_j^2 + Q_j^2} = \frac{P_j}{\cos\varphi}$$

式中：P_e——车间用电设备安装容量(扣除备用设备)，kW；

P_j——车间最大负荷班内，半小时平均负荷中最大有功功率，kW；

Q_j——车间最大负荷班内，半小时平均负荷中最大无功功率，kW；

S_j——车间最大负荷班内，半小时平均负荷中最大视在功率，kW；

K_c——需要系数(表4-3)；

$\cos\varphi$——负荷功率因素(表4-3)；

$\tan\varphi$——正切值，也称计算系数(表4-3)。

表4-3　食品工厂用电技术数据

车间或部门		需要系数 K_c	$\cos\varphi$	$\tan\varphi$
乳制品车间		0.6~0.65	0.75~0.8	0.75
实罐车间		0.5~0.6	0.7	1.0
番茄酱车间		0.65	0.8	1.73
空罐车间	一般	0.3~0.4	0.5	—
	自动线	0.45~0.5	—	0.33
	电热	0.9	0.95~1.0	0.75~0.88
冷冻机房		0.5~0.6	0.75~0.8	1.0
冷库		0.4	0.7	0.75~1.0
锅炉房		0.65	0.8	0.75
照明		0.8	0.6	0.33

2. 全厂用电计算

$$P_{j\Sigma} = K_\Sigma \times \sum P_j$$

$$Q_{j\Sigma} = K_\Sigma \times \sum Q_j$$

$$S_{j\Sigma} = \sqrt{(P_{j\Sigma})^2 + (Q_{j\Sigma})^2} = \frac{P_{j\Sigma}}{\cos\varphi}$$

式中：K_Σ——全厂最大负荷同时系数，一般为0.7~0.8；

$\cos\varphi$——全厂自然功率因数，一般为0.7~0.75；

$Q_{j\Sigma}$——全厂总无功负荷，kW；

$P_{j\Sigma}$——全厂有无功负荷，kW；

$S_{j\Sigma}$——全厂总视在负荷，kW。

3. 照明负荷计算

$$P_{js} = K_c \times P_e$$

式中：P_{js}——照明计算功率，kW；

K_c——照明需要系数；

P_e——照明安装容量，kW。

照明负荷计算也可采用估算法，较为简便。照明负荷一般不超过全厂负荷的6%，即使有一定程度的误差，也不会对全厂电负荷计算结果有很大的影响。

各车间、设备及照明负荷的需要系数 K_c 和功率因数 $\cos\varphi$ 可参考见表4-3和表4-4。

表4-4　食品厂动力设备需要系数 K_c 和负荷功率因数 $\cos\varphi$

用电设备组名称	K_c	$\cos\varphi$	$\tan\varphi$
泵（包括水泵、油泵、酸泵、泥浆泵等）	0.7	0.8	0.75
通风机（包括鼓风机、排风机）	0.7	0.8	0.75
空气压缩机、真空泵	0.7	0.8	0.75
皮带运输机、钢带运输机、刮板、螺旋运输机	0.6	0.75	0.88
斗式提升机			
搅拌机、混合机	0.65	0.8	0.75
离心机	0.25	0.5	1.73
锤式粉碎机	0.7	0.75	0.88
锅炉给煤机	0.6	0.7	1.02
锅炉煤渣运输设备	0.75	—	—
氨压缩机	0.7	0.75	0.88
机修间车床、钻床、刨床	0.15	0.5	1.73
砂轮机	0.15	0.5	1.73
交流电焊机、电焊变压器	0.35	0.35	2.63
电焊机	0.35	0.6	1.33
起重机	0.15	0.5	1.73
化验室加热设备、恒温箱	0.5	1	0

4. 年电能消耗量的计算

（1）年最大负荷利用小时计算法。

$$W_n = P_{总} \times T_{\max\Delta t}$$

式中：$P_{总}$——全厂计算负荷,kW；

$T_{\max\Delta t}$——年最大负荷利用小时,一般为7000~8000 h；

W_n——年电能消耗量,kW·h。

(2)产品单耗计算法。

$$W_n = ZW_0$$

式中：W_n——年电能消耗量,kW·h；

Z——全年产品总量,t；

W_0——单位产品耗电量,kW·h/t,可以参考行业指标值。

5. 无功功率补偿

无功功率补偿的目的是提高功率因数,减少电能损耗,增加设备能力,减少导线截面,节约有色金属消耗量,提高网络电压的质量。

在工厂中,绝大部分的用电设备,如感应电动机、变压器、整流设备、电抗器和感应器械等,都是具有电感特性的,需要从电力系统中吸收无功功率,当有功功率保持恒定时,无功功率的增加将对电力系统及工厂内部的供电系统产生不良的影响。因此,供电单位和工厂内部都有降低无功功率需要量的要求。无功功率的减少就相应地提高了功率因数 $\cos\varphi$ 。为了提高功率因数,首先在设备方面采取措施:①提高电动机的负载率,避免大马拉小马的现象;②感应电动机同步化;③采用同步电动机以及其他方法等。

仅仅在设备方面靠提高自然功率的方法,一般不能达到0.9以上的功率因数,当功率因数低于0.85时,应装设补偿装置,对功率因数进行人工补偿。无功功率补偿可采用电容器法,电容器可装设在变压器的高压侧,也可装设在380 V低压侧。装载低压侧的投资较贵,但可提高变压器效率。在食品工厂设计中,一般采用低压静电电容器进行无功功率的补偿,并集中装设在低压配电室。

补偿容量可按下式计算(对于新设计工厂):

$$Q_e = aP_{30}(\tan\varphi_1 - \tan\varphi_2)$$

式中：Q_e——补偿容量,kW；

a——全厂或车间平均负荷系数,可取0.7~0.8；

P_{30}——全厂或车间30 min时间间隔的最大负荷,即有功计算负荷,kW；

$\tan\varphi_1$——补偿前的 φ 的正切值,可取 $\cos\varphi_1 = 0.7 \sim 0.75$；

$\tan\varphi_2$——补偿后的 φ 的正切值,可取 $\cos\varphi_1 = 0.90$。

对于已经生产的工厂:

$$Q_e = \frac{W_{\max}}{t_{\max}}(\tan\varphi'_1 - \tan\varphi'_2)$$

式中：Q_e——补偿容量,kW；

$W_{\max}$——最大负荷月的有功电能消耗量,kW·h；

t_{max} ——最大负荷月的工作小时数,h;

$\tan\varphi'_1$ ——相应于上述月份的自然加权平均相角正切值;

$\tan\varphi'_2$ ——供电部门规定应达到的相角正切值。

计算出全厂用电负荷后,便可确定变压器的容量,一般考虑变压器的容量为1.2倍于全厂总计算负荷。

四、供电系统

供电系统要和当地供电部门一起商议确定,要符合国家有关规定,安全可靠,运行方便,经济节约。

按规定,装接容量在250 kW以下者,供电部门可以低压供电;超过此限者应为高压供电。变压器容量为320 kV·A以上者,需高压供电高压量电;320 kW以下者为高压供电低压量电。特殊情况,具体协商。

当采用2台变压器供电时,在低压侧应该有联络线。

五、变配电设施及对土建的要求

(一)变配电设施的位置要求

变配电设施的确定要全面考虑,统筹安排,尽量靠近负荷中心,进出线安全方便,符合防火安全要求,便于设备运输,尽量避开多尘、高温、潮湿和有爆炸、火灾危险的场所。

变电所是接受、变换、分配电能的场所,是供电系统中极其重要的组成部分。它由变压器、配电装置、保护及控制设备、测量仪表以及其他附属设备和有关建筑物构成。厂区变电所一般分总降压变电所和车间变电所。

凡只用于接收和分配电能,而不能进行电压变换的称为配电所。

总降压变电所位置选择的原则是要尽量靠近负荷中心,并应考虑设备运输,电能进线方向和环境情况(如灰尘和水汽影响)等。例如,啤酒厂的变电所位置一般在冷冻站邻近处。

对于大型食品工厂,由于厂区范围较大,全厂电动机的容量也较大,故需要根据供电部门的供电情况,设置车间变电所。车间变电所如果设在车间内部,涉及车间的布置问题,所以,工艺设计者必须根据估算的变压器的容量,初步确定预留变电所的面积和位置,最后与供电设计人员洽商决定,并应在车间平面布置图上反应出来。

车间变电所位置选择的原则:

(1)应尽量靠近负荷中心,以缩短配电系统中支、干线的长度。

(2)为了经济和便于管理,车间规模大、负荷大的或主要生产车间,应具有独立的变电所。车间规模不大、用电负荷不大或几个车间的距离比较近的,可合设一个车间变电所。

(3)车间变电所与车间的相互位置有独立式和附设式两种方式。独立式变电所设于车间外部,并与车间分开,这种方式适用于负荷分散、几个车间共用变电所,或受车间生产环境的影响(如有易燃易爆粉尘的车间)。附设式变电所附设于车间的内部或外部(与车间相连)。

(4)在决定车间变电所的位置时,要特别注意高、低压出线的方便,通风自然采光等条件。

(5)在需要设置配电室时,应尽量使其与主要车间变电所合设,以组成配电变电所,这样可以节省建筑面积和有色金属的用量,便于管理。

(二)变配电设施对土建的要求

变配电设施的土建部分为适应生产的发展,应留有适当的余地,变压器的面积按放大1~2级来考虑,高低配电间应留有备用柜屏的地位,具体要求见表4-5。

表4-5 变配电设施对土建的要求

项目	低压配电间	变压器室	高压配电间
耐火等级	三级	一级	二级
采光	自然	不许采光窗	自然
通风	自然	自然或机械	自然
门	允许木质	难燃材料	允许木质
窗	允许木质	难燃材料	允许木质
墙壁	抹灰刷白	刷白	抹灰刷白
地坪	水泥	抬高地坪	水泥
面积	留备用柜位	宜放大1~2级	留备用柜位
层高/m	架空线时≥3.5	4.2~6.3	架空线时≥5

变配电设施应尽可能避免设独立建筑,一般可附在负荷集中的大型厂房内,但其具体位置,要求设备进出和管线进出方便,避免剧烈振动,符合防火安全要求和阴凉通风。

六、厂区外线

供电的厂区外线一般用低压架空线,也有采用低压电缆的,线路的布置应保证路程最短,与道路和构筑物交叉最少。架空导线一般采用LJ形铝绞线。建筑物密集的厂区布线应采用绝缘线。电杆一般采用水泥杆,杆距30 m左右,每杆装路灯一盏。

七、车间配电

食品生产车间多数环境潮湿,温度较高,有的还有酸、碱、盐等腐蚀介质,是典型的湿热带型电气条件。因此,食品生产车间的电气设备应按湿热带条件选择。车间总配电装置最好设在一单独小间内,分配电装置和启动控制设备应设水汽、防腐蚀,并尽可能集中于车间的某一部分。原料和产品经常变化的车间,还要多留供电点,以备设备的调换或移动,机械化生产线则设专用的自动控制箱。

八、电气照明

照明设计包括天然采光和人工照明，良好的照明是保证安全生产，提高劳动生产率和保护工作人员视力健康的必要条件。合理的照明设计应符合“安全、适用、经济、美观”的基本原则。

（一）人工照明

1. 人工照明的类型

人工照明类型按用途可分为常用照明和事故照明。按照方式可分为一般照明、局部照明和混合照明三种。一般照明是在整个房间内普遍地产生规定的视觉条件的一种照明方式。局部照明是为了提高某一工作地点的亮度而装设的一种照明系统。混合照明是指一般照明和局部照明共同组成的照明。

2. 照明器的选择

照明器选择是照明设计的基本内容之一。照明选择不当，使电能消耗增加，装置费用提高，甚至影响安全生产。照明器包括光源和灯具，两者的选择可以分别考虑，但又必须相互配合。灯具必须与光源的类型、功率完全配套。

（1）光源选择。电光源按其发光原理可分为热辐射光源（如白炽灯、卤钨灯等）和气体放电光源（如荧光灯、高压汞灯、高压钠灯、金属卤化合物灯和氙灯等）两类。选择光源时，首先应考虑光效高、寿命长，其次考虑显色性、启动性能。白炽灯虽部分能量耗于发热和产生不可见的辐射能，但结构简单、易启动、使用方便、显色好，被普遍采用。气体放电光源光效高、寿命长、显色好，日益得到广泛应用，但投资大、起燃难、发光不稳定、易产生错觉，在某些生产场所未能应用。高压汞灯等新光源，因单灯功率大、光效高、灯具少、投资省、维修量少，在食品工厂的原料堆场、煤场、厂区道路使用较多。

当生产工艺对光色有较高要求时，在小面积厂房中可采用荧光灯或白炽灯，在高大厂房可用碘钨灯。当采用非自镇流式高压汞灯与白炽灯进行混合照明时，如果两者的容量比为2，此时也有较好的光色。

对于一般性生产厂房，白炽灯容量应不小于或接近于高压汞灯容量，此时对操作人员在视觉上无明显的不舒适感。

当厂房中灯具悬挂高度达8~10 m时，单纯采用白炽灯照明，难以达到规定的最低照明要求，此时应采用高压汞灯（或碘钨灯）与白炽灯混合照明。但混合照明不适用于6 m以下的灯具悬挂高度，以免产生照度不匀的眩光。6 m以下用白炽灯或荧光灯管（日光灯）为宜，高压汞灯宜用于高度7 m以上的厂房。

（2）灯具选择。在一般生产厂房，大多数采用配照型灯具（适用于6 m以下的厂房）及深照型灯具（适用于7 m以上的厂房）。配照型及深照型灯，使用防水防尘的密闭灯具可以达到较好的照明效果。

食品工厂常用的主要灯具有：荧光灯具选用YG_1型；白炽灯具在车间者选用工厂灯GC_1

系列配照型、GC_3 系列广照型、GC_5 系列深照型、GC_9 广照型防水防尘灯、GC_{17} 圆球型；在走廊、门顶、雨棚处选用吸顶灯 JXD_{3-1} 半扁罩型；对于临时检修、安装、检查等移动照明，选用 GC_{30-B} 胶柄手提灯。

(3)灯具排列。灯具行数不应过多，灯具的间距不宜过小，以免增加投资及线路费用。灯具的间距 L 与灯具的悬挂高度 h 较佳比值(L/h)及适用于单行布置的厂房最大宽度见表4-6。

表4-6　L/h 值和单行布置灯具厂房最大宽度

灯具型式	L/h 值(较佳值)		适用单行布置的厂房最大宽度
	多行布置	单行布置	
深照型灯	1.6	1.5	1.0h
配照型灯	1.8	1.8	1.2h
广照型、散照型灯	1.3	1.9	1.3h

3. 照明电压

照明系统的电压一般为380 V/220 V，灯用电压为220 V。有些安装高度很低的局部照明灯，一般可采用24 V。

当车间照明电源是三相四线时，各相负荷分配应尽量平衡，负荷最大的一相与负荷最小的一相负荷电流不得超过30%。车间和其他建筑物的照明电源应与动力线分开，并应留有备用回路。

车间内的照明灯，一般均由配电箱内的开关直接控制。在生产厂房内还应装有220 V带接地极的插座，并用移动变压器降压至36(或24)V供检修用的临时移动照明。

(二)照度计算

当灯具型式、光源种类及功率、布灯方案等确定后，需由已知照度求灯泡功率，或由已知灯泡功率求照度。照度计算采用利用系数法。即受照表面上的光通量与房间内光源总光通量之比。

$$K_L = \frac{\varphi_L}{\varphi_Z} = \frac{\varphi_L}{n\varphi}$$

式中：K_L ——利用系数；

φ_L ——水平面上的理论光通量，lm；

φ_Z ——房间内总光通量，lm；

φ ——每一照明器产生的光通量，lm；

n ——房间内布置灯具数。

工作水平面上的平均照度 E_P(lx)为：

$$E_P = \frac{\varphi_L}{S}$$

式中：S——工作水平面的面积，m^2。

将 $\varphi_L = K_L n\varphi$ 代入，得：

$$E_P = \frac{n\varphi K_L}{S}$$

考虑光源衰减、照明器污染和陈旧以及场所的墙和棚污损而使光反射率降低等因素，工作面上实际所受的光通量减少，故：

$$\varphi_S = K_f\varphi_L = K_f K_L n\varphi$$

式中：φ_S——工作面上实际光通量，lm；

K_f——照明维护系数，清洁环境取0.75，一般环境取0.70，污秽环境取0.65。

工作面上实际平均照度 E_S(lx)为：

$$E_S = \frac{\varphi_S}{S} = \frac{K_f K_L n\varphi}{S}$$

利用系数 K_L 可查阅"工厂供电"或有关电气照明器的利用系数表。设计时对于潮湿和水汽大的工段，同时还要考虑防潮措施。食品工厂各类车间或工段的最低照明度要求，按我国现行能源消费水平，见表4-7。

表4-7　食品工厂最低照度要求

部门名称		光源	最低照度/lx
主要生产车间	一般	日光灯	100~120
	精细操作工段	日光灯	150~180
包装车间	一般	日光灯	100
	精细操作工段	日光灯	150
原料、成品库		白炽灯或日光灯	50
冷库		防潮灯	10
其他仓库		白炽灯	10
锅炉房、水泵房		白炽灯	60
办公室		日光灯	60
生活辅助间		日光灯	30

九、建筑防雷和电气安全

（一）防雷

为防止雷害，保证正常生产，应对有关建筑物、设备及供电线路进行防雷保护。有效的措施是敷设防雷装置。防雷装置有避雷针、阀式避雷器与羊角间隙避雷器等。避雷针一般用于避免直接雷击，避雷器用于避免高电位的引入。

食品工厂防雷保护范围有变电所、建筑物、厂区架空线路等。

变电所:主要保护变压器及配电装置,一为防止直接雷击而装设避雷针,二为防止雷电波的侵袭而装设阀式避雷器。

建筑物:高度在12 m以上的建筑物,要考虑在屋顶装设避雷针。食品工厂除酒精蒸馏车间、酒精仓库、汽油库等属于易爆炸的第二类防雷建筑外,其他建筑如烟囱、水塔和多层厂房车间等均属第三类防雷建筑。第二类建筑防雷装置的流散电阻不应超过10 Ω,第三类建筑防雷装置的流散电阻可以为20~30 Ω。

厂区架空线路:主要是为了防止高电位引入的雷害,可在架空线进出的变配电所的母线上安装阀式避雷器。对于低压架空线路可在引入线的电杆上将其瓷瓶铁脚接地。

乳品厂、饮料厂、罐头厂、啤酒厂等工厂的建筑防雷均属第三类,这类建筑物需考虑防雷的高度可参考表4-8。

表4-8 不同区建筑物需考虑防雷的高度

分区	年雷击日数/天	建筑物需考虑防雷的高度/m
轻雷区	小于30	高于24
中雷区	30~75	平原高于20,山区高于15
强雷区	75以上	平原高于15,山区高于12

(二)接地

为了保证电气设备能正常、安全运行,必须设有接地装置。按作用不同接地装置可分为工作接地、保护接地、重复接地和接零。

工作接地是在正常或事故情况下,为了保护电气设备可靠地运行,而必须在电力系统中某一点(通常是中点)进行接地,这称为工作接地。

保护接地是指为防止因绝缘损坏使人员有遭到触电的危险,将与电气设备正常带电部分相绝缘的金属外壳或构架,同接地之间进行良好连接的一种接地形式。

重复接地是将零线上的一点或多点与地再次做金属连接。

接零是将与带电部分相绝缘的电气设备的金属外壳或构架与中性点直接接地的系统中的零线相互连接。

食品工厂的变压器一般采用三相四线制和中性点直接接地的供电系统,故全厂电气设备的接地按接零考虑。

若将全厂防雷接地、工作接地互相连在一起组成全厂统一接地装置时,其综合接地电阻应小于1 Ω。

电气设备的工作接地、保护接地和保护接零的接地电阻应不大于4 Ω,接零系统重复接地电阻不大于10Ω,三类建筑防雷的接地装置可以共用(接地电阻不大于30 Ω),也可利用自来水管或钢筋混凝土基础作为接地装置(接地电阻不大于5 Ω)。

注意下列部分严禁接地:①采用设置非导电场所保护方式的电气设备外露可导电部分;

②采用不接地的等电位联结保护方式的电气设备外露可导电部分；③采用电气分隔保护方式的单台电气设备外露可导电部分；④在采用双重绝缘及加强绝缘保护方式中的绝缘外护物里面的外露可导电部分。

十、仪表与自控系统及调节阀

随着生产的发展和技术水平的提高，食品生产中要求进行仪表控制和自动调节的场合日渐增多，控制和调节的参数或对象主要有温度、压力、液位、流量、浓度、相对密度等。如罐头杀菌的温度自控、浓缩物料的浓度自控、饮料生产中的自动配料、奶粉生产中的水分含量自控以及供汽制冷系统的控制和调节等。

（一）自控设备的选择

仪表自控设计的主要任务是根据工艺要求及对象的特点，正确选择检测仪表和自控系统，确定检测点、位置和安装方式，对每个仪表和调节器进行检验和参数鉴定，对整个系统按"全部手动控制→局部自动控制→全部自动控制"的步骤运行。一般自控设备的选择按如下三个步骤进行：

参数测量和变送→显示和调节→执行调节

（一次仪表）　　（二次仪表）　　（执行机构）

1. 气动薄膜调节阀

气动薄膜调节阀是气动单元组合仪表的执行机构，在配用电气转换器后，也可作为电动单元组合仪表的执行机构。其优点是结构简单、动作可靠、维修方便、品种较全、防火防爆等，缺点是体积较大、比较笨重。

2. 气动薄膜隔膜调节阀

这种调节阀适用于有腐蚀性、黏度高及有悬浮颗粒的介质的控制调节。

3. 电动调节阀

电动调节阀是以电源为动力，接受统一信号 0～10 mA 或触点开关信号，改变阀门的开启度，从而达到对压力、温度、流量等参数的调节。电动调节阀可与 DF-1 型和 DFD-09 型电动操作器配合，进行自动和手动的无扰动切换。

4. 电磁阀

电磁阀是由交流或直流电操作的二位式电动阀门，一般有二位二通、二位三通、二位四通及三位四通等。电磁阀只能用于干净气体及黏度小、无悬浮物的液体管路中，如清水、油及压缩空气、蒸汽等。交流电磁阀容易烧坏，重要管路应用直流电磁阀，但要另配一套直流电源，比较麻烦。

5. 各型调节阀的选择

在自控系统中，不管选用哪种调节阀，都必须选定阀的公称直径或流通能力"C"。产品说明中所列的"C"值，是指阀前后压差为 9.8×10^4 Pa，介质密度为 1 g/cm^3 的水，每小时流过阀门的体积数（m^3）。但在实际使用中，由于阀前后压差是可变的，因而流量也是可变的。设 C 为调节阀流通能力，q_V 为液体体积流量（cm^3/s，m^3/h），A 为调节阀接管截面积（cm^2），

Δp 为阀前后压差(Pa),ρ 为液体的密度(g/cm^3),则:

$$C=\frac{q_V}{\sqrt{\frac{\Delta p}{\rho}}} \text{或} q_V=C\sqrt{\frac{\Delta p}{\rho}}$$

由上可见,当 Δp 和 ρ 一定时,相对于最大流量 q_{Vmax},有 C_{max};相对于 q_{Vmin},有 C_{min}。根据工艺要求的最大流量 q_{Vmax},选择适当的调节阀,使阀的流通能力 $C>C_{max}$,同时查调节阀的特性曲线,确定阀门在 C_{max} 和 C_{min} 时对应的开度,一般使最小阀门开度不小于10%,最大阀门开度不大于90%。

调节阀除了选定直径、流通能力及特性曲线外,还要根据工艺特性和要求,决定采用电动还是气动,气开式还是气闭式,并要满足工作压力、温度、防腐及清洗方面的要求。电动调节阀仅适用于电动单元调节系统,气动调节阀既适用于气动单元调节系统,也适用于电动单元调节系统,故应用较广。

调节阀的选择,还要注意在特殊情况下如停电、停汽时的安全性。如电动调节阀,在停电时,只能停在此位;而气动调节阀,在停气时,能靠弹簧恢复原位。又如气开式在无气时为关闭状态,气闭式在无气时为开启状态。因此,对不同的工艺管道要选择不同的阀门。如锅炉进水,就只能选气闭式或电动式,而对于连续浓缩设备的蒸汽调节阀,只能选用气开式。

(二)自控系统与电子计算机的应用

食品工程自动控制可分为开环控制和闭环控制两大类。开环控制的代表是顺序控制,它是通过预先决定的操作顺序,一步一步自动地进行操作的方法。顺序控制有按时间的顺序控制和按逻辑的顺序控制。传统的顺序控制装置都是时间继电器和中间继电器的组合。随着计算机技术和自动控制技术的发展,新型的可编程序控制器(PLC)已开始大量应用于顺序控制。闭环控制的代表是反馈控制,当期望值与被控制量有偏差时,系统判定其偏差的正负和大小,给出操作量,使被控制量趋向期望值。

1. 顺序控制

顺序控制主要应用在食品机械的自动控制方面。许多食品与包装机械具有动作多、动作的前后顺序分明、按预定的工作循环动作等特点,因而顺序控制对食品与包装机械的自动化是非常适宜的。

尽管食品机械品种繁多,但从自动控制角度分析,其操作控制过程不外乎是一些断续开关动作或动作的组合,它们按照预定的时间先后顺序进行逐步开关操作。这种机械操作的自动控制就是顺序控制。由于它所处理的信号是一些开关信号,故顺序控制系统又称为开关量控制系统。

随着生产的发展和电子技术的进步,顺序控制装置的结构和使用的元器件不断改进和更新。在我国食品机械设备中,目前使用着各种不同电路结构的顺序控制装置或开关量控制装置,如图4-4所示。

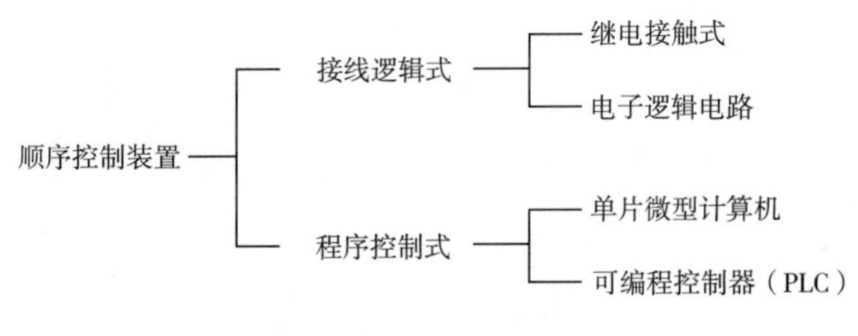

图 4-4　顺序控制装置关系图

2. 反馈控制

反馈控制系统的组成如图 4-5 所示，它是由控制装置和被控制对象两大部分组成。对被控制对象产生控制调节作用的装置称为控制装置。

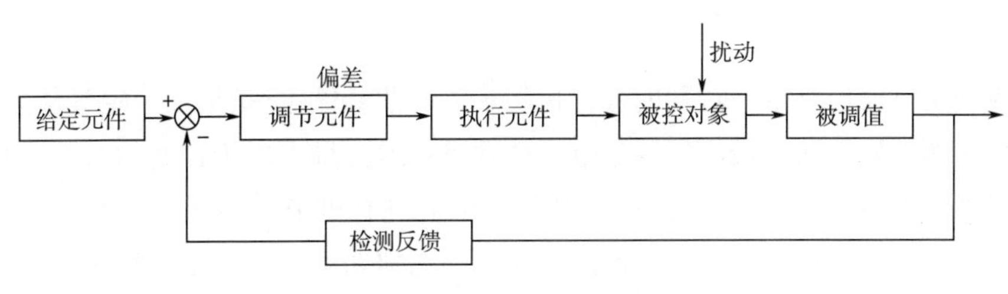

图 4-5　反馈控制系统的组成

一般控制装置包括下面一些元件：

检测反馈元件：检测反馈元件的任务是对系统的被控量进行检测，并把它转换成适当的物理量后，送入比较元件。

比较元件：作用是将检测反馈元件送来的信号与给定输入的值进行比较而得出两者的差值。比较元件可能不存在一个具体的元件，而只有起比较作用的信号联系。

调节元件：调节元件的作用是将比较元件输出的信号按某种控制规律进行运算。

执行元件：执行元件是将调节元件输出信号转变成机械运动，从而对被控对象施加控制调节作用。

被控对象：是指接受控制的设备或过程。

3. 过程控制

过程控制是以温度、压力、流量、液位等工业过程状态量作为控制量而进行的控制。在过程控制系统中，一般采用生产过程仪表控制。自动化仪表规格齐全，且成批大量生产，质量和精度有保证，造价低，为过程仪表控制提供了方便。生产过程仪表控制系统是由自动化仪表组成的，即用自动化仪表的各类产品作为系统的各功能元件组成系统，组成原理仍是闭环反馈系统，其组成的原则性方框图如图 4-6 所示。它是由检测仪表、调节器、执行器、显示仪表和手动操作器等组成，其中检测仪表、调节器、执行器三类仪表属于闭环的组成部分，而显示仪表、手动操作器是闭环外的组成部分，它不影响系统的特性。

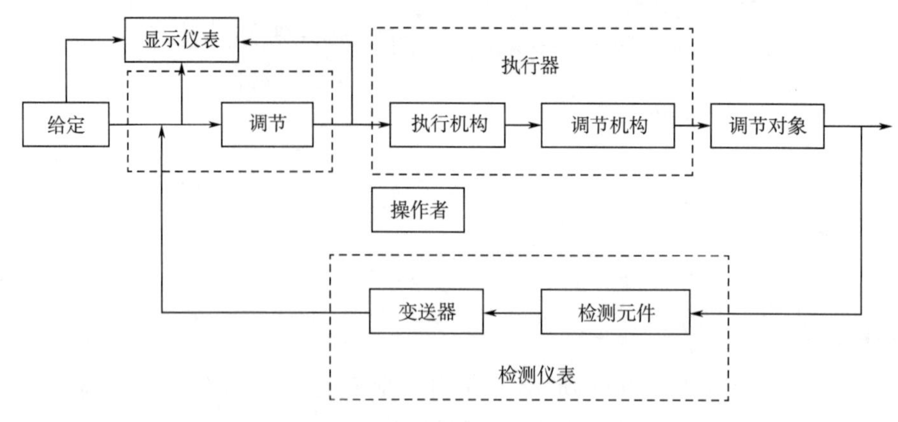

图4-6　过程控制组成的原则性方框图

4. 最优控制

最优控制是自动控制生产过程的最优化问题。所谓最优化,是指在一定具体条件下,完成所要求工作的最好方法。最优控制是电子计算机技术大量应用于控制的必然产物。最优控制是控制系统在一定的具体条件下,使其目标函数具有极值的最优化问题。实现最优化的方法很多,常用方法是变分法、最大值原理法和动态规划法等。最小二乘法就是一种最优化方法,它常用于离散型的数据处理和分析,也常被其他优化方法吸收。

5. 计算机控制

计算机控制是使数字电子计算机实现过程控制的方法。计算机控制系统由计算机和生产过程对象两大部分组成,其中包括硬件和软件。硬件是计算机本身及其外围设备,软件是指管理计算机的程序以及过程控制应用程序。硬件是计算机控制的基础,软件是计算机控制系统的灵魂。计算机控制系统本身通过各种接口及外部设备与生产过程发生关系,并对生产过程进行数据处理及控制。

(1)PLC(可编程逻辑控制器)。PLC是由继电器逻辑控制发展而来,所以它在数字处理、顺序控制方面具有一定的优势。随着微电子技术、大规模集成电路芯片、计算机技术、通信技术等的发展,PLC的技术功能得到扩展,在初期的逻辑运算功能的基础上,增加了数值运算、闭环调节功能;运算速度提高,输入/输出规模扩大,并开始与网络和工业控制计算机相连。PLC已成为当代工业自动化的主要支柱之一。PLC的基本组成采用典型的计算机结构,由中央处理单元(CPU)、存储器、输入/输出接口电路、总线和电源单元等组成,其结构如图4-7所示。它按照用户程序存储器里的指令安排,通过输入接口采入现场信息,执行逻辑或数值运算,进而通过输出接口去控制各种执行机构动作。

中央处理单元:CPU在PLC控制系统中的作用类似于人的大脑。它按照生产厂家预先编好的系统程序接收并存储从编程器键入的用户程序和数据;在执行系统程序时,按照预编的指令序列扫描的方式接收现场输入装置的状态或数据,并存入用户存储器的输入状态表或数据寄存器中;诊断电源、PLC内部各电路状态和用户编程中的语法错误;进入运行状态

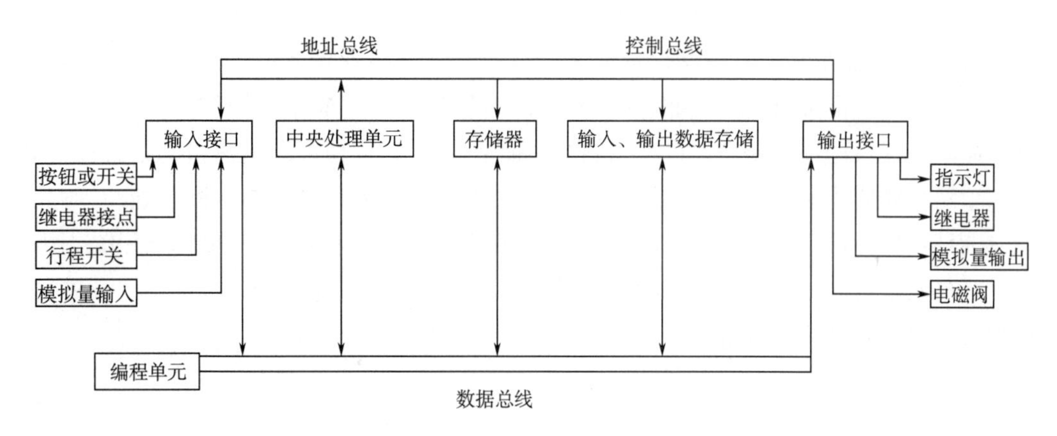

图 4-7　PLC 基本组成结构

后,从存储器逐条读取用户程序,经过命令解释后按指令规定的任务产生相应的控制信号,去控制有关的控制电路,分时执行数据的存取、传送、组合、比较和变换等工作,完成用户程序中规定的运算任务;根据运算结果,更新有关标志位和输出状态寄存器表的内容,最后根据输出状态寄存器表的内容,实现输出控制、打印或数据通信等外部功能。

存储器:PLC 的存储器分为两个部分,一是系统程序存储器,二是用户程序存储器。系统程序存储器是由生产 PLC 的厂家事先编写并固化好的,它关系到 PLC 的性能,不能由用户直接存取更改。其内容主要为监控程序、模块化应用功能子程序、命令解释和功能子程序的调用管理程序及各种系统参数等。用户程序存储器主要用来存储用户编制的梯形图,输入/输出状态,计数、定时值以及系统运行所需要的初始值。

I/O 接口模板:PLC 机提供了各种操作电平和驱动能力的输入/输出接口模板,如输入/输出电平转换、电气隔离、串/并行变换、数据传送、A/D 或 D/A 变换以及其他功能控制等。通常这些模板都装有状态显示及接线端子排。这些模板一般都插入模板框架中,框架后面有连接总线板。每块模板与 CPU 的相对插入位置或槽旁 DIP 开关的位置,决定了 I/O 的各点地址号。除上述一般 I/O 接口模板外,很多类型的 PLC 还提供一些智能模板,例如通信控制模板、高精度定位控制、远程 I/O 控制、中断控制、ASCH/BASIC 操作运算和其他专用控制功能模板。

编程器及其他选件:编程器是编制、编辑、调试、监控用户程序的必备设备。它通过通信接口与 CPU 联系,完成人机对话。编程器有简易型和智能型两种,一般简易型的键盘采用命令语句助记符键,而智能型常采用梯形图语言键。前者只能联机编程而后者还可以脱机编程。很多 PLC 机生产厂利用个人计算机改装的智能编程器,备有不同的应用程序软件包。它不但可以完成梯形图编程,还可以进行通信联网,具有事务管理等功能。PLC 也可以选配其他设备,例如盒式磁带机、打印机、EPROM 写入器、彩色图形监控系统、人机接口单元等外部设备。

(2)集散控制系统(DCS)。在一个大型企业里,靠一台大型计算机集中处理大量信息,并完成过程控制及生产管理的全部任务是不恰当的。同时,由于微型计算机价格的不断下降,人们就将集中控制和分散控制协调起来,取各自之长,避各自之短,组成集散控制系统。这样既能对各个过程实施分散控制,又能对整个过程进行集中监视与操作。集散控制系统把顺序控制装置、数据采集装置、过程控制的模拟量仪表、过程监控装置有机地结合在一起,可以利用网络通信技术方便地扩展和延伸,组成分级控制。系统具有自诊断功能,及时处理故障,从而使可靠性和维护性大大提高。图 4-8 所示的是集散控制系统的基本结构,它由面向被控过程的现场 I/O 控制站、面向操作人员的操作站、面向管理员的工程师站以及连接这三种类型站点的系统网络所组成。

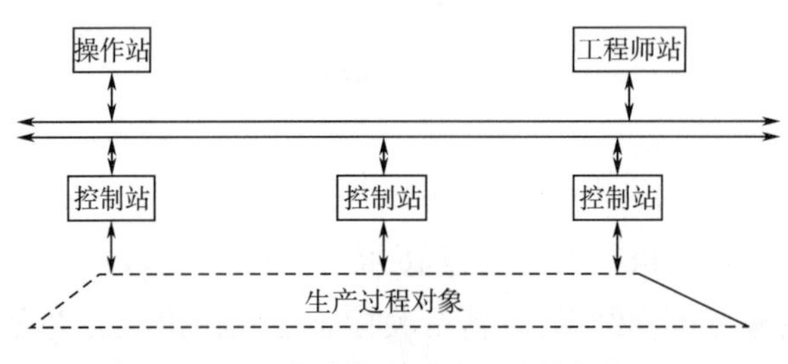

图 4-8　集散控制系统基本结构图

现场 I/O 控制站是完成对过程现场 I/O 处理并直接数字控制(DDC)的网络节点,主要功能有三个:

将各种现场发生的过程量(温度、压力、流量、液位等)进行数字化,并将这些数字化后的量存在存储器中,形成一个与现场过程量一致、能一一对应,并按实际运行情况,实时地改变和更新的现场过程量的实时映象。

将本站采集到的实时数据通过网络传送到操作员站、工程师站及其他现场 I/O 控制站,以便实现全系统范围内的监督和控制,同时现场 I/O 控制站还可接收由操作员站、工程师站下发的命令,以实现对现场的人工控制或对本站的参数设定。

在本站实现自动控制、回路的计算及闭环控制、顺序控制等,这些算法一般是一些经典的算法,也可下装非标准算法、复杂算法。现场 I/O 控制站多由可编程序控制器或单片微机组成。

DCS 的操作员站是处理一切与运行操作有关的人机界面 HMI 功能的网络节点,其主要功能就是为系统的运行操作人员提供人机界面,使操作员可以通过操作员站及时了解现场运行状态、各种运行参数的当前值、是否有异常情况发生等,并可通过输入设备对工艺过程进行控制和调节,以保证生产过程的安全、可靠、高效、高质。

(三)控制室的设计

控制室是操作人员借助仪表和其他自动化工具对生产过程实行集中监视、控制的核心操作的岗位,同时也是进行技术管理和实行生产调度的场所,因此,控制室的设计,不仅要为仪表及其他自动化工具正常可靠运行创造条件,而且必须为操作人员的工作创造一个适宜的环境。

1. 控制室位置的选择

控制室位置的选择很重要，地点要适中。一般应选在工艺设备的中心地带，易与操作岗位取得联系。在一般情况下，以面对装置为宜，最好坐南朝北，尽量避免日晒，控制室周围不宜有造成室内地面振动，振期为 0. 1 mm(双振幅)/频率为 25 Hz 以上的连续周期性振源。当使用电子式仪表时，控制室附近应避免存有强电磁场干扰。安装电子计算机的控制室，还应满足电子计算机对室内环境温度、湿度、卫生等条件的要求。

2. 控制室与其他辅助房间

控制室不宜与变压器室、鼓风机室、压缩机室、化学药品库相邻。当与办公室、操作工值班室、生活间、工具间相邻时，应以墙隔开，中间不要开门，不要相互串通。

3. 值班室控制室内平面布置

控制室内平面布置形式，即仪表盘的排列形式，应该按照生产操作和安装检修要求，结合工艺生产特点、装置的自动化水平和土建设计等条件确定，图 4-9 的几种类型较为常见。

控制室的区域划分为盘前区和盘后区。

盘前区：盘面、操作台、前墙、门、窗所围起来的区域为盘前区。不设操作台时，盘面(窗)净距不小于 2 m。如果设置操作台，盘前区净距可以按以下原则确定：按人的水平视角界限为 120°，理想范围为 60°，垂直方向视角为 60°，理想范围为 30°，再根据我国成年男性平均身高 1. 6~1. 7 m，女性平均身高 1. 56 m 的情况，操作人员要监视 3 m 的盘面和盘上离地面 0. 8 m 左右高的设备，操作台与仪表盘间的距离以取 2. 5~3 m 较为合适。在考虑盘前区面积时，还应注意一般在操作台与仪表盘间不宜有与本部位操作无关人员来往通过。所以，操作台与墙(窗)最少也要有 1 m 左右的间距，以供人员通行，如图 4-9 所示。

盘后区：仪表盘和后墙围起来的面积为盘后区，盘后区净宽不得小于 0. 95 m。

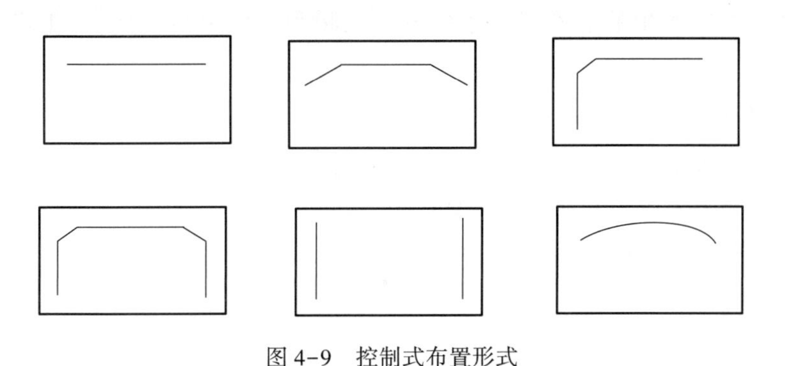

图 4-9　控制式布置形式

第三节　供汽系统

食品工厂供汽设计的主要内容是：决定供应全厂生产、采暖和生活用汽量；确定供汽的汽源;按蒸汽消耗量选择锅炉;按所选锅炉的型号和台数设计锅炉房;锅炉给水及水处理设计;配置全厂的蒸汽管网等。对于食品工厂,生产用蒸汽一般为饱和蒸汽,因此,主要是锅炉房设计。

供汽系统设计是由热力设计人员(或部门)完成的。但工艺人员要按照工艺要求,提供小时用汽量和需要蒸汽的最高压力等数据资料,并对锅炉的选型和台数提出初步意见,作为供汽系统设计的依据。

一、食品工厂的用汽要求

食品工厂用汽的部门主要有生产车间(包括原料处理间、配料间、成品杀菌间等)和辅助生产车间(如罐头保温库、试制室等)。其中,罐头保温库要求连续供汽。

关于蒸汽的压力,除以蒸汽作为热源的热风干燥、真空熬糖、高温油炸等要求0.8~1.0 MPa外,其他外用汽压力大多在0.7 MPa以下,产品在生产过程中对蒸汽的一般要求是低压饱和蒸汽,蒸汽在使用时需经过减压装置,以确保用汽安全。

二、锅炉设备的分类和选择

食品工厂的季节性较强,用汽负荷波动较大,为适应这种情况,食品工厂的锅炉台数不宜少于2台,并尽可能采用相同型号的锅炉。

(一)蒸汽锅炉的分类

1. 按用途分类

(1)动力锅炉所产生的蒸汽供汽轮机作动力,以带动发电机发电,其工作参数(压力、温度)较高。

(2)工业锅炉所产生的蒸汽主要供应工艺加热用,多为中、小型锅炉。

(3)取暖锅炉所产生的蒸汽或热水供冬季取暖和一般生活使用,只生产低压蒸汽或热水。

2. 按蒸汽参数分类

(1)低压锅炉表压力在1.47 MPa以下。

(2)中压锅炉表压力在1.47~5.88 MPa。

(3)高压锅炉表压力在5.88 MPa以上。

3. 按蒸发量分类

(1)小型锅炉蒸发量在20 t/h以下。

(2)中型锅炉蒸发量在20~75 t/h。

(3)大型锅炉蒸发量在75 t/h以上。

食品工厂采用的锅炉一般为低压小型工业锅炉。

4. 按锅炉炉体分

可分为火管锅炉、水管锅炉,水火管混合式锅炉三类。火管锅炉热效率低,一般已不采用,故采用水管锅炉为多。

(二)锅炉的基本规范

锅炉的形式很多、用途很广,规定必要的锅炉基本规范对产品标准化、通用化以及辅助设备的配套都是有利的。锅炉的基本规范一般是用锅炉的蒸发量、蒸汽参数(指锅炉主蒸汽阀出口处蒸汽的压力和温度)以及给水温度等来表示。

1. 选择锅炉房容量的原则

食品工厂的生产用汽,对于连续式生产流程,用汽负荷波动范围较小。对于间歇式生产流程,用汽负荷波动范围较大,在选择锅炉时,若高峰负荷持续时间很长,可按最高负荷时的用汽量选择。如果高峰负荷持续的时间很短,可按每天平均负荷的用汽量选择锅炉的容量。

在实际生产中,在工艺的安排上尽量通过工艺的调整避免最大负荷和最小负荷相差太大,采用平均负荷的用汽量来选择锅炉的容量。

2. 锅炉房容量的确定

根据生产、采暖通风、生活需要的热负荷,计算出的锅炉的最大热负荷,作为确定锅炉房规模大小之用,称为最大计算热负荷。

$$Q = K_0(K_1Q_1 + K_2Q_2 + K_3Q_3 + K_4Q_4)$$

式中:Q——最大计算热负荷,t/h;

K_0——管网热损失及锅炉房自用蒸汽系统;

K_1——采暖热负荷同时使用系数;

K_2——通风热负荷同时使用系数;

K_3——生产热负荷同时使用系数;

K_4——生活热负荷同时使用系数;

Q_1——采暖最大热负荷,t/h;

Q_2——通风最大热负荷,t/h;

Q_3——生产最大热负荷,t/h;

Q_4——生活最大热负荷,t/h。

锅炉房自用汽(包括汽泵、给水加热、排污、蒸汽吹灰等用汽)一般为全部最大用汽量的3%~7%(不包括热力除氧)。

厂区热力网的散热及漏损,一般为全部最大用汽量的5%~10%。

$$Q = 1.15 \times (0.8Q_c + Q_s + Q_z + Q_g)$$

式中:Q——锅炉额定容量,t/h;

Q_c——生产用最大蒸汽耗量,t/h;

Q_s——生活用最大蒸汽耗量,t/h;

Q_z——锅炉房自用蒸汽耗量,t/h;

Q_g——管网热损失,t/h,取5%~10%。

3. 锅炉选型与台数确定

锅炉的型号要根据食品厂的要求与特点和全厂及锅炉的热负荷来确定。型号必须满足负荷的需要,所用的蒸汽、工作压力和温度也应符合食品厂的要求,选用的锅炉应有较高的热效率和较低的燃料消耗、基建和管理费用,并能够经济有效地适应热负荷的变化需要。

食品工厂的工业锅炉目前都采用水管式锅炉,水管式锅炉热效率高,省燃料。水管锅炉的选型及台数确定,需综合考虑下列各点:

(1)锅炉类型的选择,除满足蒸汽量和压力要求外,还要考虑工厂所在地供应的燃料种类,即根据工厂所用燃料的特点来选择锅炉的类型。

(2)同一锅炉房中,应尽量选择型号、容量、参数相同的锅炉。

(3)全部锅炉在额定蒸发量下运行时,应满足全厂实际最大用汽量和热负荷的变化。

(4)新建锅炉房安装的锅炉台数应根据热负荷调度、锅炉的检修和扩建可能而定。对于连续生产的工厂,一般设置备用锅炉一台。

(三)锅炉房在厂区的位置

锅炉烟囱排出的气体中,含有大量的灰尘。从工厂卫生的角度考虑,锅炉房在厂区的位置应选在对生产车间影响最小的地方,具体要满足以下要求:

(1)锅炉房应处在厂区和生活区常年主导风的下风向,以减少烟灰对环境的污染,使生产车间污染系数最小。

(2)尽可能靠近用汽负荷中心,使送汽管道缩短。

(3)具有扩建余地,同时,燃煤锅炉房应有足够的煤和灰渣堆场。

(4)与相邻建筑物的间距应符合防火规程和卫生标准,锅炉房不宜和生产厂房或宿舍相连。

(5)锅炉房的朝向应考虑通风、采光、防晒等方面的要求。

三、锅炉房的布置

锅炉机组原则上应采用单元布置,即每只锅炉单独配置鼓风机、引风机、水泵等附属设备。烟囱及烟道的布置应力求使每只锅炉抽力均匀且阻力最小。烟囱离开建筑物的距离,应考虑到烟囱基础下沉时,不致影响锅炉房基础。锅炉房采用楼层布置时,操作层露面标高不宜低于 4 m,以便出渣和进行附属设备的操作。

锅炉房大多为独立建筑物,不宜和生产厂房或宿舍相连。在总体布置上,锅炉房不宜布置在厂前区或主要干道旁,以免影响厂容整洁。锅炉房属于丁类生产厂房,其耐火等级为 1~2 级。锅炉房应结合门窗位置,设有通过最大搬运体的安装孔。锅炉房操作层面荷重一般为 1.2 t/m^2,辅助间楼面荷重一般为 0.5 t/m^2,荷载系数取 1.2。在安装震动较大的设备时,应考虑防震措施。锅炉房每层至少设 2 个分别在两侧的出入口,其门向外开。锅炉房的建筑应避免采用砖木结构,而采用钢筋混凝土结构,当屋面自重大于 120 kg/m^2 时,应设气楼。

四、烟囱及烟道除尘

锅炉的通风就是提供炉膛燃料燃烧所需的适量空气,同时将燃烧后的烟气及时排出炉外。通风的方式可以采用自然通风或机械通风,自然通风就是利用烟囱的抽吸力将烟气排出,一般仅适用于小型锅炉;机械通风就是利用机械方式进行通风,如用鼓风机将空气送入燃烧室或引风机将烟气排出。

锅炉烟囱的口径和高度首先应满足锅炉的通风。其次,烟囱的高度还应满足环境卫生的要求。在锅炉出口与引风机之间应装设烟囱气体除尘装置,一般情况下,可采用锅炉厂配套供应的除尘器。

五、锅炉的给水处理

锅炉属于特殊的压力容器。水在锅炉中受热蒸发成蒸汽,原水中的矿物质会结合水垢留在锅炉内壁,影响锅炉的传热效果,严重时会影响锅炉的运行安全。所以,锅炉给水和炉水的水质应符合《工业锅炉水质》(GB 1576—2018)要求,以保证锅炉的安全运行。

自来水一般达不到上述要求,需要因地制宜地进行软化处理,所选用的方法必须保证锅炉的安全运行,同时又保证蒸汽的质量符合食品卫生要求。水管锅炉一般采用炉外化学处理法,即以离子交换软化法通过离子交换器使水得到软化。

第四节　采暖与通风

采暖通风的目的是改善工人的劳动条件和工作环境;满足某些产品的工艺要求或作为一种生产手段;防止建筑物发霉,改善工厂卫生。

采暖与通风设计的主要内容有:车间或生活室的冬季采暖、夏季空调或降温,某些食品生产过程中的保温(罐头成品的保温库)或干燥(脱水蔬菜的烘房),某些设备或车间的排气与通风以及某些物料的风力输送等。

一、采暖标准与设计原则

凡近十年每年最冷月平均气温≤8℃的月数≥3个月的地区应设集中采暖设施,<2个月的地区应设局部采暖设施。当工作地点不固定,需要持续低温作业时,应在工作场所附近设置取暖室。特殊情况如使用或卫生方面的要求,有些生产辅助室和生活室,如浴室、更衣室、医务室、女工卫生室等,也要考虑采暖。采暖的室内计算温度是指通过采暖应达到的室内温度。当生产工艺无特殊要求时,按照《工业企业设计卫生标准》(GBZ 1—2010)的规定,冬季寒冷环境工作地点采暖温度应符合表4-9的规定。当工艺或使用条件有特殊要求时,各类建筑物的室内温度,可参照有关专业标准、规范的规定执行。

表4-9　冬季工作地点的采暖温度(干球温度)

体力劳动强度级别	采暖温度/℃
Ⅰ	≥18

续表

体力劳动强度级别	采暖温度/℃
Ⅱ	≥16
Ⅲ	≥14
Ⅳ	≥12

注 ①体力劳动强度分级见 GBZ 2.2,其中Ⅰ级代表轻劳动,Ⅱ级代表中等劳动,Ⅲ级代表重劳动,Ⅳ级代表极重劳动。

②当作业地点劳动者人均占用较大面积(50~100 m^2)、劳动强度Ⅰ级时,其冬季工作地点采暖温度可低至10℃,Ⅱ级时可低至7℃,Ⅲ级时可低至5℃。

③当室内散热量<23 m^3 时,风速不宜>0.3 m/s;当室内散热量≥23 W/m^3 时,风速不宜>0.5 m/s。

采暖地区的生产辅助用室冬季室温宜符合表4-10中的规定。

表4-10 生产辅助用室的冬季温度

辅助用室名称	气温/℃
办公室、休息室、就餐场所	≥18
浴室、更衣室、妇女卫生室	≥25
厕所、盥洗室	≥14

注 工业企业辅助建筑,风速不宜>0.3 m/s。

在食品工厂的采暖设计时,采用的一般原则是:

(1)设计集中采暖时,生产厂房工作地点的温度和辅助用室的室温应按现行的《工业企业设计卫生标准》(GBZ 1—2010)执行。

(2)冬季采暖室外计算温度≤-20℃的地区,为防止车间大门长时间或频繁开放而受冷空气的侵袭,应根据具体情况设置门斗、外室或热空气幕。

(3)设置全面采暖的建筑物时,围护结构的热阻应根据技术经济比较结果确定,车间围护结构应防止雨水渗透,应保证室内空气中水分在围护结构内表面(不包括门窗)不发生结露现象,特殊潮湿车间工艺上允许在墙上凝结水汽的除外。产生较多或大量湿气的车间,应设计必要的除湿排水防潮设施。

(4)采暖热媒的选择应根据厂区供热情况和生产要求等,经技术经济比较后确定,并应最大限度地利用废热。

(5)累年月日平均温度稳定低于或等于5℃的日数大于或等于90天的地区,宜采用集中采暖。

二、采暖的防火防爆要求

(1)在散发可燃粉尘、纤维的厂房内,散热器采暖的热媒温度不应过高,热水采暖不应超过 130℃,蒸汽采暖不应超过 110℃。贮藏易爆材料和物质的房间,热媒温度高于 130℃的散热器应设置遮热板。遮热板应采用非燃材料制作,且距散热器不小于 100 mm。

(2)下列厂房应采用不循环使用的热风采暖。

生产过程中散发的可燃气体、蒸汽、粉尘与采暖管道、散热器表面接触能引起燃烧的厂房。

生产过程中散发的粉尘受到水、水蒸气的作用能引起自燃、爆炸以及受到水、水蒸气的作用能产生爆炸性气体的厂房。

房间内有与采暖管道接触能引起燃烧爆炸的气体、蒸汽或粉尘时,采暖管道不应穿过,如必须穿过,应采用非燃材料隔热。

温度不超过 100℃的采暖管道如通过可燃构件时,应与构件保持不小于 50 mm 距离;温度超过 100℃的采暖管道,应保持不小于 100 mm 距离并采用非燃材料隔热。

甲、乙类生产厂房、高层建筑和影剧院、体育馆等公共建筑的采暖管道和设备,其保温材料均应是非燃材料。

在甲、乙类厂房中,送风系统不得使用电阻丝加热器。在全新风直流式送风系统中,可采用无明火的管状电加热器,加热器应设在通风机室内,电加热器后的总风道上应设止回阀,并应考虑无风断电的保护措施。

三、采暖方式

工业建筑采暖的设置、采暖方式的选择应按照 GB 50019—2015,根据建筑物规模、所在地区气象条件、能源状况、能源及环保政策等要求,采用技术可行、经济合理的原则确定。

食品生产厂房及辅助生产建筑的采暖热媒,根据采暖地区采暖期的长短、采暖面积的大小来确定,优先考虑利用市政采暖系统供热网。食品厂一般以蒸汽或热水作为采暖热媒,生活区常用热水,在生产车间中,如生产工艺中的用汽量远远超过采暖用汽量时,则车间采暖一般选择蒸汽作为热媒,工作压力 0.2 MPa。

食品工厂内的采暖方式一般有热风采暖、散热器采暖和辐射采暖等几种。食品厂大多采用散热器采暖,一般按车间单元体积大小而定,当单元体积大于 3000 m^3 时,应该采用热风采暖,在单元体积较小的场合,多半采用散热器采暖方式。设计热风采暖时,应防止强烈气流直接对人产生不良影响,送风的最高温度不得超过 70℃,送风宜避免直接面向人,室内气流一般应为 0.1~0.3 m/s。

精确计算热耗量的公式比较繁复[详见《工业建筑供暖通风与空气调节设计规范》(GB 50019—2015)],不在此叙述,概略计算围护结构基本热耗量可采用下式:

$$Q = \alpha FK(t_n - t_w)$$

式中:Q ——围护结构的基本耗热量,W;

α——围护结构温差修正系数;

F——围护结构的面接,m^2;

K——围护结构平均传热系数,W/(m^2·℃);

t_n——供暖室内计算温度,℃;

t_w——供暖室外计算温度,℃。

四、防暑

食品工厂设计时考虑夏季防暑降温是必要的,特别是处于南方的地区更应该精心考虑。进行防暑设计时一般应注意如下几方面问题:

(1)工艺流程的设计宜使操作人员远离热源,同时根据其具体条件采取必要的隔热降温措施。

(2)厂房的朝向,应根据夏季主导风向对厂房能形成穿堂风或能增加自然通风的风压作用确定。厂房的迎风面与夏季主导风向夹角应成60°~90°,最小为45°。

(3)热源应尽量布置在车间的外面;采用热压为主的自然通风时,热源尽量布置在天窗的下面;采用穿堂风为主的自然通风时,热源应尽量布置在夏季主导风向的下风侧;热源布置应便于采用各种有效的隔热措施和降温措施。

(4)热车间应设有避风的天窗,天窗和侧窗应便于开关和清扫。

(5)当室外实际出现的气温等于本地区夏季通风室外计算温度时,车间内作业地带的空气温度应符合下列要求:散热量小于23 W/(m^3·h)的车间不得超过室外温度3℃;散热量23~116 W/(m^3·h)的车间不得超过室外温度5℃;散热量大于116 W/(m^3·h)的车间不得超过室外温度7℃。

(6)车间作业地点夏季空气温度,应按车间内外温差计算。其室内外温差的限度,应根据实际出现的本地区夏季通风室外计算温度确定,不得超过表4-11的规定。

表4-11　车间内工作地点的夏季空气温度规定

夏季通风室外计算温度/℃	≤22	23	24	25	26	27	28	29~32	≥33
允许最大温差/℃	10	9	8	7	6	5	4	3	2
工作地点温度/℃	≤32	32						32~35	35

(7)当作业地点气温≥37℃时应采取局部降温和综合防暑措施,并应减少接触时间。

(8)高温作业车间应设有工间休息室,休息室内气温不应高于室外气温;设有空调的休息室内气温应保持在25~27℃。特殊高温作业,如高温车间天车驾驶室、车间内的监控室、操作室等应有良好的隔热措施。

五、通风与空气调节

(一)通风设计一般规定

1.通风设计时优先考虑自然通风

自然通风是利用厂房内外空气密度差引起的热压或风力造成的风压来促使空气流动,

进行通风换气,可以节约能耗和减少噪声。自然通风设计的原则如下:

(1)在决定厂房总图方位时,厂房纵轴应尽量布置成东西向,以避免有大面积的窗和墙受日晒影响,尤其在我国南方气温较高的地区更应注意。

(2)厂房主要进风面一般应与夏季主导风向成60°~90°,不宜小于14°,并同时考虑避免西晒。

(3)热加工厂房的平面布置最好不采用"封闭的庭院式"。尽量布置成"L"型、"Π"型或"Ш"型。开口部分应该位于夏季主导风向的迎风面,而各翼的纵轴与主导风向成0°~45°。

(4)"Π"型或"Ш"型建筑,两翼间的间距离一般不应小于相邻两翼高度(由地面到屋檐)和的一半,在最好在15 m以上。如建筑物内不产生大量有害物质,其间距可减少至12 m,但必须符合防火标准的规定。

(5)在放散大量热量的单层厂房四周,不宜修建披屋,如确有必要时,应避免设在夏季主导风向的迎风面。

(6)放散大量热和有害物质的生产过程,宜设在单层厂房内,如设在多层厂房内,宜布置在厂房的顶层。必须设在多层上方的其他各层时,应防止污染上层各房间内的空气。当放散不同有害物质的生产过程布置在同一建筑内时,毒害大与毒害小的放散源应隔开。

(7)采用自然通风时,如热源和有害物质放散源布置在车间内的一侧时,应符合下列要求;以放散热量为主时,应布置在夏季主导风向的下风侧,以放散有害物质为主时,一般布置在全年主导风向的下风侧。

(8)自然通风进风口的标高,建议按下列条件采取:夏季进风口下缘距室内地坪越小,对进风越有利,一般应采用0.3~1.2 m,推荐采用0.6~0.8 m;冬季及过渡季进口下缘距室内地坪一般不低于4 m,如低于4 m时,可采取措施以防止冷风直接吹向工作地点。

(9)在我国南方炎热地区的厂房内不放散大量粉尘和有害气体时,可以考虑采用以穿堂风为主的自然通风方式。

(10)为了充分发挥穿堂风的作用,侧窗进、排风的面积均应不小于厂房的侧墙面积的30%,厂房的四周也应尽量减少披屋等辅助建筑物。

2. 在自然通风达不到应有的要求时要采用机械通风

食品工厂的人工通风是通过机械通风实现的,因此常称为机械通风。当工作地点温度大于当地夏季通风室外计算温度3℃时,每人每小时应有新鲜空气量为不少于20~30 m^3/h;而当工作地点气温大于35℃时,应设置岗位吹风,吹风的风速在轻作业时为2~5 m/s,在重作业时为3~7 m/s;当有大量蒸汽散发的工段,不论其气温高低,均需考虑机械排风。机械通风有两种方式,即局部排风和全面排风。

在排风系统中,以局部排风最为有效、最为经济。根据工艺生产设备的具体情况及使用条件,并视所产生有害物的特性,来确定有组织的自然排风或机械排风。

小范围的局部排风一般采用排气风扇或通过排风罩接风管来实现,较大面积的工段或温度较高的工段,常采用离心风机排风。

局部排风的设计原则如下：

(1)是在散发有害物质(指有害蒸汽、气体或粉尘)的场合,为了防止有害物污染室内空气,必须结合工艺设置局部排风系统。

(2)宜将同时运转,生产流程相同、粉尘性质相同而且相互距离不大的扬尘设备的吸风点合为一个系统。

(3)需排除腐蚀性气体的系统的设计,应选择防腐蚀型风机。

(4)排除高温、高湿气体时,为了防止结露,应对排风管及通风净化设备进行保温。

3. 在使用自然排风或机械排风的同时,也可以使用全面通风

全面通风的设计一般原则如下：

(1)散发热湿有害物质的车间或其他房间,当不能采用局部通风或采用局部通风仍达不到卫生要求时,应辅以全面通风或采用全面通风。

(2)全面通风有自然通风、机械通风或自然通风与机械联合通风。设计时应尽量采用自然通风方式,以节约能源与投资。当自然通风达不到卫生条件或生产要求时,则应采用机械通风或自然与机械联合通风。

(3)厨房、厕所、盥洗室和浴室等应设置机械通风进行全面换气。

(4)有排风的生产厂房及辅助建筑应考虑自然补风的可能性,当自然补风不能达到要求时,宜设置机械送风系统。

(5)有冬季供热或夏季供冷的场所在考虑通风时,同时应考虑冷、热负荷的平衡和补充。

(二)空气调节一般规定

空气调节就是指用人工的方法使车间或封闭空间的空气温度、湿度、洁净度和气流速度等状态参数达到给定要求的技术过程,简称空调。空气调节系统是指以空气调节为目的,对空气进行处理、输送、分配,并控制其参数的所有设备、管道及附件、仪器仪表的总称。食品工厂的空气调节通常按《工业建筑供暖通风与空气调节设计规范》(GB 50019—2015)规定进行。同时要满足不同食品工厂及不同车间的环境要求。

1. 新鲜空气量标准

每人每小时应有的新鲜空气量标准见表4-12。

表4-12 每人每小时应有的新鲜空气量标准

平均每人所占车间容积/(m^3/人)	应有新鲜空气量/[m^3/(人·h)]
<20	≥30
20~40	≥20
>40	可由门窗渗入的空气换气

2. 有关车间的温度湿度要求

食品厂车间的温湿度要求随产品性能或工艺要求而不同,具体情况可参考有关数据。

食品工厂的常用空调参数见表4-13。

表4-13　食品工厂常用空调参数

工厂类别	生产工段	温度要求/℃	相对湿度要求/%
罐头厂	实罐车间	25~28	
	解冻折骨	夏 15~20/冬 10~15	
	香肠、午餐肉	20~25	70~80
	肉禽水产品加工	20~25	85~90
	果蔬类罐头	25~28	
	肉类罐头保温间	38	
啤酒厂	发芽	10~12(送风)	95~100
	前发酵室	5~6	
	后发酵室	0~3	
巧克力	成型室	0~10	70
	脱模室	13~15	60
	包装	18~20	50~60
糖果	成型、包装	22~24	60~70
饼干、面包	发酵室	25~28	90
发酵	制曲	28~35	—
干燥类食品	包装(饼干、奶粉等)	22~25	60~70
冷饮品	成型、包装	18~20	—
饮料	灌装	22~24	—

(三)通风与空调设计的计算概要

空调设计的计算包括夏季冷负荷计算,夏季湿负荷计算和送风量计算。

1.夏季空调冷负荷计算

$$Q = Q_1 + Q_2 + Q_3 + Q_4 + Q_5 + Q_6 + Q_7 + Q_8$$

式中:Q_1——需要空调房间的围护结构耗冷量,主要取决于围护结构材料的构成和相应的导热系数 K,kJ/h;

Q_2——渗入室内的热空气的耗冷量,主要取决于新鲜空气量和室内外气温差,kJ/h;

Q_3——热物料在车间内的耗冷量,kJ/h;

Q_4——热设备的耗冷量,kJ/h;

Q_5——人体散热量,kJ/h;

Q_6——电动设备的散热量,kJ/h;

Q_7——人工照明散热量,kJ/h;

Q_8——其他散热量,kJ/h。

2. 夏季空调湿负荷计算

(1)人体散湿量。

$$W_1 = nW_0$$

式中:W_1——人体散湿量,g/h;

n——人数;

W_0——个人散发的湿量,g/h。

(2)潮湿地面的散湿量。

$$W_2 = 0.006(t_n - t_s)F$$

式中:W_2——潮湿地面的散湿量,g/h;

t_n、t_s——分别为室内空气的干、湿温度,K;

F——潮湿地面的蒸发面积,m^2。

(3)其他湿量 W_3,如开口水面的散湿量,渗入空气带进的湿量等。

(4)总散湿量 W (kg/h)。

$$W = (W_1 + W_2 + W_3)/100$$

3. 送风量的确定

确定送风量的步骤如下。

首先,根据总耗冷量和总散湿量计算热湿比 ε (kJ/kg):

$$\varepsilon = Q/W$$

其次,确定送风参数:食品车间空调的送风温差一般为6~8℃。

最后,确定新风与回风的混合点,应使新风量和总风量的比值不小于10%,并校核新风量是否满足人的卫生要求(30 m^3/h),以及是否大于补偿局部排风并保持室内规定正压所需的风量,按下式计算确定送风量 G(kg/h)。

$$G = Q/(I_n - I_k)$$

式中:G——夏季空调的总负荷,kg/h;

I_n、I_k——分别为室内空气及空气处理终了的热焓,kJ/kg。

(四)空调的要求及空调系统的选择

食品工厂对空调的要求主要有恒温恒湿、控制温度而不控制湿度、只控制湿度三个方面。如恒温保养室、谷物发芽间、饼干和面包的发酵间、精密仪器室等,要求保持一定的温度和湿度;多数生产车间的空调控制温度而不控制湿度,如要求温度低于或高于某一温度,或要求温度在某段范围内,当实际温度低于(或高于)某一温度时,空调就会自动开(闭);有些车间只控制湿度而温度可以波动,如固体饮料、干燥食品、巧克力、糖果、饼干等的包装车间。

空调系统按空调设备的特点分为集中式、局部式或混合式三类。

局部式(即空调机组)的主要优点是土建工程小,易调节,上马快,使用灵活。其缺点是一次性投资较高,噪声也较高,不适于较长风道。

集中式空调系统主要优点是集中管理、维修方便、寿命长、初投资和运行费较省,能有效控制室内参数。集中式空调系统常用在空调面积超过 400~500 m^2 的场合。集中式空调的空气处理过程常由空调箱内的“冷却段”来完成。这种冷却段,可采用喷淋低温水,当要求较干燥的空气时,可采用表面式空气冷却器。这时,为了节能,除采用一次回风外,还可采用二次回风。若需进一步提高送风的干燥状态,可再辅以电加热或蒸汽加热。空调房间内一般应维持正压,以保持车间卫生。混合式空调系统介于上述两者之间,即既有集中式的优点,又有分散式的特点。

(五)空调车间对土建的要求

1. 空调车间的位置

空调车间及各空调房间的布置应优先满足工艺流程的要求,同时兼顾下列要求:空调车间的位置不宜设在严重散发粉尘、烟气、腐蚀性气体和多风沙的部位,应尽量远离物料粉碎车间、锅炉房和污水处理站等,且应位于厂区最多风向的上风侧。

2. 车间内空调房间的布置要求

(1)应尽量集中。

(2)利用非空调房间包围空调房间,或温度基数与允许波动范围要求低的房间包围要求高的房间。

(3)建筑体型力求简单方正,减少与室外空气邻接的暴露面。

(4)优先选择南北向。

(5)宜避免布置在有两面外墙的转角处和有伸缩缝、沉降缝的部位。

(6)层高相同的空调房间,应集中布置在同一层,避免高低错落。

(7)屋面应避免内排水。

(8)要求噪声小的空调房间应尽量离开声源,防止通过门窗和洞口传播噪声,并充分利用走廊、套间和隔壁隔离噪声。

(9)当工艺设计要求在工艺改变的同时,分隔墙能相应改变时,空调系统设计也应采取相应的措施。

(10)机房应尽量布置在靠近负荷中心处。

3. 围护结构的热工要求

(1)对屋顶、墙、楼板的导热系数 K 的要求:尽量小。

(2)对窗的要求:尽量避免东西向窗,尽可能减少窗面积,外窗应设双层,南向还应有遮阳措施。

(3)对内部装饰的要求:可设吊平顶(材料应不宜吸潮和长霉),墙面不宜积灰。

六、空气净化

(一)空气洁净度等级的确定

空气洁净度是指环境中空气含尘(微粒)量多少的程度,这些微粒主要包括微尘和细菌两大类。空气含尘浓度越高,洁净度越低;含尘浓度越低,洁净度越高。食品工厂生产过程设施的严格管理是要确保食品安全卫生、防止发生由于病原菌造成的食物中毒或由于微生物造成的食品腐败变质。在发酵工业中,要求进入发酵罐的空气达到100级净化标准,其他食品生产的某些工段,如奶粉、麦乳精的包装间、粉碎间及某些食品的无菌包装间等的空气都要进行净化,常用的净化方式就是过滤。

洁净室内有多种工序时,应根据各工序不同的要求,采用不同的空气洁净度等级。食品工业洁净厂房设计或洁净区划分可以参考《洁净厂房设计规范》(GB 50073—2013)进行,其中洁净室及洁净区空气洁净度整数等级见表4-14。

表4-14 洁净室及洁净区空气洁净度整数等级

空气洁净度等级(N)	大于或等于要求粒径的最大浓度限值/($pc \cdot m^{-3}$)					
	0.1 μm	0.2 μm	0.3 μm	0.5 μm	1 μm	5 μm
1	10	2	—	—	—	—
2	100	24	10	4	—	—
3	1000	237	102	35	8	—
4	10000	2370	1020	352	83	—
5	100000	23700	10200	3520	832	29
6	1000000	237000	102000	35200	8320	293
7	—	—	—	352000	83200	2930
8	—	—	—	3520000	832000	29300
9	—	—	—	35200000	8320000	293000

注 按不同的测量方法,各等级水平的浓度数据的有效数字不应超过3位。

(二)洁净室设计的综合要求

1. 按工艺流程布置

在布置合理、紧凑,避免人流混杂的前提下,为提高净化效果,凡有空气洁净度要求的房间,宜按下列要求布局:

(1)空气洁净度高的房间或区域,宜布置在人员最少到达的地方,并宜靠近空调机房。

(2)不同洁净级别的房间或区域,宜按空气洁净度的高低由里向外布置。

(3)空气洁净度相同的房间或区域,宜相对集中。

(4)洁净室内要求空气洁净度高的工序,应布置在上风侧,易产生的污染的工艺设备应布置在靠近回风口位置。

(5)不同空气洁净度房间之间相互联系,要有防止污染措施,如气闸室、缓冲间或传递窗(柜)。

(6)下列情况的空气净化系统,如经处理仍不能避免交叉污染,则不应利用回风:

固体物料的粉碎、称量、配料、混合、制粒、压片、包衣、灌装等工序。

用有机溶媒精制的原料药精制、干燥工序。

凡工艺过程中产生大量有害物质、挥发性气体的生产工序。

(7)对面积较大、洁净度较高、位置集中及消声、震动控制要求严格的洁净室，宜采用集中式空气净化系统，反之，可用分散式空气净化系统。

(8)洁净室内产生粉尘和有毒气体的工艺设备，应设局部除尘和排风装置。

(9)洁净室内排风系统应有防倒灌或过滤措施，以免室外空气流入。含有易燃易爆物质局部排风系统应有防火、防爆措施。

(10)洁净室的温度与湿度，以穿着洁净工作服不产生不舒适感为宜。

2. 洁净室正压控制

(1)洁净室必须维持一定的正压，不同等级的洁净室及洁净区与非洁净区之间的静压差，应不小于 10 Pa。

(2)洁净室维持不同的正压值所需的正压风量 Q(m^3/h)宜按下式计算：

$$Q = a\sum(qL)$$

式中：a——修正系数，根据围护结构气密性的好坏，取值 1.1~1.3；

q——围护结构单位长度缝隙的渗漏风量，$m^3/(h \cdot m)$；

L——围护结构的缝隙总长度，m。

当多间洁净室的各间门窗数量、形式和围护结构的严密程度基本相同时，可采用换气次数法。

(3)洁净室的正压控制应通过控制送风量大于回风量和排风量之和的办法来保持。

(4)为了维持洁净室的正压值，送风机、回风机和排风机应联锁。联锁程序如下：系统开启，应先启动送风机，再启动回风机；系统关闭，应先关闭排风机，再关闭回风机和送风机。

3. 空气净化处理

(1)各等级空气洁净度的空气净化处理，均应采用初效、中效、高效空气过滤器三级过滤。大于或等于 100000(ISO Class 8)级空气净化处理，可采用亚高效空气过滤器代替高效空气过滤器。一般没有洁净等级要求的房间，宜采用初效、中效空气过滤器二级过滤处理。

(2)确定集中式或分散式净化空气调节系统时，应综合考虑生产工艺特点和洁净室空气洁净度等级、面积、位置等因素。凡生产工艺连续、洁净室面积较大、位置集中以及噪声控制和振动控制要求严格的洁净室，宜采用集中式净化空气调节系统。

(3)净化空气调节系统设计应合理利用回风，凡工艺过程产生大量有害物质且局部处理不能满足卫生要求，或对其他工序有危害时，则不应利用回风。

(4)空气过滤器的选用、布置和安装方式应符合下列要求：初效空气过滤器不应选用浸油式过滤器；中效空气过滤器宜集中设置在净化空气调节系统的正压段；高效空气过滤器或亚高效空气过滤器宜设置在净化空气调节系统末端；中效、亚高效、高效空气过滤器宜按额定风量选用；阻力、效率相近的高效空气过滤器宜设置在同一洁净室内；高效空气过滤器的安装方式应简便可靠，易于检漏和更换。

(5)送风机可按净化空气调节系统的总送风量和总阻力值进行选择。中效、高效空气过滤器的阻力宜按其初阻力的两倍计算。

(6)净化空气调节系统如需电加热时,应选用管状电加热器,位置应布置在高效空气过滤器的上风侧,并应有防火安全措施。

(7)各种建设类型的空气处理方式应按以下原则确定:新建洁净室可采用集中式净化空气调节系统,但系统不宜过大。洁净室应尽量利用原有净化空气调节系统。如不能满足要求时,再考虑就近新增设净化空气调节系统。改建洁净室如原未设置空气调节系统时,除采用增设集中式净化空气调节系统外,也可采用就地设置带空气净化功能的净化空气调节机组的方法来满足洁净室的空气洁净度要求。

(8)原有的空调工程改建为洁净室时,可采用在原空调系统内集中增加过滤设备和提高风机压力的办法,也可采用局部净化设备方法。

(9)洁净工作台应按下列原则选用:工艺设备在水平方向对气流阻挡最小时,应选用水平层流工作台;在垂直方向对气流阻挡最小时,应选用垂直层流工作台。当工艺产生有害气体时,应选用排气式工作台,反之,可选用循环式工作台。当工艺对防震要求高时,可选用脱开式工作台。当水平层流工作台对放时,间距不应小于3 m。

当10000(ISO Class 7)~100000(ISO Class 8)级洁净室内使用洁净工作台时,若从工作台流经洁净室的风量相当于该室的换气次数60次/h以上时,可使该洁净室的洁净度在原基础上提高一个级别。

(三)空气净化设备简介

(1)空气过滤器类型。根据过滤效率,空气过滤器可以分为粗过滤器、中效过滤器、高效过滤器等。设计时可根据需要查阅相关资料确定。此外,空气净化设备还有下面几种类型:

洁净工作台:洁净工作台是在操作台上的空间局部地形成无尘、无菌状态的装置,分为垂直单向流和水平两大类。

层流罩:层流罩是形成局部垂直单向流的净化设备,可作为局部净化设备使用,也可作为隧道洁净室的组成部分。

自净器:自净器是一种空气净化机组,主要由风机、粗效、中效、高效空气过滤器及送风口、进风口组成。

FFU风机过滤装置:FFU风机过滤装置是一种由风机和高效空气过滤器组成的模块化末端单元。适用于大面积模块化建造的洁净室以及有局部高洁净度要求的场合。

空气吹淋室:空气吹淋室是一种人身净化设备,它利用高速洁净气流吹落进入洁净室人员服装表面附着的尘粒。同时,由于进出吹淋室的两扇门不是同时开启的,所以它也可防止污染空气进入洁净室,从而兼起气闸的作用。

(2)空气过滤器的性能指标。过滤效率:在额定风量下,过滤器前后空气含尘浓度之差与过滤前空气含尘浓度之比的百分数。

$$\eta = \frac{c_1 - c_2}{c_1} \times 100$$

$$= 1 - \frac{c_2}{c_1} \times 100$$

式中：η——过滤效率，%；

c_1、c_2——分别为过滤器前后的空气含尘浓度，mg/m³。

穿透率：为过滤器后空气含尘浓度与过滤器前空气含尘浓度之比的百分数。

过滤器的阻力：为过滤器额定风量下的阻力（Pa）。

容尘量：在额定风量下过滤器达到阻力时的积尘量（g）。

第五节　制冷系统

制冷系统是食品工厂的一个重要组成部分。制冷设计的优劣将直接影响生产的正常进行和产品质量，应受到足够的重视。

食品工厂设置制冷工程的主要作用是对原辅料及成品进行贮藏保鲜。如延长生产期，保持原辅料及成品新鲜的果蔬高温冷藏库及肉禽鱼类的低温冷藏库。食品在加工过程中的冷却、冷冻、速冻工艺，车间空气调节或降温也需要配备制冷设施。

一、制冷装置的类型

常用的制冷机可分为三种类型：压缩式制冷机、蒸汽喷射式制冷机和吸收式制冷机。

压缩式制冷机：根据工作特点，可分为活塞式压缩制冷机、离心式压缩制冷机和螺杆式压缩制冷机。

蒸汽式喷射制冷机：主要用于空气调节作降温之用。

吸收式制冷机：在食品工厂中尚未见使用。

二、制冷系统

工业上通常把冷冻分为两种，冷冻温度在-100℃以内的为一般冷冻，低于-100℃的为深度冷冻。食品工厂常多采用一般冷冻，温度范围多在-25℃以内，压缩机压缩比都小于8，多采用单级压缩式冷冻机制冷系统。

1. 制冷剂的选择

制冷剂是制冷系统中借以吸收被冷却介质（或载冷剂）热量的介质。对制冷剂的要求是：

（1）沸点要低。正常的沸点应低于10℃，在蒸发室内的蒸发压力应大于外界大气压；冷凝压力不超过1.2~1.5 MPa；单位体积产冷量尽可能大；密度和黏度要尽可能小；导热和散热系数高；蒸发比容小，蒸发潜热大。

（2）制冷剂能与水互溶，对金属无腐蚀作用，化学性质稳定，高温下不分解。

（3）无毒性、无窒息性及刺激作用，且易于取得，价格低廉。

目前常用的制冷剂有氨和几种氟利昂。

2. 冷媒的选择

采用间接冷却方法进行制冷所用的低温介质称为载冷剂,在工厂常称为冷媒。冷媒在制冷系统的蒸发器被冷却,然后被泵送至冷却或冷冻设备内,吸收热量后,返回蒸发器中。冷媒必须具备冰点低、热容量大、对设备的腐蚀性小和价格低廉这几个条件。

常用的冷媒是空气、水和盐水。其中水只能使用在0℃以上的冷却系统。0℃以下的冷却系统采用盐类的水溶液(盐水)作为冷媒,常采用的盐类有氯化钠、氯化钙、氯化镁等,使用时根据使用温度查表选择盐水浓度,在盐水中加入一定量的防腐蚀剂可以减轻和防止盐水的腐蚀性,一般使用氢氧化钠和重铬酸钠。有时也用乙醇、乙二醇等有机化合物作为冷媒,可以避免腐蚀现象,其缺点是挥发损失多。

三、冷库容量的确定

供冷设计的主要任务是选择合适的制冷剂及制冷系统,并作冷冻站设备布置。制冷剂选择,直接关系到制冷量能否满足生产需要,影响工厂投资与产品成本。食品工厂的各类冷库的性质均属于生产性冷库,它的容量主要应围绕生产的需求来确定。确定冷库中各种库房的容量可参考表4-15。

表4-15 食品工厂各种库房的储存量

库房名称	温度/℃	储备物料	库房容量要求
高温库	0~4	水果、蔬菜	15~20天需要量
低温库	<-18	肉禽、水产	30~40天需要量
冰库	<-10	自制机冰	10~20天的制冰能力
冻结间	<-23	肉禽类副产品	日处理量的50%
腌制间	-4~0	肉料	日处理量的4倍
肉制品库	0~4	西式火腿、红肠	15~20天的产量

在容量确定之后,冷库的建筑面积的大小取决于物料品种、堆放方式及冷库的建筑形式。计算可按下式进行:

$$A = \frac{m \times 1000}{a \times \rho \times h \times n}$$

式中:A——冷库建筑面积(不包括川堂、电梯间等辅助建筑),m^2;

m——计划任务书规定的冷藏量,t;

a——平面系数(有效堆货面积/建筑面积),多库房的小型冷库(稻壳隔热)取0.68~0.72,大库房的冷库(软木,泡沫塑料隔热)取0.76~0.78;

h——冷冻食品的有效堆货高度,m;

n——冷库层数；

ρ——冷冻食品的单位平均体积质量，kg/m^3。

四、冷库耗冷量计算

耗冷量是制冷工艺设计的基础资料，库房制冷设备的设计和机房制冷压缩机的配置等都要以耗冷量作为依据。冷库的耗冷量受冷加工食品的种类、数量、温度、冷库温度、大气温度、冷库结构等多方面因素的影响。

1. 冷库总耗冷量的计算

$$Q_0 = Q_1 + Q_2 + Q_3 + Q_4$$

式中：Q_1——冷库维护结构的耗冷量，kJ/h；

Q_2——物料冷却、冻结耗冷量，kJ/h；

Q_3——库房换气通风耗冷量，kJ/h；

Q_4——冷库运行管理耗冷量，kJ/h。

2. 冷库维护结构耗冷量 Q_1

冷库维护结构的耗冷量由库内外温差传热耗冷量 Q_{1a} 和太阳辐射热引起的耗冷量 Q_{1b} 两部分组成。

（1）库内外温差传热的耗冷量 Q_{1a}：

$$Q_{1a} = K \times A \times (t_w - t_n)$$

式中：K——冷库维护结构的传热系数，$kJ/(m^2 \cdot h \cdot ℃)$；

A——冷库围护结构的传热面积，m^2；

t_w——库外计算温度，℃；

t_n——库内计算温度，℃。

其中库外计算温度 t_w 可按 0.4 倍的当地最热月的日平均温度与 0.6 倍的当地极端最高温度之和计算得之。

（2）太阳辐射热引起的耗冷量：

$$Q_{1b} = K \times A \times t_d$$

式中：K——外墙和屋顶的传热系数，$kJ/(m^2 \cdot h \cdot ℃)$；

A——受太阳辐射围护结构的面积，m^2；

t_d——受太阳辐射影响的昼夜平均温度，℃。

3. 物料冷却、冻结耗冷量 Q_2

$$Q_2 = \frac{m(h_1 - h_2)}{t} + \frac{m'(t_1 - t_2) \times c}{t} + \frac{m(g_1 + g_2)}{t}$$

式中：m——冷库进货量，kg；

h_1、h_2——物料冷却、冻结前后的热焓，kJ/kg；

t——冷却时间，h；

m'——包装材料质量,kg;

t_1、t_2——进出库时包装材料的温度,℃;

c——包装材料的比热容,kJ/(kg·℃);

g_1、g_2——果蔬进出库时相应的热呼吸,kJ/(kg·h)。

考虑到物料初次进入的热负荷较大,计算制冷设备冷量时应按 Q_2 的1.3倍计算考虑。

4. 库房换气通风耗冷量 Q_3(需换气的冷风库才进行此项计算,一般只用于贮存有呼吸的食品冷库计算)

$$Q_3 = 3 \times \rho \times V \times \Delta h / t$$

式中:ρ——库房内空气的体积质量,kg/m³;

V——库房的体积,m³;

Δh——库内外空气的焓差,kJ/kg;

t——通风机每天工作时间,h;

3——每天更换新鲜空气的次数,一般为1~3,此处取最大值。

5. 库房运行管理的耗冷量 Q_4

$$Q_4 = Q_{4a} + Q_{4b} + Q_{4c} + Q_{4d}$$

式中:Q_{4a}——照明的耗冷量,kJ/h,每平方米照明的耗冷量:冷藏间为4.18 kJ/h,操作间为16.7 kJ/h;

Q_{4b}——电动机运转耗冷量,kJ/h, $Q_{4b}=3594N$,N——电动机额定功率,kW;

Q_{4c}——开门耗冷量,kJ/h, $Q_{4c} = n \times \rho \times V \times \Delta h / t$,n——每日因开门造成的换气次数,与冷藏体积有关,100~500 m³ 时取3,500~1000 m³ 时取2,>1000 m³ 时取1;

Q_{4d}——库房操作人员耗冷量,kJ/h;$Q_{4d}=1256n_r$,n_r——库内同时操作人数,一般 $n_r=$ 2~4。

由于冷藏间使用条件变化大,为简便计,可按下式估算 Q_4:

$$Q_4 = (0.1 \sim 0.4)Q_1$$

对于大型冷库取0.1;中型冷库取0.2~0.3;小型冷库可取0.4。

五、制冷设备的选择计算

1. 各种温度的确定

在制冷系统中,各种温度相互关联,以下是氨制冷机在操作过程中的一般常用值。

(1)冷凝温度 t_k 。

$$t_k = \frac{t_{w1} + t_{w2}}{2} + (5 \sim 7)$$

式中:t_{w1}、t_{w2}——冷凝器冷却水的进水温度、出水温度,℃。

冷凝器冷却水的进出口温差,一般按下列数值选用:

立式冷凝器2~4℃;卧式和组合式冷凝器4~8℃;激淋式冷凝器2~3℃。

(2)蒸发温度 t_0。当空气为冷却介质时,蒸发温度取低于空气温度 7～10℃,常采用10℃。当盐水或水为冷却介质时,蒸发温度取低于介质温度 5℃。

(3)过冷温度。在过冷器的制冷系统中,需定出过冷温度。在逆流式过冷器中,氨液出口温度(即过冷温度)比进水温度高 2～3℃。

(4)氨压缩机允许的吸气温度。随蒸发温度不同而异,见表 4-16。

表 4-16　氨压缩机的允许吸气温度

蒸发温度/℃	0	-5	-10	-15	-20	-25	-28	-30	-33
吸气温度/℃	1	-4	-7	-10	-13	-16	-18	-19	-21

(5)氨压缩机的排气温度 t_p。

$$t_p = 2.4(t_k - t_0)$$

式中:t_k——冷凝温度,℃;

t_0——蒸发温度,℃。

2. 氨压缩机的选择及计算

选择氨压缩机要符合的一般原则为:选择压缩机时应按不同蒸发温度下的机械冷负荷分别予以满足。与此同时,当冷凝压力与蒸发压力之比 $P_k/P_0<8$ 时,采用单级压缩机;当 $P_k/P_0>8$ 时,则采用双级压缩机。

单级氨压缩机的工作条件如下:

最大活塞压力差:<1.37 MPa。

最大压缩比:<8。

最高冷凝温度:≤40℃。

最高排气温度:≤145℃。

蒸发温度:-30～5℃。

食品工厂的制冷温度都≥-30℃,压缩机压缩比都<8,所以都采用单级氨压缩机。

(1)单级氨压缩机的选择计算。工作工况制冷量 Q_c 计算:根据氨压缩机产品手册,只能查知压缩机标准工况下制冷量 Q_0,然后根据制冷剂的实际蒸发温度、冷凝温度或再冷却温度,换算为工作工况下的制冷量 Q_c(kJ/h):

$$Q_c = KQ_0$$

式中:K——换算系数,根据蒸发温度、冷凝温度或再冷却温度查有关表格。

(2)压缩机台数计算。

$$m = Q_j/Q_c$$

式中:Q_j——全厂总冷负荷,kJ/h;

Q_c——氨压缩机工作工况下的制冷量,kJ/h。

压缩机台数的确定,在一般情况下不宜少于两台,也不宜过多。除特殊情况外,一般不考虑备用机组。

3. 主要辅助设备的选择

(1)冷凝器的选择:冷凝器的形式很多,最常用的是立式壳管式冷凝器、卧式壳管式冷凝器、大气式冷凝器和蒸发式冷凝器。冷凝器的选择取决于水质、水温、水源、气候条件以及布置上的要求等。

立式冷凝器的优点是占地面积小,可安装在室外,冷却效率高,清洗方便。适用于水温较高、水质差而水源丰富的地区。

卧式冷凝器的优点是传热系数高,结构简单,冷却水用量少,占空间高度小,可安装于室内,管理操作方便。缺点是清洗水管较困难,造价较高。

冷凝器冷凝面积的确定:

$$F = \frac{Q_1}{q_1}$$

式中:F——冷凝器面积,m^2;

Q_1——冷凝器热负荷,kJ/h;

q_1——冷凝器单位热负荷,kJ/h。

立式冷凝器 $q_1 = 3500 \sim 40000$,卧式冷凝器 $q_1 = 3500 \sim 4500$。

冷凝器为定型产品,根据冷凝器冷凝面积计算结果,可从产品手册中选择符合要求的冷凝器。

(2)蒸发器的选择。蒸发器是一种热交换器,在制冷过程中起着传递热量的作用,把被冷却介质的热量传递给制冷剂。根据被冷却介质的种类,蒸发器可分为液体冷却和空气冷却两大类。

(3)其他辅助设备。

贮液器:贮液器在制冷系统中,位于冷凝器与蒸发器之间,为高压贮液器。它的作用是贮存和供应制冷系统内的液体制冷剂,使系统各设备内有均衡的氨液量,以保证压缩机的正常运转。贮液器容积确定的原则是应能贮藏工质每小时循环量的1/3~1/2。具体规格型号可以从有关产品手册中查找。

油分离器:用以分离从压缩机排出的气体所带的油分,以防止冷凝器及蒸发器内油分过多而影响传热效果。油分离器一般可按接管直径的大小来选择,如排气管管径为 $\phi 89 \times 4$,则可接选 YF-80 的油分离器。

空气分离器、紧急泄氨器、氨液分离器、低压贮液器、集油桶、排液桶、盐水泵、盐水池等附属设备,均可从有关产品手册中选择。

4. 冷冻站的位置选择

冷冻站位置选择时应考虑下列因素:

(1)冷冻站宜布置在全厂厂区夏季主导风向下风向的动力区域内。一般应布置在锅炉房和散发尘埃站房的上风向。

(2)力求靠近冷负荷中心,并尽可能缩短冷冻管路和冷却水管网。

(3)氨冷冻站不应设在食堂、托儿所等建筑物附近或人员集中的场所。其防火要求应按规定的《建筑设计防火规范》(GB 50016—2014)执行。

(4)机器间夏季温度较高,其朝向尽量选择通风较好,夏季不受阳光照射的方向。

(5)考虑发展的可能性。

六、冷库设计

1. 冷库的特点

(1)食品冷加工场所的建筑主要受到生产工艺流程和运输条件的制约。

(2)冷库要求结构坚固,并且具有较大承载力,以满足堆放货物和各种装卸运输设备正常运转的要求。

(3)设置合理的保温隔热层和隔汽防潮层。

(4)建筑材料和构件应保证有足够的强度和抗冻能力。

2. 平面设计的基本原则

(1)冷库的平面体型最好接近正方形,以坚守外部围护结构。

(2)高温库房与低温库房应分区布置(包括上下左右),把库温相同的布置在一起,以减少绝缘层厚度和保持库房温湿度相对稳定。

(3)采用常温穿堂,可防止滴水,但不宜设施内穿堂。

(4)高温库因货物进出较频繁,宜布置在底层。

3. 库房的层高和楼面负荷

单层冷库的净高不宜小于 5 m。为了节约用地,1500 t 以上的冷库应采用多层建筑,多层冷库的层高,高温库不小于 4 m,低温库不小于 4. 8 m。

楼面的使用荷载一般可考虑表 4-17。

表 4-17 各种库房的标准荷载

库房名称	标准荷载/($kg \cdot m^{-2}$)	库房名称	标准荷载/($kg \cdot m^{-2}$)
冷却间、冻结间	1500	穿堂、走廊	1500
冷藏间	1500	冰库	900 × 堆高
冻藏间	2000	—	—

4. 冷库绝热设计

绝热材料应选用容量小、导热系数小、吸湿小、不易燃烧、不生虫、不腐烂、没有异味和毒性的材料。

地坪绝缘:由于承受荷载,低温库多采用软木,高温库可采用炉渣。

外墙绝缘:多采用砻糠或聚苯乙烯泡沫塑料。

冷库门绝缘:采用聚苯乙烯泡沫塑料。

绝缘层的厚度按下式计算：

$$\delta = \lambda\left[\frac{1}{K} - \left(\frac{1}{a} + \frac{\delta_1}{\lambda_1} + \frac{\delta_2}{\lambda_2} + \cdots + \frac{\delta_n}{\lambda_n} + \frac{1}{a_2}\right)\right]$$

式中：δ——主要隔热材料厚度,m；

λ——主要隔热材料导热系数,W/(m·K)；

K——围护结构总的传热系数,W/(m^2·K)；

a、a_2——结构表面的对流给热系数,W/(m^2·K)。

如前所述,冷库维护结构单位面积耗冷量一般取11.7~13.9 W/m^2。由此确定K值,将K值代入上式,即可求得应有的隔热材料厚度。

5. 冷库的隔汽设计

隔汽设计是冷库设计的重要内容,由于库外空气中的水蒸气分压与库内的水蒸气分压有较大的压力差,水蒸气就由库外向库内渗透。为阻止水蒸气的渗透,要设良好的隔汽层。如隔汽层不良或有裂痕,蒸汽就会渗入绝缘材料中,使绝缘层受潮结冰以致破坏,这样不仅会使库温无法保持,严重的会造成整个冷库的破坏。隔汽层必须敷设在绝缘层的高温侧,否则会收到相反的效果。

在低温侧要选用渗透阻力小的材料,以及时排除或多或少存在绝缘材料中的水分。

屋顶隔汽层采用三毡四油,外墙和地坪采用二毡三油,相同库温的内隔墙可不设隔汽层。

复习思考题

(1)给排水工程涉及内容及所需的基础资料有哪些?

(2)如何确定食品工厂的全厂用水量及排水量?

(3)食品工厂对水质有何要求?

(4)比较自来水、地下水和地表水的优缺点。

(5)简述排水设计要点。

(6)供电设计时,工艺专业应提供哪些资料?

(7)食品工厂供电有哪些特殊要求?

(8)阐述食品工厂的最低照度要求。

(9)车间变电所位置选择的原则有哪些?

(10)食品工厂供电、变配电系统由哪些部分组成?

(11)如何确定锅炉房在食品工厂厂区的位置?

(12)锅炉的额定容量是如何确定的?

(13)锅炉对其给水水质有哪些要求?

(14)食品工厂的用汽要求有哪些?

(15)食品工厂采暖设计的一般原则有哪些?

(16)如何对食品工厂的通风进行设计?

(17)洁净室设计有哪些要求?

(18)如何确定冷库的总耗冷量、容量及其建筑面积?

(19)简述冷库设计的基本原则。

第五章　食品工厂设计的相关规范和要求

第五章课件

本章知识点：了解食品工厂厂址选择需要考虑的各种因素；掌握食品工厂厂址选择的原则与方法；了解食品工厂总平面设计的任务和内容；掌握总平面设计的原则和方法；掌握总平面设计的形式和步骤；掌握总平面布置图绘制的基本方法；了解良好操作规范（GMP）的含义及其对食品工厂卫生设计的要求；掌握食品工厂污水的来源及处理方法。

第一节　食品工厂设计对厂址选择的要求

一、食品工厂厂址选择的概念和作用

厂址选择是指在相当广阔的区域内选择建厂的地区，并在地区、地点范围内从几个可供考虑的厂址方案中选择最优厂址方案的分析评价过程。

从某种意义上讲，厂址条件选择是项目建设条件分析的核心内容。项目的厂址选择不仅关系到工业布局的落实、投资的地区分配、经济结构、生态平衡等具有全局性、长远性的重要问题，还将直接或间接地决定着项目投产后的生产经营，可以说，它直接或间接地决定着项目投产后的经济效益。

厂址选择问题是项目投资决策的重要一环，必须从国民经济和社会发展的全局出发，运用系统观点和科学方法来分析评价建厂的相关条件，正确选择建厂地址，实现资源的合理配置。

食品工业布局，涉及一个地区的长远规划。一个食品工厂的建设，离不开当地资源、交通运输、农业发展等因素。食品工厂的厂址选择是否得当，不仅影响到工农关系和城乡关系。还影响到工厂的基建进度、投资费用、基地建设及建成投产后的生产条件和经济效果。同时，对产品质量、卫生条件及职工的劳动环境等，都有着密切的关系。

二、厂址选择的原则和基本要求

厂址选择得合理与否，对工厂的建设速度、产品质量、生产管理水平、产品销售、经济效益、员工的劳动环境等都有重要的影响。在选择厂址时，应当按照国家方针政策，从生产条件和经济效果等方面考虑。还要考虑有机食品、绿色食品对厂址的一些特殊要求。现将原则和基本要求总结如下。

（一）厂址选择符合国家和地方的方针政策

食品工厂厂址选择要符合区域经济发展规划、国土开发及管理的有关规定。食品工厂的厂址应设在当地的规划区或开发区内，以适应当地远近期规划的统一布局，尽量不占或少

占良田,做到节约用地,所需土地可按基建要求分期分批进行征用。厂址的选择必须遵守国家法律法规,符合国家和地方的长远规划。

(二)厂址选择需要充分考虑水源、原辅材料和市场的要求

食品加工厂厂址附近要有充足的水源,且水质要好(符合《生活饮用水卫生标准》的要求)。城市采用自来水,必须符合饮用水标准;若采用江、河、湖水,必须加以处理;若采用地下水,必须向当地了解,是否允许开凿深井。特别是饮料厂和酿造厂对水质的要求很高。

食品加工原料及销售市场应具有一定的指向性,食品工厂一般建在原料产地附近的大中城市郊区,个别产品为了有利于销售也可以设在市区。不仅保证了原料的数量和质量,也有利于加强食品企业对农村原料基地生产的指导和联系,并且便于辅助材料和包装材料获取,有利于产品销售,且减少运输费用。

(三)厂址选择应符合食品工厂建设对自然条件的要求

(1)所选厂址,要选择可靠的地质条件和环境条件,应尽量避免将厂址设在淤泥、流沙、土崩断裂层、放射性物质、文物风景区、污染源存在的地区;特殊地质如溶洞、湿陷性黄土、孔性土等,洪水和滑坡地带、传染病医院、有严重粉尘灰沙或昆虫孳生的场所也应尽量避免,要注意它们是否会对食品工厂的生产产生危害;在矿藏地区的地表处也不应建厂。厂址应有一定的地耐力一般要求不低于 2×10^5 N/m^2。

(2)厂区的标高应高于当地历史最高洪水位,特别是主厂房及仓库的标高更应高出当地历史最高洪水位。厂区自然排水坡度最好在4/1000~8/1000。

(四)厂址选择满足投资和经济效率的要求

(1)所选厂址,在供电距离和容量上应得到供电部门的保证。电力负荷足够和电压正常平稳才能保证工厂冷库等24 h连续运转设施的电力需求。必须要有充分的水源,而且水质也应较好。食品工厂生产使用的水质必须符合卫生部门颁发的饮用水质标准,其中工艺用水的要求较高,需在工厂内对水源提供的水作进一步处理,以保证合格的水质来生产食品。对一些饮料厂和酿造厂,对水质的要求更高,而且需水量也很大,因此在选择厂址时要保证能得到充分、优质的用水。

(2)厂址选择的重要条件之一是交通运输要便利,附近应有便捷的交通运输(靠近公路、铁路、水路),如需要修建新的公路或专用铁路线,应该选择最短距离,以减少运输成本和投资成本。

(3)厂址如能选择在居民区附近,便可以减少宿舍、商店、学校等职工的生活福利设施。

三、厂址选择的工作程序与报告

根据上述的要求进行比较分析,从中选出最适合的为定点。厂址选择的工作由建设项目的主管部门或投资单位支持和组织。工作组由建设、工程咨询、设计单位及其他部门组成。而后向上级部门呈报厂址选择报告。厂址的选择内容包括以下几个方面。

(一)概述部分

1. 阐述厂址选择的目的与依据

技术勘测是在收集基本技术资料的基础上进行实地调查和核实,目的是通过实地观察和了解获得真实和直观的印象。

2. 厂址选择方法的比较与确定

(1)方案比较法。通过对项目不同选址方案的投资费用和经营费用的对比,作出选址决定。它是一种偏重于经济效益方面的厂址优选方法。其基本步骤是先在建厂地区内选择几个厂址,列出可比较因素,进行初步分析比较后,从中选出两三个较为合适的厂址方案,再进行详细的调查、勘察,并分别计算出各方案的建设投资和经营费用。其中,建设投资和经营费用均最低的方案,为可取方案。如果建设投资和经营费用不一致,可用追加投资回收期的方法来计算。

(2)评分优选法。可分三步进行,首先,在厂址方案比较表中列出主要判断因素;其次,将主要判断因素按其重要程度给予一定的比重因子和评价值;最后,将各方案所有比重因子与对应的评价值相乘,得出指标评价分,其中评价分最高者为最佳方案。

(3)最小运输费用法。如果项目几个选择方案中的其他因素都基本相同,只有运输费用是不同的,则可用最小运输费用法来确定厂址。最小运输费用法的基本做法是分别计算不同选址方案的运输费用,包括原材料、燃料的运进费用和产品销售的运出费用,选择其中运输费用最小的方案作为选址方案。在计算时,要全面考虑运输距离、运输方式、运输价格等因素。

(4)追加投资回收期法。通过对项目不同选址方案的投资费用和经营费用的对比,计算追加投资回收期,作出选址决定。它是一种偏重于经济效益方面的厂址优选方法。

通过厂址选择的方法分析对比,确定较优的厂址选择方案。

3. 选厂依据及简况

说明选厂依据、指导思想、选址范围、内容和选址经过、初步结论等。

4. 厂址的条件

厂址的条件包括:厂址地点的选择,四周环境的情况(如所在地理图上的坐标、海拔高度、行政归属等);地形资料(区域地形图比例尺 1 : 5000~1 : 50000,等高距 1~5 m;厂址地形图比例尺 1 : 500~1 : 2000,等高距 0.5~1.0 m);气象资料(包括气温、湿度、降水、风、日照、气压等);工程地质(土壤特性及允许耐力,对自然灾害的防治和处理手段、水文资料及地震基本烈度);原料、辅料的供应情况;交通运输情况(包括铁路、公路、水路等);环境保护、水源及排洪和排水的处理方式;供电与通信条件的技术要求、建筑材料的供应条件等情况。

(二)厂址选择的主要技术指标的估算

(1)总投资(其中固定资产所占比例,设备及安装所占比例,土建所占比例)。

(2)全场职工总数。

(3)全厂占地面积(m^2)(包括生产区和生活区面积、厂内外配套设施等)。

(4)全厂建筑面积(m^2)(包括生产区、生活区、厂前区、仓库区的面积)。

(5)原材料、燃料用量(t/a)。

(6)原材料及成品运输量(包括运入及运出量,t/a)。

(7)能源(包括水、电等)的消耗量。其中用水量(t/h,t/a*)、水质要求;用电量(包括全厂生产设备及动力设备的定额总需求量,kW)。

(8)三废的排放量及其主要有害成分。

(9)收集相关资料的提纲,包括地理位置地形图、区域位置地形图、区域地质、气象、资源、水源、交通运输、排水、供热、供汽、供电、弱电及电信、施工条件、市政建设及厂址四邻情况等。

(三)厂址方案比较及推荐

概述各厂址的地理环境条件、社会经济条件、自然环境、建厂条件及协作条件,列出厂址方案比较表,内容包括:技术条件比较、建设投资比较、年经营费用比较、社会、环境影响比较等。

对各厂址方案的优劣和取舍进行综合论证,并结合当地政府及有关部门对厂址选择的意见,提出选址工作组对厂址选择的推荐方案。

(四)附件资料

(1)厂址预选文件。

(2)选厂工作组成员表。

(3)各建厂地区规划示意图。

(4)区域位置图、厂址地形图(比例1∶50000)。

(5)各厂址方案总平面示意图(比例1∶2000)。

(6)各厂址工程地质、水文地质选址阶段的勘察资料。

(7)区域地质构造及地震烈度鉴定书。

(8)环境保护部门对厂址要求的文件。

(9)有关协议文件(包括原辅料、材料、燃料、交通运输及公共设施等)及有关单位对厂址方案的讨论意见等。

(五)厂址选择报告的审批

大型工程项目由国家城乡建设环境部门审批;中、小型工程项目,应按项目的隶属关系,由国家主管部门或省、自治区、直辖市相关部门审批。

举例:就罐头食品厂和软饮料生产厂而言,对其分别进行厂址选择,在考虑外部情况时,有何不同。

(1)罐头食品厂。原料:厂址要靠近原料基地,原料的数量和质量要满足建厂要求。关于“靠近”的尺度,厂址离鲜活农副产品收购地的距离宜控制在汽车运输2 h路程之内;劳动力来源:季节产品的生产需要大量的季节工,厂址应靠近城镇或居民集中点。

(2)软饮料生产厂。要有充足可靠的水源,水质应符合国家《生活引用水卫生标准》。天然矿泉水应设置于水源地或由水源地以管路接引原料水的地点,其水源应符合《饮用天然矿泉水》的国家标准,并得到地矿、食品工业、卫生(防疫)部门等的鉴定认可。要有方便的交通运输条件;除浓缩果汁厂、天然矿泉水厂处于原料基地外,一般饮料厂由于成品量及容器用量大,占据的体积大,均宜设置在城市或近郊。

第二节　食品工厂设计对总平面设计的要求

总平面设计是食品工厂选定以后需要进行的一项综合性技术工作,是食品工厂设计的重要组成部分,它是将全厂不同使用功能的建筑物、构筑物按整个生产工艺流程,结合地形条件进行合理的布置,使建筑群组成一个有机整体,这样既便于组织生产,又便于企业管理。所谓总平面设计,就是一切从生产工艺出发,研究建筑物、构筑物、道路、堆场、各种管线和绿化等方面的相互关系,在一张或几张图纸上完整、准确地标示出来,并利用用地条件进行科学全面地布局,这样的过程就称为食品工厂的总平面设计。

一、总平面设计的内容

食品工厂总平面设计的内容主要由平面布置和竖向布置两大部分组成,重点是平面方面的布置与设计,并辅以竖向布置设计。

平面布置设计主要是对用地范围内的建筑物、构筑物及其他工程设施在水平方向进行布置和设计,主要有以下几个方面:

(1)对厂区的建筑物、构筑物的位置进行设计。对以生产车间为主,包括原料预处理车间、各辅助加工车间、灌装和包装车间等的布置设计;对各类辅助车间,如原料仓库、半成品暂存仓库、成品库、冷库、产品检验室等的布置设计;对厂区范围内的其他辅助工程设施,如变电站、供水站、锅炉房、污水处理站等的布置设计。

(2)绿化带的布置和环保的设计。绿化带能够有效地调节空气、净化空气、调节气温、阻挡风沙、降低粉尘和噪声,进而改善生产和生活的环境。环境保护关系着国计民生的问题,环境污染会直接危害人民的身心健康,因此,有计划地进行合理布局是十分有必要的。

(3)合理地进行交通运输设计。结合厂区的自然条件和外部条件对用地范围内的交通运输线路进行合理布置,使人流和货流分开,避免往返交叉。

(4)对各类工程管线的布置。工程管线包括厂内外的物料管线、给排水管道、蒸汽管道及电线、电话线等。

竖向布置的设计是与平面设计相垂直方向的设计,即厂区各部分地形标高的设计(图5-1),其任务是把实际地形组成一定的形态,在一定的范围内使整个厂区既要平坦又便于排除雨水,同时要协调场内外的高度关系。通常情况下,地形较平坦的条件下,一般都不做竖向设计。如果地形不平坦,需要做竖向设计时,要结合地形综合地进行分析,在不影响各车间之间联系的原则下,应当尽量保持自然的地形,使土方工程量达到最少的限度,从而节省投资。工厂总平面设计是一项综合性很强的工作,需要工艺设计、交通运输设计、公共工程设计等的紧密配合,才能够完成设计任务。

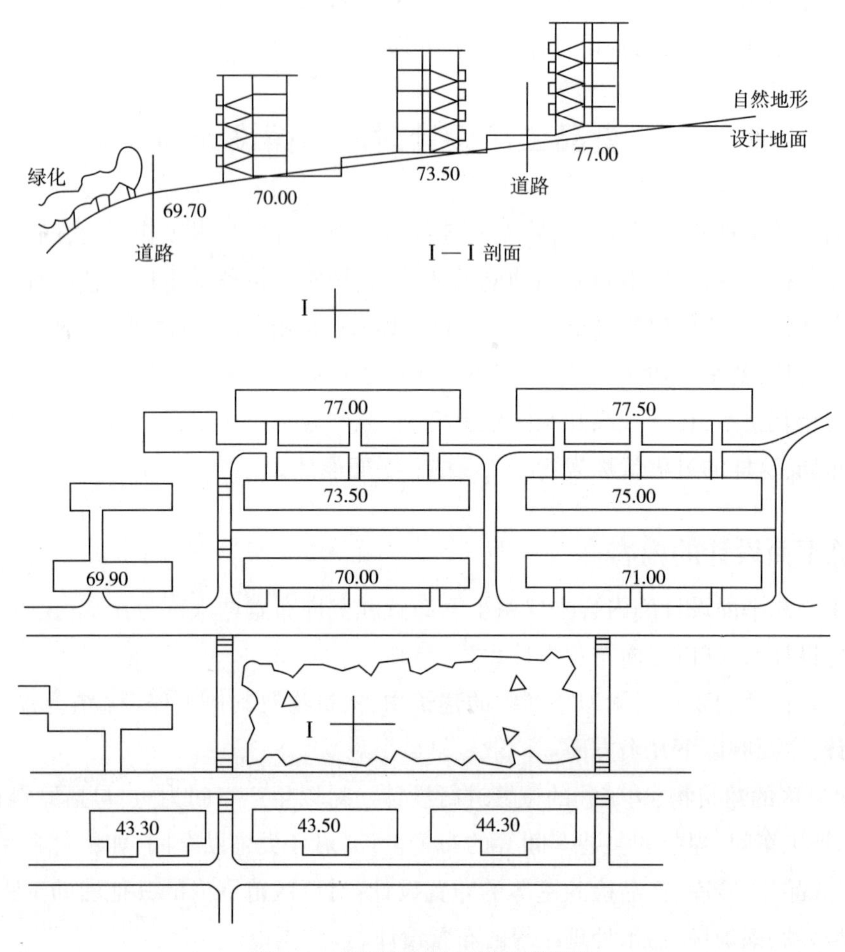

图5-1 厂区各部分地形标高设计

二、总平面设计的基本原则

食品工厂总平面设计,因其原料种类、产品性质、生产规模的大小、建设条件及建设工艺各不相同,都应当按照设计的基本原则结合其实际情况进行设计。食品工厂总平面设计的基本原则有以下几点:

(1)总平面设计应按批准的设计任务书和可行性研究报告进行,总平面布置应做到紧凑、合理,并符合国家有关规范和规定。

(2)建筑物、构筑物的布置必须符合生产工艺要求,保证生产过程的连续性。互相联系比较密切的车间、仓库,应尽量考虑组合厂房,既有分隔又缩短物流线路,避免往返交叉,合理组织人流和货流。

(3)建筑物、构筑物的布置必须符合城市规划要求并结合地形、地质、水文、气象等自然条件,在满足生产作业的要求下,根据生产性质、动力供应、货运周转、卫生、防火等分区布置。有大量烟尘及有害气体排出的车间,应布置在厂边缘及厂区常年下风方向。

(4)动力供应设施应靠近负荷中心。

(5)建筑物、构筑物之间的距离,应满足生产、防火、卫生、防震、防尘、噪声、日照、通风等条件的要求,并使建筑物、构筑物之间间距最小(图 5-2)。

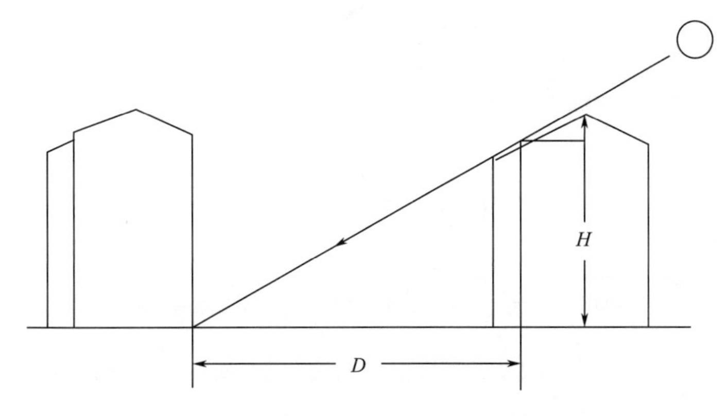

图 5-2　建筑间距与日照关系示意图

(6)食品工厂卫生应满足相关标准和要求。生产车间要注意朝向,保证通风良好。生产厂房应与公路有一段距离,中间设置绿化地带,一般 30~50 m。厕所应与生产车间分开并有自动冲水设施。对卫生有不良影响的车间应远离其他车间。

(7)生产区和生活区尽量分开,厂区尽量不搞屠宰。

(8)厂区道路一般采用混凝土路面。厂区尽可能采用环行道,运煤、出灰不穿越生产区。厂区应注意合理绿化。

(9)合理地确定建筑物、构筑物的标高,尽可能减少土石方工程量,并应保证厂区场地排水畅通。

(10)总平面布置应考虑工厂扩建的可能性,留有适当的发展余地。

三、总平面设计中食品工厂不同使用功能的建筑物及构筑物的相互关系

按照不同的使用功能现将食品工厂中的主要建筑物、构建物分为:

(1)生产车间:如奶粉车间、榨汁车间、实罐车间、饮料车间、饼干车间、综合利用车间等。

(2)辅助车间:化验室、中心实验室、机修车间等。

(3)供排水设施:水处理设施、水泵房、水塔、水井、废水处理设施等。

(4)动力部门:变电所、发电间、锅炉房、冷机房和真空泵房等。

(5)仓库:原材料库、成品库、包装材料库、各种堆场等。

(6)全厂性设施:办公室、食堂、医务室、厕所、传达室、自行车棚等。

利用图解法来说明分析食品工厂的建筑物、构建物相互之间的关系,如图5-3所示,食品工厂中以生产区为中心,各主要使用功能的建筑物、构筑物均围绕生产车间进行布局。

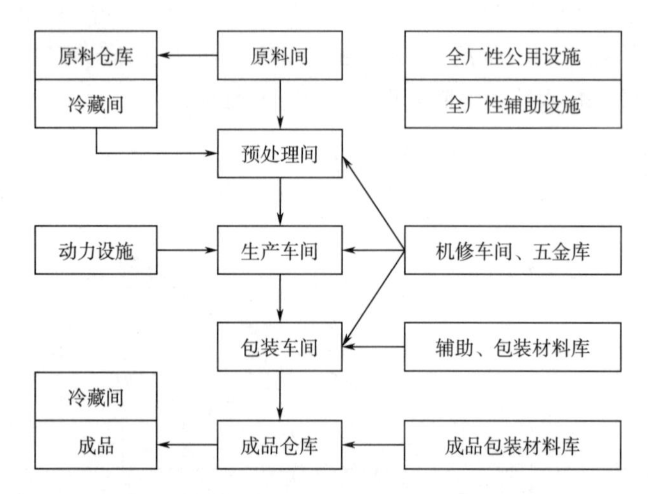

图5-3　主要使用功能的建筑物、构筑物在总平面布置图中的示意图

四、不同种类的建筑物和构筑物的布置

建筑物布置应严格符合食品卫生要求和现行国家规程、规范规定,尤其遵守《出口食品生产企业卫生要求》《食品生产加工企业必备条件》《建筑设计防火规范》中的有关条文。各有关建筑物应相互衔接,并符合运输线路及管线短捷、节约能源等原则。生产区的相关车间及仓库可组成联合厂房,也可形成各自独立的建筑物。

(1)生产车间的布置。生产车间的布置应严格按照生产工艺过程的顺序进行配置,生产线路尽可能做到径直和短捷,但并不是要求所有生产车间都安排在一条直线上。如果这样安排,当生产车间较多时,势必形成一长条,从而给仓库、辅助车间的配置及车间管理等方面带来困难和不便。为使生产车间的配置达到线性的目的,同时又不形成长条,可将建筑物设计成T形、L形或U形。

(2)辅助车间及动力设施的布置。锅炉房应尽可能布置在使用蒸汽较多的地方,这样可以使管路缩短,减少压力和热能损耗。在其附近应有燃料堆场,煤、灰场应布置在锅炉房的下风向。煤场的周围应有消防通道及消防设施。污水处理站应布置在厂区和生活区的下风向,并保持一定的卫生防护距离;同时应利用标高较低的地段,使污水尽量自流到污水处理站。

(3)厂区道路的布置。通常情况下厂内运输方式包括:铁路运输、道路运输、带式运输、管道运输等形式。

道路布置形式包括:

环状式道路布置:围绕各车间布置,平行于建筑物形成纵横贯通的道路网。

尽头式道路布置：道路不纵横贯通，根据交通运输的需要而终止于某处。

混合式道路布置：厂内既有环状式道路布置也有尽头式道路布置。

道路规格：包括宽度、路面质量等，根据城市建筑规定、工厂生产规模等而定。

(4)管线综合布置。管线是指各种管道和输电线路的统称。任何一处发生故障，都可能造成停电、停水、断气等，直接或间接影响正常生产。

厂内主要管线种类包括以下几种：

上下水管：生产和生活用下水，蒸汽冷凝水、污水、雨水用下水。

电缆、电线：动力、照明、通信、广播通信线路等。

热力管道：蒸汽、热水、冷冻盐水等管道。

煤气管道：生产、生活用煤气燃料输送管道。

(5)物料管道，如主辅料流通管道等的布置。其布置敷设方式有直接埋地管道、设置在地下综合管沟内管道，以及架空管道。其地上管线布置原则包括以下内容：

管线布置需与工厂总平面布置、竖向设计和绿化布置统一进行。管线之间以及管线与建、构筑物之间在平面上相互协调、紧凑合理，厂容美观。

管线布置，必须在满足生产、安全、检修的条件下节约用地。

管线布置应与道路或建筑红线相平行。

管线布置尽量减少与道路、铁路及其他干线交叉，如果相交应为正交，特殊时交叉角不宜小于45°。

山区建厂，管线敷设应充分利用地形。避免山洪、泥石流及其他地质危害。

管道内的介质具有毒性、可燃、易燃、易爆性质时，严禁穿越与其无关的建筑物、构筑物、生产装置、贮罐区等。

管线布置按类分布在道路两侧。

改扩建工程中的管线布置，不得妨碍现有管线的正常使用。

地下管线布置原则包括以下内容：

布置顺序：弱电电缆、给水管、雨水管、污水管。

将检修次数较少的雨水管、污水管埋设在道路下面。

小管让大管、压力管让重力管、软管让硬管、短时管让永久管。

电力电缆不应与直埋的热力管道平行，遇交叉时，电缆应在下方穿过或采取保护措施。

能散发可燃气体的管线，应避免靠近通行管沟和地下室。

大管径压力较高的给水管应避免靠近建筑物。

(6)绿化与美化布置。食品工厂的绿化布置是总平面设计的一个重要环节，应当在总平面设计中统一考虑。厂区绿化的功能包括以下几点：吸收和滞留有害气体，补充新鲜空气；吸收和滞留粉尘；降低噪声、防火；稳定土基、隔离；调节小气候。

在进行厂区绿化应注意以下原则：洁净的厂房周围应充分进行绿化，改善周围生产环境，改善劳动条件，提高生产效率等方面的作用。种植树木以常青树为主、不宜种花。一定要有绿化意识、科学态度和审美观点。缺少科学态度和审美观点,就不可能把绿化工作搞好。厂区内道路必须人流、物流分开,两旁植上常青的行道树。这样可以突出重点,并兼顾一般。还可以把生产区、厂前区及生产、生活区有效地分开。

绿化的一般规定是企业基本建设中的关键问题之一,也是关系到工厂建设顺利与否和将来生产运行成本高低的关键大事。它对投资总额、建厂速度和将来的经营管理条件、生产成本起着决定性的影响,同时也对附近其他工厂的生产条件、居住的生活卫生条件、职工生活方便与否起着很大的影响。一个工厂的厂址选择将对建厂速度、建设投资,对项目建成后的经济效益、社会效益和环境效益的发挥,对食品工业的合理布局和地区经济文化的发展具有深远意义。因此厂址选择是一项涉及社会关系、经济、技术的综合性工作。

五、总平面设计阶段

(一)总平面图的设计准备工作

包括以下内容:

(1)已获批的设计任务书。

(2)已确定的食品工厂厂址的具体位置、场地面积、地质情况、地形等资料。

(3)工厂厂区地形图。

(4)风向玫瑰图等。

(二)初步设计阶段

初步设计是在设计范围内做详细全面地计算和安排,使之足以说明食品工厂的全貌,可供有关部门审批,但不能作为施工指导,这种深度的设计称作初步设计。对于一般的食品工厂设计,其初步设计的内容常包括一张总平面布置图和一份设计说明书。图纸中包括各建(构)筑物、道路、管线的布置等内容。

(1)总平面布置图。图纸比例按1∶5000或1∶10000,图内有地形等高线,原有建筑物、构筑物和将来拟建的建、构筑物的布置位置和层数、地坪标高、绿化位置、道路梯级、管线、排水沟及排水方向等。在图的一角或适当位置绘制风向玫瑰图和区域位置图。总平面图上标注尺寸,一律以米为单位,图中的图例和符号,必须按照国标进行绘制。

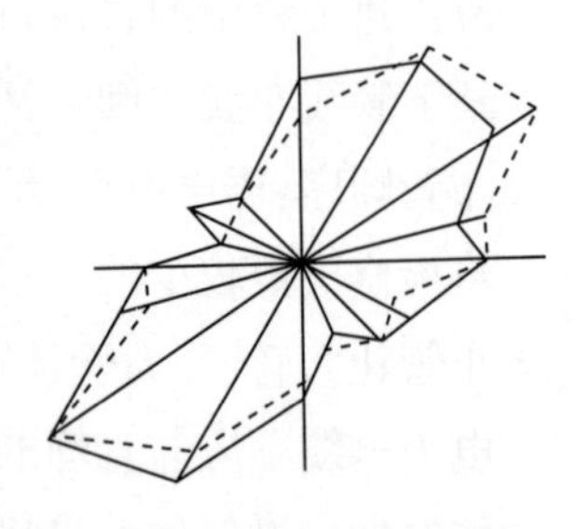

图5-4 风向玫瑰图示意图

风向玫瑰图有风向玫瑰图和风速玫瑰图两种,一般多采用风向玫瑰图。图5-4为风向玫瑰图例。风向玫瑰图表示风向和风向频率。风向频率是在一定时间内各种风向出现次数占所观测总次数的百分比。根据各方向风的出现频率,以相应的比例长度,按风向中心吹描在8个或16个方位所表示的图线上,然后将各相邻方向的端点用直线连接就形成了风向玫瑰图,由于图形类似玫瑰花所以被称为风向玫瑰图。看风向玫瑰图时要注意:最长者为当地主导风向;风向是由外缘吹向中心;粗实线为全年风频情况,虚线为6~8月夏季风频情况。他们都是根据当地多年的全年或者夏季的风向频率的统计资料制成,需要时可查阅参考。

风速玫瑰图有时可代替风向玫瑰图使用,风速玫瑰图与风向玫瑰图类似,不同的是在各方位的方向线上是按平均风速(m/s)而不是风向频率取点。

将风向玫瑰图标明在总平面布置图上的目的是表明工厂的污染指数。工厂或车间散发的有害气体和空气中微粒对邻近地区空气的污染不仅与风向频率有关,同时也受风速影响,其污染程度一般用污染系数表示:

污染系数=风向频率/平均风速

污染系数表明污染程度与风向频率成正比,与平均风速成反比。也就是说某一方向的风向频率越大,则下风受到污染的机会就越多;而该方向的平均风速越大,则上风位置有害物质很快被吹走或扩散,受到的污染也就越少。

风玫瑰图具有一定的局限性,风玫瑰图是一个地区,特别是平原地区风的一般情况,而不包括局部地方小气候,因此地形、地势的不同,也会对风气候起着直接的影响。所以当厂址选择在地形复杂位置时,也要注意小气候的影响,并在设计中善于利用地形、地势及产生的局部地方风。食品工厂总平面布置时,应该将污染性大的车间或部门,布置在污染系数最小的方位,如南方地区将食品原辅料仓库、生产车间等布置在夏季主导风向的上风向,而锅炉、煤堆等则应布置在下风向。

总平面图一般是画在地形图上。而地形起伏较大的地区,则需绘出等高线。图上每条等高线所经过的地方,它们的高度都等于等高线上所注的标高。地形图通常说明厂址的地理位置,比例一般为 1∶5000、1∶10000,该图也可附在总平面图的一角上,以反映总平面周围环境的情况,如图 5-5 所示。

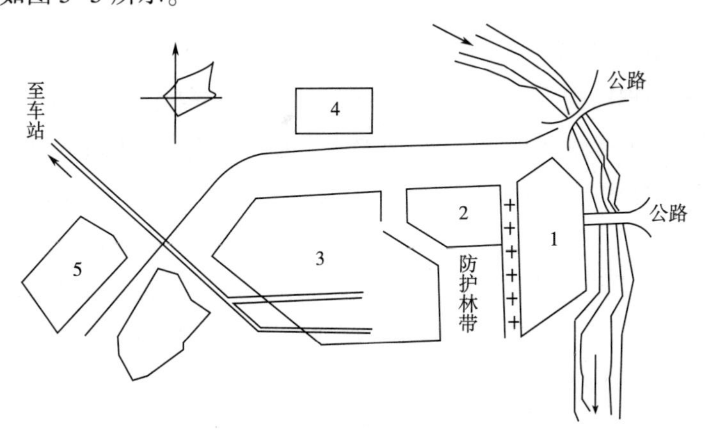

图 5-5　厂区生活区域位置示意图(1∶5000)

1—居民区　2—行政区　3—厂区　4—厂区发展区　5—居住发展区

工程的性质、用地范围、地形地貌和周围环境情况可以用文字说明在总平面布置图的右边或右下方。原有建筑物、新建的和将来拟建的建筑物的布置位置、层数和朝向,地坪标高、绿化布置、厂区道路等,按建筑标准绘制在总平面布置图上。

(2)设计说明书及主要技术经济指标。设计说明书中要写明几点内容:设计依据,布置特点,主要技术经济指标:建筑系数、土地利用系数、绿化率,概算。

要求文字简洁、数据准确,必要时可以列表展示。

主要技术经济指标包括:厂区总占地面积,生产区占地面积,建筑物、构建物面积,道路长度,围墙长度,绿化带面积,露天堆场面积,建筑系数和土地利用系数等。

(3)建筑系数和土地利用系数。建筑系数是指厂区内建筑物、构建物占地面积之和与厂区总占地面积之比,土地利用系数则是指建筑物、构筑物、辅助配套工程占地面积之和与厂区总占地面积之比。而铁路、公路、人行道、管线、绿化等则都属于辅助配套工程的范畴。

厂区土地利用情况不能被建筑系数完全反映出来,而厂区的场地利用是否经济合理却能运用土地利用系数反映出来。表5-1表明了部分不同类型食品工厂的建筑系数及土地利用系数。

表5-1　部分不同食品工厂的建筑系数及土地利用系数

工厂类型	建筑系数/%	土地利用系数/%
罐头厂	25~35	45~65
乳品厂	25~40	40~65
面包厂	17~23	50~70
糖果食品工厂	22~27	65~80
植物油厂	24~33	60
啤酒厂	34~37	—

(三)施工图设计

施工图设计是根据已批准的初步设计或设计方案而编制的可供施工和安装参考的设计。施工图设计的目的是使初步设计进一步深化,落实和深入一些细节问题,精心设计绘制全部施工图纸,提交总平面布置施工设计说明书,便于指导施工。施工图包括以下内容:

(1)平面施工图。绘图比例1∶500或1∶1000,图纸上显示等高线,用红色细实线绘制原有建筑物和构筑物,黑色粗实线表示新设计的建筑物和构筑物。图中按照《建筑制图标准》绘制,明确表明各建筑物和构筑物的外形尺寸和定位尺寸,并留有必要的可发展空间和余地,以满足未来生产发展的需要。

(2)竖向布置图。能否单独出图,取决于工程项目的多少和地形的复杂情况。图中应标明各建筑物和构筑物的标高、层高、各层面积、室内地坪标高、道路转折点的标高、纵坡和距离等。

(3)管线布置图。有两种情况,一种是简单的工厂总平面设计,其管线种类少,布置较简单,常只包括给水、排水和照明管线,通常就附在总平面施工图内;另一种情况就是管线较复杂,常由各设计专业工种出各类管线布置图。通常总平面设计人员会出一张管线综合平面布置图,同时标明管线间距、标高、转折点、纵坡、阀门和检查位置及各类管线、检查井等的图例说明。图纸的比例必须与总平面布置施工图一致。

(4)总施工设计说明书。通常要说明设计意图、施工顺序及在施工过程中应当注意的问题,各种技术经济指标和工程量等,一般不单独出说明书,通常用文字说明附在总平面布置施工图的一角。

总施工图是整个工厂总平面设计的依据,为了确保设计的质量,施工图必须经过设计、校对、审核、审定后,方可发至施工单位,作为施工依据。

六、食品工厂总平面设计案例

(一)某饮料厂总平面设计

(1)以生产车间为主体,组建大跨度联合厂房。集原料、包装材料等仓库及生产加工间、成品库等为一体,既分又合,使物料运输线路最短、管道短捷,达到节约用地,又便于机械化、连续化生产。全厂总平面布置如图 5-6 所示。

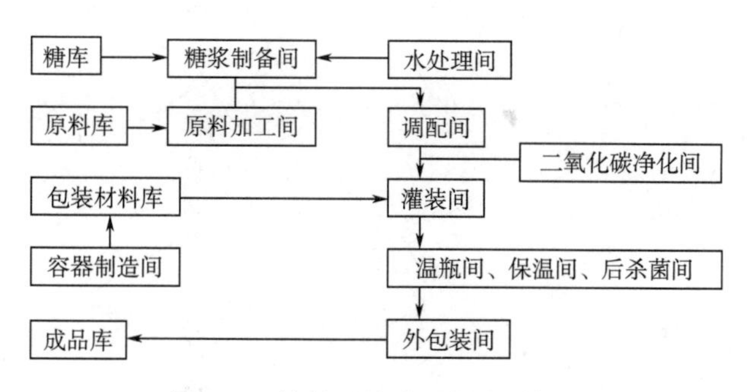

图 5-6　饮料厂总平面布置示意图

图中所示各车间根据饮料品种要求和生产配套需要而设置,糖库、糖浆制备间和调配间可在同一平面上布置,也可分层布置并垂直输送至灌装间。

(2)生活室、办公楼、食堂可设置在主体厂房内,也可独立设置,但需连廊相连,既分开,又联系方便。尤其生活区(更衣、浴、厕)可借助夹层、走道(或参观走廊)使工人流向各工段,避免与物流交叉。

(3)注意卫生,可采取以下措施:①建成全封闭车间;②车间入口处设置消毒设施;③对污水处理站及其他污染源进行有效隔离,避免污染整体环境。

(4)注意货物流量,应该有较宽的主干道和较大回车场地,并设置月台,以便集装箱车装卸物料与成品。

月台有三种形式:①月台高出室外地坪 0.90~1.10 m;②室外地坪向月台倒坡 0.90~1.10 m;③月台高出室外地坪为室内外高差(一般为 0.3 m)设置变幅式登车桥。

(5)注意绿化、美化环境。

(6)厂区道路一般采用混凝土路面。厂区尽可能采用环行道,运煤出灰不穿越生产区。

(7)技术经济指标为新建饮料厂建筑系数 30%~40%,土地利用系数 50%~70%,绿地率不低于 25%。

(二)某啤酒厂总平面设计

某啤酒工厂的总平面设计图见图 5-7,施工图明细表见表 5-2。

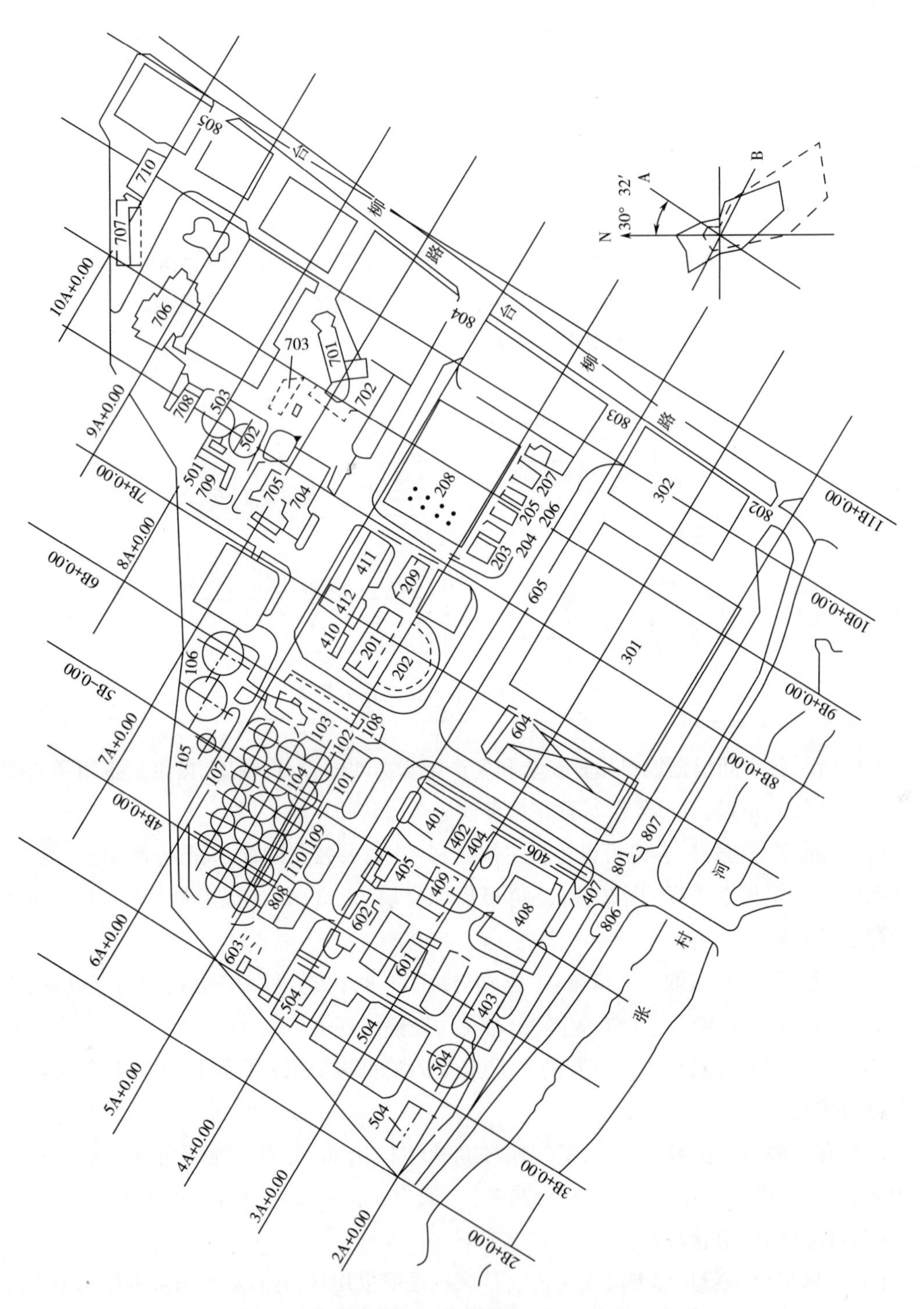

图 5-7 某啤酒工厂的总平面设计施工图示例(1∶1000)

注:此图上只放主要设施,辅助设施不在其中,见表 5-2。

表 5-2　总平面设计施工图明细表

编号	名称	编号	名称
101	卸麦间	412	变电所
102	计量间	413	总电压变电所
103	精选塔	414	制冷站
104	大麦仓	415	空压站
105	发芽塔	416	变电所
106	干燥塔	501	给水泵房
107	麦芽仓	502	大井
108	浸麦水池	503	清水池
109	制麦辅助楼	504	水塔
110	变电所	505	污水站
201	粉碎间	601	机修车间
202	糖化间	602	电气仪表维修间
203	蓄热器	603	危险品仓库
204	浮选间	604	瓶堆场
205	酵母槽	605	停车场
206	酵母繁殖室	701	办公楼
207	酵母综合间	702	接待室
208	酵母贮存间	703	小啤酒间
209	酵母处理室	704	礼堂餐厅
210	废啤酒器	705	浴室
211	控制室	706	招待所
213	发酵罐	707	单身职工宿舍
214	辅助间	708	幼儿园
301	包装车间	709	厂前区变电所
302	成品库	710	汽车库
401	锅炉房	801	1#大门
402	引风机房	802	2#大门
403	水处理间	803	3#大门
404	灰渣泵房	804	4#大门
405	热交换站	805	售酒间
406	粉煤袋	806	洗手间
407	粉碎机房	807	人行横道
408	贮煤棚	808	综合管廊
409	灰渣池	809	淀粉处理间
410	渣斗	810	综合仓库

(三)某味精厂总平面设计

在此设计方案中,生产区、生活区及管理区是分开的,保证了各区域的相互独立性,动力车间和贮水池均布置在主生产车间附近,布局较为合理,如图 5-8 所示(1∶2000)。

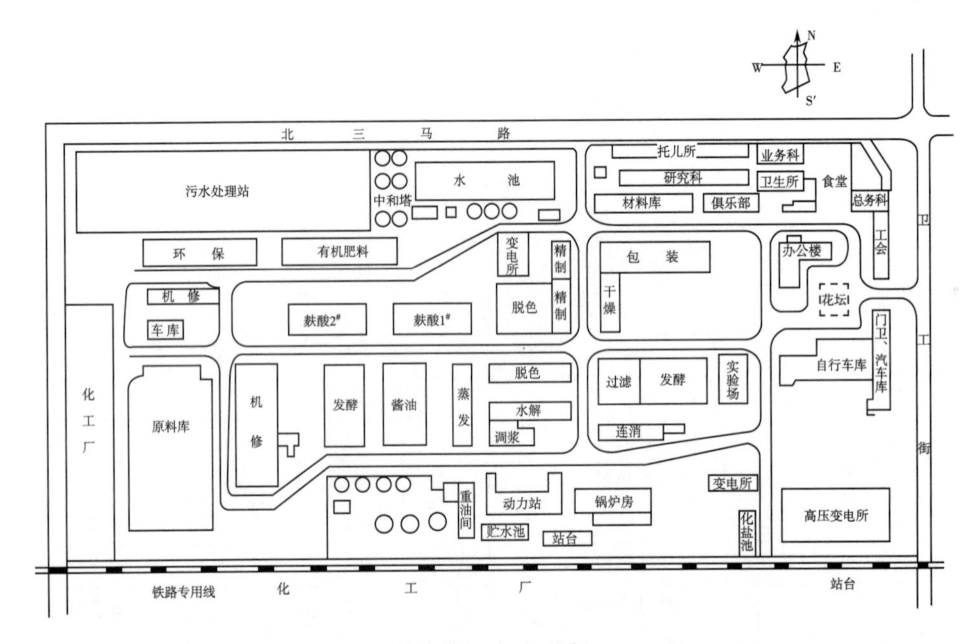

图 5-8 某味精厂总平面图(1∶2000)

第三节 良好操作规范(GMP)对食品工厂卫生设计的要求

“良好操作规范(Good Manufacturing Practice)”简称 GMP,指生产企业应具备良好的生产设备设施、合理的生产过程、完善的质量管理和控制系统,确保最终产品质量符合安全要求。食品良好生产规范自药品 GMP 体系发展而来。目前,国际食品领域的 GMP 多以法律、法规和技术规范等形式体现,食品生产经营企业必须符合其要求。

一、GMP 体系的发展历程和主要内容

GMP 体系的引入与不断发生的药物安全事件有关,1941 年发生的近 300 人死亡的磺胺噻唑事件,促使美国于 1962 年对《食品、药品及化妆品法案》进行大幅修改,并且开始强制推行《良好操作规范》(GMP)。此外,世界卫生组织(WHO)于 1969 年在《国际药典》中收录该制度,并建议各成员国将其作为药品生产的监督制度。1981 年国际食品法典委员会(CAC)在食品标准制定中开始引入 GMP 内容。

我国自 1984 年制定类似 GMP 的出口食品生产强制性卫生规范以来,陆续颁布了白酒(GB/T 23544)、黄酒(GB/T 23542)、葡萄酒(GB/T 23543)、乳制品(GB 12693)、婴幼儿配方食品(GB 23790)和特医食品(GB 29923)等良好操作规范文件。目前正在进行保健食品、婴

幼儿配方食品和特医食品的 GMP 修订更新。新建、改建或扩建的食品工程项目应该按照 GMP 和卫生操作规范进行设计。实施 GMP 能够促进生产企业积极采用新技术、新设备、新工艺提升食品安全,加速与国际食品安全标准接轨,便于贸易流通,有效提升企业质量安全自主管理能力。

食品 GMP 是一种质量保证体系,要求食品工厂在制造、包装及储运等过程中,具备良好的生产设备、合理的生产过程、完善的质量管理和严格的检测系统,防止食品在不卫生条件或可能引起污染及品质变坏的环境下生产,减少生产事故的发生,确保食品安全卫生和品质稳定。

GMP 不是一个静态的概念,而是一种动态的进化机制,需要使用现代技术和创新方法通过持续改进来实现更高的质量。我国目前执行的 GMP 规范是由 WHO 制定的适用于发展中国家的 GMP 规范,偏重对生产硬件条件,如生产设施和设备的要求;而美国、欧洲国家和日本等国家执行的 GMP 体系(current Good Manufacture Practice,简称 cGMP),也叫当前良好生产规范,强调现场管理(current),其重心在生产软件方面,比如操作人员的动作和如何处理生产中的突发事件。2018 年发生的“三聚氰胺奶粉事件”给我们敲响了警钟,只强调生产硬件和产品检测保证不了产品质量安全,必须加强生产现场管理和安全风险防范等软件建设。不仅要求企业控制自然发生的食品安全风险,还要求企业识别、评估和控制食品行业潜在人为故意因素引入的风险,才能从源头上控制产品质量和保护消费者的生命安全。

GMP 体系主要包括六大系统:质量系统、设施与设备系统、物料系统、生产系统、包装与标签系统、实验室控制系统,其中质量系统贯穿于整个过程(图 5-9)。具体内容包括以下方面:

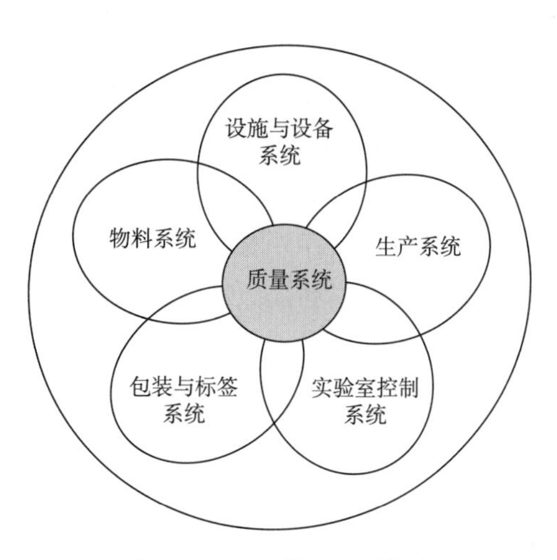

图 5-9　GMP 体系主要构成

(1)对人员的规范性要求。生产企业管理机构必须采取合理的措施和预防方法确保人员疾病控制、清洁卫生、教育与培训和监督管理。

(2)对厂房与地面的规范性要求。生产加工企业地面必须保持良好的状态,防止食品受污染;厂房建筑的尺寸、结构与设计必须便于食品生产的维修和卫生操作。

(3)对卫生操作的规范性要求。卫生规范内容包括一般保养,用于清洗和消毒的物质、有毒化合物存放,虫害控制,食品接触面卫生,已清洗干净、可移动设备及工器具的存放和处理。

(4)对卫生设施和控制的规范性要求。生产企业必须配备足够的卫生设施及用具,包括但不限于供水、输水设施、污水处理、卫生间设施、洗手设施、垃圾及废料收集设施。

(5)对设备和工器具的规范性要求。生产企业所用的设备和工器具,其设计、采用的材料和制作工艺必须便于清洗维护、无污水、油脂等污染物掺入,能够耐受加工环境、食品本身和清洗剂、消毒剂的腐蚀,采用无毒材料制成。食品接触面易维护,防止食品受到任何有害物质污染。

(6)对加工和控制的规范性要求。食品进料、检查、运输、分选、预制、加工、包装及贮存等所有生产加工环节必须严格按照卫生要求进行控制,必须采用合适的质量管理措施,确保食品适合人类食用,并确保包装材料安全无毒害。

(7)对成品仓储和销售的规范性要求。食品成品的储藏和运输必须有一定条件,避免食品受物理的、化学的或生物污染,同时避免食品变质和容器的再次污染。

(8)对缺陷水平的规范性要求。缺陷水平指供人食用的食品中对人健康无害的、天然的、不可避免的缺陷,必须采取质量控制办法将缺陷减少到最低限度。

二、GMP体系对食品工厂工艺设计的要求

食品工厂工艺设计的卫生要求主要包括物料的净化、设备的选择、工艺管道的选择及生产车间的工艺布置等方面。

1. 人员和物料净化

防止人流和物流之间的交叉污染,应分别设置人员和物料进入生产区域的出入口和净化设施。

(1)人员净化室和生活室应设置换鞋、存外衣、消毒、换洁净服、空气吹淋等设施、设备。

(2)进入清洁作业区的物料、包装材料和其他物品,需做相应的清洁处理,并设置相应的清洁设施。

(3)进入不可灭菌产品生产区的原辅料、包装材料和其他物品,还应设置灭菌室和灭菌设施。

(4)准清洁室与灭菌室、清洁室之间应设置气闸室或传递窗(柜),清洁室空气净化洁净等级应与清洁生产区相适应。

(5)生产过程中产生的废弃物出口宜单独设置传递通道或设施。

2. 主要生产设备的选择

(1)所有生产设备的设计和构造应易于清洗和消毒,并容易检查。应有可避免润滑油、金属碎屑、污水或其他可能引起污染的物质混入食品的构造,并应符合相应的要求。

(2)与物料接触的设备内壁应光滑、平整、无死角,易于清洗、耐腐蚀,且其内表层应采用不与物料反应、不释放出微粒及不吸附物料的材料,应符合 GB 14881—2013 的相关规定。

(3)设备应具有严格的验证鉴定,包括安装确认(IQ)、运行确认(OQ)和性能确认(PQ),IQ 是与设计规范一致性的验证,OQ 是与功能规范一致性的验证,PQ 是对过程满足用户要求的规范的能力的验证。

(4)洁净区使用的设备应具有防尘和防微生物污染的配置措施。

(5)用于成型和包装的设备应性能可靠,不易产生偏差,当发生不合格、异物混入或故障时,应有报警、纠偏、剔除、调整等功能。

(6)物料接触设备应便于快速拆装进行清洗或灭菌,不便移动和拆卸的应具有在线清洗和灭菌的设计。

(7)包含产品粉尘、气溶胶、挥发性气体等设备应设置回收净化装置,经处理符合生产环境洁净要求后才能排放。

(8)生产无菌产品的设备应满足灭菌要求。

3. 工艺管道选择与布局

许多机械化程度要求高的食品加工车间(如饮料、液态奶等加工车间),工艺管道需求非常多,工艺管道的选择和布局成为非常重要的内容,对卫生要求也非常高。

(1)工艺管道设计应符合工艺流程需要,满足生产工艺要求。生产车间工艺管道宜明装、集中敷设,排列应整齐、美观。

(2)管道及管道附件的材质应符合设备选择中的卫生要求,便于施工、安装、操作与维修。物料管道应方便拆装、清洗。

(3)管道布置不得妨碍设备、管件和阀件的操作与检修,不应影响车间采光、通风和参观视线。除物料管道外,工艺管道宜沿墙、柱、设备架空敷设,必要时可沿地面、埋地或管沟敷设。

(4)蒸汽、冷凝水等管道,不宜设置在暴露原料和成品的上方。

(5)穿越清洁作业区墙、楼板、吊顶、屋面的管道应敷设套管,套管内的管道不应有焊缝、螺纹和法兰。

(6)满足生产工艺的条件下,工艺管道尽量短。管道系统应设置必须的吹除口、放净口和取样口,避免出现不易吹除的盲管和死角。

(7)车间内的管道应根据表面温度和环境温度、湿度确定保温形式和构造,冷管道保温后的表面温度不应低于环境的露点温度。洁净室内的管道绝热保护层表面应平整光滑,无颗粒性物质脱落,宜采用金属外壳保护。

(8)车间内的各类工业管道应设置明显的介质和流向标识。

(9)可燃、易爆、易挥发、高温高压工业管道要注意安全技术防护,设置必须的静电消除装置、事故排风装置、压力安全装置等安全措施。

4. 车间布置

(1)车间布置包括生产区及辅助生产区,生产区应包括原料预处理间、加工操作间、半成品储存间及成品包装间等;辅助生产区应包括检验室、原料仓库、材料仓库、成品仓库、更衣室及盥洗消毒室、卫生间和其他为生产服务所设置的场所。

(2)生产车间设置应根据工艺流程,进行有序而整齐地布置,有足够的生产操作和拆卸清洗区域,并应按生产操作需要和生产操作区域清洁度的要求进行隔离,防止相互污染。

(3)在相同级别生产区内,按工艺流程要求宜将相关设备集中布置。生产和储存的区域不得用作非本区域内工作人员的通道。

(4)不同等级空气洁净度房间之间宜设有防止交叉污染的措施,如更衣室、气闸室、传递窗等;洁净室内对空气洁净度要求严格的工序应布置在上风侧,易产生污染的工艺设备布置在靠近回风口的位置。

(5)生产车间应具有良好的朝向、采光和通风,在自然采光和通风不能满足要求时,应采用人工采光和机械通风。

(6)工艺布局应防止人流和物流之间的交叉,进出车间的人流和物流通道应分开设置。

(7)荷载较大的设备宜布置在底层,噪声或震动大的设备应集中布置,采取消音减震措施。

(8)食品工厂宜设置专门的危险品存放间或危险品库,并符合现行国家有关安全规范的要求。

5. 给水排水

水作为生产过程中的重要工艺原料,参与整个食品生产过程,包括原料生产、过程加工和成品制备,是 GMP 质量管理的主要部分。

(1)根据生产用水(饮用水、纯化水、无菌水、蒸汽、冷冻水)对水质、水温、水压和水量的要求,设置直流、循环和重复利用的供水系统。

(2)供水设施出入口应增设安全卫生设施,防止动物及其他物质进入导致食品污染。

(3)不与食品接触的非饮用水(如冷却水、污水或废水等)的管道系统与生产用水的管道系统应明显区分,并以完全分离的管路输送,不应有逆流或相互交接现象。

(4)洁净室内排水设备以及与重力回水管连接的设备,在其排出口以下位置设置水封装置(水封高度≥50 mm),工艺设备排水口设置空气阻断装置。

(5)洁净室内不宜设置排水沟,室内排水的流向应由清洁度要求高的区域流向清洁度要求低的区域,并有防止废水逆流的设计。

(6)废水应排至废水处理系统或经其他适当方式处理。

三、GMP 体系对食品工厂非工艺设计的要求

食品工厂厂址选择、总平面布置和建筑的卫生设计是保证良好操作规范有效实施的基本条件。符合卫生设计要求的厂房和设施不但能提高产品的卫生和安全性,而且有利于保持环境卫生。

1. 厂址选择的卫生要求

(1)食品工厂的厂址应选择在环境卫生状况比较好的地区,要处于地势干燥、交通方便、

有充足水源的地区，厂区不应设于受污染河流的下游。

(2)厂区周围不得有有害气体、放射性物质、粉尘和其他扩散性的污染源，不得有昆虫大量孳生的潜在场所，避免危及产品卫生。

(3)厂区要远离有害场所，如化工厂、水泥厂、医院、畜禽养殖场、垃圾处理站、城市污水处理站等。

(4)生产区建筑物与外缘公路或道路之间应有防护地带，其距离可根据各类食品厂的特点由各类食品厂卫生规范另行规定。

(5)洁净厂房净化空气调节系统新风口与交通干道边沿最近距离宜大于 50 m。

2. 总平面布置

食品厂的总体布局要合理，厂前区与生产区的建筑在功能上有所区别，相互间既应联系方便，又互不干扰。总平面布置应满足厂区内、外交通运输要求，合理组织人流货运，使其互不干扰。厂房和车间的布局要能防止食品加工过程中的交叉污染。建筑结构要完善，并能满足生产工艺和质量卫生要求，防止毗邻车间受到干扰。

(1)建筑物与构筑物。划分厂前区和生产区，生产区应处在厂前区的下风向。有大量烟尘及有害气体排出的建、构筑物应布置在厂区边缘及常年主导风向的下侧。存放原料、半成品和成品的仓库、生原料与熟食品加工工段均应合理布局，杜绝交叉污染。

(2)道路。厂区道路应通畅，便于机动车通行。道路宽度应根据运输量分级设置。厂区道路应采用便于清洗的混凝土、沥青及其他硬质材料铺设，防止积水及尘土飞扬。

(3)绿化。厂房之间、厂房与外缘公路或道路应保持一定距离，中间设绿化带。厂区内各车间的裸露地面应进行绿化，但不应种植对生产有影响的植物，不应妨碍消防作业。

(4)给排水。给水设施宜相对集中，并靠近水源。厂区的排水宜结合厂区的地形、坡向和厂外市政排水系统的位置合理布置。给排水系统应能适应生产需要，设施应合理有效，经常保持畅通，有防止污染水源和鼠类、昆虫等通过排水管道潜入车间的有效措施。净化和排放设施不得位于生产车间主导风向的上方。

(5)污物。污物(加工后的废弃物)存放应远离生产车间，且不得位于生产车间上风向。存放设施应密闭或带盖，要便于清洗、消毒。

(6)动力工程。动力、电力供应设施应靠近负荷中心。锅炉房应布置在生产车间的下风向。烟囱高度和排放粉尘量应符合相关国家标准的规定。

(7)实验动物、待加工禽畜饲养区应与生产车间保持一定距离，且不得位于主导风向的上风向。

3. 建筑物和施工

厂房和车间应符合食品生产通用卫生规范(GB 14881—2013)和洁净厂房设计规范(GB 50073—2013)等要求。

(1)生产厂房的高度应能满足工艺、卫生要求，以及设备安装、维护、保养的需要。

(2)地面。生产车间地面应使用不渗水、不吸水、无毒、防滑材料(如耐酸材料、防滑瓷砖、混凝土等)铺砌,应有适当坡度,在地面最低点设置地漏,以保证不积水。地面应平整、无裂隙、略高于道路路面,便于清扫和消毒。

(3)屋顶。屋顶或天花板应选用不吸水、表面光洁、耐腐蚀、耐温、浅色材料覆涂或装修,要有适当的坡度,在结构上减少凝结水滴落,防止虫害和霉菌滋生,以便于洗刷、消毒。

(4)墙壁。生产车间墙壁要用浅色、不吸水、不渗水、无毒材料覆涂,并用白瓷砖或其他防腐蚀材料装修高度不低于1.50 m的墙裙。墙壁表面应平整光滑,其四壁和地面交界面要呈漫弯形,防止污垢积存,并便于清洗。

(5)门窗。门、窗、天窗要严密不变形,防护门要能两面开,设置位置适当,并便于卫生防护设施的设置。窗台要设于地面1 m以上,内侧要下斜45°。非全年使用空调的车间、门、窗应有防蚊蝇、防尘设施,纱门应便于拆下洗刷。

(6)通道。通道要宽畅,便于运输和卫生防护设施的设置。楼梯、电梯传送设备等处要便于维护和清扫、洗刷和消毒。

(7)通风、采光和照明。生产车间、仓库应有良好的通风,机械通风管道的进风口要远离污染源和排风口。对生产洁净度高的区域如饮料、熟食、成品包装等车间或工序必要时应增设水幕、风幕或空调设备。

车间或工作地应有充足的自然采光或人工照明。位于工作台、食品和原料上方的照明设备应加防护罩。

(8)防鼠、防蚊蝇、防尘设施。建筑物及各项设施应根据生产工艺卫生要求和原材料储存等特点,相应设置有效的防鼠、防蚊蝇、防尘、防飞鸟、防昆虫侵入、隐藏和滋生的设施,防止受其危害和污染。

(9)防火设施。根据生产车间特性进行火灾危险性类别和防火分区划分,进行分类设计,并配置消防设施和安全疏散通道,符合建筑设计防火规范。

4. 空气净化

(1)依据生产工艺和工序对环境的洁净度要求对食品生产环境空气洁净度进行确定和划分,尽量缩小高等级洁净部分面积,辅以局部高等级洁净度的低成本原则。

(2)洁净室内新鲜空气量应满足室内排风量和维持正压差的风量总和,且需保证室内每人新鲜空气量不低于40 m^3/h。

(3)洁净室与周围空间按照生产工艺要求维持相应的正压差或负压差。

(4)洁净室内不宜采用散热器进行供暖。

(5)洁净室空气净化处理应根据空气洁净度级别要求合理选用高效空气过滤器(HEPA)。

(6)洁净室空气系统应配置相应的消毒灭菌和排风设施,满足洁净室微生物控制等级要求。

(7)空气净化系统合理利用回风,减小能耗。但散发粉尘、有害气体和大量湿热气体的区域应采用负压排风设计,与其他区域排风系统独立运行,不宜作为回风再利用。

5. 卫生设施

(1)洗手、消毒。洗手设施应分别设置在车间进口处和车间内适当的地点,配备冷热水混合器,其开关应采用非手动式。洗手设施应包括干手设备(热风、消毒干毛巾、消毒纸巾等),根据生产需要,有的车间、部门还应配备消毒手套等。

生产车间进口,必要时应设有工作靴鞋消毒池(卫生监督部门认为无须穿靴鞋消毒的车间可免设)。

(2)更衣室。更衣室应设储衣柜或衣架、鞋箱(架),衣柜之间要保持一定距离,如采用衣架应另设个人物品存放柜。更衣室还应备有穿衣镜,供工作人员自检用。

(3)淋浴室。淋浴室可分散或集中设置,应设置天窗或通风排气孔和采暖设备。

(4)厕所。厕所设置应有利生产和卫生,其数量和便池坑位应根据生产需要和人员情况适当设置。生产车间的厕所应设置在车间外侧,并一律为水冲式,备有洗手设施和排臭装置,其出入口不得正对车间门,要避开通道。其排污管道应与车间排水管道分设。

第四节　食品工厂的污水处理

食品工业种类繁多,主要包括肉制品、乳制品、生物发酵制品、果蔬制品、淀粉类制品、粮油制品、酿造制品和水产品等。在食品加工过程中,会因原料预处理、提取过滤、浓缩干燥及设备清洗等操作产生大量有机废水。由于加工原料及生产工艺不同,食品行业废水成分复杂且波动性较大,包含大量的悬浮物、氮、脂肪、蛋白质等有机物,以及磷、氯等其他用于清洗和消毒的化学物质。通常,食品工业废水的化学需氧量和生物需氧量较生活废水高十倍甚至百倍,多含有机物分解产生的难闻气味。若不加以处理,直接排放到环境中,会造成严重的环境污染,破坏生态平衡。采用何种处理方法,取决于污染物的特性。

一、食品工厂污水特性

1. 物理特性

(1)浊度。表示水浑浊程度的大小,即表示水吸收或反射光线的能力,这是由于水中含有可妨碍光线透过的悬浮固体,如泥、砂、分散有机物、微生物等所致。浊度大的水很难消毒,降低浊度的方法是凝集、沉淀、过滤。凝集:指分散物系中的分散相的质点由于各种因素而引起的聚集现象。分散相是凝胶物质,通过加热、加入明矾等电解质、加入电荷相反的溶胶及浓缩等可使其聚集。

(2)色度。可用来作为水是否受污染的指标。它的来源有腐败植物、泥沙、藻类、金属离子等。水中的色度与工厂有关,一般废水中色度较严重的企业有屠宰厂、发酵厂(酱油)、味精厂等。去除色度方法是凝集沉淀、化学沉淀、活性炭吸附、氯处理等。

(3)温度。温度较高的水排入河川时,会提高河川的水温,而使水中的溶氧减少。氧的减少,使水中的正常生物减少,而藻类及其他水中植物过度繁殖,打破自然生态平衡,降低水的自然净化能力,如食品厂的蒸煮水、杀菌水、冷却水等的排放,此外还影响水的味道、蒸发残留物、导电率等。

(4)总悬浮固体(SS)。总悬浮固体是废水最重要的物理因素和污染指标之一,包括漂浮物、可沉降物和胶体物质以及溶液中的物质。食品工业废水中的固体物质存在很大差异。例如,在屠宰场和肉类工业废水中,固体物质由毛发、羽毛、肠道和组织块组成,而土豆和蔬菜工业废水的悬浮固体是土壤、果皮和其他蔬菜部分。

2. 化学特性

(1) pH值。水中大部分生物的生存pH值范围是5~9,超过该范围会使生物受到损害而死亡,同时也会影响农作物的生长以及造成人体代谢和消化系统失调等。pH值是衡量水质的重要指标,超过范围需以化学药剂调整。

(2)生物需氧量(BOD)。也称生化耗氧量,指废水中的有机物被需氧微生物(如细菌)氧化分解所耗的水中溶解氧量,以20℃,5天作为评定标准。食品工业废水和河流污染的指标一般规定为3~4 mg/L。

虽然食品工业废水中有机物含量很高,但脂肪和蛋白质等有机化合物通常很容易被生物降解。此外,大量的微生物,例如屠宰场和肉类加工工业废水中的微生物,促进了有机化合物的分解。然而,也有一些例外情况,例如含有盐、消毒剂和清洁剂的食品工业废水,分解过程中会消耗大量水中溶解氧,使溶解氧量显著降低,给水生物如鱼类带来危害,甚至会导致它们缺氧死亡。同时水中的氧不足会引起有机物厌氧发酵而散发出恶臭,污染大气并毒害水中生物,所以BOD是一项测定废水中能发生生物降解的有机物污染含量的重要指标。BOD值的大小因有机物种类、共存的金属元素及有机物的不同而异。

(3)化学需氧量(COD)。指氧化水中的易氧化物所消耗的高锰酸钾的量,该指标特别用于食品工业废水和河流污染。在食品工业废水中,由于易氧化物大部分是易于生物降解的有机化合物,COD和BOD值通常非常接近。

COD指由于水中的污染物(主要还是还原性无机物和一部分能被强氧化剂氧化的有机物,如硫化物、亚硫酸盐、亚硝酸盐)进行化学氧化而消耗的氧量。通常,采用强氧化剂重铬酸钾、高锰酸钾来氧化污染物,用所消耗的强氧化剂的量表示COD(折算成氧量mg/L)。

(4)总有机碳(TOC)。指废水中有机化合物的含量,是比BOD或COD更方便、更直接地表示总有机物含量的方法。将所有的有机物全部氧化成CO_2、H_2O,然后通过生成的CO_2量来换算出TOC的值,用来补充既不能被生物降解,也不能发生化学氧化的那部分有机物。

(5)总需氧量(TOD)。水中污染杂质在催化燃烧时所消耗的氧总量。

(6)油脂含量。废水中的油脂含量是指被正己烷从水溶液中提取出来的有机物如碳氢化合物、脂、油、高级脂肪酸等的含量,屠宰厂和制油厂等废弃物中的油脂含量较高。油脂在废水中处理常产生不良影响,尤其在活性污泥法中常阻碍好氧型细菌的生长,为此要先行除去。处理方法采用压缩空气浮选法。

(7)氮。氮是微生物和其他生物的重要营养素。废水中最常见和最重要的氮形式是氨(NH_3)、铵(NH_4^+)、氮气(N_2)、亚硝酸盐离子(NO_2^-)和硝酸盐离子(NO_3^-)。总的来说,废水中的总氮由有机氮、氨、亚硝酸盐和硝酸盐组成。废水中的氨氮可以在微生物作用下氧化成硝酸盐形式(硝化作用),并消耗水体中的氧气,硝化作用消耗相对较高的氧气量,1 g 氨氮需要 4.3 g 氧气用于氧化过程,因此,在排放到水道之前,必须将氨氮转化为硝酸盐,并去除总氮。在食品工业废水中,氮的含量通常大于磷的含量,总氮含量甚至是城市废水的十倍。如屠宰场和肉类工业废水中,蛋白质的分解会增加废水中的氮含量。

(8)磷。磷是生物生长所必需的营养素。生活和工业废水排放含有 1~2 mg/L 的磷,常导致地表水出现藻华。废水中的磷包括正磷酸盐(如 PO_4^{3-}、HPO_3^{2-}、$H_2PO_4^-$ 和 H_3PO_4)、缩聚磷酸盐(焦磷酸盐、偏磷酸盐和其他多聚磷酸盐)和有机磷酸盐。食品工业废水中,磷是一种有机磷酸盐,来源于蛋白质和一些洗衣机使用的可能含有磷的洗涤剂。

(9)气味。食品工业废水中的难闻气味通常由有机物厌氧分解产生的气体引起。最常见的气味产生化合物是硫化氢,易溶于水、无色易燃、有毒。其他挥发性化合物,如吲哚、粪臭素(甲基吲哚)和硫醇,会产生比硫化氢更难闻的气味。近年来,气味控制在废水收集、处理的设计和运行中变得越来越重要。

3. 生物特性

病毒、细菌污染指标(常用细菌总数和大肠杆菌来说明):用培养皿培养的平板计数法来测定;水生物分析:对水生生物体内有毒物积聚分析和鱼毒理性实验。

二、食品工业污水排放标准

食品工厂的污水经处理后应当满足国家标准《污水综合排放标准》(GB 8978—1996)的要求,该标准不仅规定了工业废水中有害物质的最高允许排放浓度,并且规定了部分行业最高允许排水量。该标准中规定了肉类加工企业所排放的污水需执行相应的国家行业标准,其他食品生产企业一律执行 GB 8978—1996。

三、污水处理的基本原则和方法

1. 污水处理原则

综合利用或循环利用,以减少污水排放量(如制冷用水全部循环使用,50%的冷却用水循环使用,尽量减少洗涤水、冲洗水、防止跑水、冒水、滴水、漏水);利用水体的自净化能力来降低污染;废水经过处理符合标准后再排放。

2. 污水处理方法

(1)按处理程度分类。

一级处理:主要为预处理,用机械或简单的化学方法使水中大量悬浮或胶体物质沉淀及初步中和酸碱度,常用方法有筛滤法、沉淀法、上浮法等。一般经过一级处理后 BOD 下降为 25%~40%,去除约 70%的总固形物,废水的净化程度不高,还必须进行二级处理。

二级处理:主要指好氧型生物处理。可降低溶解性有机物污染,一般去除 90%左右要被生物分解的有机物,去除 90%~95%的固体悬浮物。能大大改善水质,达到排放标准。一般而言,经二级处理后废水已具备排放水的标准,二级处理可在大型食品加工企业厂区附近进行。

三级处理:也称深度处理,只在特殊要求时采用,是用物理化学方法如生物脱氮法、凝聚沉淀法、活性炭过滤、渗透交换、电渗等,进一步处理二级处理水,主要去除可溶性无机物,未能分解的有机物及各种病毒病菌,磷、氮和其他物质。最后达到地面水、工业用水或接近生活用水标准的水质。

水的处理程度取决于处理后污水的去向和污水利用情况。用作灌溉的、纳入城市地下水道的水,一般经一级处理即可;三级处理只有在要求工业废水闭路循环的严重缺水地区、以废水体系为水源的地区和游览地才考虑。

(2)按处理方法分类。

物理法:常用于废水的一级处理,主要是分离或回收废水中的悬浮物质,如沉淀、漂浮、过滤、离心分离、过筛、阻截、沉降、蒸发浓缩等。

化学法:又称化学药剂法,主要分解胶体物质和溶解物质以回收有用物质、降低废水中的酸碱度、去除金属离子和氧化某些有机物等,如中和、凝集、氧化、还原等。

物化法:主要分离废水中的溶解物质,回收有用的成分,使废水得到进一步处理,如吸附、离子交换、电渗析和反渗透。

生物法:常用于二级处理。主要去除废水中的溶解的有机物和胶体有机物,也可用于去除特殊无机物,如生物活性污泥法(微生物在水中悬浮,使有机物氧化分解)和生物膜法(微生物群集在支撑体上进行水处理)。

在废水处理中,各种方法交替使用和综合使用,尤以物理法和生物法使用最广。

3. 食品工业废水处理常用方法

为特定废水选择最合适的废水处理方法时,需要考虑处理的可行性以及工艺的经济性。有多种不同类型的可用技术,如物理、化学和生物废水处理及其组合。

(1)物理处理法。

格栅:利用格栅的拦截作用,去除污水中较大的悬浮物、漂浮物、纤维物质和固体颗粒物质,防止阻塞管道,保证后续处理单元和水泵的正常运行。

沉砂池:分离污水中密度较大的无机颗粒,保护水泵和管道免受磨损。依照池内水流方向分为平流式沉砂池、竖流式沉砂池、曝气沉砂池、钟式沉砂池和多尔沉砂池。

膜分离:通过多功能膜分离技术,实现污水中不同粒径物质的分级分离,依据膜的孔径不同,分为微滤、超滤、纳滤和反渗透膜技术。微滤多用于除去废水中的悬浮物及部分微生物;超滤有利于废水中蛋白质、油脂、糖类等有机物的去除;纳滤介于超滤和反渗透之间,允许一些无机盐和某些溶剂透过膜;反渗透能够去除工业废水中的盐离子、氨基酸等物质。

(2)化学处理法。

酸碱中和:最普遍使用的化学法,使废水达到一定标准(pH 值为 5~9)。中和剂:碱性的中和剂有碱类的氢氧化钠、碳酸钠,石灰类的生石灰、消石灰、氧化镁,石灰石类的碳酸钙、碳酸镁的混合物,以及其他碱类物质。酸性中和剂有强酸,如盐酸、硫酸,弱酸中最常用为碳酸(过滤的锅炉烟道气)。

絮凝沉淀：在絮凝剂或外加电场作用下，破坏废水中胶体颗粒及悬浮颗粒的稳定性，使其凝聚为沉降性能良好的絮凝体，然后予以分离去除的过程。该方法可去除悬浮物质与胶体，也可将废水中的色度、BOD、COD 等去除或降低。

高级氧化：氧化不是指曝气氧化及生物分解氧化，而是指急速的化学氧化，将废水中难以生物处理的有机化合物氧化成更简单的最终产品。高级氧化过程涉及羟基自由基的产生，它是目前已知最活跃的氧化剂之一。它与大多数有机分子的反应非常迅速，其速率常数约为 $10^8 \sim 10^{11}$ mol/(L·s)。根据有机物的性质，生成的羟基自由基和不饱和脂肪族有机化合物反应生成有机自由基，该自由基可进一步被氧或亚铁氧化，形成稳定的氧化终产物。常用的氧化剂为氯气、漂白粉、臭氧和过氧化氢。氧化方法主要包括以下几种类型：

A. 臭氧氧化：臭氧是氧化剂，它能与大多数含有多键的化合物（如 C═C、C═N、N═N）发生反应，但与含有单键的化合物（C—C、C—O、O—H）不发生高速反应。在较高的 pH 值下，臭氧几乎与溶液中存在的所有无机和有机化合物发生非选择性反应。提高水溶液的 pH 值会增加臭氧的分解速度，产生超氧化物阴离子自由基 $O_2^- \cdot$ 和氢过氧化物自由基 $HO_2 \cdot$。

B. 光解氧化：紫外线辐射（光子）将有机分子（C）的电子从基态激发到激发态（C^*）。被激发的有机分子进一步激发分子氧，随后自由基离子复合或自由基阳离子水解，或均裂形成可与氧反应的自由基。紫外线和臭氧/过氧化氢或两者的结合能显著提高自由基的生成速度，光解通常与氧化化合物（过氧化氢、臭氧）或半导体（如二氧化钛）结合。

C. Fenton 氧化：1894 年，英国人 Fenton 发现采用亚铁盐和过氧化氢体系能有效氧化去除传统废水处理技术无法去除的难降解有机物，其实质是 H_2O_2 在 Fe^{2+} 的催化作用下生成具有高反应活性的羟基自由基（·OH），它可与大多数有机物作用使其降解。最新发展的光助 Fenton 法和电 Fenton 法，能够产生更多的羟基自由基，增强污染物的降解效率。

D. 湿式氧化：高温高压的条件下，以空气中的 O_2 为氧化剂，在液相中将有机污染物氧化为 CO_2 和 H_2O 等无机小分子或有机小分子的化学过程。

（3）生物处理法。

A. 好氧处理：活性污泥系统是目前食品厂中使用最多的生物法。活性污泥是传统的好氧处理技术。活性污泥是指在人工充氧条件下，对污水和细菌、原生物以及其他微生物进行混合培养后形成的絮凝团，类似一堆污泥，因此得名。活性污泥具有良好的吸附、氧化和分解有机物的能力。目前在传统方法上又发展出更高效的间歇式活性污泥系统（SBR）和循环式活性污泥系统（CASS）。

处理工艺如图 5-10 所示：

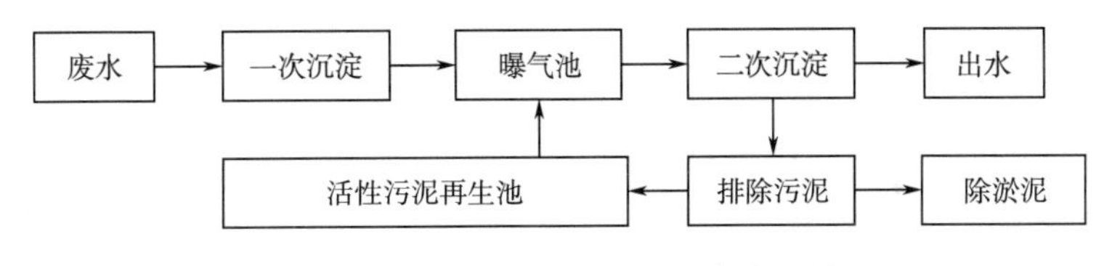

图 5-10　活性污泥法处理污水流程图

活性污泥处理系统主要由格栅、一次沉淀池、曝气池、曝气设备,污泥回收设备和二次沉淀池组成。待处理的废水经格栅除去大块物质,进入一次沉淀池,然后进入曝气池,由于不断地送入压缩空气,混合液中有足够的溶解氧。并对混合液进行搅拌,使活性污泥与废水充分接触,保证活性污泥中的好氧微生物对有机物的稳定氧化分解。同时活性污泥不断增长,然后将曝气池内的混合液送入二次沉淀池,在这里停留一段,使污泥沉淀,澄清水溢流排出。沉淀下来的活性污泥一部分回流至曝气池(作为下次处理的污泥源,使其成长起来比较快,相当于发酵的接种),剩余的进入污泥池进行处理。

B. 厌氧处理:该方法主要是利用厌氧微生物的特性,在不借助外界氧气的条件下,将废水中的有机物分解,在产生甲烷的同时,减少温室气体二氧化碳的排放,常被用于处理高浓度有机废水及含有硫酸盐等物质的废水。上流式厌氧污泥床(UASB)是典型的厌氧反应器,能形成高负荷、高浓度及高沉降性的厌氧污泥,对食品工业废水的处理发挥重要作用。此外,在其基础上发展的厌氧膨胀颗粒污泥床(EGSB)在处理高氨氮、难降解有机废水方面具有显著优势。

C. 厌氧-缺氧-好氧处理(A2/O):是一种常见的污水处理工艺,通过在不同阶段控制溶解氧浓度,使不同微生物在不同的阶段有不同的呼吸与反应进程,从而具备了良好的脱氮除磷效果,不仅可以作为二级水处理工艺,有时也作为三级污水处理,以及中水回用的处理工艺。

D. 生物膜处理:生物膜处理法使微生物附着在反应器中的填料表面生长,形成稳定的生物膜系统,通过各种微生物的作用来降解废水中的污染物,作用方式为附着、过滤、转化和降解吸附。依据含氧量的不同将生物膜分为好氧层和厌氧层。

生物膜法的主要设备是生物滤池、生物转盘或二次沉淀池等。滤料是生物滤池中最主要的组成部分。废水沿长满生物膜的滤料空隙流动,使废水中的有机物被吸附,氧化分解,从而净化废水。生物膜总是在不断生长、衰老脱落和更新。常用的滤料有碎石、炉渣、焦炭、瓷环以及近年来发展起来的塑料波纹板、低蜂窝等。生物滤池应用较多的有两种,即普通生物滤池(又称低负荷生物滤池)和高负荷生物滤池。负荷大小是影响滤池降解功能的首要因素。有水力负荷和BOD负荷两种,水力负荷即每单位体积滤料或每单位面积滤池每天可以处理的废水水量;BOD负荷即每单位体积滤料每天可以去除的废水中的有机物数量。目前采用较多的是塔式生物滤池。

过去的二十年里,应用于废水处理的膜技术有了惊人的发展。膜生物反应器(MBR)已成为一种广泛使用的处理城市污水和工业废水的技术。对于许多受管制的污染物,尤其是悬浮固体和微生物,生物处理与膜分离相结合提供了比传统活性污泥系统更好的质量效率。

食品加工原料来源广泛,且随着社会的发展,制品的种类日益增多,由此产生的废水水量、水质均存在较大的差异,这在一定程度上增加了食品加工废水的处理难度,导致单一的物化、生物处理法不能达到理想的处理效果。研究表明,将物化处理法与生物处理法相结合,充分发挥两者的优势,可有效改善对食品工业废水的处理效果,并在一定程度上促进食品工业的发展。

4. 食品厂污水处理

废水在离开食品工厂前必须降低的污染程度,特别是不同地区之间,差异很大,这取决于很多种因素。

(1)废水是否排入城市污水处理工厂或商业废水处理工厂,如果是,该厂能处理的最大污染负荷是多少?

(2)这种处理的费用有多大?如由食品工厂自行处理,是否会更经济些?

(3)食品工厂拥有什么样的排放权利?应当遵守哪些法规?

选择食品工业排放污水处理工艺,不仅要考虑污水中有害物质的组成,而且要了解排出污水水质、水量的瞬时变化情况,这些对选择污水处理工艺、设备和日后的运行管理都很重要。由于处理食品工业污水时,一级处理一般是采用固液分离技术去除污水中的漂浮物和悬浮物;二级处理是主要处理过程,一般采用生物处理技术,去除水中有机物等有毒物质,在需要的场所可以用物理化学法来进行酸、碱中和处理;三级处理一般采用膜处理法,强氧化剂氧化等技术将污水进一步净化,多适用于特殊食品加工时对饮用水所作的最终处理,一般不需要也不用来处理食品工厂的废水。

例如:食品工业污水的典型处理工艺如图 5-11 所示。

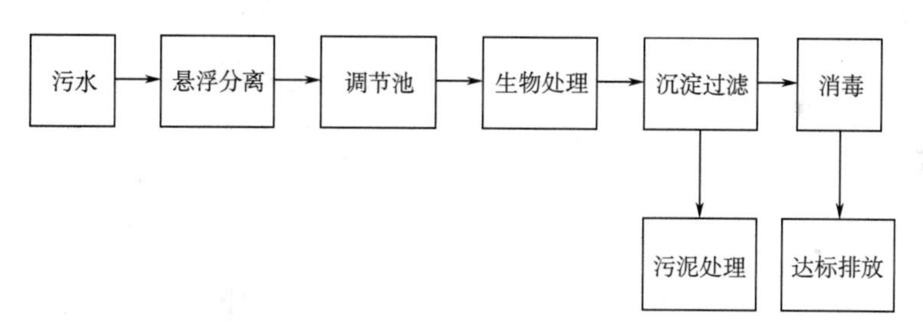

图 5-11　食品工业污水的典型处理流程图

因此,在进行食品工业污水处理时,要根据生产性质的差异分析排出生产废水的特点,根据具体情况来选择、组合合适的处理方法。

复习思考题

(1)GMP 主要内容包括哪些方面?

(2)GMP 对食品工厂厂址选择的原则和需要考虑的因素有哪些?

(3)GMP 对总平面图设计的原则和内容有哪些?

(4)GMP 对食品工厂工艺设计有什么要求?

(5)什么是风玫瑰图?工厂各种建筑物、构筑物设施布置与风向之间有什么关系?

(6)洁净车间对空气系统、供水排水、管路安装、物流人流、设备选择布置有何要求?

(7)简述食品工业污水的特点及常用污水处理方法。

严格保护耕地

第六章　食品工厂设计的技术经济分析

第六章课件

本章知识点：了解技术经济分析的意义、原则、作用及主要内容；初步掌握经济技术分析的指标体系、经济效果的计算与评价方法。

技术经济分析是食品工厂设计重要的一环，是项目是否值得投资的决定性因素。通过技术经济综合分析，选择技术上可行、先进，经济上有利、合理的方案供决策者参考。具体通过对不同技术方案的经济效果进行计算、分析和评价，为投资者提供决策依据，并可作为下一阶段工程设计的基础。

第一节　技术经济评价基础

一、技术经济学发展历史

1776 年，英国古典政治经济学家亚当·斯密第一次提出了生产经济学的概念。他认为分工和技术进步是生产合理化和提高劳动生产率的因素。他提出采用一台新机器，在它报废以前，除赚回投资的本金外，还应收回比借贷利息更高的利润。这实际上提出了要估算投资收益率的构想。1832 年英国数学家巴贝奇发表了《机器制造业的经济学》，提出采用机器要考虑产品质量、运行成本、运输和维修费等一系列经济核算问题。1886 年美国的亨利·汤恩发表了《作为经济学家的工程师》，提出要把管理提高到与技术同等重要的地位。1887 年，美国威灵顿发表了《铁路定线的经济理论》，对选择经济合理的路线提出了应遵循的原则。1911 年，美国泰罗编写出版了《科学管理原理》，主张用科学的方法来测定、研究和解决工厂中的技术和管理问题。1930 年美国出版了格来梯教授撰写的《工程经济原理》一书，初步奠定了技术经济学的体系。这是技术经济学从提出概念到初具雏形的初创阶段。

虽然技术经济基本理论起源于西方，但技术经济学是由我国学者创立的一门应用经济学科。技术经济学一词是由我国著名经济学家于光远老先生提出的，他早在 20 世纪五六十年代就著书立说，为我国技术经济学的创立做了大量的理论准备和组织准备。另外一位为技术经济学的创建作出重大贡献的人物是已故著名经济学家孙冶方先生。正是由于他们及其他前辈的卓有成效的工作，技术经济学才得以蓬勃发展。正如李京文研究员所说："技术经济学是一门由我国学者创立的新兴学科，是中国经济学家和广大技术经济工作者在广泛借鉴、吸收国内外经济理论、科技成果和相关学科有益成果，以及密切联系和总结我国经济建设实践经验的基础上逐渐形成的交叉学科"。

二、技术经济评价的含义

技术在经济实践中的应用,直接涉及生产活动中的各种资源投入(包括各种厂房、设备、原材料、能源等有形要素和具有各种知识、技能的劳动力的消耗和占用)和相应的产出(包括各种产品和劳务)。在某一特定时期内,可供人类在社会经济活动中使用的资源总是有限的,而人类的需求却是无限的,导致了资源无论在数量上还是在品质上都是稀缺的。而且,一种特定资源一般都有多种用途,可以生产多种产品;人类的需求也可以通过多种方式、多种渠道得到满足。因此,如何在一定技术水平下,合理地配置各种资源并加以最充分地利用,以尽可能地满足人类无限的需求,即以较小的投入获得较大的产出,就成为技术经济评价必须认真研究的基本问题。

技术经济评价即对项目设计的不同方案从技术上、财务上、经济上进行计算、分析、评价,从最优目标出发,对项目设计各个方案的投资额度、建设进度、投资效益等进行多方案比较、选择。

技术指人们在认识自然与改造自然的反复实践中积累起来的制造某种产品、应用某种生产方法或提供某种服务的系统知识。经济在经济学中的含义是指社会物质生产及再生产活动,在经济活动中可以用较少的人力、物力、财力等获取较大的成果。技术效果是指技术应用所能达到技术要求的程度。技术效果是形成经济效果的基础,经济效果指经济活动所费与所得的对比。通常将劳动占用量、劳动消耗量与劳动成果进行比较。劳动占用量是指劳动过程中实际投入的物化劳动量,劳动消耗量是指生产过程中实际消耗的活劳动和物化劳动量。劳动占用量和劳动消耗量总称为所费,劳动成果称为所得,所费与所得相比较,即可反映经济活动的效果。对于技术经济效果来说,任何一项技术的采用,都会取得一定的技术效果和经济效果。在许多情况下,技术效果和经济效果的变动趋势是一致的,特别是那些不需要增加投资或只需略增加投资的技术。但技术效果和经济效果有时也会出现不一致的情况,如在全部生产过程中都使用机器代替手工劳动,从技术效果看是好的,然而经济效果不见得就好。因此,虽然任何一项措施都具备一定的技术效果,但人们在生产实践中是否采用它,并不是完全取决于其技术效果的好坏,也取决于其经济效果的大小。在项目设计的不同方案中,所用技术措施一经改变,必然会引起经济上的一些变化,可将这些变化归纳为产品量、物化劳动消耗量和活劳动消耗量三个基本要素的变化。一般将由于技术措施不同所引起的这三个基本要素的变化称作技术经济效果,即项目设计的不同方案的技术经济效果,是指其所拟采用的技术措施、技术方案、生产工艺等预期所能获得的生产成果与预期所需消耗和占用劳动的比例关系。项目设计方案的劳动投入与成果产出的函数关系变化对人们有利的程度大,则表明方案的技术经济效果好,反之,则差。为了从经济角度来考虑技术的优劣,就要对项目设计的不同方案所拟采用的各种技术进行效果评价。

可以从经济的角度来比较项目设计的不同方案,也可以从技术的角度来比较项目设计的不同方案。

第二节　技术经济评价的原则

技术是特定社会经济条件下的产物,必须在一定环境条件下才能发挥作用。技术对于经济发展所起的作用取决于技术与社会经济条件的适应程度。

一、技术经济评价的先进性原则

所谓先进性是指项目设计方案所采取的生产工艺、设备及管理技术达到目前国际水平或居于国内领先水平。项目设计方案在技术上的先进性主要表现在技术方案、生产工艺、设备选型、管理水平和技术参数五个方面。不同行业有不同的技术经济特点,衡量其先进性的技术参数与指标也有区别,因此进行食品工厂设计必须了解和掌握政府有关部门公布的行业技术标准,以行业技术标准为依据对项目设计方案的技术先进性进行综合评价。在评价技术的先进性时不可忽略项目拟采用技术等的整体先进性。先进性是相对的,在选择拟采用技术时,要考虑到不同项目的生命周期,一般不宜选择在近期有可能被淘汰的技术。但有些食品项目技术上很先进,工艺上却不成熟,如果盲目上马,反而会给企业带来灭顶之灾,在技术分析时,要特别注意这些“先进技术”陷阱。

二、技术经济评价的适用性原则

在分析项目设计方案技术的先进性时必须考虑到技术的适用性,最先进的技术并不一定是最好的(就适应性而言)技术,技术是特定社会经济条件下的产物,必须在一定环境条件下才能发挥作用。项目设计方案的技术效果取决于拟采用技术与资源状况、员工素质等社会经济条件的适应程度。所谓适应性是指项目设计方案所采用的技术必须与项目单位目前的技术条件和经济状况相适应,拟选用的工艺技术和设备方案必须与生产要素市场的供给状况相适应,拟采用的技术必须符合国家的技术发展政策。项目设计方案的技术适应性体现在技术的成熟程度、设备的可靠程度、原料的可供程度、资源的综合利用程度及劳动力的供给状况等方面,当项目设计方案在这几个方面都满足要求时,就可确认项目设计方案技术的适应性。

三、技术经济评价的经济性原则

人类的一切活动均具有一定的目的性,投资是经济主体为获取预期效益(经济效益或社会效益)而投入一定量的货币并不断地转化为资产的全部经济活动。投资主体无不期望能够以尽可能少的投入获取尽可能多的产出。所谓经济性是指项目设计方案所采用的技术可使项目获得较高的预期经济效益。在项目设计方案中是否采用某一项技术,既取决于该项技术的先进性、适应性,也取决于其经济性,如果该项技术先进且适用,但难以使项目设计方案达到预期的经济目标,则最终将不能采用该项技术。这意味着采用技术不能脱离技术的经济性问题,在一般情况下任何一项技术的应用都必须考虑其经济效果问题。对项目设计方案不进行经济效果分析,则拟采用技术是优是劣,是先进还是落后都难以评价判断。

第三节　技术经济评价的程序与指标

一、技术经济评价程序

技术经济比较的一般程序如下:①为实现建设预期目标,选择技术上可行的若干个可比方案;②确定各方案基本经济参数,并用货币单位明确算出各方案差异部分的经济效果;③对各方案进行可比性检查,对不具备可比条件的因素等进行可比性调整计算;④利用经济效果各指标对各方案进行经济分析、综合论证,选出最优方案。

计算结果是项目设计方案选择的主要依据,但不是唯一的依据,类似项目的一些实际技术经济效果经验在设计方案选择中作用不可忽略。

二、技术经济评价的基本概念及评价指标

(一)技术经济评价的基本概念

1. 资金的时间价值

资金的价值与时间有密切的关系。常说"钱能够生钱,钱应该生钱。"但是"钱能够生钱"需具备两个条件:第一,经历一定的时间;第二,这笔钱应参与生产过程的周转。由于劳动能创造价值,当资金投入社会再生产过程后,资金会在流通—生产—流通领域的循环中产生利润,发生增值。也就是说处于不同时间的资金,其价值是不同的。通俗地讲,同样1元钱,今年到手与明年到手的"价值"是不同的,今年的1元钱比明年的1元钱更值钱。因而,不同时间发生的等额资金在价值上的差别,称为资金的时间价值。

资金的时间价值是技术经济分析中进行动态分析的出发点和依据,因此,在对技术方案进行经济分析时,必须把不同时点产生的资金进行可比性的处理,才能得出真实的经济效益。

2. 现金流量

对一个特定的经济系统来说(这个经济系统可以是一个项目、一个企业,也可以是一个地区或一个国家),投入的资金、支出的费用、获取的收益,都可看成是以货币形式(包括现金及其他货币支付形式)体现的资金运动。这种资金的运动形式具体在某一项目中,则表现为现金的流入和现金的流出。项目所支出的各种费用,称为现金流出(cash outflows),实施项目带来的收入称为现金流入(cash inflows)。

现金流量(cash flow)即各时间点上实际发生的资金流出与资金流入的总称。同一时期的现金流入减去现金流出的余额称为这一时期的净现金流量。即:

$$\text{某期净现金流量}(Ft)=\text{现金流入}(CI)-\text{现金流出}(CO) \quad (6-1)$$

若某期现金流量为正,则该期现金流入和现金流出相抵后表现为净现金流入,反之为净现金流出。

3. 利息与利率

资金时间价值的不同反映了资金运动中增值能力的不同。而利息是衡量资金时间价值的尺度,或者说利息是时间价值的一种表现形式,是指占用资金所付的代价或放弃使用资金所得的补偿。通俗地说,利息就是借款人支付给贷款人的超出贷款金额的部分。即:

利息=到期应付(收)款总金额-原借入(贷出)款总金额

利息体现了货币的盈利能力,利息是占用资金的代价(放弃资金的补偿),是对贷方承担的风险及因贷出货币而丧失的使用机会支付的补偿费用。借方为了获得进行某个项目的机会,付出利息。否则,该项目将会因缺乏资金而延缓,甚至被迫放弃。

利息的计算,按照利息部分是否计息,可分为单利计息与复利计息两类。

(1)单利。单利(Smple interest)就是仅用本金计算利息,利息不再生利息,即通常所说的“利不生利”。在单利计息情况下,利息总额与本金、利率及其计息周期成正比关系。

(2)复利。复利(Compound interest)是指计算利息时,把上期末的利息并入本金一起计算利息的计算方式。也就是除最初的本金要计算利息外,每一计息周期所计取的利息都要并入本金再生利息,这就是通常所说的“利生利”“利滚利”。

复利计算的本利和公式是:

$$F=P(1+i)^{n} \tag{6-2}$$

式中:F——本利和,又称终值;

P——现值或本金;

i——利率;

n——计息周期数。

4. 资金等值的概念

资金等值是指考虑资金时间价值因素后,不同时点上数额不等的资金,在一定利率条件下具有相等的价值。例如现在的1000元与一年后的1100元,其数额并不相等,但如果年利率为10%,则两者是等值的。因为现在的1000,在10%利率下,一年后的本金与利息之和为1100元。同样,一年后的1100元在年利率为10%的情况下等值于现在的1000元。影响资金等值计算的要素有三个:①资金金额的大小;②资金发生的时间;③计算的利率。在已确定资金额及时点情况下,利率是决定资金等值的主要因素。在技术经济分析中,为使项目或方案具有可比性,在等值计算中一般均采用统一的利率。

为了计算资金的时间价值,利用现金流量图对现金流量进行分析和计算,需掌握资金时间价值的相关概念。

(1)贴现与贴现率。把将来某一时点的资金金额换算成另一时点的等值金额称为贴现。贴现时所用的利率称贴现率或折现率。

(2)现值。发生在时间序列起点处的资金值称为资金的现值,用符号 P 表示。

(3)年值。年值是指分期等额收支的资金,用符号 A 表示。

(4)终值。终值是现值在未来时点上的等值资金,用符号 F 表示。

例 6-1:某企业从银行贷款 100 万元,自 2019 年 1 月 1 日开始计息,到 2022 年 12 月 31 日一次还清,年利率 5%,按年计息,分析资金的现值、终值和等值。

解:按题意绘出现金流量图如图 6-1 所示。已知现值 $P=100$ 万元,年利率 $i=5\%$,终值计算如下:

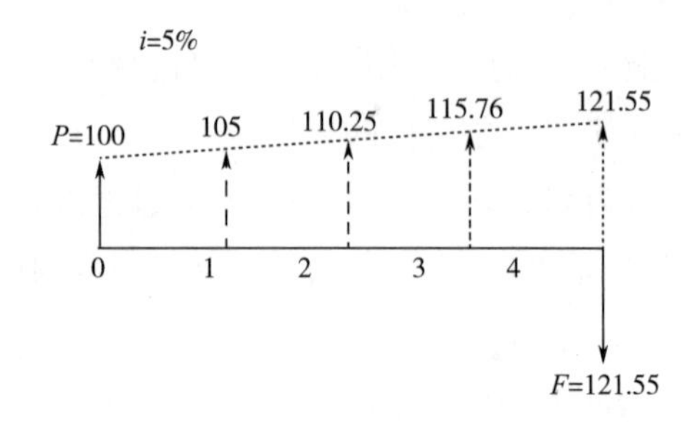

图 6-1 现值、终值、等值概念示意图

2019 年 12 月 31 日 $F=P(1+i)^n=100\times(1+5\%)^1=105.00$(万元)

2020 年 12 月 31 日 $F=P(1+i)^n=100\times(1+5\%)^2=110.25$(万元)

2021 年 12 月 31 日 $F=P(1+i)^n=100\times(1+5\%)^3=115.76$(万元)

2022 年 12 月 31 日 $F=P(1+i)^n=100\times(1+5\%)^4=121.55$(万元)

虽然在不同的计息周期,资金的金额不同,但他们的实际价值是相等的,也就是说,在年利率 $i=5\%$,按年计息的条件下,2022 年 12 月 31 日的 121.55 万元与 2019 年 1 月 1 日的 100 万元是等值的。

等值的概念与利率、计息方式密切相关,当利率 i 和计息方式发生变化时,时值和终值就会发生变化。相关的数据在不同的方案中会有多种计算方法,在此不做详细介绍。

项目设计方案的技术经济评价指标按照其在分析过程中是否考虑货币的时间价值可分为静态指标和动态指标。

(二)技术经济评价的静态指标

在分析计算中不考虑货币的时间价值,只是静止地对项目的收支进行分析。

1. 静态投资回收期

静态投资回收期是指在不考察资金时间价值条件下,以项目净现金流入回收项目全部投资所需时间,是在项目技术经济评价中应用最广泛且比较简单的一个衡量投资经济效益的指标。

静态投资回收期计算公式为:

$$\sum_{t=1}^{P_t}(CI-CO)_t=0 \tag{6-3}$$

式中: P_t——静态投资回收期;

CI——现金流入量;

CO——现金流出量；

$(CI-CO)_t$——第 t 年的净现金流量。

已知项目现金流量表，可用全部投资现金流量表中的累计净现金流量求得 P_t，计算公式为：

$$P_t = 累计净现金流量出现正值的年份 - 1 + \frac{上年累计净现金流量绝对值}{当年净现金流量} \tag{6-4}$$

如果项目是一次性投资，建设期比较短，投产后每年的净收益均相等，则静态投资回收期 P_t 计算公式：

$$P_t = \frac{I}{R} \tag{6-5}$$

式中：P_t——静态投资回收期；

I——一次性总投资；

R——年净收益。

判断准则：采用投资回收期进行方案评价时，应把技术方案的投资回收期与行业规定的基准投资回收期 P_c 进行比较，判断准则为：

如果 $P_t \leq P_c$，则认为方案是可取的；

如果 $P_t > P_c$，则该方案不可取。

例 6-2：某食品企业项目一次性投资总额 780 万元，投产后，该厂的年销售收入是 1300 万元，年经营成本总额 900 万元，销售税金为销售收入的 10%，试求该项目的静态投资回收期。

解：已知 $I=780$（万元）

$$R=1300-900-1300\times10\%=270（万元）$$

代入公式（6-3）得：

$$P_t = \frac{I}{R} = \frac{780}{270} = 2.9 \approx 3（年）$$

结论：该工程项目 3 年就能收回全部投资，并每年为国家提供 130 万元税收。假设该项目基准投资回收期 $P_c=5$ 年，因为 $P_t<P_c$ 年，所以方案在经济上可行，可以采纳。

静态投资回收期是兼顾项目获利能力和项目风险评价的指标，舍弃了回收期后的收入与支出数据，因而不能反映项目的真实盈利情况。投资方案的投资回收期越短越好。作为一种经济分析工具，基准投资回收期没有绝对的标准，它取决于投资项目的规模、行业的性质、投资环境的风险大小及投资者的期望，要根据具体情况进行分析，但应该明确投资回收期不能长于项目的寿命期。

2. 追加投资回收期

在决策时，往往有多个方案进行比较，当项目有两个或两个以上方案进行经济效果比较时，不仅要分析计算各方案本身的投资回收期以判断方案是否可行，而且要在各个可行方案中选出经济效益最好的方案，此时可以采用追加投资回收期进行分析、比较。

追加投资回收期是一个相对的投资效果指标,是指用增额投资所带来的年净收益增量或年成本节约额(两方案年销售收入相同)来回收增额投资所需要的年数。

追加投资回收期公式为:

$$追加投资回收期 = \frac{投资增额}{年净收益差额}$$

$$P_a = \frac{\Delta I}{\Delta R} = \frac{I_1 - I_2}{R_1 - R_2} \tag{6-6}$$

当两方案年销售收入相同时,可用成本节约额代替净收益差额,则

$$P_a = \frac{\Delta I}{\Delta C} = \frac{I_1 - I_2}{C_2 - C_1} \tag{6-7}$$

式中:P_a——追加投资回收期;

I_1、I_2——分别为一、二方案的投资额($I_1>I_2$);

R_1、R_2——分别为一、二方案年净收益($R_1>R_2$);

C_1、C_2——分别为一、二方案的年经营成本($C_1<C_2$)。

判断准则:求得追加投资回收期必须与标准投资回收期 P_c 比较,才能判断哪一个方案经济效果好,假如所求得的 $P_a \leqslant P_c$,则投资大的方案经济性好,应选投资额大的方案。反之,所求得的 $P_a>P_c$,则应选择投资小的方案。

例6-3:某食品企业新建车间有两个投资方案,第一方案投资300万元,年净收益120万元,第二方案投资220万元,年净收益80万元,已知本部门的标准投资回收期为5年,试问选取哪一个方案较好?

解:根据公式(6-6)可求得追加投资回收期。

$$P_a = \frac{I_1 - I_2}{R_1 - R_2} = \frac{300 - 220}{120 - 80} = 2(年)$$

本例所求得的 P_a(2年)<P_c(5年),所以应选投资较大的第一方案。

运用追加投资回收期进行评价方案时,只比较两方案中哪个方案经济性好,不说明方案是否可行,可能两个方案经济上都可行,也可能两个方案经济上都不可行。因此,追加投资回收期不能用来判断方案可行与否,如果要判断方案是否可行,就分别计算两个方案投资回收期,根据投资回收期进行判断。

(三)技术经济评价的动态指标

在分析计算中考虑货币的时间价值,动态地对项目在各年的收支状况进行分析。

1. 净现值(*NPV*)法

(1)净现值概念。净现值法中所指的"现值"并不一定指"现在"的价值,而是决策时所采用的基准时点,可选建设期初,也可选生产期初。另外,这里所指的"净值"是指现金流入量与流出量之差值,因此,净现值就是净现金流量折现累计值,记为*NPV*,如果净现值累计为正值,说明在这个基准收益率下收入大于支出;累计为负值,说明支出大于收入。

净现值分析法把不同时间上发生的净现金流量按某个预定的折现率,统一折现为等值

的“现值”,然后求其代数和。这样就可以用一个单一的指标来比较各方案的现值并分析项目方案的经济性。就其收益来说,净现值最大的方案就是较优方案,净现值法是目前国内外评价项目经济效果所采用的最普遍、最重要的分析方法之一。

(2)净现值(NPV)计算。方案的净现值(NPV)是指方案在寿命期内,各年的净现金流量 $F_t=(CI-CO)_t$,按某一基准折现率 i_c 折现到初期时的现值之和。其计算公式如下:

$$NPV=\sum_{t=0}^{n}F_t(1+i_c)^{-t} \tag{6-8}$$

式中:F_t——第 t 年的净现金流量,$F_t=(CI-CO)_t$;

t——现金流量发生在第 t 年;

i_c——基准折现率;

n——方案的研究期或寿命期。

(3)判断准则。

$NPV>0$,表明该方案除能达到要求的基准收益率外,还能得到超额收益,方案可行。

$NPV=0$,表明该方案正好能达到要求的基准收益率水平,该方案经济上合理,方案基本可行。

$NPV<0$,表明该方案没有达到要求的基准收益率水平,该方案经济上不合理,方案不可行。

例 6-4:某食品企业投资方案的现金流量如表 6-1 所示,设寿命期为 5 年,基准收益率为 12%,求净现值?

表 6-1　现金流量表

年末	收入/万元	支出/万元	净现金流量/万元	$(P/F,12\%,n)$值
0	0	-2000	-2000	1.000
1	1000	-500	500	0.8929
2	1100	-500	600	0.7972
3	1300	-500	800	0.7113
4	1600	-600	1000	0.6355
5	1700	-600	1100	0.5647

解:画出净现金流量如图 6-2 所示。

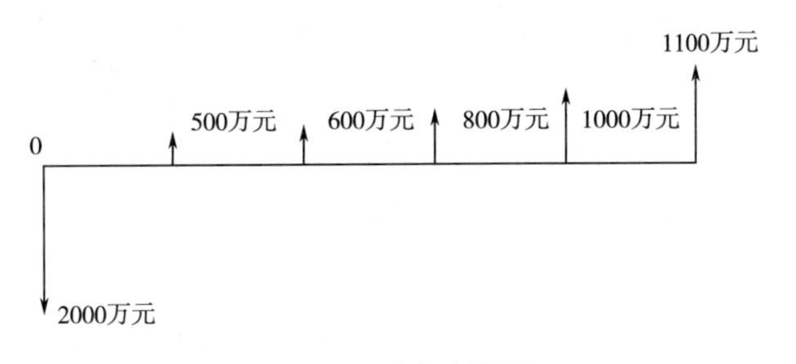

图 6-2　现金流量图

根据式(6-8),将上述净现金流量求和得:

$$NPV=(-2000)(P/F,12\%,0)+500(P/F,12\%,1)+600(P/F,12\%,2)+800(P/F,12\%,3)+1000(P/F,12\%,4)+1100(P/F,12\%,5)$$
$$=-2000\times1+500\times0.8929+600\times0.7972+800\times0.7113+1000\times0.6355+1100\times0.5647=754(万元)$$

NPV=754万元,说明此投资方案能获得希望的12%的投资收益,还多754万元,方案是可行的。

如果投资方案的现金流量是建设初期一次性投资,以后每年净现金流量是等额的"A"值,则净现值可用下式计算:

$$NPV=-P+A(P/A,i_c,n) \tag{6-9}$$

式中:A——年等额净现金流量;

P——初次投资额;

i_c——基准收益率;

n——使用年限。

例6-5:某小微食品企业投资项目的原始投资为13万元,当年投产,年收入5万元,年支出1.5万元,寿命期5年,基准收益率为8%,求其净现值,并判断方案可行性。

解:本例可直接用式(6-9)进行计算:

$$NPV=-P+A(P/A,i_c,n)$$
$$=-130000+35000\times(P/A,8\%,5)$$
$$=-130000+35000\times3.993$$
$$=9755(元)>0$$

$NPV>0$ 此方案经济上是可行的。

按上例计算,若投资方案与式(6-9)情形相同,并在寿命期满后有残值,其计算公式还应把期末残值折算成现值并相加,公式如下:

$$NPV=-P+A(P/A,i_c,n)+S(P/F,i_c,n) \tag{6-10}$$

式中:S——表示期末残值。

综上,净现值法的计算步骤可简单归纳如下:①确定一个目标收益率作为基准折现率;②画出项目在整个研究期内的现金流量表或图;③将研究期内发生的所有现金流量按基准收益率折算成现值,并将各现值累计求和,即得到净现值(NPV);④根据 NPV 值判断比选方案。NPV 值如果大于零,说明除了达到基准收益率以外,尚有盈利。如果等于零,说明方案刚刚达到基准收益率水平。很明显,只有当 NPV 值大于或等于零时,投资方案经济上是可行的。因此评价的标准是以净现值大的方案为最优方案。

2. 内部收益率(*IRR*)指标

(1)内部收益率概念。内部收益率法又称为内部报酬率法,它指的是使方案在研究期内一系列收入和支出的现金流量净现值为零时的折现率。它是一个反映投资项目内部获得报

酬率的指标,因此称为内部收益率。根据定义,使下面公式成立时

$$NPV = \sum_{t=0}^{n} F_t (1 + i_r)^{-t} = 0 \tag{6-11}$$

所对应的 i_r 就是方案的内部收益率,通常用符号 *IRR* 表示。

(2)计算。由于公式(6-11)是一个高次方程,直接用公式求解 *IRR* 是比较复杂的,因此在实际应用中通常采用“试值内插法”求 *IRR* 的近似解,其求解原理如图 6-3 所示。

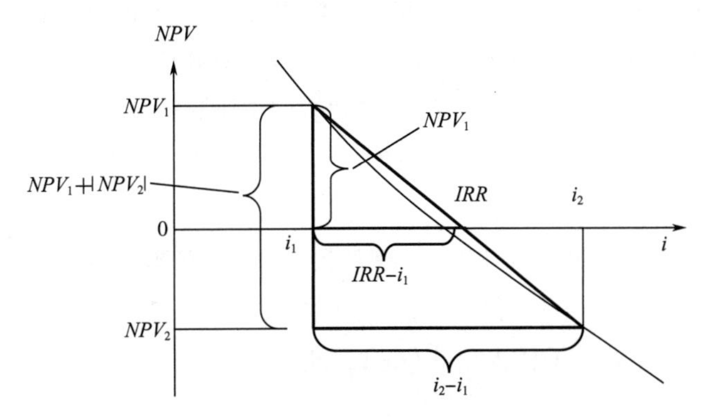

图 6-3　试值内插法求解 *IRR*

$$\frac{IRR - i_1}{(i_2 - i_1)} = \frac{NPV_1}{NPV_1 + |NPV_2|}$$

由此推导出的 *IRR* 计算公式如下:

$$IRR = i_1 + \frac{NPV(i_1)}{NPV(i_1) + |NPV(i_2)|}(i_2 - i_1) \tag{6-12}$$

式中: i_1——试算所取的较低折现率;

i_2——试算所取的较高折现率;

$NPV(i_1)$——对应于 i_1 的净现值(正值);

$NPV(i_2)$——对应于 i_2 的净现值(负值)。

试值内插法计算步骤如下:

首先选择一个适当的折现率代入净现值的计算公式,试算出净现值。如果 $NPV>0$,说明此次试算的折现率偏小,应加大,如果 $NPV<0$,则说明试算的折现率偏大,应减小。

按上述原则反复试算到两个净现值,其中一个是正值,一个是负值(因为 $NPV=0$ 在正负值中间),且对应的折现率相差不超过 3%时,可停止试算。

运用公式(6-12)求出内部收益率的近似解。

例 6-6:有一食品企业投资项目,现金流量见表 6-2,试求其内部收益率。

表 6-2　现金流量表

T 年末	0	1	2	3	4	5
现金流量(万元) F_t	−1000	−800	500	500	500	1200(500+700)

解:根据 $NPV(i_r)=\sum_{t=0}^{n}F_t(1+i_r)^{-t}=0$

首先令 $i_r=5\%$ 代入上式试算:

$$NPV(5\%)=-1000-800(P/F,5\%,1)+500(P/A,5\%,4)\times(P/F,5\%,1)+700(P/F,5\%,5)$$
$$=-1000-800\times0.9524+500\times3.546\times0.9524+700\times0.7835=475(\text{万元})$$

试算结果 $NPV>0$,说明试算的折现率偏小,应加大,试用12%代入再计算:

$$NPV(12\%)=-1000-800(P/F,12\%,1)+500(P/A,12\%,4)\times(P/F,12\%,1)+700(P/F,12\%,5)$$
$$=-1000-800\times0.8929+500\times3.0374\times0.8929+700\times0.5674=39(\text{万元})$$

这时的 NPV 值为39,刚好略大于零,再增大折现率不超过3%试算,取 $i_r=15\%$。

$$NPV(15\%)=-1000-800(P/F,15\%,1)+500(P/A,15\%,4)\times(P/F,15\%,1)+700(P/F,15\%,5)$$
$$=-1000-800\times0.8696+500\times2.8550\times0.8696+700\times0.4971=-106(\text{万元})$$

此次试算 NPV 为负值($NPV<0$),可见,该内部收益率必然在12%与15%之间,用内插法求解 IRR 的近似值,将以上计算结果代入公式(6-12)得:

$$IRR=12\%+\frac{39}{39+|-106|}(15\%-12\%)=12.8\%$$

内部收益率为12.8%。

(3)判断准则。计算出内部收益率 IRR 要与项目的基准收益率 i_c 比较,当 $IRR\geqslant i_c$ 时,表明项目的收益率已达到或超过基准收益率水平,项目可行;反之,当 $IRR<i_c$ 时,表明项目不可行。

(四)技术方案的不确定性分析

1.盈亏平衡分析法

盈亏平衡分析法是指项目从经营保本的角度来预测投资风险性。依据决策方案中反映的产量、成本和盈利之间的相互关系,找出方案盈利和亏损在产量、单价、成本等方面的临界点,以判断不确定性因素对方案经济效果的影响程度,说明方案实施的风险大小,这个临界点称为盈亏平衡点(Break Even Point,简称BEP),又称为收支平衡点(BEP),指项目的收支平衡时,所需的最低生产水平或销售水平。对于独立方案的盈亏平衡分析,根据条件的不同可分为线性盈亏平衡分析和非线性盈亏平衡分析,以下以线性盈亏平衡分析为例进行说明。

线性盈亏平衡分析研究的假设条件:①生产量等于销售量;②固定成本不变,单位可变成本与生产量成正比变化;③销售价格不变;④只按单一产品计算,若项目生产多种产品,则换算为单一产品计算。

在上述的假定条件下,产品的产量、成本、利润呈线性关系,意味着投资项目的生产销售活动不会明显影响市场的供求状况,即在市场其他条件不变的情况下,产品价格不随其销售量的变动而变动,可以看作一个常数。销售收入与销售量呈线性关系,即

$$B=PQ \tag{6-13}$$

式中:B——销售收入;

P——单位产品价格；

Q——产品销售量。

项目投产后产品的成本可分为固定成本与可变成本两部分。固定成本是在一定范围内不随产量的变动而变动的生产费用。可变成本是随产量的变动而变动的生产费用，一般情况下可近似看作可变成本随产量作正比例变动。

总成本是固定成本与可变成本之和，它与产量的关系也可近似地看作线性关系。

$$C = F + VQ \tag{6-14}$$

式中：C——总成本；

F——固定成本；

V——单位产品可变成本；

Q——产品产量。

因为利润是销售收入与总成本的差额，即

$$R = B - C = PQ - (F + VQ) \tag{6-15}$$

式中：P——单位产品价格；

R——利润；其他字母含义同式（6-14）。

在盈亏平衡点上，经济活动盈亏平衡，利润为零，总销售收入恰好等于总成本，则有

$$PQ_0 = F + VQ_0 \tag{6-16}$$

$$Q_0 = \frac{F}{P - V} \tag{6-17}$$

式中：Q_0——盈亏平衡点产量。

将公式（6-13）、式（6-14）和式（6-16）在同一坐标系中表达出来，如图 6-4 所示，当企业在小于 Q_0 的产量下组织生产，该项目亏损；反之，在大于 Q_0 的产量下组织生产，该项目盈利。显然公式（6-17）是一个重要表达式，式中 $P - V$ 表示企业销售单位产品补偿变动成本后的收益，故称为单位产品的边际贡献。

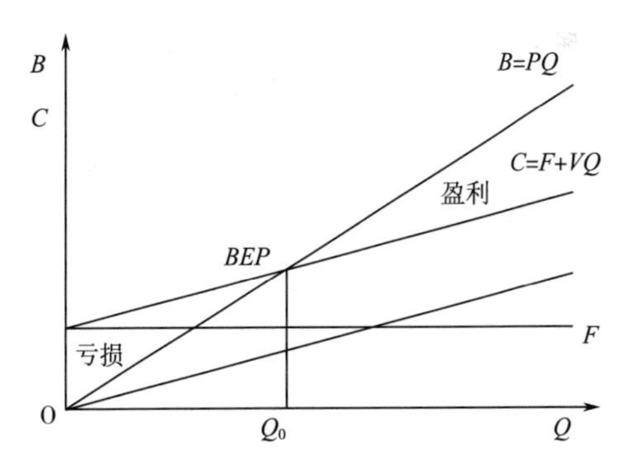

图 6-4　线性盈亏平衡分析

若项目的设计生产能力为 Q^*，则盈亏平衡点也可以用盈亏平衡生产能力利用率表示，即

$$E_0 = \frac{Q_0}{Q^*} \times 100\% = \frac{F}{(P-V)Q^*} \times 100\% \tag{6-18}$$

式中：E_0——盈亏平衡生产能力利用率。

所以，E_0 越小，也就是盈亏平衡点 BEP 越低，说明项目造成亏损的可能性越小，其抗风险能力越强。盈亏平衡点的生产能力利用率一般不应大于 75%。

如果按照设计生产能力进行生产和销售，BEP 还可以用盈亏平衡销售价格来表示。由

式(6-16)可知盈亏平衡销售价格

$$P_0 = \frac{F + VQ^*}{Q^*} = V + \frac{F}{Q^*} \tag{6-19}$$

若按照设计生产能力进行生产和销售,且销售价格已定,由式(6-16)还可得到盈亏平衡单位产品变动成本。由于

$$PQ^* = F + VQ^* \tag{6-20}$$

则盈亏平衡单位产品变动成本

$$V_0 = P - \frac{F}{Q^*} \tag{6-21}$$

销售量、产品价格及单位产品变动成本等不确定因素发生变动所引起的项目盈利额的波动称为项目的经营风险(business risk)。由销售量及成本变动引起的经营风险的大小与项目固定成本占总成本的比例有关。

设对应于预期的年销售量 Q_c 和预期的年总成本 C_c,固定成本占总成本的比例为 S,则

$$固定成本\ F = C_c \cdot S \tag{6-22}$$

$$单位产品变动成本\ V = \frac{C_c(1 - S)}{Q_c} \tag{6-23}$$

当产品价格为 P 时,盈亏平衡产量

$$Q_0 = \frac{C_cS}{P - \frac{C_c(1 - S)}{Q_c}} = \frac{Q_cC_c}{\frac{1}{S}(PQ_c - C_c) + C_c} \tag{6-24}$$

盈亏平衡单位产品变动成本

$$V_0 = P - \frac{C_cS}{Q_c} \tag{6-25}$$

由式(6-24)可以看出,固定成本占总成本的比例越大,盈亏平衡产量越高,盈亏平衡单位产品变动成本越低。高的盈亏平衡产量和低的盈亏平衡单位产品变动成本会导致项目在面临不确定因素的变动时发生亏损的可能性增大。

设项目的年净收益为 R,对应于预期的固定成本和单位产品变动成本

$$R = PQ - F - VQ = PQ - C_cS - \frac{C_c(1 - S)}{Q_c}Q \tag{6-26}$$

$$\frac{\mathrm{d}R}{\mathrm{d}Q} = P - \frac{C_c(1 - S)}{Q_c} \tag{6-27}$$

显然,当销售量发生变动时,S 越大,年净收益的变化率越大。也就是说,固定成本的存在扩大了项目的经营风险,固定成本占总成本的比例越大,经营风险越大。这种现象称为运营杠杆效应(operating leverage)。

固定成本占总成本的比例取决于产品生产的技术要求及工艺设备的选择。一般来说,资金密集型的项目固定成本占总成本的比例比较高,因而经营风险也比较大。

例6-7:某食品小型机械生产项目,设计生产能力为年生产小型机械4000台,单位产品售价1875元。生产总成本为650万元,其中固定成本300万元,总变动成本与产量呈正比例关系。求以产量、生产能力利用率、销售价格、单位产品变动成本表示的盈亏平衡点。

解:首先求单位产品变动成本

由于 $C = F + VQ$ 所以 $V = \frac{C - F}{Q} = \frac{(650 - 300) \times 10^4}{4000} = 875$(元/台)

盈亏平衡点产量由式(6-17)得

$$Q_0 = \frac{F}{P - V} = \frac{300 \times 10^4}{1875 - 875} = 3000(\text{台})$$

盈亏平衡生产能力利用率由式(6-18)得

$$E_0 = \frac{Q_0}{Q^*} \times 100\% = \frac{3000}{4000} \times 100\% = 75\%$$

平衡销售价格由式(6-19)得

$$P_0 = V + \frac{F}{Q^*} = 875 + \frac{300 \times 10^4}{4000} = 1625\ (\text{元/台})$$

盈亏平衡单位产品变动成本由式(6-21)得

$$V_0 = P - \frac{F}{Q^*} = 1875 - \frac{300 \times 10^4}{4000} = 1125\ (\text{元/台})$$

通过计算盈亏平衡点,结合市场预测,可以对投资方案盈利及亏损的可能性做出判断。在例6-7中,如果产品的未来销售价格和生产成本与预测值相同,则在年销售量不低于3000台或生产能力利用率不低于75%的条件下,该项目不会出现亏损。如果按照设计生产能力进行生产,且产品成本与预测值相同,则在市场价格不低于1625元/台的条件下,项目不会发生亏损;同样道理,若产品销售量、产品价格与预测值相同,项目不出现亏损的条件是单位产品变动成本不高于1125元/台。

2. 敏感性分析

敏感性分析是分析各种不确定因素变化一定幅度时,对方案经济效果的影响程度。把不确定性因素当中对方案经济效果影响程度较大的因素,称为敏感性因素。

敏感性分析可以分单因素敏感性分析和多因素敏感性分析。单因素敏感性分析是假定只有一个不确定性因素发生变化,其他因素不变,这样每次就可以分析出这个因素的变化对评价指标影响的大小。如果某因素在较大的范围内变化时,引起指标的变化幅度并不大,则称其为非敏感性因素;如果某因素在很小范围内变化时就引起评价指标很大的变化,则称为敏感性性因素。通过敏感性分析,决策者可以掌握各个因素对指标影响的重要程度,在对因素变化进行预测、判断的基础上,对项目的经济效果作进一步的判断,或在实际执行中对敏感性因素加以控制,减少项目的风险。

以下以单因素敏感性分析为例,简要介绍其计算分析方法。单因素敏感性分析是每次只变动一个不确定因素所进行的敏感性分析。在单因素敏感性分析中,核心的内容是确定敏感性因素,从而对方案风险做出评价。

例 6-8:某饮料生产企业有一个引进一条自动化流水线来提高产品质量并扩大产量的投资方案,用于确定性经济分析的现金流量见表 6-3,所采用的数据是根据未来最可能出现的情况估算的。由于对未来影响经济环境的某些因素把握不大,销售收入、建设投资、经营成本都有可能发生变化,变化情况如下:销售收入、建设投资、经营成本分别变动±10%和±20%。设基准折现率为 12%,试分别对上述三个不确定性因素作敏感性分析。

表 6-3 现金流量表

年份	0	1	2~11	12
投资/万元	1290			
销售收入/万元			1590	1590
经营成本/万元			1000	1000
销售税金(销售收入 10%)/万元			159	159
期末资产残值/万元				360
净现金流量/万元	-1290	0	431	791

解:设投资额为 I,年销售收入为 B,年经营成本为 C,年销售税金为 TA,期末资产残值为 S。用净现值指标评价方案的经济效果。计算公式为:

$$NPV = -I + (B - C - TA)(P/A,12\%,11)(P/F,12\%,1) + S(P/F,12\%,12)$$

根据表 6-3 数据

$$NPV = -1290 + 431 \times 5.933 \times 0.8929 + 360 \times 0.2567 = 1085.7$$

下面用净现值指标分别就销售收入、投资额和经营成本三个不确定因素作敏感性分析。

设销售收入变化百分比为 x,因销售收入的变化将导致销售税金的变动,且变化比值相同,故分析销售收入变动对净现值影响的计算公式如下:

$$NPV = -I + [(B - TA)(1 + x) - C](P/A,12\%,11)(P/F,12\%,1) + S(P/F,12\%,12)$$

设投资额的变化百分比为 y,则分析投资额变化对方案净现值的影响的计算公式如下:

$$NPV = -I(1 + y) + (B - TA - C)(P/A,12\%,11)(P/F,12\%,1) + S(P/F,12\%,12)$$

设经营成本的变化百分比为 z,则分析经营成本的变化对方案净现值的影响的计算公式如下:

$$NPV = -I + [(B - TA) - C(1 + z)](P/A,12\%,11)(P/F,12\%,1) + S(P/F,12\%,12)$$

根据上面三个计算公式,使用表 6-3 的数据,分别取 x、y、z 不同的变化幅度,计算出各不确定因素的不同变化幅度下,方案的净现值结果,见表 6-4。

表 6-4 不确定因素的变化对净现值的影响

不确定因素	变化率				
	-20%	-10%	0	10%	20%
销售收入/万元	-430.5	327.5	1085.7	1843.8	2601.8

续表

不确定因素	变化率				
	-20%	-10%	0	10%	20%
建设投资/万元	1343.7	1214.7	1085.7	956.7	827.7
经营成本/万元	2145.2	1615.4	1085.7	555.9	26.1

根据表 6-4 中的数据,可绘出敏感性分析图,如图 6-5 所示。

由图 6-5 可知,三条直线斜率变化由大到小的顺序是销售收入、经营成本、建设投资,即当三个不确定因素以同样变化幅度变化时,销售收入的变化对方案净现值的影响最大,经营成本变化的影响次之,投资额的变化对方案净现值的影响最小。所以销售收入和经营成本对净现值是较为敏感的因素。

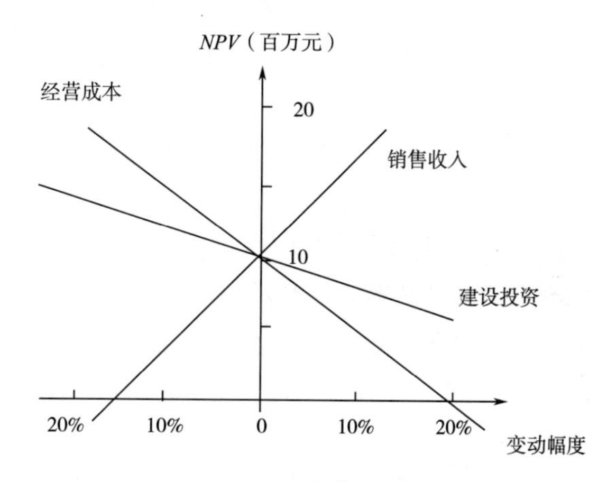

图 6-5　敏感性分析图

由图 6-5 还可以看出,三条直线与横轴的交点对应的变化幅度,称为不确定因素变动的临界点。这个临界点表明了方案经济经评价指标达到最低要求所允许的不确定因素的最大变动幅度。如果不确定因素的变动超过了临界点,则方案由可行变为不可行。将临界点与未来实际可能发生的变化幅度作比较就可大致分析出该项目的风险情况。

本例中若建设投资和经营成本不变,销售收入降低 14.3%,即达到临界点,此时 $NPV=0$。若未来销售收入降低的幅度大于 14.3%,则该项目由可行变为不可行。同样,经营成本的临界点为 20.5%,即经营成本的增加若大于 20.5%,方案将变得不可接受。根据前面计算投资变动方案净现值的影响计算公式,可算出当 $NPV=0$ 时,$y=84.2\%$。即若销售收入与经营成本不变,投资额增加 84.2%以上,方案变得不可接受。

根据上面的分析,对于本投资方案,销售收入与经营成本都是敏感因素,在做出是否采用本方案以前,应对销售收入和经营成本的可能变动范围作进一步更为准确地预测和估算。如果销售收入和经营成本的变动超出临界点的可能较大,则意味着这笔投资有较大的风险。同时,通过销售收入和经营成本是敏感因素这一结论得到,若实施这一方案,严格控制经营成本,保证销售收入将是提高项目经济效益的重要途径。

第四节 设计方案的选择

一、设计方案选择的含义

设计方案选择是为了在不同的设计方案中比较选出最佳方案，以减少项目投资决策的盲目性，提高投资决策的科学性。通过对比项目设计的不同方案的投资总额、投资回收期、生产成本等绝对指标及其他相对指标，评价项目设计方案的优劣等级。一个项目设计方案如果所选择的厂址条件好，拟采用的生产工艺、生产技术、生产设备等先进适用且经济合理，生产过程安全且无环境污染，与项目所在地区的资源条件及社会经济条件相吻合，建设费用、经营费用等较少，投资回收期较短，则这样的方案应为最佳方案。

二、设计方案选择的原则

1. 设计方案选择的可比性原则

如果供选择的项目设计方案不具备可比性，则难以进行方案优选。不同方案有关指标的计算范围、计算口径及计算方法应具有可比性，且方案的时间跨度等方面均应具有可比性。

2. 设计方案选择的经济性原则

在设计方案选择时考察不同设计方案的经济效果、社会效果及生态效果，应以经济效果为中心，如果一个方案没有较为理想的经济效果，则无从谈及其他效果。

3. 设计方案选择的客观性原则

选择设计方案必须做到客观公正，忌讳用感情代替科学，应以实事求是的态度，据实比选，据理论证，尽量用较为准确的数据和语言客观地反映项目设计不同方案的真实情况。

4. 设计方案选择的整体性原则

选择项目不同的设计方案，应对备选的每一方案进行全面地分析评价，定量分析与定性分析相结合，从技术、经济、社会、文化、政治等方面全方位考察被分析对象。

三、设计方案选择的内容

1. 比较不同设计方案的厂址选择及总图规划

2. 比较不同设计方案的建筑安装工程

(1) 比较不同设计方案的总平面设计对生产工艺过程的要求的满足程度。

(2) 比较不同设计方案的工序的合理程度。

(3) 比较不同设计方案的建筑物空间分布及占用土地的合理程度。

(4) 比较不同设计方案的建筑物建筑结构的合理程度。

3. 比较不同设计方案的产品方案

(1) 比较不同设计方案的产品经济寿命。

(2) 比较不同设计方案的产品质量。

4. 比较不同设计方案的生产规模

5. 比较不同设计方案对环境的影响程度

四、设计方案选择的方法

如果用来比较选择的设计方案的计算期相同，则可以按照不同方案所包含的效益和费用的全部要素进行比选，可以采用差额内部收益率、净现值及净现值率等指标进行分析计算评价。

如果用来比较选择的设计方案的生产能力相同，或其效益基本相同，但其无形效益难以估算，则在分析对比时可以不考虑其相同因素，只考虑其不同因素，可以采用最小费用法进行计算评价。

如果用来比较选择的设计方案的产品或服务不同、产品价格或服务收费标准难以确定，且产品为单一产品或能够折合为单一产品时，可以采用最低价格法或最低收费标准法，对各个对比方案分别计算净现值等于零时的产品价格并加以对比，其中产品价格较低的设计方案较优。

如果用来比较选择的设计方案的产量相同或基本相同时，可以采用静态差额投资收益率法或静态差额投资回收期法进行计算评价。

如果用来比较选择的设计方案的计算期不同时，则可以采用年值法及年费用比较法。如果期望采用净现值法、差额内部收益率法、费用现值法比较法或最低价格法，需要对各个比较选择的方案的计算期及计算公式做适当调整后再进行分析比较，如可以方案计算期的最小公倍数作为比较方案的计算期，也可以所有方案中最短的计算期作为比较选择方案的计算期。

复习思考题

(1) 技术经济分析的作用是什么？

(2) 技术经济评价的原则是什么？

(3) 什么是产品成本？

(4) 技术经济评价的指标有哪些？

(5) 什么是静态投资回收期，其判断准则是什么？

(6) 什么是净现值(*NPV*)？净现值指标有什么优缺点？

(7) 什么是内部收益率(*IRR*)？怎样计算内部收益率？

(8) 盈亏平衡点(*BEP*)计算有何意义？

第七章　AutoCAD 在食品工厂设计中的应用

第七章课件

第一节　CAD 技术在食品工厂设计图纸绘制中的应用

一、概述

在食品工厂设计中，绘图无疑是一项不可忽视的工作，如总平面图设计、工艺设备流程图设计、车间布置图设计，以及管路布置图等均需要进行图纸绘制工作。随着计算机技术的发展，CAD 技术在工程设计中得到了广泛应用。CAD(Computer Aided Design)的含义是计算机辅助设计，是计算机技术的一个重要的应用技术领域。CAD 技术在工程设计领域的最主要的应用就是绘图，充分利用计算机辅助设计技术能够有效地突破传统手工绘图的局限，以 CAD 技术拥有的多种绘图功能为基础，设计人员往往能够将自己的设计思路充分地表达出来，并且能够根据要求对图像进行改动，确保设计图纸的清晰程度，可以说 CAD 技术的应用能够轻而易举地将设计图变得更加简单易懂，绘图工作难度将会大大地降低。

AutoCAD 是工程制图人员普遍使用的通用绘图软件，在诸多行业和领域中得到了广泛的应用。AutoCAD 软件内有各种绘图工具库，在绘制图纸时可以直接调用各种线型并进行修改，与手工绘图相比其大大减轻了工程设计人员的工作量，节约了时间，提高了工程设计的效率。通过 AutoCAD 软件绘图可使图纸干净整洁，设计精度高，也可以直接存储，安全方便、易于调用。

AutoCAD 绘图软件具有多种性能优越的功能，常见的有：

(1)平面绘图。能以多种方式创建直线、圆、椭圆、多边形、样条曲线等基本图形对象。

(2)绘图辅助工具。AutoCAD 提供了正交、对象捕捉、极轴追踪、捕捉追踪等绘图辅助工具。正交功能使用户可以很方便地绘制水平、竖直直线，对象捕捉可帮助拾取几何对象上的特殊点，而追踪功能使画斜线及沿不同方向定位点变得更加容易。

(3)编辑图形。AutoCAD 具有强大的编辑功能，可以移动、复制、旋转、阵列、拉伸、延长、修剪、缩放对象等。

(4)标注尺寸。可以创建多种类型尺寸，标注外观可以自行设定。

(5)书写文字。能轻易在图形的任何位置、沿任何方向书写文字，可设定文字字体、倾斜角度及宽度缩放比例等属性。

(6)图层管理功能。图形对象都位于某一图层上，可设定图层颜色、线型、线宽等特性。

(7)三维绘图。可创建 3D 实体及表面模型，能对实体本身进行编辑。

二、AutoCAD软件绘图基本方法

在正式绘图前,AutoCAD需要进行以下几个基本设置:设置图形界线—建立图层—设置对象样式—开始绘图。

首先,双击CAD快捷方式,打开CAD软件界面之后新建一个文件,并对所要绘图的区域进行限定,根据自己的要求调整图幅大小,图框可以用“矩形”命令进行绘制,视图模式也可以根据自己的意愿进行调整,如图7-1所示。利用多图层或者多种颜色来使图纸中的图形和符号更加明晰。

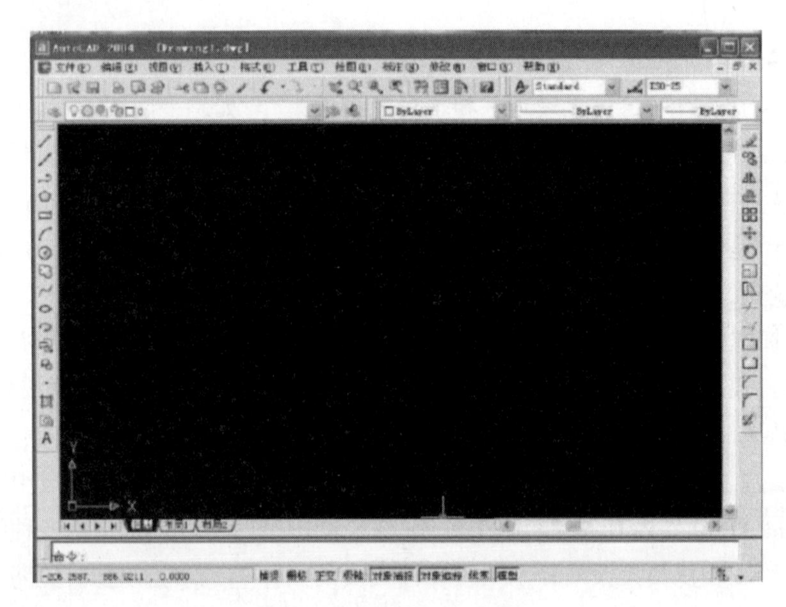

图7-1　AutoCAD绘图界面

1. 设置图形界限

(1)点击“格式”,选择“图形界限”。

(2)在下面的“命令”对话框内会出现默认左下角点的坐标(0,0),点击回车。

(3)指定图形界限右上角点坐标,如用A3打印纸出图,则设置为420 mm×297 mm,然后回车。

(4)点击“视图”,选择“全部重生成”,即完成图形界限的设置。

2. 设置图层

(1)点击图层管理器图标,打开“图形特性管理器”,然后在“图形特性管理器”上选择“新建”,如图7-2所示。

(2)每个新建图层可以重新命名,如轴线、墙体、标注、文字、门窗、虚线等。注意“0”图层不能更改,只能在新建的图层上进行修改。

(3)为了不同类型的图元对象设置不同的图层、颜色、线型和线宽,在作图时图元对象的颜色、线型及线宽都应由图层控制。

(4)将图元的颜色、线型和线宽设置好后,点击“确定”即完成图层的设置。

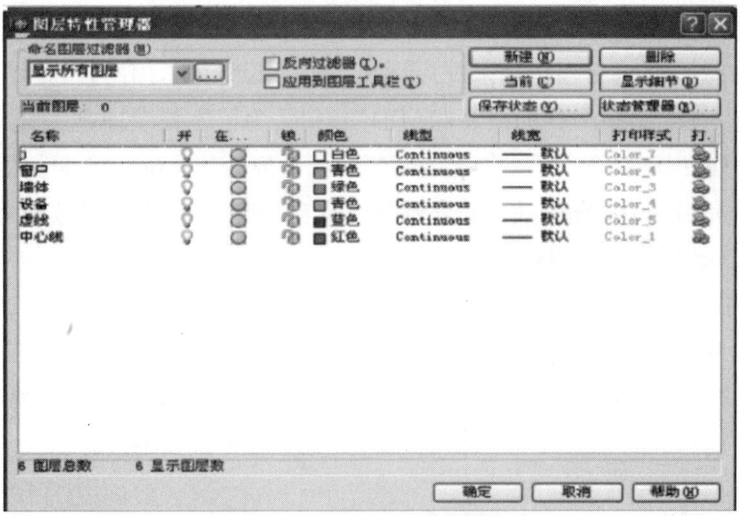

图 7-2　图层特性管理器

3. 设置文字及尺寸标注样式

文字及尺寸标注样式主要根据出图时图纸的比例设定。

(1)文字样式一般使用 CAD 默认的设置即可。

(2)尺寸标准样式。①点击“格式”中的“标准样式”,打开“标注样式管理器”对话框,选择“新建”,在新建式样栏内输入新的名称后点击“继续”,如图 7-3 所示;②根据自己的需要对颜色、线宽、文字样式等进行设置,点击“置为当前”即完成标注样式的设置。

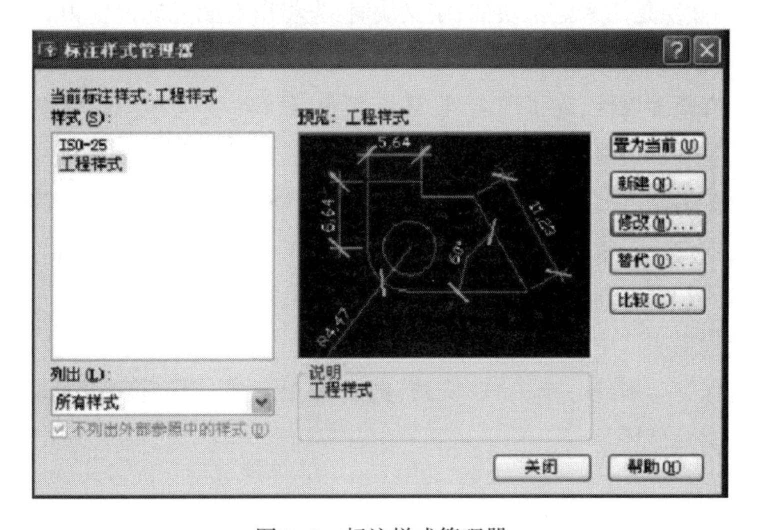

图 7-3　标注样式管理器

在完成了绘图前的基本设置后即可绘制图纸。

AutoCAD 软件的基本命令可以对图形进行绘制和编辑,使用这些命令时可以在菜单或者工具栏中找到相应的命令,也可以利用快捷键提高绘图效率,还可以在绘图中充分使用图块的功能,利用图块命令将一些常用的图形定义,在以后需要时就可以直接调用,方便快捷。

工具栏中有不同的命令可以用来进行绘图,在工厂设计中常用的有"直线""圆""圆弧""矩形"等命令。在绘制多个相同或者相似的图形时,为了方便快速地完成,可以使用"复制""平移""阵列""镜像"等命令,也可以在绘图中,在界面其他位置将整个图形的各个部分绘制出来,然后利用复制粘贴的功能将各部分组合在一起,如果大小尺寸不合适,可以选择"缩放"命令对图形比例进行调整。

图形设计中如果需要配上相应的文字,可以利用软件在图形中进行输入,并且可以对文字的大小、角度等进行相应的调整,也可以对绘制好的图形用"修剪"命令进行修剪,使用"打断"命令将图形分为不同的部分然后进行相应的修改。在绘图过程中熟练使用其基本操作和绘图技巧,能够提高绘图的效率,快速、准确地绘制出所需要的设计图纸。

三、食品工厂设计 CAD 图纸绘制

AutoCAD 绘图示例

1. 绘制总平面图

食品工厂总平面图是厂区范围内各项建筑物的总布置水平投影图,是根据建厂原则对区域内建筑物进行合理布局,工厂设计从总平面图开始,其作图步骤如下。

(1)合理建立图层。建立图层够用即可。图层建立要能满足图形绘制的需求,主要从线型、线宽上着手,将不同用途的图层用不同色彩标明。图层名字设置尽量与该层线型线宽特点保持一致。

0 层的使用。0 层是用来定义块的,定义块时,先将所有图元均设置为 0 层(有特殊时除外),再定义块。这样,在插入块时,插入层即块所在层。

图层的设置有很多属性,除了图名外,还有颜色、线型、线宽等。在设置图层时,首先要定义好相应的颜色、线型、线宽。为了更好地区分图层,在设置图层颜色时,最好不同的图层采用不同的颜色。另外,白色是属于 0 层和 DEFPOINTS 层的,我们不要让其他层使用白色。

线形和线宽的设置。常用的线型有 Continous 与 Center,其中 Continous 是默认线型,而 Center 的使用需要加载。加载方法是:点击对应图层的线型—选择加载—选中 Center 确定—回到线型选择栏中选中 Center 线型。

对图层进行保存。新建一个 CAD 文档,把图层、标注样式等等都设置好后另存为 DWT 格式。

(2)绘制图框。

(3)绘制总平面布置图。先绘出厂区界限,按工艺流程科学合理布局,绘制各厂房与设施的相对位置。

(4)标注图名和尺寸线,标明各厂房和设施的名称。

(5)插入块,将图框以合适大小插入。

2. 绘制工艺流程图

(1)合理建立图层。

(2)建立图框并保存为块。

(3)制作工艺设备块。根据工艺流程,将一些常用的图形,利用设计中心等工具保存为块,以后作图可以直接插入之前保存过的块,以提高作图速度,也可从网络上下载各式各样的常用块,稍加修改即可使用。

建立块的方法:在 0 层上绘制需创建为块的图形;在菜单栏中点击绘图,点击块,选择创建;输入块名称,点击拾取点,拾取基点;点击选择对象,将需要转化为块的图形全部选中,再右键单击;回到块定义后点击确定,新的块便创建好了。

(4)插入块,绘制工艺流程图。在需要插入块的图层中点击工具栏上的“插入块”图标,浏览到需插入的块后点击确定;在文本窗口中按照提示输入不同的字母,回车后可据需要修改块的大小、旋转角度等;预览到合适的块后在合适的地点单击左键,块即可插入。

(5)插入文字说明、图框,完善图形。

3. 绘制车间布置图

车间布置的主要任务是对厂房的配置和设备的排列做出合理的安排,并决定车间、工段的长度、宽度、高度和建筑结构型式,以及各车间、工段之间的相互联系。

厂房的整体布局应根据生产规模、设备种类、数量及外形尺寸等来确定厂房的轮廓、跨度、层数以及柱间距等。同时还应注意车间内交通、人行通道以及设备的操作、维护、施工及其他专业布置等的要求。

设备的布置主要根据车间工艺过程的特点,按生产工艺流程的先后顺序将设备进行有序连接。设备的排列应遵循有利于各生产工序之间衔接的原则,以保证原辅料在设备间的合理流动,有利于减少原材料在制品、半成品的暂存时间,有利于缩短产品的整个生产周期并能有效地利用空间组织生产。

车间布局:一般情况下,只画出车间的空间大小、外形轮廓以及内部分隔即可。

墙体和门窗的绘制:只需在平面图上画出它们的位置、门的开启方向等。承重墙、柱等构造用细点线画出其建筑定位轴线,建筑物及其构件的轮廓用细实线绘出。

设备的布置:把所有设备按工艺流程的先后顺序以俯视图的形式反映在图纸上,根据设备选型厂家提供的外形尺寸进行绘制。

设备的定位尺寸:点击“尺寸标注”,选择“逐点标注”命令,将每个设备在横向、纵向上距墙或轴线的距离标注出来。

建立设备一览表:点击“文字表格”,选择“新建表格”命令,在对话框内输入相应数据,点击“确定”即可在图纸的适当位置插入设备表,点击“表格编辑”“单元编辑”等进行编辑。

第二节　食品工厂设计图纸绘制要求

食品工厂设计的图纸属于工程图样的范畴。工程图样是工程技术人员表达设计思想、进行技术交流的工具,是指导生产的重要技术文件。为了便于工程实施和进行技术交流,必须对图样的表达方式、尺寸标注及相关符号等建立统一的标准。《技术制图》与《机械制图》国家标准起到了统一工程语言的作用。食品工厂设计从业人员必须树立标准化的观念,严格遵守和认真执行国家标准。

一、图纸幅面和格式

1. 图纸幅面

图纸幅面是指图纸宽度与长度组成的幅面。绘制图样时,所采用的图纸幅面应符合国家标准《技术制图图纸幅面和规格》(GB/T 14689—2008)规定的图纸幅面,优先采用表7-1中规定的基本幅面。必要时,可按规定加长幅面,其尺寸是由基本幅面的短边乘整数倍增加后形成的,如图7-4所示。图中粗实线所示为基本幅面,细实线和虚线所示为加长幅面。

表7-1　图框尺寸

幅面代号	A0	A1	A2	A3	A4
$B×L$	841×1189	594×841	420×594	297×420	210×297
e	20		10		
c	10			5	
a	25				

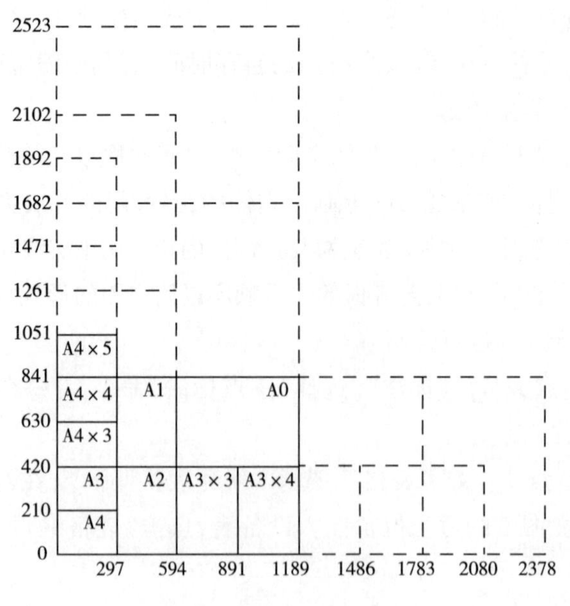

图7-4　图纸的幅面尺寸

2. 图框格式

在图纸上必须用粗实线画出图框，其格式分为不留装订边（图 7-5）和留装订边（图 7-6）两种，其尺寸按表 7-1 的规定。装订时可采用 A4 幅面竖装或 A3 幅面横装。

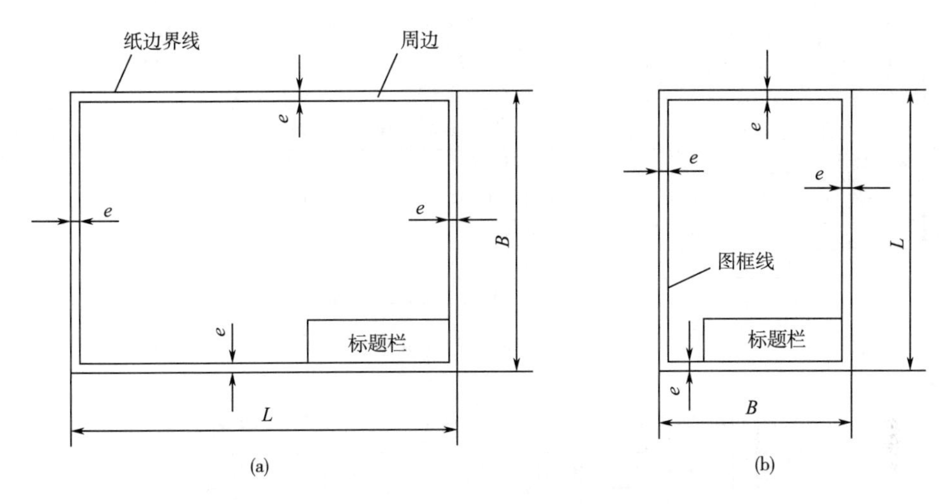

图 7-5　不留装订边的图框格式

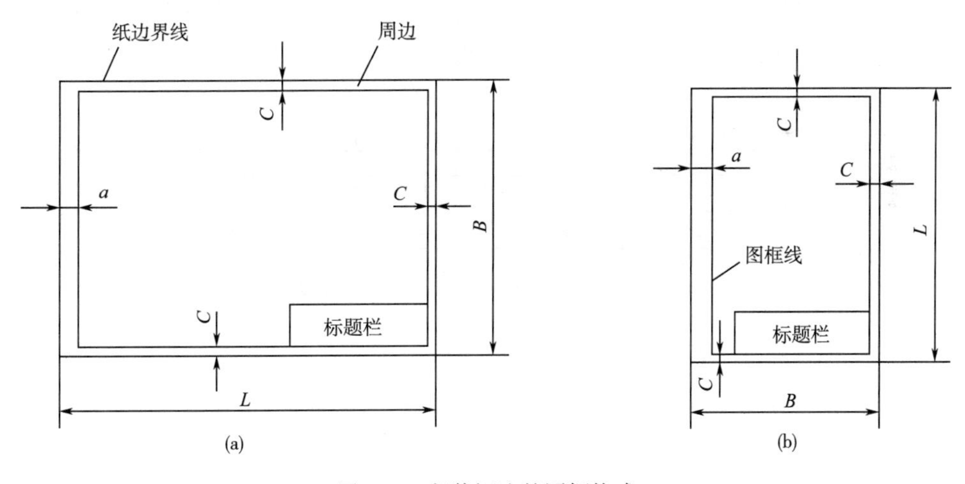

图 7-6　留装订边的图框格式

3. 标题栏

标题栏是工程图样不可缺少的内容。标准栏的格式和尺寸应按国家标准《技术制图标题栏》（GB/T 10609. 1—2008）的规定。标题栏一般位于图纸的右下角，如图 7-7（a）、（b）所示。标题栏中的文字方向通常为看图方向。各单位可根据需要增减标题栏和明细栏的内容。国家标准规定的标题栏及明细栏和制图作业建议用标题栏及明细栏，如图 7-7（c）所示。

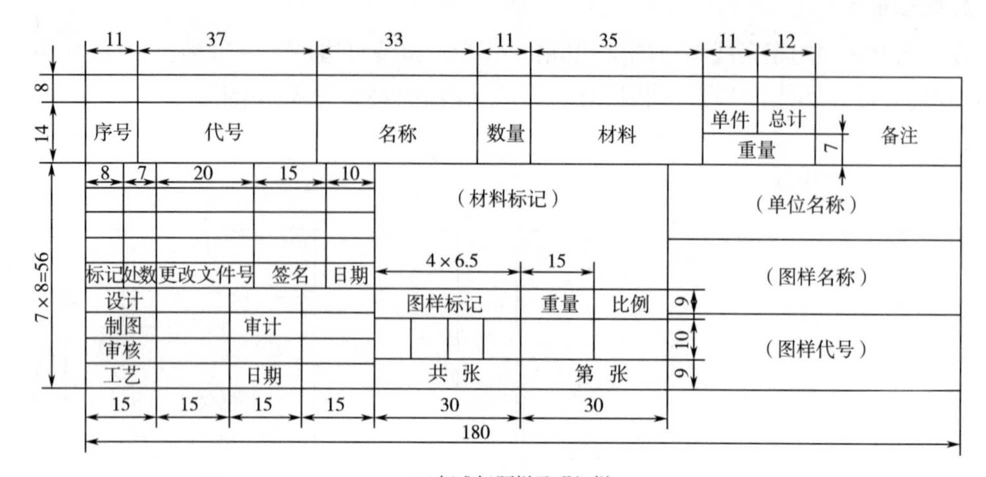

(a) 标准标题栏及明细栏

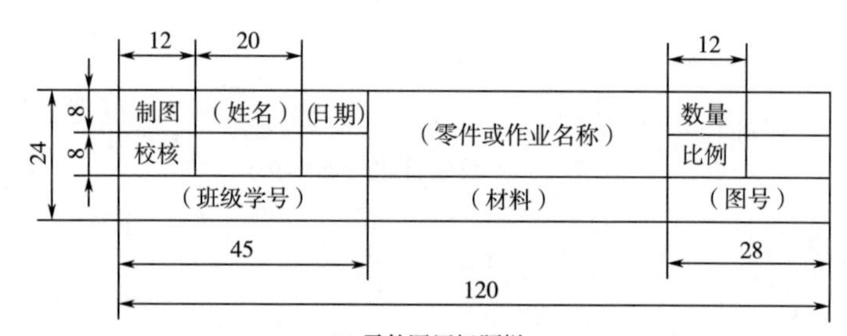

(b) 零件图用标题栏

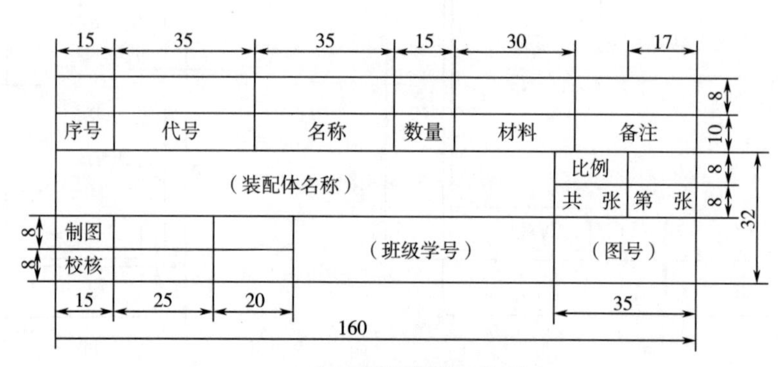

(c) 装配图用标题栏及明细栏

图 7-7　标题栏及明细栏

二、比例

比例是指图中图形与其实物相应要素的线性尺寸之比。绘制图样时,应按表 7-2 规定的系列中(常用的部分)选取适当的比例,具体见国家标准《技术制图比例》(GB/T 14690—1993)。图形画的与相应实物大小一样时,称为原值比例;比相应实物大时,称为放大比例;比相应实物小时,称为缩小比例。

表 7-2　常用的绘图比例

种类	比例
原值比例	1 : 1
放大比例	2 : 1、2. 5 : 1、4 : 1、5 : 1、10 : 1
缩小比例	1 : 1. 5、1 : 2、1 : 2. 5、1 : 3、1 : 4、1 : 5

为了方便看图,建议尽可能按工程形体的实际大小 1 : 1 画图,如机件太大或太小,则采用缩小或放大比例。不管采用哪种比例,图中的尺寸均应按照实物的实际大小进行标注,与图形大小无关,图 7-8 为不同比例绘图的效果。

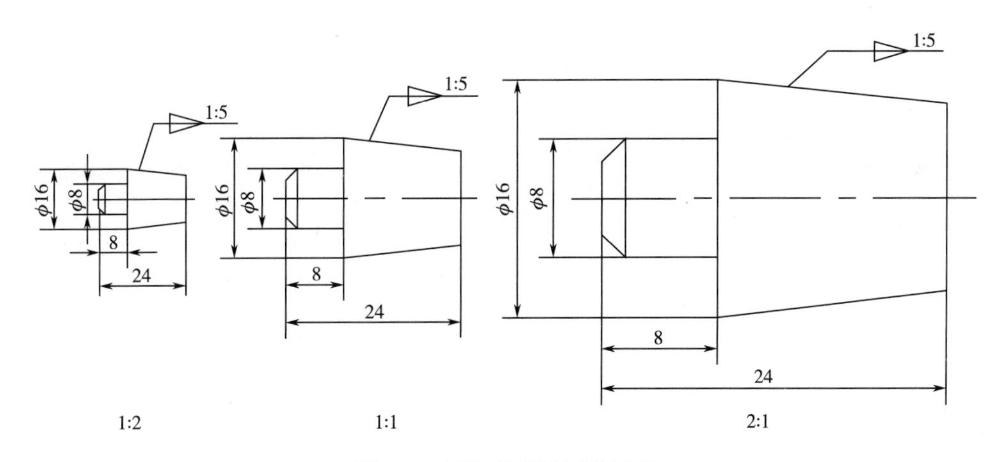

图 7-8　不同比例绘制的图形

食品工厂设计所涉及的厂区平面图、生产车间布局平面图、生产工艺流程图等图纸的绘图比例为缩小比例,绘图时根据实际情况确定适宜绘图比例,并将该比例值填写在标题栏的比例栏中。

三、字体

字体是技术制图中的一个重要组成部分。国家标准《技术制图字体》(GB/T 14691—1993)规定了图样中汉字、字母、数字的书写规范。书写字体的基本要求与原则是:字体工整,笔画清楚,间隔均匀,排列整齐。

1. 字高

字体的号数代表了字体的高度(h),其公称尺寸系列有:1. 8 mm、2. 5 mm、3. 5 mm、5 mm、7 mm、10 mm、14 mm、20 mm。当还需要更大时,其字体高度按 $\sqrt{2}$ 倍递增。

2. 汉字

应写成长仿宋体,并采用国家正式公布的简化字。汉字高度不应小于 3. 5 mm,其字宽一般为 $h/\sqrt{2}$ 。

3. 字母和数字

字母和数字可写成直体与斜体两种。斜体字头向右倾斜,与水平线成75°,分A型(笔画宽为$h/14$)和B型(笔画宽为$h/10$)。在同一图样中,只允许选用一种形式的字体。

四、图线

1. 基本线型

机械制图GB/T 4457.4—2002所规定的线型及其应用见表7-3。绘制机械工程图样应使用表7-3中规定的线型。

表7-3 图线及其应用

图线名称	线型	图线宽度	一般应用举例
粗实线	————————	d	可见轮廓线、可见棱边线等
细实线	————————	$0.5d$	尺寸线和尺寸界线、剖面线、重合断面的轮廓线
细虚线	— — — — — — —	$0.5d$	不可见轮廓线、不可见棱边线
细点画线	——— - ———	$0.5d$	轴线、对称中心线
粗点画线	——— - ———	d	有特殊要求的线或表面的表示线
细双点画线	—— - - —— - - ——	$0.5d$	相邻辅助零件的轮廓线、极限位置的轮廓线、轨迹线
波浪线	～～～～	$0.5d$	断裂处的边界线、视图和剖视图的分界线
双折线	——\/——\/——	$0.5d$	断裂处的边界线、视图和剖视图的分界线

2. 图线的宽度

机械工程图样中应采用两种图线宽度,称为粗线与细线。粗线的宽度为d,细线的宽度约为$d/2$,线宽d的尺寸系列为0.13 mm、0.18 mm、0.25 mm、0.35 mm、0.5 mm、0.7 mm、1 mm、1.4 mm、2 mm,在同一图样中,同类图线的宽度应一致。

3. 图线的应用

如图7-9所示为图线的应用举例。

4. 画图线时注意事项

如图7-10所示,虚线、点画线、双点画线的线段长度和间隔各自大致相同。点画线首末两端是长画,并超出轮廓线2~5 mm,当该图线较短时,可用细实线代替,画圆的中心线时,圆心应为线段与线段相交。虚线、点画线与其他图线相交时,都应交到线段处,当虚线为粗实线延长线时,虚线与粗实线应留间隙。

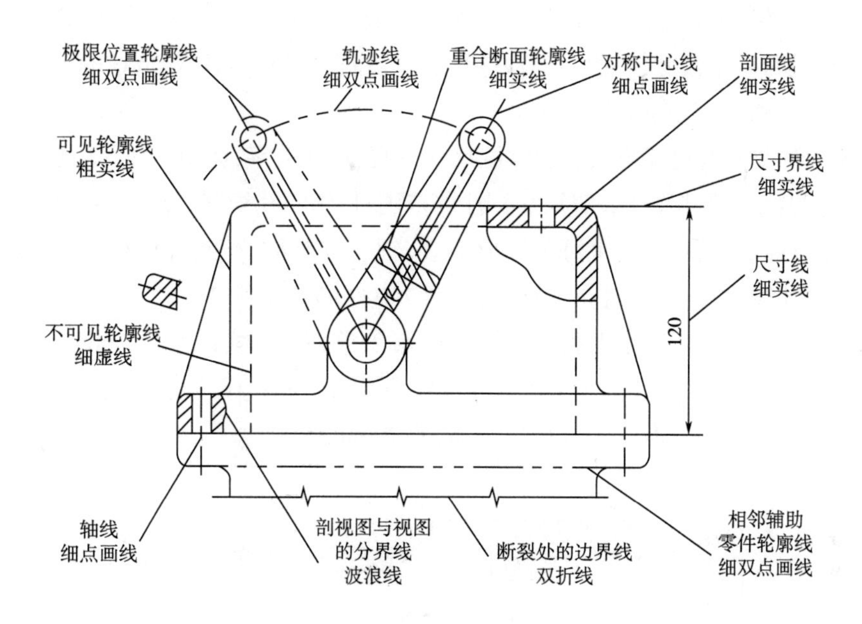

图 7-9 图线应用示例

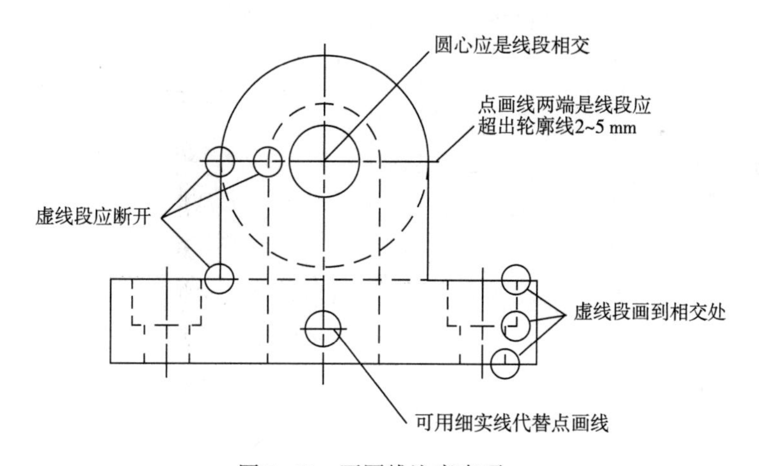

图 7-10 画图线注意事项

五、尺寸注法

尺寸注法见国家标准《技术制图尺寸注法》(GB/T 4458.4—2003)和《技术制图简化表示法 第2部分:尺寸注法》(GB/T 16675.2—2012)。

1. 基本规则

(1)机件的真实大小应以图样上所注尺寸为依据,与绘图比例及绘图的准确度无关。

(2)图样中的尺寸,以毫米为单位时,不需标注计量单位的代号或名称。若采用其他单位,则必须注明相应计量单位的代码或名称。

(3)图样中所注的尺寸,为该图样所示机件的最后完工尺寸,否则应另加说明。

(4)机件的每一个尺寸,一般只标注一次,应标注在反映该结构最清晰的图形上。

2. 尺寸的组成

组成尺寸的要素有尺寸界线、尺寸线、尺寸终端、尺寸数字,如图 7-11(a)所示。

(1)尺寸界线。尺寸界线表明尺寸标注的范围,用细实线绘制。尺寸界线应由图形的轮廓线、轴线或对称中心线引出,也可利用轮廓线、轴线或对称中心线作为尺寸界线。尺寸界线一般应与尺寸线垂直,必要时允许倾斜,如图 7-11(b)所示。

(2)尺寸线。尺寸线表明尺寸度量的方向,必须单独用细实线画出,不能用其他图线代替。标注线性尺寸时,尺寸线必须与所标注的线段平行。同一图样中,尺寸线与轮廓线以及尺寸线与尺寸线之间的距离应大致相同,一般为 7 mm 左右。

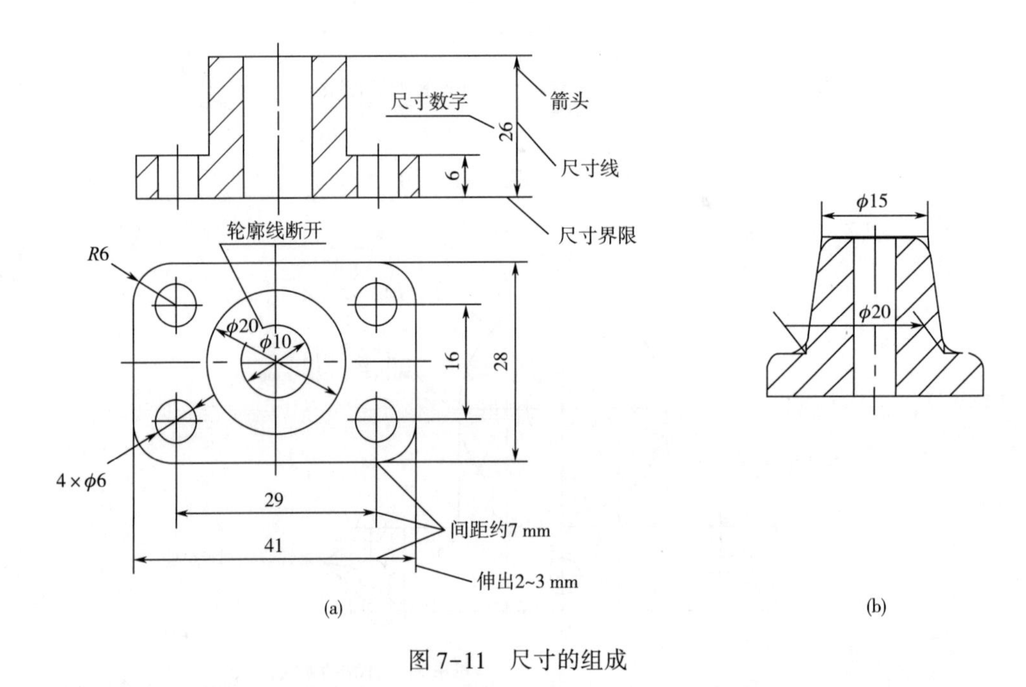

图 7-11　尺寸的组成

(3)尺寸线终端。尺寸线的终端可用箭头和斜线两种形式,见图 7-12。机械图一般用箭头作为尺寸线的终端,其尖端应与尺寸界线接触。土建图一般用斜线。当尺寸线与尺寸界线相互垂直时,同一张图样中只能采用一种尺寸线终端的形式。

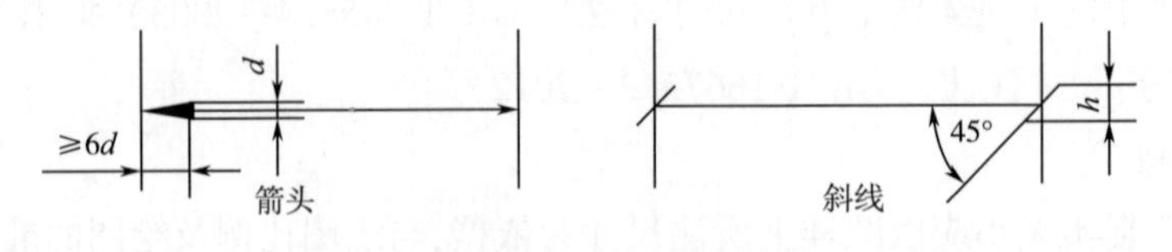

图 7-12　尺寸线的终端

d—粗实线线宽　*h*—尺寸数字字高

(4)尺寸数字。尺寸数字表明尺寸的大小,应按国家标准规定的字体形式书写,且不能被任何图线通过,否则应将图线断开,如图 7-11 所示。同一张图样中,尺寸数字的字高要一致。

尺寸界线、尺寸线、尺寸数字的综合标注方法和要求如图 7-11 所示。

第三节　食品工厂 CAD 模块化设计软件的开发应用

一、模块化设计

AutoCAD 是当今世界上工程设计领域应用最为广泛的微机 CAD 软件,也是我国设计部门使用最广泛的计算机辅助设计软件。但在工程设计中,由于各专业设计的特殊性和不同的要求,如果仅以 AutoCAD 现有的功能和命令,就很难满足工程设计中准确、快捷及标准化的要求。

食品工厂设计的任务是根据产品方案、工艺流程、物料衡算和能量衡算等要求对工厂及车间的平面布局、厂房、工艺和设备选型等进行设计及预概算,涉及面广、专业性强。因此,可针对食品工厂设计的专业特点,开发可专用于食品工厂设计的 CAD 软件包,或者按照模块化设计思想开发出适合食品工厂设计的专用 CAD 模块化设计软件,可使食品工厂设计工作进一步简化,使设计工作更加专业化,也可以进一步提高设计效率、优化设计方案、减轻设计人员的劳动强度、缩短设计周期、加强设计的标准化等。

模块是产品、自然物或其混合物中具有特定功能的基本单元(如零件、组件等),它具有标准化、系列化、互换性等特点。模块化设计是在对一定范围内的不同功能或相同功能的不同性能、不同规格的产品进行功能分析的基础上,划分并设计出一系列功能模块,通过这些模块的选择和组合构成不同的产品,以满足市场的不同需求。模块化技术包括两方面内容:①模块划分——对复杂的设计对象按照一定的规则进行划分,得到可以被单独设计、互相配合、具有独立作用和系列的模块;②模块集成——通过对系列化模块的组合集成得到更多系列的产品,更广泛地满足市场需求。

由于采用了模块化设计,避免了传统设计方法中每个具体设计都要经过从零件到部件再到装配的设计过程,设计周期大大缩短,而且模块化的设计使生产可以实现模块化从而缩短生产周期,降低成本。同时,模块化设计使产品更加多样化,能更大程度地满足市场需求。模块化后的 CAD 软件具有维护性好、可重复使用、软件开发周期短等优点。CAD 软件的模块化首先对设计对象划分模块,然后开发出能独立设计相应模块但又相互联系的软件模块,使其相互间通过数据转换建立联系,用主控程序或界面把软件模块和数据源有机地结合起来。另外,由于模块的相互独立性,在软件升级的过程中许多模块可以重复使用。

二、食品工厂设计的主要模块

食品工厂设计 CAD 模块化设计软件主要可分为三大模块:

(1)总平面图设计模块。尽管不同的食品工厂厂区内的主要建筑物有所不同,但不同的工厂之间有许多共性的建筑物,如行政用房、原料仓库、成品仓库、生产车间、包装车间、机修车间、配电房、锅炉房、绿地、道路、门房等。

厂区内的总平面布置设计主要是指在厂区范围内的车间、仓库、运输线路、管道及其他建筑物的空间总体配置。主要任务是把整个企业作为一个系统,根据厂区地形和生产工艺流程要求,统筹兼顾,全面安排企业内各建筑物的位置,以利于生产的正常进行和经济效果的提高。

根据食品工厂的特点,一般地,厂区内可划分为行政区、生产区以及生产辅助区等。根据建筑物的朝向,主导风向的影响,设置行政区、生产区、辅助区的合理位置。在CAD绘制时,首先要确定好厂区的形状与范围,然后再在确定好的区域内按照布置原则进行分区绘制,一定要注意工厂所在区域风向的问题以确保安全,还要注意厂区大门及厂区内运输通道的安全与便利。

如某柠檬酸工厂,厂区主要分为生活区和生产区两大区域。生活区设有公寓、食堂等基本设施。生产区设有生产部门,包括玉米粉碎车间、液化车间、发酵车间、提取车间、精制车间、包装车间、成品车间、副产品车间等;辅助生产部门包括原料仓库、空压站、制冷站、给水站、配电站、储水池、污水处理中心、沼气处理中心等。

如某果汁厂,生产车间、办公室和其余各部门是构成总平面设计的重要组成部分。工厂的设计规则要求,准确地规划各部分空间利用,严格遵守规章制度进行建设,以此实现更高效快速地生产和生产的安全性。辅助部门设计由三部分组成:动力辅助设施、生产辅助设施和生活辅助设施。动力性辅助设施包括供水房、锅炉房、供电设备、供暖设备、运载设备、制冷设备等;生产辅助设施包括生产所需的各类原材料的储存库房、用于水果等原料的除梗、清洗、破碎等工序的机器及对果汁生产过程和产品的质量检测仪器;生活辅助设施包括用于服务员工日常活动的设施,例如办公楼、食堂、休息室、停车场等。

如某啤酒厂,总平面设计主要由生产车间和辅助部门两部分组成。以合理用地,方便生产,规范建设,安全高效为原则进行设计。生产车间设计应遵循设计计划。辅助部门设计由三部分组成:动力辅助设施、生产辅助设施和生活辅助设施。动力性辅助设施包括锅炉房、给排水、供电供暖、制冷设备等;生产性的辅助设施包括产品原料的存储仓库,生产原料和产品、半成品的检验设备,原料与产品的运输路线,产品研发与工艺流程研究,设备检修,产品包装,供电,供水等;生活性的辅助设施包括办公楼、食堂、体育场、休息室、停车场等。

(2)设备流程图设计模块。工艺流程图是用图表符号形式,表达产品通过工艺过程中的部分或全部阶段所完成的工作。工艺流程图一般包括全厂总工艺流程图或物料平衡图、物料流程图和工艺管道及仪表流程图。全厂总工艺流程图或物料平衡图是为总说明部分提供的全厂流程图样;物料流程图是在全厂总工艺流程图基础上,分别表达各车间内部工艺物料流程的图样;而工艺管道及仪表流程图是以物料流程图为依据,内容较为详细的一种工艺流程图。

工艺流程图 CAD 绘制程序一般是：首先选择图纸图幅、标题栏等；其次，绘制主要设备；再次，绘制管线；然后，添加阀门、仪表、管件等，添加标注信息；最后，核查图纸正确性。用 CAD 绘制工艺流程图一定要注意工艺设备的准确画法，在工艺流程确认正确的基础上，标清箭头方面、物料组分和设备特性数据等信息。

(3)车间布置图设计模块。在进行车间布置图设计之前，应熟悉工艺流程特点、设备种类和数量、主要尺寸，估算出各工段和整个车间的面积。

车间布置图设计主要涉及门、窗和墙组成的厂房轮廓，以及设备在车间平面中的排列。对于简单的工艺流程可只绘制车间平面图，但对于较复杂的装置或有多层建筑、构筑物的装置，仅用平面图表达不清楚的，可加绘剖视或局部剖视图。

图 7-13 为果汁生产线工艺流程图。

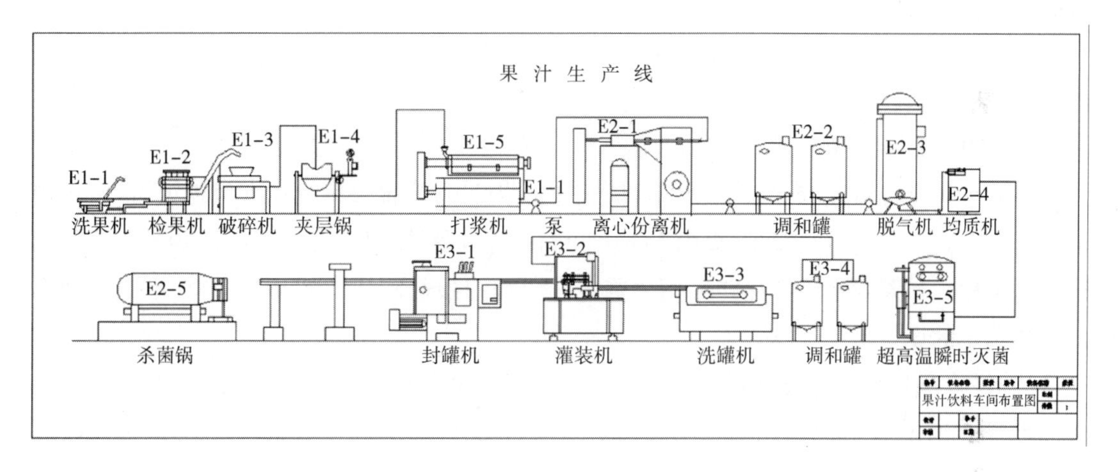

图 7-13　果汁生产线工艺流程图

三、模块化设计在食品工厂设计中的应用

食品工厂设计 CAD 模块化设计软件的具体操作步骤如下：

1. 系统登录

输入学员的学号、姓名即可登录系统，进入主界面。

2. 主界面

进入软件的主界面后，界面上有工艺流程、车间设备布置、工厂总平面图规划三个模块，可以点击某个模块进入相应的学习内容，如学习内容之间有相互顺序，则可以规定学习完上一个内容后才可以进行下一步学习。

3. 工艺流程学习

进入工艺流程学习模块后，界面中间的初始状态是一个空白的背景框，界面的上下方或侧面有设备栏，里面会按照不同的设备类别列出设备名称。

(1)新建车间。如果一个厂房内有多个车间，可以在最开始点击界面上的“新建车间”

按钮,即可新建一个空白的车间规划图。在规划完一个车间后可以继续新建车间规划下一个车间的图纸,也可以查看之前保存的车间规划图。

(2)选择并摆放设备。点击设备栏中的某一个设备,此设备二维图即可自动出现在流程图中,如果是第一个选择的设备,则流程图开头部位会出现此设备;如果流程图中已有设备,则选择的设备会自动添加到上一个设备后面,并在两个设备之间加上箭头表示工艺衔接。

(3)删除设备。在流程图中可以选中某一个设备,设备用框圈住表示该设备被选中,然后点击界面上的"删除"按钮,即可删除此设备;如果删除的设备在两个设备之间,则删除后前后的两个设备会自动衔接。

(4)插入设备。在流程图中可以选中某一个设备,此时再点击设备栏中的某个设备,则会将此设备插入到流程图选中的那个设备后面,如果后面还有其他的设备则会自动与新插入的设备进行衔接。

(5)流程图导出。在流程图完成后点击"导出"按钮,即可导出此流程图的图片保存到本地。

4. 车间设备布置学习

进入车间设备布置后,可以规划车间的结构和对设备位置进行具体摆放修改,进入后界面初始状态是一个空白的背景,界面上下方和侧面有设备栏,里面会按照不同的设备类别列出设备名称。如果规定设备只能采用之前工艺流程图中选用的设备,则设备栏中只会列出上一步选定的设备。

(1)画车间墙体。首先在进入软件时需要画车间的墙体,可以在工具栏中选择长方形的车间形状,在空白位置点击圈出车间的墙体结构,其次可以选择画线工具,在车间内部画直线,来画出车间内部的墙,形成整个车间。

(2)画墙体删除操作。在画墙体模式下,可以选中某一个墙体的线或车间的长方形轮廓,点击"删除"按钮即可将这部分删除,便于画错时进行修改。

(3)保存车间结构。画完车间的所有墙体后,点击"保存"按钮即可保存车间的结构,此时即可进入规划车间内设备的功能,同时界面上多出一个摆放设备用到的工具栏。

(4)添加设备。点击设备栏中的某个设备,然后鼠标再点击车间上的任意区域,即可将设备二维图放置在点击的地方,初始添加设备时,二维图的大小是默认大小。

(5)设备位置移动。在图纸上的设备,点击可以进行选中,选中状态会用框圈住表示出来,选中某个设备后,点击界面工具栏上面的移动按钮,此时可以用键盘的"上下左右"按键进行设备位置微调,可以在工具栏中设置设备微调移动的移动间距单位,比如按一下方向键设备移动0.1 m还是移动1 m。

(6)设备删除。在选中图纸的某个设备后,点击工具栏中的"删除"按钮,即可删除此设备二维图。

(7)设备大小缩放。在选中图纸中的某个设备后,点击"缩放"按钮,会弹出缩小或放大的操作按钮,可以操作按钮进行设备大小的缩放。

(8)设备尺寸标注。图纸上的每一个设备都会标注设备的尺寸,可以引出一条线进行标注或直接标注到设备上面。

(9)保存车间布置规划图。在此车间规划完毕后,可以点击“保存”按钮,保存车间的规划图,之后在规划同一个厂房的其他车间时还可以查看保存的其他车间规划图。

(10)导出车间布置规划图。可以点击“导出”按钮,导出车间的规划图的图片保存到本地。

5. 工厂总平面图规划学习

进入工厂的总平面规划后,可以规划工厂总体结构,进入后界面初始状态是一个空白的背景,界面上下方和侧面有图例栏,会列出车间厂房、树木的图例。

(1)画厂房墙体。首先在进入软件时需要画厂房总体的墙体,可以在工具栏中选择长方形的厂房形状,在空白位置点击圈出厂房的墙体结构,其次可以选择画线工具,在厂房内部画直线,来画出厂房内部的墙,形成整个厂房的总体。

(2)画墙体删除操作。在画墙体模式下,可以选中某一个厂房的墙体的线或厂房的长方形轮廓,点击“删除”按钮即可将这部分删除,便于画错时进行修改。

(3)添加车间。点击图例栏中的“车间图例”按钮,然后鼠标再点击车间上的任意区域进行圈出,即可将车间二维图放置在厂房内,并且界面上提示需要输入一个车间名称进行标识,车间名称会显示在车间中间。

(4)添加树木。点击图例栏中的“树木”按钮,再点击总厂房平面图的某个位置,即可将树木添加到厂房图纸上。

(5)车间和树木位置移动。在图纸上的车间或树木,点击可以选中,选中状态会用框圈住表示出来,选中某个车间或树木后,点击界面工具栏上面的“移动”按钮,此时可以用键盘的“上下左右”按键进行设备位置微调,可以在工具栏中设置设备微调移动的移动间距单位,比如按一下方向键设备移动 0.1 m 还是移动 1 m。

(6)车间和树木删除。在选中图纸的某个车间或树木后,点击工具栏中的“删除”按钮,即可删除此车间或树木的二维图。

(7)保存厂房总平面图。在厂房规划完毕后,可以点击“保存”按钮,保存厂房的规划图。

(8)导出厂房平面图。可以点击“导出”按钮,导出厂房的规划图的图片保存到本地。

(9)导出实验报告。在全部厂房的规划图完成并保存后,界面上提示学习完成,可以导出实验报告,点击“导出实验报告”按钮后,即可将所有的工艺流程图、车间图、厂房总平面图合在一起导出成图片或其他支持的格式,生成实验报告。

第八章　食品工厂设计案例

本章知识点：通过啤酒厂、速冻蔬菜厂、焙烤食品厂及乳品厂等典型食品工厂的设计案例学习，了解食品工厂设计的主要内容；掌握在实际的设计过程中如何查阅收集相关设计资料；掌握一定生产规模的某食品厂的产品方案和班产量设计、物料衡算和工艺设备的选择、配套，以及生产工艺流程设计、生产车间布局、设备布置设计等的方法和步骤。

第一节　年产 5 万 t 啤酒工厂设计

一、概述

啤酒是以大麦芽、大米为原料，加入少量酒花，经糖化、发酵制成的一种低浓度酒精饮料，由于营养丰富，常被称为“液体面包”。

在啤酒酿造过程中，主要原料有啤酒大麦、大麦芽、酒花或酒花制品、酿造用水、酵母以及其他谷物或谷物制品的辅料、添加剂等。大麦是酿造啤酒的主要原料，它为啤酒酿造提供了必需的淀粉，这些淀粉在啤酒厂的糖化车间被转变成可发酵性浸出物。

啤酒生产除了主要使用大麦作为原料外，其他如玉米、大米、小麦等以含淀粉为主的作物原料也常常被用于啤酒生产中。除了上述谷物类原料外，酒花是影响啤酒品质的另一个重要的原料，它不仅赋予啤酒特殊的苦味，同时也影响啤酒的口味与香气。此外，酵母的作用也是至关重要的，它也直接影响着啤酒的口味和特点。

啤酒生产工艺大致可分为麦芽制造、啤酒酿造和啤酒灌装三个主要过程。首先必须将大麦经过发芽制成麦芽，方能用于酿酒。制麦芽的目的是在大麦颗粒中形成酶并使大麦中的某些物质发生转化。麦芽的制造包括如下几个步骤：大麦清选、分级和输送，大麦的干燥与储存，大麦浸泡，发芽，麦芽干燥，干燥后的麦芽处理。

啤酒生产基本工艺流程如下：

原料→粉碎→糖化→过滤→煮沸→冷却→发酵→滤酒→验瓶→杀菌→贴标→喷码→装箱→入库

啤酒是一种含二氧化碳、起泡、低酒精度的饮料酒。由于其含醇量低、清凉爽口，啤酒深受世界各国的喜爱，成为世界性的饮料酒。啤酒具有独特的苦味和香味，营养成分丰富，含有各种人体所需的氨基酸及烟酸、泛酸等维生素和矿物质。

啤酒工厂设计的主要内容包括：厂址的选择；总平面设计；啤酒生产工艺流程的选择、设计及论证;全厂物料、热量衡算;车间的设备选型和设备计算;车间布置设计等。

二、厂址的选择

根据我国的具体情况,食品工厂一般建在距原产地附近大中城市的郊区。由于啤酒属于消费性强的休闲饮品,为了有利于销售,工厂选择建于市区比较合适。这样不但可以获得足够的原料,而且利于产品的销售,同时还可以减少运输费用。

(一)厂址选择的原则

(1) 厂址的位置要符合城市规划(供气、供电、给排水、交通运输等)和工厂对环境的要求。

(2) 厂址地区要接近原料基地和产品销售市场,还要接近水源和能源。

(3) 具有良好的交通运输条件。

(4) 场地有效利用系数高,并有远景规划的最终总体布局。

(5) 有一定的施工条件和投产后的协作条件。

(6) 厂址选择要有利于"三废"处理,保证环境卫生。

(二)自然条件及能源

根据食品工厂厂址选择的要求,将啤酒厂建于哈尔滨市郊区内。厂址地势平坦,周围无污染源,符合标准。场地面积有利于合理布置,符合工厂发展需要,并有一定扩建余地。该地自来水使用方便,且水质良好,可不用地下水,减少处理费用,而且接近排水系统,有利废水排放。供电系统也配备良好,可以满足生产需要。附近有居民区和学校,方便销售。

(三)政治经济和交通

厂区在城市规划区内,经规划部门批准,符合规划布局,并且接近销售渠道,有良好的经济开发前景。附近有发达的交通运输条件,接近高速公路与铁路,使原料入厂和啤酒出厂顺利进行。

三、总平面设计

(一)总平面设计的原则

(1)符合生产工艺要求。

(2)布置紧凑合理,节约用地,同时为长期发展留有余地。

(3)必须满足食品工厂卫生要求和食品卫生要求。

(4)优化建筑物间距,按有关规划进行设计。

(5)适合运输要求。

(二) 总平面设计内容

(1)厂区主要建筑物:办公楼、原料库、生产车间、冷库、配电室、锅炉房等。

(2)全建筑物朝向有利于通风采光。

(3)配电室靠近生产车间,减少能源消耗,锅炉房位于下风向。

(4)在厂房四周种植草坪,保证绿化。

(5)通盘考虑全厂布置,力求经济合理,充分考虑扩大生产。

(6)方便生产,符合生产程序。

(三)啤酒厂的组成

啤酒厂一般是由生产车间、辅助车间、动力设施、给水、排水设施以及全厂性设施等组成。

生产车间:制麦车间、糖化车间、发酵车间。

辅助车间:原料预处理车间、过滤车间、灌装车间、仓库。

动力设施:变电所、锅炉房、冷冻机房。

给水设施:水塔、水池、冷却塔等。

全厂性设施:办公室、食堂、浴室、厕所、传达室等。

四、产品方案

产品品种:10°淡色啤酒。

产品产量:年产 50000 t。

生产日期:11、12 月为生产淡季,其他月份为旺季。淡季每天糖化 5 次,旺季每天糖化 8 次。

五、啤酒生产物料衡算

在工艺设计中,物料衡算是在生产设计中工艺流程已经确定的基础上进行的。物料衡算是根据产品与原料之间的定量转化关系,计算原材料的消耗量、产品的产量和生产过程中各阶段消耗量,作为热量衡算及设备计算的数据基础。

啤酒厂糖化车间的物料平衡计算主要项目为原料(麦芽、大米)和酒花用量、热麦汁和冷麦汁量、废渣量(糖化糟和酒花糟)、每次糖化量等。

1. 数据准备

(1)糖化车间工艺流程示意图。

麦芽、大米→粉碎→糊化→糖化→过滤→薄板冷却器→回旋沉淀槽→麦汁→煮沸锅→酒花渣分离器

(2)工艺技术指标及基础数据。根据我国啤酒生产现况,有关生产原料配比、工艺指标及生产过程的损失等数据如表 8-1 所示。

表 8-1　啤酒生产基础数据

<table>
<tr><th>项目</th><th>名称</th><th>百分比/%</th><th>项目</th><th>名称</th><th>百分比/%</th></tr>
<tr><td rowspan="7">定额指标</td><td rowspan="2">无水麦芽浸出率</td><td rowspan="2">75</td><td rowspan="2">原料配比</td><td>麦芽</td><td>75</td></tr>
<tr><td>大米</td><td>25</td></tr>
<tr><td rowspan="2">无水大米浸出率</td><td rowspan="2">92</td><td rowspan="5">啤酒损失率
(对热麦汁)</td><td>冷却损失</td><td>7.5</td></tr>
<tr><td>发酵损失</td><td>1.6</td></tr>
<tr><td>原料利用率</td><td>98.5</td><td>过滤损失</td><td>1.5</td></tr>
<tr><td>麦芽水分</td><td>6</td><td>装瓶损失</td><td>2.0</td></tr>
<tr><td>大米水分</td><td>13</td><td>总损失</td><td>12.6</td></tr>
</table>

根据表8-1的基础数据，首先进行100 kg原料生产10°淡色啤酒的物料计算，其次进行100 L 10°淡色啤酒的物料衡算，最后进行50000 t/年啤酒厂糖化车间的物料平衡计算。

2. 物料衡算

(1)100 kg原料(75%麦芽，25%大米)生产10°淡色啤酒的物料衡算。

1)热麦汁计算：由表8-1可知，麦芽和大米的水分含量分别为6%和13%，无水麦芽和无水大米的浸出率分别为75%和92%，因此可得麦芽和大米原料的得率：

麦芽得率为：

$$75\% \times (1-6\%) = 70.50\%$$

大米得率为：

$$92\% \times (1-13\%) = 80.04\%$$

麦芽和大米的原料配比为75%和25%，原料利用率98.5%，则混合原料得率为：

$$(75\% \times 70.50\% + 25\% \times 80.04\%) \times 98.5\% = 71.79\%$$

由上述计算结果可得100 kg混合料原料可制得的10°热麦汁量为：

$$71.79\% \times 100 \div 10\% = 717.9(\text{kg})$$

查资料知10° 100℃热麦汁相对密度为1.024 kg/L，故热麦汁体积为：

$$717.9/1.024 = 701(\text{L})$$

由表8-1热麦汁冷却、发酵、过滤和装瓶的损失率7.5%、1.6%、1.5%和2.0%，以及热麦汁冷却至常温后相对密度为1.084 kg/L，可计算得到：

2)冷麦汁量为：

$$717.9 \times (1-7.5\%)/1.084 = 612.6(\text{L})$$

3)发酵液量为：

$$612.6 \times (1-1.6\%) = 602.8(\text{L})$$

4)过滤酒量为：

$$602.8 \times (1-1.5\%) = 593.76(\text{L})$$

5)成品啤酒量为：

$$593.76 \times (1-2.0\%) = 581.88(\text{L})$$

即100 kg混合原料(75%麦芽，25%大米)可制得10°淡色成品啤酒581.88 L。

(2)生产100 L 10°淡色啤酒的物料衡算。由上述100 kg混合原料生产10°淡色啤酒的衡算结果，可以计进一步计算出生产100 L 10°淡色啤酒的相关物料衡算。

1)生产100 L 10°淡色啤酒所需的混合原料用量：因为100 kg混合原料可生产581.88 L的10°淡色成品啤酒，则生产100 L 10°淡色啤酒所需混合原料量为：

$$(100/581.88) \times 100 = 17.19(\text{kg})$$

2)麦芽耗用量为：

$$17.19 \times 75\% = 12.89(\text{kg})$$

3)大米耗用量为：

$$17.19\times25\%=4.3(kg)$$

4)热麦汁量:因100 kg混合原料可生产701 L热麦汁,并最终制得10°淡色成品啤酒581.88 L,则生产100 L 10°淡色啤酒所需热麦汁量为:

$$(701/581.88)\times100=120.47(L)$$

5)冷麦汁量:因100 kg混合原料可生产612.6 L冷麦汁,则生产100 L 10°淡色啤酒所得冷麦汁量为:

$$(612.6/581.88)\times100=105.28(L)$$

6)酒花耗用量:目前国内苦味较淡的啤酒普遍受欢迎,特别是深受年轻人的喜爱,所以对浅色啤酒热麦汁中加入的酒花量为0.13%,又因生产100 L 10°淡色啤酒所需120.47 L热麦汁,则添加的酒花量为:

$$120.47\times0.13\%=0.157(kg)$$

7)湿糖化糟量:如表8-1所示,麦芽水分含量6%,无水麦芽浸出率75%,再设湿麦芽糟水分含量为80%,由上述麦芽耗用量12.89 kg,计算得湿麦芽糟量为:

$$[12.89\times(1-6\%)\times(1-75\%)]/(1-80\%)=15.15(kg)$$

同样,大米水分含量13%,大米无水浸出率92%,则由上述麦芽耗用量4.3 kg,计算得湿大米糟量为:

$$[4.3\times(1-13\%)\times(1-92\%)]/(1-80\%)=1.5(kg)$$

故总的湿糖化糟量为:

$$15.15+1.5=16.65(kg)$$

8)酒花糟量:设麦汁煮沸过程干酒花浸出率为40%,且酒花糟水分含量为80%,则由上述酒花耗用量0.157 kg,计算得则酒花糟量为:

$$[0.157\times(1-40\%)]/(1-80\%)=0.47(kg)$$

9)酵母量(以商品干酵母计):生产100 L啤酒可得2 kg湿酵母泥,其中一半做生产接种用,一半做商品酵母用,即为1 kg,湿酵母泥水分85%,则:

$$\text{酵母含固形物}=1\times(1-85\%)=0.15(kg)$$

含水分7%的商品干酵母量为:

$$0.15/(1-7\%)=0.16(kg)$$

10)二氧化碳量:

10°冷麦汁105.28 L浸出物为:

$$105.28\times10\%=10.528(kg)$$

设麦汁的真正发酵度为55%,则可发酵的浸出物为:

$$10.528\times55\%=5.79(kg)$$

设麦芽汁中浸出物均为麦芽糖构成,根据CO_2的分子量44和麦芽糖的分子量342,以及麦芽糖发酵的化学反应式(1分子麦芽糖发酵产生4分子CO_2)可得到CO_2的生成量为:

$$5.79\times(4\times44)/342=2.98(kg)$$

设10°啤酒的CO_2的含量为0.4%,105.28 L冷麦汁中含有的CO_2的量为:

$$105.28\times0.4\%=0.42(kg)$$

则释放的CO_2量为:

$$2.98-0.42=2.56(kg)$$

1 m^3的CO_2在20℃常压下重1.832 kg,故释放的CO_2的容积为:

$$2.56/1.832=1397.38(L)$$

11)发酵液量:因100 kg混合原料可生产602.8 L发酵液,则生产100 L 10°淡色啤酒所得发酵液量为:

$$100\times602.8/581.88=103.6(L)$$

12)过滤酒量:因100 kg混合原料可生产593.76 L过滤酒量,则生产100 L 10°淡色啤酒所得过滤酒量为:

$$100\times593.76/581.88=102.04(L)$$

13)成品啤酒量:因过滤后的酒在罐装过程中损失2%,则最终得到的成品啤酒量为:

$$102.04\times(1-2\%)=100(L)$$

14)空瓶需要量:按640 mL容积的啤酒瓶罐装,损失率0.5%,则需空瓶量为:

$$(100/0.64)\times(1+5\%)=157.03(\text{个})$$

15)瓶盖需要量(损失率1%):

$$(100/0.64)\times(1+1\%)=157.81(\text{个})$$

16)标签需要量(损失率1%):

$$(100/0.64)\times(1+1\%)=156.41(\text{张})$$

3. 年产5万吨,每次糖化的物料衡算

10°淡色成品啤酒在常温下的相对密度约为1.084 kg/L,则年产5万吨淡色啤酒的体积约为:

$$50000000/1.084=46125461.25(L)$$

生产旺季(304天)每天糖化8次,淡季(11月和12月,共61天)每天糖化5次,全年总糖化次数304×8+61×5=2737(次),生产100 L 10°淡色成品啤酒所需混合原料量为17.19 kg,则每次糖化所需的混合原料量为:

$$(46125461.25/2737)\times(17.19/100)=2897\ (kg)$$

其中所需原料大麦和大米分别为:

大麦:

$$2897\times75\%=2172.75(kg)$$

大米:

$$2897\times25\%=724.75(kg)$$

热麦汁量:

$$(701/100)\times2897=20308(L)$$

冷麦汁量：

$$(612.6/100)\times2897=17747.02(L)$$

酒花用量：

$$(0.157/17.19)\times2897=26.46(kg)$$

湿糖化糟量：

$$(16.65/17.19)\times2897=2806(kg)$$

湿酒花糟量：

$$(0.47/17.19)\times2897=79.21(kg)$$

二氧化碳量：

$$(1397.38/17.19)\times2897=235498(L)$$

酵母量：

$$(0.16/17.19)\times2987.88=26.96(kg)$$

发酵液量：

$$17747.02\times(1-1.6\%)=17463.07(L)$$

过滤酒量：

$$17463.07\times(1-1.5\%)=17201.12(L)$$

成品酒量：

$$17201.12\times(1-2\%)=16857.1(L)$$

空瓶量：

$$(157.03/17.19)\times2897=26464(\text{个})$$

瓶盖量：

$$(157.81/17.19)\times2897=26601(\text{个})$$

标签量：

$$(156.41/17.19)\times2897=26360(\text{张})$$

4. 50000 t/年 10°淡色啤酒酿造车间物料衡算表

把上述有关啤酒厂酿造车间的三项物料衡算计算结果，整理成物料衡算表，如表 8-2 所示。

表 8-2　啤酒厂酿造车间物料衡算表

物料名称	单位	生产 100 L 10°淡色啤酒定额	糖化一次定额	年产 5 万 t 啤酒定额
混合原料	kg	17.19	2897	7.93×10^6
大麦	kg	12.89	2172.75	5.95×10^6
大米	kg	4.3	724.75	1.98×10^6
酒花	kg	0.157	26.46	7.24×10^4

续表

物料名称	单位	生产100 L 10°淡色啤酒定额	糖化一次定额	年产5万t啤酒定额
热麦汁	L	120.47	20308	5.56×10^{7}
冷麦汁	L	105.28	17747.02	4.86×10^{7}
湿糖化糟	kg	16.65	2806	7.68×10^{6}
湿酒花糟	kg	0.47	79.21	2.16×10^{5}
酵母量	kg	0.16	26.96	7.38×10^{4}
二氧化碳量	L	1397.48	235498	6.45×10^{8}
发酵液	L	103.6	17463.07	4.78×10^{7}
过滤酒	L	102.04	17201.12	4.71×10^{7}
成品啤酒	L	100	16857.1	4.61×10^{7}(合5万t)
空瓶量	个	159.03	26464	72431968
瓶盖量	个	157.81	26601	72806937
标签量	张	156.41	26360	72147320

六、啤酒设备选择

(一)设备选择原则

食品工厂设备大体分四个类型:计量和贮存设备、定型专用设备、通用机械设备和非标准专业设备,在选择设备时,要按下列原则进行。

(1)满足工艺要求,保证产品的质量和产量。

(2)一般大型食品厂应选用较先进的机械化程度高的设备,中型厂则看具体条件,一些产品可以选用机械化、连续化程度高的设备,小型厂则选用较简单的设备。

(3)设备能充分利用原料,能耗少效率高、体积小、维修方便、劳动强度低,并能一机多用。

(4)所选设备应符合食品卫生要求,易清洗装拆,与食品接触的材料不易腐蚀不致对食品造成污染。

(5)设备结构合理,材料性能可适应各种工作条件(如温度、湿度、酸碱度)。

(6)在温度、压力、真空、浓度、时间、速度、流量、液位、计数和程序等方面有合理的控制系统,尽量采用自动控制方式。

(二)设备的选择

以下以啤酒厂糖化车间和发酵车间为例介绍设备的选择(表8-3)。

表 8-3　啤酒车间主要设备一览表

序号	设备名称	单位	数量	规格	型号
1	麦芽粉碎机	台	1	要求能力 1000 kg/h	MF650 型
2	糖化煮沸锅	个	1	有效容量 25 m^3 $D=3.75$ m　$H=1.87$ m	—
3	糖化过滤槽	个	1	有效容量 17 m^3	—
4	酒花分离器	个	1	直径 3.8 m 高 1.5 m 搅拌器转速 50 r/min	—
5	沉淀槽	个	—	有效容量 12 m^3	—
6	麦汁冷却器	台	—	冷却面积 = 16 m^2	列管式
7	发酵罐	个	15	200 t/只	A3 内涂
8	CIP 设备	套	2	100 t/只	—
9	硅藻土过滤机	台	2	50 t/台	J-BS20
10	清酒罐	只	2	50 t/只	A3 内涂
11	灌装设备	套	1	日工作量 24 万瓶	—
12	杀菌机	套	—	—	YJL96A

1. 糖化车间

糖化车间是进行麦汁的制备这项重要工艺的场所。将粉碎后的麦芽和辅料中的非水溶性组成通过酶的分解尽可能地转化成水溶性组分。

该设计中采用的是六锅式,即在糊化锅、糖化锅、过滤槽、煮沸锅的基础上增加一个过滤槽和煮沸锅。因为糊化锅和糖化锅利用率较低,形成六器组合可增大产量,也是啤酒厂扩建糖化车间所采用的方法。

(1)糊化、糖化设备。采用不锈钢的糊化锅和糖化锅,而且是球形锅底便于清洗和料液排尽。锅内装有螺旋桨搅拌器及挡板。糊化锅升温速度达 0.5℃/min,糖化锅的升温速度达 1℃/min,采用点状加热夹套,因此它从加热效果上优于弧形盘管加热器。糖化锅的容积为 25 m^3,糊化锅的容积为 18 m^3,采用的是常压蒸煮。

(2)过滤设备。过滤槽是最古老也是应用最广泛的麦汁过滤设备,过滤槽配置湿法辊粉碎较完善,该设计中采用过滤槽对麦汁过滤,将麦糟和麦汁分开。与传统的压滤机法、快速渗出法、膜式压滤机法相比,其具有麦汁相对浊度较好,节省原料消耗的优点。

(3)煮沸设备。

煮沸锅:煮沸加热设备加热方式有直接加热与间接加热方式。直接加热方式由于操作困难,劳动力强度大,工作环境差的原因在该设计中不被采用而采用间接加热方式。所采用的热源为饱和蒸汽或过热蒸汽。

外加热器:该设计中采用的是外加热盘管的煮沸锅。外加热器克服了内加热器清洗困难的以及加热时易局部过热的缺点,但是它需要一个大容量的耐热泵,使用动力电耗增加。外加热式煮沸锅除了用于煮沸外还可以兼作回旋沉淀槽,省去了一个设备。另外,两个麦汁煮沸锅与一个外加热器组合,煮沸锅兼作回旋沉淀槽和麦汁暂存槽使用。

(4)酒花添加设备。添加系统可采用2个或2个以上的自动添加罐,避免事故发生,麦汁煮沸时能回收。

(5)麦槽贮罐。被分离出来的麦糟被用来当作饲料的原料。

(6)分离设备。酒花分离器:煮沸结束后,采用酒花分离器尽快分离出酒花糟。如果使用的是酒花制品(酒花粉、颗粒酒花、酒花浸膏)或者粉碎的酒花,则不再需要酒花分离器。

回旋沉淀槽:热凝固物分离的传统方法为自然沉淀法——冷却盘法或沉淀槽法。冷却盘法劳动强度大,麦汁易染杂菌,现在几乎不再使用;沉淀槽还需结合离心机和压滤机进行处理。本设计中采用回旋沉淀槽法过滤热麦汁,特点是尽可能减小作为过滤介质的麦槽层厚度,以强化过滤速度,又不扩大过滤器的直径。

(7)冷却设备。麦汁的冷却主要分为开放式和密闭式。开放式冷却较密闭式传热效率更低。本设计中采用的是密闭式冷却器——薄板冷却器。冷却效果好,且冷却温度较易控制。

(8)麦汁通风设备。空气过滤器:麦汁通风是使麦汁内含有一定量的溶氧,所以麦汁必须在发酵前需通入空气,为了不混入杂菌,通入的空气需经过空气过滤器。

文丘里管:在冷麦汁进入发酵罐的管路上安装文丘里管,使无菌空气与麦汁充分混合。

2. 发酵车间

(1)酵母培养罐。发酵所需酵母是通过纯种培养获得的,从优良菌株的获取到培养出满足接种所需添加量,酵母还需经历实验室扩大培养和生产现场扩大培养两个阶段。该设计中在发酵车间就设计了酵母培养罐,使生产现场扩大培养可在其中实现。

(2)酵母添加罐。把酵母添加到准备发酵的麦汁中。

第二节　日处理100 t速冻鲜食玉米工厂设计

一、概述

速冻食品,是指在-30℃以下将处理过的新鲜原料或加工后的食品在短时间(10~30 min)内迅速冻结起来,且以最快的速度通过最大冰晶生成区(通常为-1~-5℃)。产品以小包装的形式在-18℃的条件下储藏和流通。食品冻结过程中会发生各种各样的变化,如物理变化(重量、导热性、比热、干耗等),化学变化(蛋白质变性等),细胞组织变化以及生物、微生物变化等。

速冻食品的特点是:创造一定的低温环境,使制品在贮存或运输过程中所发生的物理变化和化学变化降至最小,以达到最大限度地保持食品原有营养价值和风味的目的。

如今市场上速冻食品大致可以分为果蔬类、水产类、肉禽类、调理方便食品等四大类。

随着世界经济的飞速发展,生活节奏的不断加快,目前国内外速冻蔬菜的消费量逐年增加,需要的品种也越来越多。另外,随着世界贸易环境的改善,蔬菜的国际相互补充和调剂得到了充足发展,随着消费需求的增长及生产成本的提高,发达国家的蔬菜供应更趋于依赖进口。

目前,我国的蔬菜种植面积占世界蔬菜总种植面积的 1/3 以上,是蔬菜第一生产国。中国速冻食品生产仅始于 20 世纪 60 年代末,当时主要是以出口为主,速冻装置都是从国外引进的。从 20 世纪 80 年代末以来,随着我国人们生活水平的不断提高,国内对速冻蔬菜需求量也开始不断地提高,为我国速冻蔬菜加工的发展提供了良好的机遇。

作为一个食品专业技术人员,必须要了解速冻蔬菜厂的设计工作。对于一个新建的速冻蔬菜厂的设计,食品专业技术人员除了要配合非工艺技术人员做好厂址选择、总平面设计、公用工程和技术经济分析等设计工作外,还要对生产车间内与食品加工系统直接相关的内容进行设计。

二、速冻蔬菜工厂的总体布局

总体布局是工厂设计的重要组成部分,包括对工厂的房屋建筑、设备、装置、厂内的物流、人流、能源流、信息流等所作的有机组合和合理配置。良好的总体布局能使整个生产系统安全、高效地运行,并为工厂获得较好的经济效益创造条件。

总体布局包括工厂的总体布置(或称厂区布置)和车间布置两部分。其主要工作内容是:①对外部条件、生产工艺和物流进行分析,划分各生产、辅助、动力和仓库等区段,并分配所需面积;②确定物流和人流的路线和出入口,选择物料搬运的方法和设备;③对建筑物、设备、管线、材料场地、运输线路等进行平面定位和竖向布置,并绘制出布置图;④根据劳动卫生和生产安全要求,配置各种环境保护和绿化美化设施。

总体布局要求达到:①生产流程合理衔接,物料搬运线路流畅短捷;②生产车间、辅助车间、生活建筑和其他设施的组合与配置,便于生产管理,便于职工的劳动和休息;③在合理布置的基础上尽量节约用地和减少土石方工程量;④符合工厂建设规划和发展要求;⑤符合环境保护、卫生、绿化、抗震、防火、安全等国家规范;⑥空间布置能体现良好的建筑艺术格局。总体布局应有利于缩短建设周期,节约建设投资,提高生产效率,降低生产费用,提高产品质量,方便职工生活,从而取得最大限度的经济效果。

三、速冻蔬菜工厂的建筑或构建物

(1)原料仓库。不用专门建设原料仓库,以预处理车间旁的高温库替代,收购的原料如不能及时进行加工生产,就放置于高温库中,保持温度 0~10℃。

(2)预处理车间。紧邻高温库,在更衣室旁,在本车间内进行加工、分级、浸泡、清洗等。在生产旺季,由于原料量较大,也可在室外洁净的场地进行。

(3)生产车间。生产车间是速冻蔬菜的主要加工车间,也是耗能和最影响速冻蔬菜质量的加工区域。原料经拣选等初步加工以后,进行浸泡、清洗,然后进行漂烫、冷却、沥水、过毛发和速冻。

(4)低温冷库。与主要生产车间比邻,是存放加工、包装后的速冻蔬菜产品的区域,按照冷库设计的要求使用材料和安排布局,整个冷库分成两个区域,中间有门连通,根据实际需要使用冷库。采用双冷库设计可以有效降低能耗、便于管理,实际运行成本可以大大降低。

(5)制冷车间。近邻低温库和速冻车间,靠近配电动力中心和维修中心,水泥地面加厚,并预留孔穴。

(6)包装车间。包装车间地坪加高到与低温库标高一致,在加工车间相同的建筑要求之上,增加吊顶,墙壁四周并外加隔热材料,并有专用门通向包装材料库,包装完毕后直接入库。

(7)化验室。在办公大楼一侧,用于进行产品的原料和产品的质量检验。

(8)更衣室、卫生间。位于进入各个车间的必经之地,分左右男女更衣室,不同工段的工人可以分别从不同更衣室进入不同的生产车间,避免交叉污染。

(9)配电室、机修车间。靠近主动力中心。

(10)废水处理区。预留空地由环保部门设计废水处理池。

四、速冻蔬菜工厂的车间设计

以下以速冻玉米穗生产车间为例介绍相关的设计工作。

1. 工艺选择(图8-1)

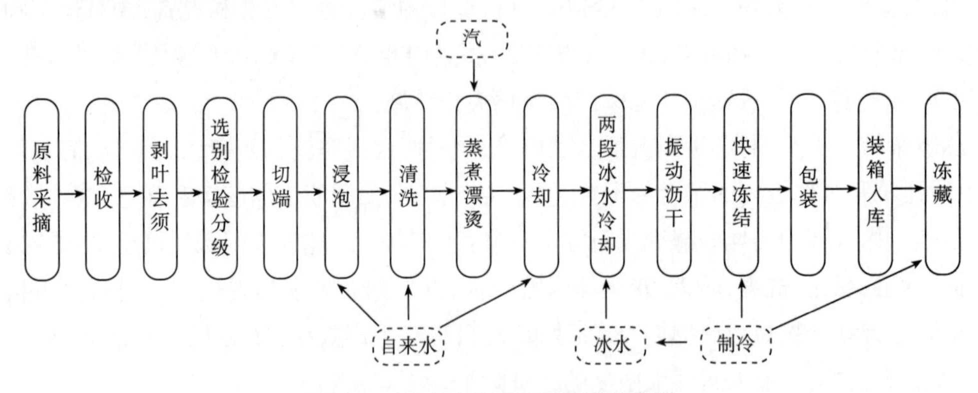

图8-1 速冻玉米穗工艺流程示意图

2. 工艺计算

(1)冷却用水量的估算。蒸煮后的玉米采用两段冷却法,先用自来水将玉米冷却至60℃左右,再用冰水冷却至30℃。

自来水冷却用水量:

玉米 100℃→60℃,自来水 25℃→50℃

$$G_{玉米} \times C_{p玉米} \times \Delta t_1 = W_{自} \times C_{p水} \times \Delta t_2$$

式中：$G_{玉米}$——玉米的质量，t；

$C_{p玉米}$——玉米的比热容，kJ/(kg·K)；

$C_{p水}$——水的比热容，kJ/(kg·K)。

$$G_{玉米} \times C_{p玉米} \times \Delta t_1 = W_{自} \times C_{p水} \times \Delta t_2$$

即：

$$100 \times 3.31 \times (100-60) = W_{自} \times 4.18 \times (50-25)$$

$$W_{自} = 126.7\ t/天$$

冰水冷却用水量：

玉米 60℃→30℃，冰水 5℃→20℃

$$G_{玉米} \times C_{p玉米} \times \Delta t_1' = W_{冰水} \times C_{p冰水} \times \Delta t_2'$$

式中：$C_{p玉米}$——玉米的比热容，kJ/(kg·K)；

$C_{p冰水}$——冰水的比热容，kJ/(kg·K)。

即：

$$100 \times 3.31 \times (60-30) = W_{冰水} \times 4.18 \times (20-5)$$

$$W_{冰水} = 158.4\ t/天$$

(2)耗冷量计算。

冰水冷却耗冷量：

$$Q_1 = G_{玉米} \times C_{p玉米} \times \Delta t_1 / t\ (kW)$$

式中：G=100 t/天，时间 t 为冷却时间，24 h。

$$Q_1 = 100000 \times 3.31 \times (60-30)/24 = 413750\ kJ/h = 115\ (kW)$$

$$(1W = 3.6\ kJ/h)$$

冻结过程耗冷量

将初温 30℃的玉米冻结至-18℃需要的耗冷量包括三个部分：①从初温 30℃冷却至冰点（开始冻结时的温度，取-1℃）时的放热量；②冻结过程中释放的潜热；③冻结完成后产品继续降温至终温-18℃所释放的热量。

$$Q_2 = G\ [C_1(t_1 - t_f) + 335\omega\varphi + C_2(t_f - t_2)]\ /3600\tau\ (kW)$$

式中：G= 100 t/天、15 t/班、2.5 h/班。

冻结前比热容：C_1 = 3.31 kJ/(kg·K)

冻结后比热容：C_2 = 1.3 kJ/(kg·K)

$$t_1 = 30℃;\ t_f = -1℃;\ t_2 = -18℃$$

335 是水的冻结潜热，kJ/(kg·K)

ω=含水量

φ=冻结后的冻结率

取冻结时间 τ =2.5 h

计算得：

$$Q_2 = 15000 \times [3.31 \times 31 + 335 \times 0.739 \times 0.99 + 1.3 \times 17]/3600 \times 2.5 = 2332.3$$

$=15000\times369.8/9000=617(\text{kW})$

通过冷库维护结构的耗冷量：

$$冷库吨位\ G=\sum\rho V\eta/1000\ (\text{t})$$

式中：G——冷库贮藏吨位，t；

V——冷库实际堆货体积，m^3；

ρ——食品的密度，kg/m^3；

η——冷库容积利用系数。

对于2000 t的冷库来说，可取容积利用系数0.6，新鲜玉米的密度约260 kg/m^3，则冷库的容积为：

$$V=\frac{1000G}{\rho\eta}=1000\times2000/(260\times0.6)=12820.5(m^3)$$

取净高4 m，则库面积 $F=12820.5/4=3205(m^2)$。

设冷库为正方形，则正方形边长为56.6 m。

维护结构的面积为：

墙：$A_1=56.6\times4\times4+56.6\times56.6\times2=7312.7(m^2)$

通过冷库维护结构的热流量可用下式计算：

$$Q_1=\alpha AK(T_w-T_n)$$

式中：α——冷库维护结构两侧温差修正系数；

A——冷库维护结构的总传热面积，m^2；

K——冷库维护结构的传热系数，$W/(m^2\cdot℃)$；

T_w——冷库外侧温度，℃；

T_n——冷库内侧温度，℃。

冷库维护结构的传热系数 K 可通过下列公式计算：

$$K=\frac{1}{\frac{1}{\alpha_h}+\sum\frac{\delta}{\lambda}+\frac{1}{\alpha_c}}$$

式中：α_h，α_c——分别是维护结构外侧和内侧表面的对流传热系数，$W/(m^2\cdot℃)$；

δ——维护结构中各层建筑材料或隔热材料的厚度，m；

λ——维护结构中各层建筑材料或隔热材料的热导率，$W/(m\cdot℃)$。

参考食品相关数据手册，冷库维护结构的修正系数 α 取1.3，传热系数 K 取0.3 $W/(m^2\cdot℃)$，按夏天最大温差55℃计算：

$$Q_1=AK(T_w-T_n)\alpha=7312.7\times0.3\times55\times1.3=138(\text{kW})$$

总耗冷量

$$115+617+138=870(\text{kW})$$

(3)用汽量的估算，其中蒸汽压力为0.4 MPa。

$$Q=\frac{G\times C_p\times(t_2-t_1)}{i_1-i_2}$$

式中：i_1——蒸汽热焓，2135.37 kJ/kg；

i_2——冷凝液的热焓，598.74 kJ/kg；

G——物料质量，kg；

C_p——物料比热，kJ/(kg·℃)；

t_1——物料初温；

t_2——物料终温。

漂烫玉米蒸汽消耗量：

$$Q_a=100\times3.31\times(100-25)/(2135.37-598.74)=15075/1536.63$$
$$=16.16(\text{t/天})$$

(4)将上述计算的汽、水、冷用量汇总于表8-4中。

表8-4　玉米蒸煮耗汽量、冷却用水量、冰水冷却耗冷量和冻结间耗冷量一览表

分类	蒸煮耗汽量	冷却用水量		耗冷量/kW		
		自来水	冰水	冰水耗冷量	冻结间耗冷量	冷库耗冷量
日耗	16.16 t/天	126.7 t/天	158.4 t/天	115	617	138
时耗	0.9 t/h	6.5 t/h	8 t/h			
合计	1 t/h	15 t/h		870		

3. 设备选型

生产设备常用设备包括：流送槽、鼓风清洗机、喷淋清洗机、不锈钢加工平台、漂烫机、冷却槽、震动式沥干机、速冻机、自动包装机、自动封箱机、过毛发机、金属探测仪、分选机、传送带、锅炉、电瓶叉车、提升机，以及制冷压缩机等。

第三节　日产10 t面包焙烤食品工厂设计

面包，是以酵母、鸡蛋、油脂、果仁等为辅料，加水调制成面团，经过发酵、整型、成型、焙烤、冷却等过程加工而成的焙烤食品。

虽然从历史发展进程和饮食习惯来看，面包的消费者主要集中在以碳水化合物为主要食物来源的欧洲、北美、南美，以及亚洲、非洲等国家。但随着社会的进步，不同饮食文化的交融，人民生活水平不断提高，面包已成为世界各国民众普遍食用的产品，成了与人们生活最密切相关的一大类主食方便食品。

面包一般采用一次发酵法和二次发酵法为主的传统生产工艺，目前还应用现代科学技术对传统工艺进行改造和提高，保证为消费者提供高质量的面包。

通过对面包厂的产品方案、工艺流程、物料衡算,以及主要设备选型等各个方面和技术指标进行论证,更加科学合理地进行面包厂工厂设计的可行性分析。

一、产品方案

根据现在的消费习惯和市场的发展需要,越来越多的消费者追求既营养又包装时尚的产品,根据我厂设备生产能力及市场情况,预计日处理量为 10 t 面包的生产规模,生产品种以以下三种为主。

主食面包:也称配餐面包,配方中辅助原料较少,主要原料为面粉、酵母、盐和糖,含糖量不超过面粉的 7%。

花色面包:成形比较复杂,属于形状多样化的面包,如各种动物面包、夹馅面包、起酥面包等,是以小麦粉为主体,加适量的糖、盐、油脂并添加蛋品、乳品、果料等制成的面包。

法式面包:以市面上流行的法式香奶小面包为主,内芯松软,带有一定的奶香味。

二、班产量

65 天为节假日和设备检修日,则全年面包生产天数为 300 天,每天预计生产法式面包 5 t,主食面包 3 t,花色面包 2 t 年生产量 3 000 t。产品设计情况见表 8-5。

表 8-5　各产品处理面粉量

名称	日处理量/t	年处理量/t
法式面包	5	1500
主食面包	3	900
花色面包	2	600
总计	10	3000

三、工艺流程确定

本设计采用二次发酵法,工艺流程如下:

面粉、酵母、水、其他辅料　　　　　　剩余的原辅料

↓　　　　　　　　　　　　　　　　↓

第一次调制面团→第一次发酵→第二次调制面团→第二次发酵→定量切块 → 搓圆→中间醒发→成型→醒发→焙烤→冷却→包装→成品

四、物料衡算

通过物料衡算计算,可确定单位时间内生产过程主要原辅材料的需求量,以及水、蒸汽、能源等流量与耗量,据此即可计算出全年主要物料、包装材料的采购运输和仓储容量。物料

衡算的另一目的是依据计算数值，经济合理地选择生产设备，并进行车间的工艺布置和各工序劳动力的安排等。

以面粉为基础，各物料的用量见表 8-6，生产损耗以 2.4%计，得到每天的各物料的用量如表 8-7 所示。

表 8-6　三种面包配方表

名称	主食面包/kg	法式面包/kg	花色面包/kg
一等强力面粉	1000	1000	1000
鲜酵母	20	—	20
酵母食料	1.2	1	1.2
砂糖	60	—	60
食盐	20	20	20
脱脂奶粉	20	—	20
起酥油	50	—	100
干酵母	—	7.5	—
麦芽汁	—	2	—
面包改良剂	5	—	6
乳化剂	5	—	5
防霉剂	—	2	—
加水量	600	600	600
豆渣	160	160	160
馅料	—	—	60
总计	1941.2	1792.5	2052.2

表 8-7　三种面包每日所需原辅料一览表

名称	主食面包/kg	法式面包/kg	花色面包/kg	总计/kg
一等强力面粉	1584	1716	1500	4800
鲜酵母	31.8	—	30	61.8
酵母食料	1.9	1.71	1.8	5.41
砂糖	95.1	—	90	185.1
食盐	31.8	34.5	30	96.3
脱脂奶粉	31.8	—	30	61.8
起酥油	79.2	—	150	229.2

续表

名称	主食面包/kg	法式面包/kg	花色面包/kg	总计/kg
干酵母	—	12.6	—	12.6
麦芽汁	—	3.45	—	3.45
面包改良剂	7.92	—	9	16.92
乳化剂	7.92	—	7.5	15.42
防霉剂	—	3.45	—	3.45
加水量	950	1030	900	2880
豆渣	253.5	274.5	240	768
馅料	—	—	90	90
成品总计	3000	5000	2000	10000

五、主要设备选型

(一) CG-50型和面机

(1)选择CG-50型和面机,和面机的主要作用是将各种投入的物料混合均匀至所需的状态。

该机采用减速机和电动机变速,搅拌器及料筒为双速转动,并设有定时装置,料筒上装有安全罩,打开罩时,搅拌器即自动停止转动,安全罩上设有取样孔,取样时安全可靠。

技术特征:

生产能力　　250~320 kg/次

搅拌轴转速　　190/90 r/min

料筒转速　　14/7 r/min

工作电压　　380 V

电机功率　　2.8 kW

重量　　380 kg

外形尺寸　　520 mm×950 mm×1080 mm

(2)确定和面机型号后,即可根据班产量的大小,计算所需台数。

和面机生产能力按下式计算

$$Q=60P/(t_1+t_2)$$

式中:Q——和面机生产能力,kg/h;

P——和面机容量,即每次加入的面粉量,kg/次;

t_1——每次操作时间,min;

t_2——每次操作辅助时间,min。

则此型号和面机的生产能力为 $Q=60\times250/(10+5)=1000(kg/h)$。

若班产量为 Q 班(以面粉计),则应选用和面机台数为

$$A=Q_{班}/7Q_{单}$$

式中:A——和面机台数,台;

$Q_{班}$——班产量,以面粉计;

$Q_{单}$——单台和面机生产能力,g/(h·台);

7——每班按 7 人生产计算,剩下 1 h 为清洗时间。

则此型号和面机所需台数为

$$\begin{aligned}A&=Q_{班}/7Q_{单}\\&=4600/7\times1000\\&=0.65(台)\end{aligned}$$

据以上计算过程可知应选 CG-50 型和面机 1 台。

(二) MBQ-3 型切块机

该机是 MB-50 型、MB-100 型面包生产线的配套设备之一,它可将一定重量的面团分切成重量相等的 20 份。

该机采用液压传动装置,噪声低,使用方便,运用性广。

技术特征:

生产能力	5~10 kg/次
分切时间	5 s/次
液压油压	-2 MPa
液压油号	HJ-10 机械油
电机功率	0.75 kW
工作电压	380 V　(50 Hz)
外形尺寸	565 mm×745 mm×1035 mm
重量	350 kg

该型号机的生产能力非常大,高达 3600 kg/h,故选 1 台可足够生产所需。

(三)BCYJ-1 型面团搓圆机

用于分切后的面团搓圆,该种型号机器为伞形搓圆机,它是目前我国面包生产中应用最广泛的搓圆机器,具有进口速度快,出口速度慢的特点,有利于面团的成型。

技术特征:

生产能力	3000 kg/h
最大功率	2.26 kW
转速	30~150 r/min
工作电压	380 V　(50 Hz)
外形尺寸	2400 mm×2000 mm×2000 mm

重量　　　　　　　　1500 kg

该型号机器的生产能力是 3000 kg/h,相对于班产 6909 kg 面团的生产,选择 1 台已足够用于生产。

(四) FPLO-25 型中间醒发机

该机主要由面团进料机构、出料机构、面团网斗、传动机构和箱体构成,其箱体一般采用金属支架,外壁用聚乙烯泡沫板保温。

技术特征:

产量　　　　　　　　2500 个/h

有效架数　　　　　　147(181)/个

面团重量　　　　　　300~550 g

面团个数　　　　　　6 个/架

驱动电机功率　　　　0.75 kW

撒粉电机功率　　　　0.065 kW

该型号机器的生产能力为 2500×300/550=750/137.5(kg/h),故选用 2 台。

(五)MBC-3 成型机

该机是 MB-50 型、MB-100 型面包生产线的配套设备之一,可生产出卷层和搓长的面包棍坯。

技术特征:

生产能力　　　　　　100 kg/h

成型长度　　　　　　≤600 mm

电机功率　　　　　　0.5 kW

工作电压　　　　　　380 V(50 Hz)

成型机是根据成品所需的形状而生产的机器,据生产所需这里只需要 1 台此型号的机器。

(六)远红外烤炉

由于远红外烤炉具有加热速度快,生产效率高,烘焙时间短,节电省能,且烘焙出来的产品均匀,面包质量稳定等优点,本厂选用 LLH-56T 型双排远红外链条炉。

技术特征:

炉长　　　　　　　　3×4=12 m

生产能力　　　　　　550~600 kg/h

加热功率　　　　　　144 kW

最高炉温　　　　　　300℃

烘焙时间　　　　　　4.7~18.8 min

调速电机工作转速　　300~1200 r/min

实际使用功率　　　　70~75 kW

据其生产能力,可选用 2 台。

第四节　日处理 200 t 鲜奶的乳粉车间工艺设计

一、概述

以全脂乳粉的生产车间工艺设计为例，举例说明乳品工厂工艺设计的主要内容和设计方法。

（1）项目名称：日处理 200 t 鲜奶的乳粉车间工艺设计。

（2）设计内容：

设计部分：产品方案和规格、生产工艺论证、物料衡算、热量衡算、主要设备选型、车间工艺布置。另外，还对乳品工厂全厂总平面布置进行了简要介绍。

图纸部分：生产车间工艺布置图、全厂总平面布置图。

（3）设计依据：

《食品安全国家标准　乳粉》（GB 19644—2010）

《食品安全国家标准　生乳》（GB 19301—2010）

《轻工业建设项目初步设计编制内容深度规定》（QBJS 6—2005）

《乳制品厂设计规范》（GB 50998—2014）

《乳制品良好生产规范》（GB 12693—2010）

《乳品设备安全卫生》（GB 12073—1989）

《工业企业总平面设计规范》（GB 50187—2012）

《工业企业设计卫生标准》（GBZ 1—2010）

二、产品标准

根据《食品安全国家标准　乳粉》（GB 19644—2010），全脂乳粉的理化指标应符合表 8-8 规定要求。

表 8-8　国标规定的乳粉理化指标

项目	指标	检验方法
蛋白质/%	≥非脂乳固体的 34%	GB 5009. 5
脂肪/%	≥26. 0	GB 5413. 3
复原乳酸度/°T（牛乳）	≤18	GB 5413. 34
杂质度/（mg · kg^{-1}）	≤16	GB 5413. 30
水分/%	≤5. 0	GB 5009. 3
非脂乳固体（%）= 100%-脂肪（%）-水分（%）		

根据国标规定，制定本产品的质量标准如下，见表 8-9。

表8-9 全脂乳粉质量标准

脂肪/%	水分/%	非脂乳固体/%
28.0	4.0	68.0
非脂乳固体(%)=100%-脂肪(%)-水分(%)		

三、产品方案和规格

产品品种:全脂乳粉(牛乳粉)

本设计日处理鲜奶为200 t,每天生产两班,每班12 h,其中生产10 h,设备清洗2 h。

产品为罐装和袋装两种包装方式,罐装规格为500 g/罐,袋装规格为500 g/袋和250 g/袋两种规格。

四、生产工艺论证

(1)生产工艺流程。本设计采用湿法生产工艺,工艺流程如下:

原料乳验收→预处理→标准化→杀菌→浓缩→喷雾干燥→冷却、储存→包装→成品。

(2)原料乳验收。为保证全脂乳粉的产品质量,根据《乳制品良好生产规范》(GB 12693—2010)要求,在收购时,对用于加工的原料乳进行检测。检测指标如下:感官指标、理化指标、金属污染物、微生物指标(真菌、霉菌量、菌落总数)、农药和兽药残留量。各项指标要求参照《食品安全国家标准 生乳》(GB 19301—2010)的规定,其中理化指标见表8-10。

表8-10 国标规定的生乳理化指标

项目	指标	检验方法
冰点[a,b]/℃	-0.560~-0.500	GB 5413.38
相对密度/(20℃/4℃)	≥1.027	GB 5413.33
蛋白质/(g/100 g)	≥2.8	GB 5009.5
脂肪/(g/100 g)	≥3.1	GB 5413.3
杂质度/(mg·kg^{-1})	≥4.0	GB 5413.30
非脂乳固体/(g/100 g)	≥8.1	GB 5413.39
酸度/T 牛乳[b] 羊乳	 12~18 6~13	GB 5413.34

注 a. 挤出3 h后检测。

b. 仅适用于荷斯坦奶牛。

(3)原料乳预处理。经验收合格的牛奶,需要进行预处理后才能用于下一步的生产过程或进行贮存。原料乳的预处理包括过滤、称重计量、净化、冷却、贮藏等程序。

过滤：过滤的目的是除去原料乳中较大的异物和杂质，乳品工厂常在奶站收奶时采用此法，利用2~4层纱布置于奶桶或受奶槽上，对原料乳进行粗滤。本设计采用80目的纱布进行过滤。

称重计量：称重计量是进行牛乳标准化计算的依据，常用的称量方式有重量法和体积法，重量法的衡器为奶秤，体积法的衡器为流量计等。本设计采用体积法进行牛奶的计量。

净乳：经过粗滤后的牛奶，仍含有小的杂物、脱落的细胞、细菌等，这部分杂质可采用净乳机除去。净乳机净乳的基本原理是将牛乳通过高速旋转的离心缸，使乳中较重的杂质因离心作用迅速黏附于缸的四壁，流出的牛乳即已完成净化。本设计选择离心式净乳机。

冷却、贮存：净乳后应及时将牛乳冷却降温，其目的是抑制细菌的繁殖，防止蛋白质变性和酸度提高，延长牛乳的保存期。

牛乳的冷却方法：乳品厂多采用人工冷却，利用表面冷却器或片式热交换器冷却牛乳及冷媒（如氯化钙、氯化钠溶液及冰水等），使牛乳冷却至预定温度。冷却后的牛乳有两种保存方法：一是将奶桶放在冷水（3℃左右）中保存；二是用不锈钢制的贮存罐，内设有自动搅拌器及冷却装置，牛乳贮存其中可使温度均匀。如果使用有冷却装置的贮存罐，粗滤后的牛乳可通过管道直接流入贮罐中，可以不进行冷却。但需使牛乳温度从33℃左右快速降到10℃以下。保存温度最好在0~5℃，以抑制细菌繁殖。本设计采用贮乳罐贮存牛乳。

（4）标准化。由于原料乳受奶牛品种、泌乳时间等的影响，原料乳中的脂肪含量并不一致。标准化的目的是使每批次生产的原料乳质量均一，以保证乳粉产品的质量一致，符合我国食品质量标准。

《食品安全国家标准　生乳》规定原料乳含脂率为≥3.1%，当原料乳含脂率不足时，可在原料乳中加入稀奶油以提高含脂率，当原料乳中含脂率过高时，可加入脱脂乳以降低含脂率。

（5）预热杀菌。标准化后的原料乳在浓缩之前，必须进行预热杀菌处理，以利于下一步浓缩进行。预热杀菌的目的是杀死乳中微生物和破坏酶的活性；保证浓缩时接近沸点进料，提高蒸发速度；另外可以防止低温的原料乳进入浓缩设备后，由于与加热器的温差过大，骤然受热，易在加热面上焦化结垢，影响传热与质量。

升温后的牛奶经过缓冲罐暂时储存，然后通过奶泵抽到杀菌器进行杀菌，预热杀菌一般采用高温短时杀菌法（HTST）或超高温瞬时间灭菌法（UHT），通常采用的杀菌条件如下，HTST装置：95℃，保持24 s；UHT装置：120~150℃，保持1~2 s。本设计采用高温短时（HTST）杀菌法。

（6）真空浓缩。原料乳经预热杀菌后，应立即进行真空浓缩。真空浓缩的目的是除去牛乳中大部分水分，使牛乳的干物质含量提高，进入后续的喷雾干燥工序，以利于保证产品质量和降低成本。一般要求原料乳浓缩至原体积的25%左右，乳中的干物质浓度达到45%左右。对于全脂乳粉，经真空浓缩后浓度为：11.5~13°Bé；乳固体含量为38%~45%。本设计选择三效降膜式真空浓缩装置。

(7)喷雾干燥。

原理:将浓缩后的浓牛乳,经喷枪或离心转盘喷出,使之雾化,雾化后的浓奶与高温空气直接接触,进行热交换,使牛乳中的水分迅速蒸发掉,形成奶粉。

喷雾干燥特点:①干燥速度快,物料受热时间短,整个干燥过程仅需 10~30 s,牛乳营养成分损失小,乳粉溶解度高,冲调性好;②乳粉颗粒表面温度较低,从而减少热敏性物质的损失,产品具有良好的理化性质;③通过调节工艺参数可以控制成品指标。如乳粉颗粒大小、状态和水分含量等;④整个过程都是在密闭状态下进行的,卫生质量好,产品不易受外界污染;⑤操作控制方便,适用于连续化、自动化、大型化生产;⑥占地面积大,一般需要多层建筑,一次性投资大;⑦热效较低,只有 35%~50%,蒸发 1 kg 水分需要 2~3 kg 饱和蒸汽;⑧干燥塔内会粘有乳粉,如用 CIP 清洗则清洗液消耗量太大,所以目前多采用人工清扫或采用塔壁自动清扫装置进行清扫。

工艺条件:先将过滤的空气由鼓风机吸进,通过空气加热器加热至 130~160℃后,送入喷雾干燥室。同时将过滤的浓缩乳由高压泵送至喷雾器或由奶泵送至离心喷雾转盘,喷成 10~20 μm 的乳滴,与热空气充分接触,进行强烈的热交换,迅速地排除水分,在瞬间完成蒸发、干燥。乳粉随之沉降于干燥室底部,通过出粉机构不断地卸出,及时冷却,最后进行筛粉和包装。用于干燥的热空气则吸收水分变为废气,通过排气装置排走。

喷雾干燥方法比较:

乳粉生产的喷雾干燥方法分压力式和离心式两种。压力式喷雾干燥采用压力式雾化器,借助压力泵的压力将牛乳雾化成细微液滴,使表面积显著增大。离心式喷雾干燥是采用雾化器将牛乳分散为雾滴,与热空气接触。压力式喷雾干燥具有动力消耗较低,制品松密度大,干燥设备尺寸较小的优点,国内许多厂家采用此法。本设计选择压力式喷雾法进行干燥操作。

(8)出粉、冷却。经过喷雾干燥过程后,牛奶脱去水分,变成颗粒状的乳粉,但此时乳粉温度仍然较高,离开喷雾干燥塔时的乳粉温度为 65~70℃,若不及时冷却降温,容易使乳粉吸潮结块,并使乳粉中营养物质损失,影响乳粉的质量。乳品工业常用的出粉机械有螺旋输送器、鼓型阀、涡旋气封阀和电磁振荡出粉装置等。先进的生产工艺,是将出粉、冷却、筛粉、输粉、贮粉和称量包装等工序连接成连续化的生产线。喷雾干燥乳粉要求及时冷却至 30℃以下,因此出粉后应立即冷却、筛粉,目前一般采用流化床出粉冷却装置。

(9)称量与包装。乳粉冷却后应立即用马口铁罐、玻璃罐或塑料袋进行包装。根据保存期和用途的不同要求,可分为小罐密封包装、塑料袋包装和大包装。需要长期保存的乳粉,最好采用 500 g 马口铁罐抽真空充氮密封包装,保藏期可达 3~5 年。如果短期内销售,则多采用聚乙烯塑料袋包装,每袋 500 g 或 250 g,用高频电热器焊接封口。小包装称量要求精确、迅速,一般采用容量式或重量式自动称量装罐机。大包装的乳粉一般供应特别需求者,也分为罐装和袋装。每罐重 12.5 kg;每袋重 12.5 kg 或 25 kg。

五、物料衡算

(1)原料乳成分标准。根据国标规定,确定本设计的原料乳标准如下,见表8-11。

表8-11　原料乳标准

项目	蛋白质/%	乳脂肪/%	乳糖/%	水分/%	非脂乳固体/%
国家标准	≥2.8	≥3.1	—	—	≥8.1
取值	2.8	3.5	4.5	88	8.5
非脂乳固体(%)= 100%-脂肪(%)-水分(%)					

(2)原料乳的标准化。设原料乳中脂肪与非脂乳固体的比值为R_0,成品乳粉中脂肪与非脂乳固体的比值为R。

原料乳的脂肪含量为3.5%;

非乳脂固体含量=100%-3.5%-88%=8.5%;

则R_0=3.5%/8.5%=0.41。

由成品乳粉标准可知:脂肪含量为28%,非脂乳固体含量为68%,水分为4.0%。

则R=28%/68%=0.41。

由于$R_0=R$,说明原料乳中脂肪与产品要求一致,因此不进行原料乳的标准化。

(3)物料衡算。

日处理鲜奶200 t。

每天2班次,每班生产10 h。

每小时处理鲜奶量=200×1000/(2×10)= 10000(kg/h)。

预处理损失率=0.5%(包括过滤、净乳、冷却、杀菌等)。

用于标准化的鲜奶量=10000×(1-0.5%)= 9950(kg/h)。

标准乳量=9950 kg/h。

浓缩前损失率=0.2%(贮存及输送损失)。

浓缩前奶量=9950×(1-0.2%)= 9930.10(kg/h)。

浓缩过程损失率=0.4%(以浓缩前为基准)。

浓缩过程损失量=9930.10×0.4%=39.72(kg/h)。

标准乳浓度=12%(标准乳浓度%=100%-水分%);取浓缩终了浓度=45%。

浓缩后奶量=(9930.10-39.72)×12%/45%=2637.44(kg/h)。

水分蒸发量=(9930.10-39.72)-2637.44=7252.94(kg/h)。

喷雾损失率=0.5%(包括高压泵及管路输送损失)。

进入干燥塔乳量=2637.44×(1-0.5%)= 2624.25(kg/h)。

乳粉含水量=4%。

理论乳粉量=2624.25×45%/(1-4%)= 1230.12(kg/h)。

干燥去除水分量=2624.25-1230.12=1394.13(kg/h)。

出粉冷却及包装损失率=0.2%。

实际包装乳粉量=1230.12×(1-0.2%)=1227.66(kg/h)。

袋装乳粉规格:500 g/袋、250 g/袋。

罐装乳粉规格:500 g/罐。

乳粉产量的1/2用于罐装包装,各1/4用于500 g和250 g规格的袋装包装。

则罐装乳粉量=1227.66/2=613.83(kg/h)。

500 g袋装乳粉量=1227.66/4=306.915(kg/h)。

250 g袋装乳粉量=1227.66/4=306.915(kg/h)。

每分钟罐装量=(613.83/60)×1000/500=21(罐)。

500 g规格每分钟包装量=(306.915/60)×1000/500=11(袋)。

250 g规格每分钟包装量=(306.915/60)×1000/250=21(袋)。

每日成品包装容器用量分别为:

500 g规格罐子数=613.83×10×2/0.5=24554(个)。

500 g规格袋数=306.915×10×2/0.5=12277(个)。

250 g规格袋数=306.915×10×2/0.25=24554(个)。

单位产品原料消耗定额=10000/1227.66=8.15。

(4)物料衡算平衡表。将物料衡算结果列于平衡表中,见表8-12。

表8-12　物料衡算平衡表

序号	项目	物料量/($kg \cdot h^{-1}$)	备注
1	原料乳	10000	
2	预处理后乳量	9950	预处理损失率:0.5%
3	标准乳量	9950	
4	浓缩前乳量	9930.10	贮存及输送损失率:0.2%
5	浓缩后乳量	2637.44	浓缩损失率:0.4%
6	进入干燥塔乳量	2624.25	喷雾损失率:0.5%
7	理论乳粉量	1230.12	
8	实际包装乳粉量	1227.66	出粉及包装损失率:0.2%
9	单位产品原料消耗定额	8.15	

六、热量衡算

(1)杀菌工段热量衡算。在牛乳的预热阶段,不使用生蒸汽进行加热,而是利用杀菌后的余热,即蒸汽冷凝热水进行加热,因此这部分不进行热量衡算。在此只进行杀菌部分的热量衡算。

杀菌工段牛乳处理量为 $q_m = 10000$ kg/h；

高温短时杀菌方式，牛乳进口温度 $t_1 = 40$℃，杀菌温度 $t_2 = 95$℃。

加热蒸汽绝压为 5×10^5 Pa，对应蒸汽温度为 $T=151.7$℃，蒸汽冷凝潜热 $R=2113.2$ kJ/kg。

取牛乳的平均比热为 $C_p = 3.94$ kJ/(kg·℃)，因此：

$$\text{耗热量 } Q = q_m\times C_p\times(t_2 - t_1) = 10000\times3.94\times(95-40) = 2.17\times10^6(\text{kJ/h})$$
$$= 6.03\times10^5(\text{W})$$

加热蒸汽耗量 $D=Q/R=2.17\times10^6/2113.2=1026$(kg/h)。

(2)浓缩工段热量衡算。查阅相关资料，确定三效降膜蒸发器各效参数如下，见表 8-13。

表 8-13　三效降膜式蒸发器各效参数

温度	Ⅰ效	Ⅱ效	Ⅲ效
蒸发温度/℃	70	57	45
真空度/kPa	69	83	90
加热蒸汽温度/℃	81	83	90
物料进口温度/℃	94	70	57
物料出口温度/℃	70	57	45
出料浓度/%	21	30	45

各效水分蒸发量：根据物料衡量结果，浓缩过程处理浓乳量为 9930.10 kg/h，由于本设计处理量较大，选择 2 台三效降膜式蒸发器。则每台的处理量 = 9930.10/2 = 4965.05(kg/h)。

各效的水分蒸发量计算如下：

$$\text{Ⅰ 效蒸发水分量：} W_1 = F_1\left(1 - \frac{x_0}{x_1}\right) = 4965.05 \times \left(1 - \frac{12}{21}\right) = 2127.88(\text{kg/h})$$

进入 Ⅱ 效的牛奶量：$F_2 = 4965.05 - 2127.88 = 2837.17$(kg/h)

进入 Ⅲ 效的牛奶量：$F_3 = 2837.17 - 851.15 = 1986.02$(kg/h)

$$\text{Ⅲ 效蒸发水分量：} W_3 = F_3\left(1 - \frac{x_2}{x_3}\right) = 1986.02 \times \left(1 - \frac{30}{45}\right) = 662.01(\text{kg/h})$$

$$\text{Ⅱ 效蒸发水分量：} W_2 = F_2\left(1 - \frac{x_1}{x_2}\right) = 2837.17 \times \left(1 - \frac{21}{30}\right) = 851.15(\text{kg/h})$$

加热蒸汽消耗量：由于本设计采用多效浓缩，Ⅱ效、Ⅲ效蒸发器都是利用上一效的二次蒸汽进行蒸发，因此整个蒸发系统只有Ⅰ效蒸发器需要用生蒸汽。生蒸汽消耗量计算如下。

取牛乳进出Ⅰ效的比热不变，平均为 $C_{p0} = C_{p1} = 3.94$ kJ/(kg·℃)，由表 8-13 可知，牛

乳进入Ⅰ效的温度为94℃,离开温度为70℃。由进入Ⅰ效的加热蒸汽温度81℃,可查得该蒸汽的冷凝潜热 $R=2297.6$ kJ/kg,Ⅰ效的蒸发压力=大气压-真空度=101.3-69=32.3 kPa,可查得该压力下水的汽化潜热为 $R=2328.8$ kJ/kg。取蒸发器的热损失为传热量的10%。则生蒸汽消耗量 D 为:

$$D=\frac{[F_1(C_{p1}t_1-C_{p0}t_0)+W_1r]\times 110\%}{R}$$

$$=\frac{[4965.05\times 3.94\times(70-94)+2127.88\times 2328.8]\times 110\%}{2297.6}$$

$$=2147.68(\text{kg/h})$$

(3)乳粉生产加热蒸汽总消耗量。喷雾干燥工段耗热主要用于空气加热和向干燥器补充热量,本设计空气加热采用电加热方式,干燥器补充热量忽略不计,在此不做热量衡算介绍。因此:

加热蒸汽总消耗量=杀菌工段耗量+浓缩工段耗量(两台浓缩设备)

=1026+2147.68×2=5321.36(kg/h)

七、设备选型

根据全脂乳粉生产工艺要求,以物料衡算结果为依据,进行主要设备的选择和型号确定。设备选型的参考依据为《乳品设备安全卫生》(GB 12073—1989)。

(1)原料乳贮罐。本设计的原料乳处理量为200 t/天,需要在车间外设置原料乳贮罐,选择立式贮罐,材质为不锈钢,内设有自动搅拌器及冷却装置,以保证牛乳温度均匀。常用室外贮罐规格为30~200 t。

贮乳罐的选择原则:罐的总容量为日处理量的50%~100%。本设计日处理量为200 t,每天2班,每班处理量为100 t。因此选择规格为100 t的贮罐3个,其中2个供生产使用,1个备用。

(2)奶泵。原料乳由贮乳罐向车间的输送及车间内牛乳的输送,需要通过奶泵来完成,本设计按GMP规范要求选择奶泵。原料乳为较清洁的液体,而且奶泵的主要作用是输送原料乳,无须较高压头,因此选择卫生级离心泵,材质为不锈钢。根据物料衡算结果,原料乳处理量为10000 kg/h,取牛乳密度为1030 kg/m³,则原料乳的输送量为10000/1030=9.7(m³/h),选择额定流量为10 m³/h离心泵。卫生级离心泵能满足本设计的要求,具体技术参数见表8-14。

表8-14 奶泵(卫生级离心泵)技术参数

型号	额定流量/($m^3 \cdot h^{-1}$)	扬程/m	转速/($r \cdot min^{-1}$)	轴功率/kW	配用功率/kW
50FB1-16A	13.10	12	2900	0.63	3

(3)净乳机。影响净乳机分离效果的因素有进料量和及时排渣,良好的净乳机不仅能把

乳中尘埃除去，而且能将乳中大部分腺体细胞及细菌除去。新型净乳机则可自动排渣，高效连续作业。乳品生产过程中原料乳的净化除渣分离，经分离后的杂质度要求小于 1 mg/kg。本设计原料乳的处理量为 9.7 m^3/h，因此选择处理能力为大于 10000 L 的净乳机。DHN550 型离心式净乳机可满足设计要求，技术参数如表 8-15 所示。

表 8-15　离心式净乳机技术参数

机型	处理量/($L \cdot h^{-1}$)	进口压力/MPa	出口压力/MPa	电机功率/kW	外形尺寸/mm ($L \times W \times H$)	数量
DHN550	10000~25000	0.05	0.1~0.5	22	1950×1550×1960	2

(4)缓冲罐。乳品生产过程中，经过前面工序处理的牛乳在进入下一道工序前，有时需在一定的贮存罐内暂时贮存，这类贮存容器通常称为缓冲罐。全脂乳粉生产中，牛乳在预热杀菌前和真空浓缩前后均需要暂时贮存，因此需根据牛乳处理量确定缓冲罐的规格及数量。本设计原料乳的处理量为 10000 kg/h，考虑净乳及输送的损失，实际牛乳的处理量为 9930~9950 kg/h。设牛乳在缓冲罐的停留时间为 1 h，则预热杀菌前的升温阶段和杀菌后进入真空浓缩设备前各需一个 10 t 的缓冲罐，真空浓缩后牛乳流量减小，为 2637 kg/h，因此选择一个 4 t 的缓冲罐。本设计所选缓冲罐全部为不锈钢材质，外裹绝热材料。

(5)杀菌设备。本设计采用高温短时杀菌(THST)方式进行浓缩前的预热杀菌。可用于高温短时杀菌的设备类型主要有管式杀菌设备和板式杀菌设备两种类型，二者都属于间接式杀菌设备。

管式杀菌设备由多种管状组件构成，这些组件以串联和并联的方式组成一个能换热的系统，有立式与卧式两种。主要结构有加热管、前后盖、器体、旋塞、高压泵、压力表、安全阀等。工作原理是将物料经泵输入管程，蒸汽入壳程加热物料，物料在管程往返数次达到杀菌效果后排出，否则回流入管程重新进行杀菌。管式杀菌设备有如下特点：①加热器可耐高压；②强烈的湍流，均匀性高；③密封下操作，减少了二次污染；④内外热差，应力大，管子易变形。管式杀菌设备主要应用于果酱、奶油、果汁等高黏度的物料。

板式杀菌设备主要由冷热流体换热板片、支架、密封圈、换热片、中间接管、压板等组成，关键部件是换热板片，由许多冲压成型的金属薄板组合而成。冷热流体分别以条形和网状薄层湍流连续通过板片两侧的空间，进行热交换。板式换热器的特点如下：①传热效率高；②结构紧凑，占地面积小，但传热面积大；③适应性强，当需改变工艺条件即生产能力时，只需增加板片数即可；④适宜处理热敏性物料；⑤便于清洗，拆卸方便；⑥热利用率高，可同时进行加热与冷却；⑦连续生产，劳动强度低；⑧由于换热板之间间距小，流体流动较差，因此不适于高黏度液体杀菌。板式杀菌设备主要用于液体食品如牛乳、果汁等的杀菌，同时还应用于液体物料的在线加热和冷却。本设计采用板式杀菌设备，不锈钢材质。原料乳处理量为 10000 kg/h，选择 2 台 HH-BR0.25-NN-5 型板式杀菌器，技术参数见表 8-16。

表8-16 板式杀菌设备技术参数

型号规格	能力/($t \cdot h^{-1}$)	蒸汽能耗/($kg \cdot h^{-1}$)	蒸汽压力/bar	电功率/kW	外形尺寸/m ($L×W×H$)	管径(ϕ)		
						物料	蒸汽	介质
HH-BR0.25-NN-5	5	200	5.0	4.1	2.3×1.6×2.0	38	*DN*32	38

(6)真空浓缩设备。牛乳浓缩设备选择时,一般小型乳品厂多用单效真空浓缩锅,较大型的乳品厂则都用双效或三效真空浓缩设备。浓缩结束后,浓缩乳应进行过滤,一般采用双联过滤器。牛乳属于热敏性物料,因此特别适合采用真空浓缩方法。多效真空浓缩方法较多,热敏性物料多采用膜式浓缩,膜式浓缩设备又分为升膜式和降膜式两种。膜式浓缩设备有如下优点:

蒸汽加热均匀,具有传热效率高、加热时间短的特点。

可以利用二次蒸汽作为热源,降低生蒸汽用量。

蒸发过程在真空环境,蒸发温度相对低,适用于热敏性物料,蒸发器不易结垢。

适用于发泡性物料蒸发浓缩,由于料液在加热管内成膜状蒸发,只有少部分料液与所有二次蒸汽进入分离器强化分离,避免了泡沫的形成。

设备可配备CIP清洗系统,实现就地清洗,整套设备操作方便,无死角。

设备连续进出料,实现生产过程自动连续进行。

根据物料衡算中浓缩过程水分蒸发量,本设计选择2台三效降膜式真空浓缩设备,技术参数见表8-17。

表8-17 三效降膜式浓缩设备技术参数

项目	参数	项目		参数
型号	MCJM03-6.0	真空度	一效/MPa	-0.01
水分蒸发量/($kg \cdot h^{-1}$)	6000		三效/MPa	-0.085
生蒸汽消耗量/($kg \cdot h^{-1}$)	1800	蒸发温度	一效/℃	75~95
生蒸汽压力(绝压)/MPa	0.4~0.8		三效/℃	45~52
吨蒸汽蒸发水量/t	3.33	出料浓度/%		45

(7)喷雾干燥机的选择。压力式喷雾干燥机采用压力式雾化器,利用高压泵将溶液或浆状物料雾化成细微液滴。根据物料与热空气接触的方式,又可以分为逆流式压力喷雾和并流式压力喷雾两种方式。

并流式压力喷雾干燥指热空气与物料的流动方向一致。具有如下特点:①随着物料水分减少,热空气温度也下降,对物料温度影响较小,特别适用于热敏性物料;②干燥速度快,所得产品为球状颗粒,粒度均匀,流动性、溶解性好;③操作简单稳定,控制方便,容易实现自动化作业,产品粒径、松密度、水分在一定范围内可以调节;④可实现对高固形物含量液体的干燥生产。

基于上述因素，乳粉生产常采用并流式压力喷雾干燥方法，其设备流程如图 8-2 所示。

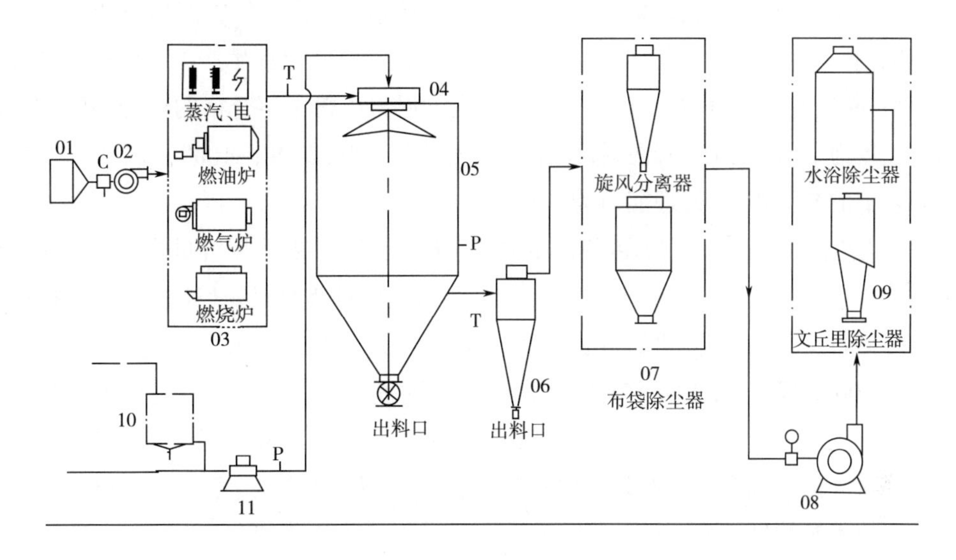

图 8-2　并流式压力喷雾干燥流程

C—风量可调　T—温度控制　P—压力可读

01—空气过滤器　02—送风机　03—加热器(可选)　04—雾化喷枪　05—干燥塔

06—一级收尘器　07—二级收尘器(可选)　08—引风机　09—除尘器(可选)

10—物料搅拌筒　11—压力送料泵

由物料衡算结果可知，进入干燥塔的浓奶量为 2624 kg/h，干燥过程蒸发水分量为 1394 kg/h，本设计选择 RGYP03 型压力喷雾干燥设备，技术参数见表 8-18。

表 8-18　压力喷雾干燥设备技术参数

型号	水分蒸发量/(kg·h^{-1})	蒸气表压/MPa	加热面积/m^2	喷头/个	蒸气耗量/(kg·h^{-1})	压缩空气耗量，0.7 MPa/(m^3·min^{-1})	占用空间/m
RGYP03-1500	1500	0.6~0.8	2300	3~4	4500	1	28×16×33

(8)流化床冷却装置选择。喷雾干燥室内的乳粉要求迅速连续地卸出，并及时冷却，以免受热过久，影响乳粉的营养价值，出现结块等现象。流化床在乳粉生产中的作用主要是用来冷却离开喷雾干燥塔的乳粉，使其迅速冷却降温至 30℃以下。

流化床冷却的原理是利用过滤后的洁净空气与流化床底部的散粒状固体物料逆向接触，使颗粒形成流化状运动，从而加强两者的传热与传质，达到干燥或冷却的目的。

流化床冷却器主要由空气过滤器、流化床主机、旋风分离器、布袋除尘器、高压离心通风机、操作台组成。流化床干燥器的形式有卧式和立式两种，乳粉冷却常采用卧式振动式流化床冷却器。

本设计选择ZLG系列振动流化床干燥(冷却)机,设计处理物料量为1230 kg/h,与喷雾干燥塔配套使用,其配套附属设备如旋风分离器、袋滤器等一同由厂家配套设计。

(9)筛分机选择。筛分机用于包装前乳粉的筛分,在全脂奶粉生产工艺中对全脂乳粉进行颗粒大小分级,使得乳粉均匀、松散,便于冷却,同时将乳粉中不合格的部分去除。本设计乳粉的处理量为1230 kg/h,因此选择全脂奶粉振动筛,型号为SC-1000-1S,可以筛分粒径1.25 mm以下的全脂奶粉,处理能力为1600 kg/h。

(10)计量包装系统选择。小包装称量要求精确、迅速,一般采用容量式或重量式自动称量包装系统。本设计乳粉的包装方式分为袋装和罐装两种类型,因此需要分别选择相应的设备。根据物料衡算结果,乳粉的包装速度要求分别为:21罐/min、11袋/min和21袋/min。罐装规格为500 g/罐,选择BGL-2B2+全自动听装设备,可自动完成喂罐、计量、充填、排废等工作。袋装规格为250 g/袋和500 g/袋,选择BGL-3BL(EJ530)型全自动制袋包装机,该立式制袋全自动包装机能完成制袋、计量、填充、打码、切袋等工作,适合于乳粉等粉粒状物料的包装。技术参数见表8-19。

表8-19 全自动包装机技术参数

型号	BGL-3BL(EJ530)	BGL-2B2+
用途	袋装乳粉	罐装乳粉
计量方式	螺旋旋转充填式	称重后二次补充螺旋旋转充填式
容器尺寸	宽:70~250 mm;长:100~320 mm	圆柱型容器ϕ50~180 mm,高50~350 mm
包装重量	10~3000 g	10~5000 g
包装精度	≤±(0.3~1)%	≤±1.5 g
包装速度	20~60袋/min	25~55罐/min
整机功率	5.5 kW	3.0 kW

(11)CIP清洗系统。乳品工厂的生产过程管道繁多,大部分为液体物料的处理,因此非常适合采用CIP清洗系统。本设计从原料乳的预处理工段到浓缩工段,均采用CIP清洗系统进行设备和管道清洗。全自动CIP清洗系统型号及技术参数见表8-20。

表8-20 CIP全自动清洗系统技术参数

型号	清洗流量/($m^3 \cdot h^{-1}$)	清洗温度/℃	清洗方式	功率/kW
QXJ-AD01	25~30	60~70	酸洗、碱洗、混合洗、消毒洗	8~15

设备选型完成后,将设备进行汇总,列于设备一览表中(见表8-21)。

表 8-21　主要设备选型一览表

序号	设备	型号	规格	数量
1	贮乳罐	—	100 t	3
2	奶泵	50FB1-16A	13.1 m^3/h	3
3	净乳机	DHN550	10000~25000 L/h	2
4	缓冲罐	—	10 t	2
			4 t	1
5	板式杀菌器	HH-BR0.25-NN-5	5 t/h	2
6	三效降膜蒸发器	MCJM03-6.0	水分蒸发量 6000 kg/h	2
7	双联过滤器	SRB-SL	过滤能力 5 t/h	1
8	压力喷雾干燥器	RGYP03-1500	1500 kg/h	1
9	流化床冷却器		乳粉处理量 1230 kg/h	1
10	全脂奶粉振动筛	SC-1000-1S	1600 kg/h	1
11	全自动听装设备	BGL-2B2+	25~55 罐/min	1
12	全自动制袋包装机	BGL-3BL(EJ530)	20~60 袋/min	1
13	CIP 清洗系统	QXJ-AD01	25~30 m^3/h	1

八、车间工艺布置

生产车间工艺布置是食品厂工艺设计的重要组成部分,不仅与建成投产后的生产实际密切相关,而且影响到工厂的整体布局。车间设置应包括生产区及辅助生产区,其中生产区包括收乳间、原料预处理间、加工操作间、半成品贮存间及成品包装间等。辅助生产区应包括检验室、原料仓库、材料仓库、成品仓库、更衣室及盥洗消毒室、卫生间和其他为生产服务所设置的场所。

本设计以物料衡算和设备选型结果为基础资料,参照相关国家标准,进行了乳粉生产车间的平面工艺布置。

乳粉车间为双层厂房布置,一层包括原辅材料库、成品库、浓缩间、干燥间等,二层包括收奶间、CIP 间、车间办公室、化验室等。

九、全厂总平面布置

全厂总平面设计的目的就是将食品工厂各建筑物、构筑物、道路、管线等按其使用功能进行合理布局,使工厂形成协调一致、井然有序的生产环境。食品工厂的主要建筑物、构筑物包括生产车间、辅助车间、仓库、动力设施、供水设施、排水系统和全厂性设施等。乳品厂总平面布置的主要依据是《工业企业总平面设计规范》(GB 50187—2012)、《乳制品厂设计规范》(GB 50998—2014)和《乳制品良好生产规范》(GB 12693—2010),其中着重考虑乳品厂的卫生对总平面布置的要求。

食品工厂总平面布置应围绕生产车间进行排布,即生产车间(主车间)应在工厂的中心,其他车间、部门以及公共设施均需围绕主车间进行排布。乳品工厂总平面布置时,应划分厂前区和生产区,生产区应处在厂前区的下风向。有大量烟尘及有害气体排出的建筑物、构筑物应布置在厂区边缘及常年主导风向的下侧。存放原料、半成品和成品的仓库,生原料与熟食品加工工段均应合理布局,杜绝交叉污染。

参考文献

[1]何东平. 食品工厂设计[M]. 北京:中国轻工业出版社,2019.
[2]张国农. 食品工厂设计与环境保护[M]. 北京:中国轻工业出版社,2016.
[3]纵伟. 食品工厂设计[M]. 郑州:郑州大学出版社,2017.
[4]王维坚. 食品工厂设计[M]. 北京:中国轻工业出版社,2014.
[5]王颉. 食品工厂设计与环境保护[M]. 北京:化学工业出版社,2006.
[6]王如福. 食品工厂设计(第二版)[M]. 北京:中国轻工业出版社,2006.
[7]刘晓杰. 食品工厂设计综合实训[M]. 北京:化学工业出版社,2008.
[8]无锡轻工业学院,轻工业部上海轻工业设计院编. 食品工厂设计基础[M]. 北京:中国轻工业出版社,1990.
[9]曾庆孝. GMP 与现代食品工厂设计[M]. 北京:化学工业出版社,2006.
[10]欧阳喜辉. 食品质量安全认证指南[M]. 北京:中国轻工业出版社,2003.
[11]艾志录,鲁茂林. 食品标准与法规[M]. 南京:东南大学出版社,2006.
[12]李洪军. 食品工厂设计[M]. 北京:中国农业出版社,2005.
[13]中国食品发酵工业研究院,中国海诚工程科技股份有限公司,江南大学. 食品工程全书[M]. 北京:中国轻工业出版社,2005.
[14]梁世中. 生物工程设备[M]. 北京:中国轻工业出版社,2002.
[15]周镇江. 轻化工工厂设计概论[M]. 北京:中国轻工业出版社,1994.
[16]夏文水. 食品工艺学[M]. 北京:中国轻工业出版社,2007.
[17]吕玉恒. 噪声与震动控制设备选用手册[M]. 北京:机械工业出版社,1988.
[18]许牡丹,毛跟年. 食品安全性与分析检测[M]. 北京:化学工业出版社,2003.
[19]李奠础,樊海舟. 轻化工工厂设计基础[M]. 北京:中国轻工业出版社,1992.
[20]刘江汉. 食品工厂设计概论[M]. 北京:中国轻工业出版社,1994.
[21]张中义. 食品工厂设计[M]. 北京:化学工业出版社,2007.
[22]郑爱平. 空气调节工程[M]. 北京:科学出版社,2002.
[23]杨昌智,刘光大,李念平. 暖通空调工程设计方法与系统分析[M]. 北京:中国建筑工业出版社,2001.
[24]熊万斌. 粮食工厂设计[M]. 北京:化学工业出版社,2006.
[25]钱和. HACCP 原理与实施[M]. 北京:中国轻工业出版社,2003.
[26]吴思方. 发酵工厂工艺设计概论[M]. 北京:中国轻工业出版社,2002.
[27]杨芙莲. 食品工厂设计基础[M]. 北京:机械工业出版社,2009.
[28]孙一坚. 工业通风[M]. 北京:中国轻工业出版社,2005.

[29]《制冷工程设计手册》编写组. 制冷工程设计手册[M]. 北京:中国建筑工业出版社,1985.

[30]刘宝林. 食品冷冻冷藏学[M]. 北京:中国农业出版社,2010.

[31]徐宝东. 化工管路设计手册[M]. 北京:化学工业出版社,2011.

[32] GB 50073—2013 洁净厂房设计规范[S]. 中华人民共和国住房和城乡建设部.

[33] GB 14881—2013 食品安全国家标准食品生产通用卫生规范[S]. 中华人民共和国国家卫生和计划生育委员会.

[34]邓永飞,刘涛,吴海铨,等. 食品工业废水处理技术研究进展[J]. 工业水处理,2021,41(10):1-13.

[35] FSMA Final Rulemaking for Current Good Manufacturing Practice and Hazard Analysis and Risk-Based Preventive Controls for Human Food[M]. U. S. Department of Health and Human Services, 2015,https://www. fda. gov/media/94731/download.

[36] Manning L. Food and Drink-Good Manufacturing Practice (A Guide to its Responsible Management)[M]. John Wiley & Sons, Ltd. 2018.

[37] Valdez B. Food Industrial Processes-Methods and Equipment[M]. IntechOpen,2012.

[38] Srivastava A, Parida VK, Majumder A, et al. Treatment of Saline Wastewater Using Physicochemical, Biological, and Hybrid Processes: Insights into Inhibition Mechanisms, Treatment Efficiencies and Performance Enhancement [J]. Journal of Environmental Chemical Engineering,2021,9:105775.

[39] 安托尼欧(Antonio López-Gómez),等. 食品工厂设计[M]. 李洪军,尚永彪, 贺稚非,等译. 北京: 中国农业大学出版社,2010.

[40]杨秀琴,赵扬. 化工设计概论[M]. 北京: 化学工业出版社,2019.

附录1 《食品工厂设计》课程设计提纲

一、《食品工厂设计》课程设计的目的、任务与内容

《食品工厂设计》是食品科学与工程专业的一门重要的核心课程。根据高等学校食品专业人才培养目标和规格要求，以食品专业教学的理论与实践有机结合为原则，以食品工厂的典型设计过程为主线，对每一设计步骤、设计环节以及综合设计技能进行强化训练。

1. 本课程设计的教学目的

通过该课程的学习，使学生能够综合运用所学专业知识，进行食品工厂的初步设计。

2. 本课程设计的主要任务

(1) 培养学生进行食品工厂项目建议书、可行性研究报告和工厂厂址选择报告等文件的编写。

(2) 培养学生进行食品工厂产品方案编写。

(3) 培养学生进行食品工厂产品工艺流程设计。

(4) 培养学生进行食品工厂物料衡算，以及水、汽、冷量的计算。

(5) 培养学生进行食品工厂设备选型和计算。

(6) 培养学生进行食品工厂主要生产车间设计。

(7) 培养学生进行食品车间管路的计算和设计。

(8) 培养学生进行食品工厂主要辅助部门设计。

(9) 培养学生进行食品工厂主要公用工程的设计。

(10) 培养学生进行食品工厂卫生设计及污水处理设计。

(11) 培养学生进行食品工厂概算及设计方案的技术经济效果评价。

3. 课程设计项目、内容提要

根据所学过的专业知识，并查阅相关资料设计一个食品厂。

(1) 前言。

内容提要：介绍项目的基本情况

(2) 食品工厂产品方案编写。

内容提要：主要编写食品工厂在一年中的产品品种、产量、产期和生产班次的安排。

(3) 食品工厂产品工艺流程设计。

内容提要：食品工厂产品各品种的工艺流程和操作要点。

(4) 食品工厂物料衡算表的编写。

内容提要：按生产班次编写原料和辅料的消耗。

(5) 食品工厂设备选型和计算。

内容提要:对生产所需的设备型号、数量等进行选择,对部分设备的生产能力进行计算。

(6)食品工厂主要生产车间设计。

内容提要:对生产车间的设备布置、水电汽用量和管路进行设计,绘制一张车间平面布置图。

(7)食品工厂概算及设计方案的技术经济效果评价。

内容提要:设计工厂的投资和项目的经济技术效果的静态和动态评价。

(8)食品工厂总平面布置图。

内容提要:食品工厂生产车间、辅助车间、道路、行政楼等的平面布置图。

二、《食品工厂设计》课程设计举例

(一)设计题目举例

年产5000 t牛肉干厂设计

年产5000 t豆干厂设计

年产5000 t泡菜厂设计

年产5000 t方便面厂设计

年产5000 t饼干厂设计

年产5000 t碳酸饮料厂设计

年产5000 t果酒厂设计

年产5000 t果汁饮料厂设计

年产5000 t酸奶厂设计

年产5000 t果脯厂设计

(二)设计内容举例

(1)说明厂址选择要求。

(2)总平面设计。

(3)产品方案:班制、工作日、日产量、班产量,并作出方案图。

(4)工艺流程(主要的2~3种产品)。

(5)主要设备选择表(不要求型号,写出名称和数量即可)。

(6)主要车间工艺布置(画一个车间即可)。

(7)作简单的物料计算(主要原辅料)。

(三)主要设计成果

(1)设计说明书。

(2)附件。包括总平面设计图、设备工艺流程图、生产车间设备布置图、设备选择表、物料衡算表等。

(四)设计要求及安排

本学期的课程设计时间为两周,从201 __年__月__日(星期一)~201 __年__月__日(星期五)。

第__周:

(1)星期一教师下达设计任务,学生自由组合,每4~5人一组,于星期一下午将确定的设计题目汇总于学习委员处,学习委员先检查一下题目是否相同,若出现相同题目的,要及时调整。

(2)星期二上午将确定的设计题目及分工情况表上报给指导老师,题目分组确定后不能中途更改。

(3)星期二~星期五,搜集资料,确定产品方案、工艺流程,进行物料衡算,初步确定设备类型及型号,做好绘图前的准备工作。

第__周:

(1)星期一~星期三,根据前期收集的资料分散进行设计工作,并完成初稿。

(2)星期四~星期五,集中对初稿进行检查、答疑;进行修改、完善,完成终稿。

(3)课程实习于周末完成,并于第十七周星期一以班级为单位集中上交。

(五)分工情况举例

小组讨论确定总体设计方案,然后分工(可以交叉):

(1)总论、产品方案:　　1人

(2)工艺流程设计、设备选择:　　1人

(3)总平面设计及布置图:　　1人

(4)工艺计算:　　1人

(5)车间工艺设计及设备布置图:　　1人

最后汇总成一份完整的设计书(统一A4纸),需附参考文献,手工绘制的图纸。

(六)成绩计算

总成绩100分

其中:

设计说明书:占50%(设计说明书的总体评价,主要从格式规范性、内容完整性、排版美观度等方面评价);

个人部分:占30%(根据分工情况,主要对每人撰写的内容情况进行评价);

平时表现:占20%。

附录 2　部分设备、机器图例

一、化工工艺设计施工图代号与图例(HG/T 20519.2—2009)

类别	代号	图例
塔	T	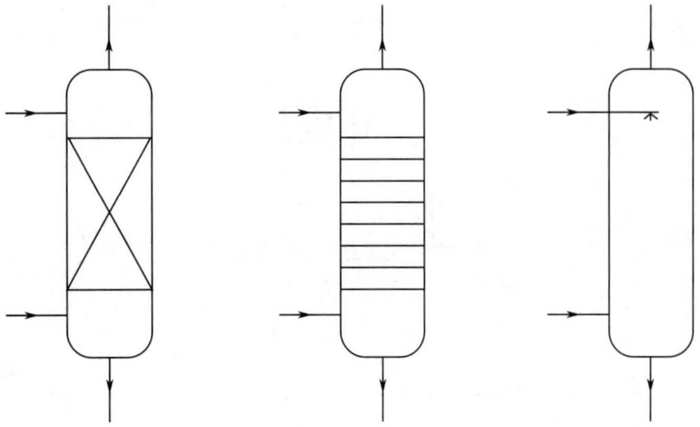 填料塔　板式塔　喷洒塔
反应器	R	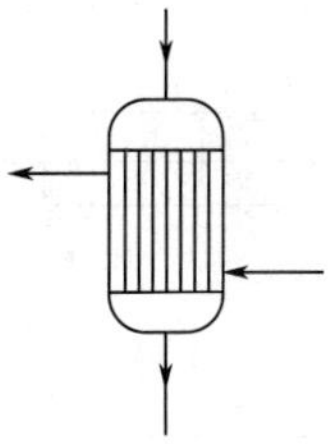 固定床反应器　列管式反应器　流化床反应器 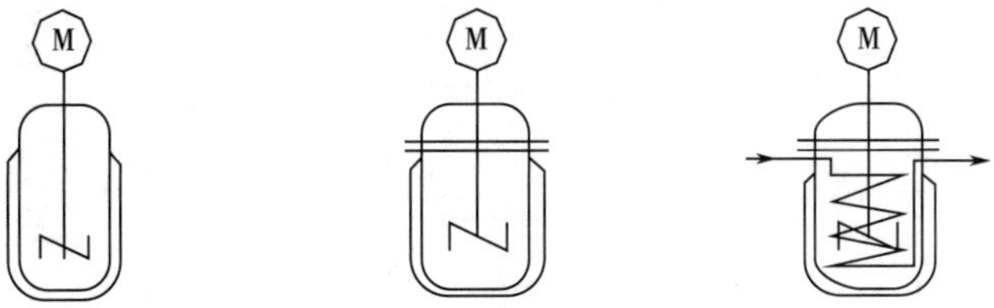 M　M　M 反应釜 (闭式、带搅拌、夹套)　反应釜 (开式、带搅拌、夹套)　反应釜 (开式、带搅拌、夹套、内盘管)

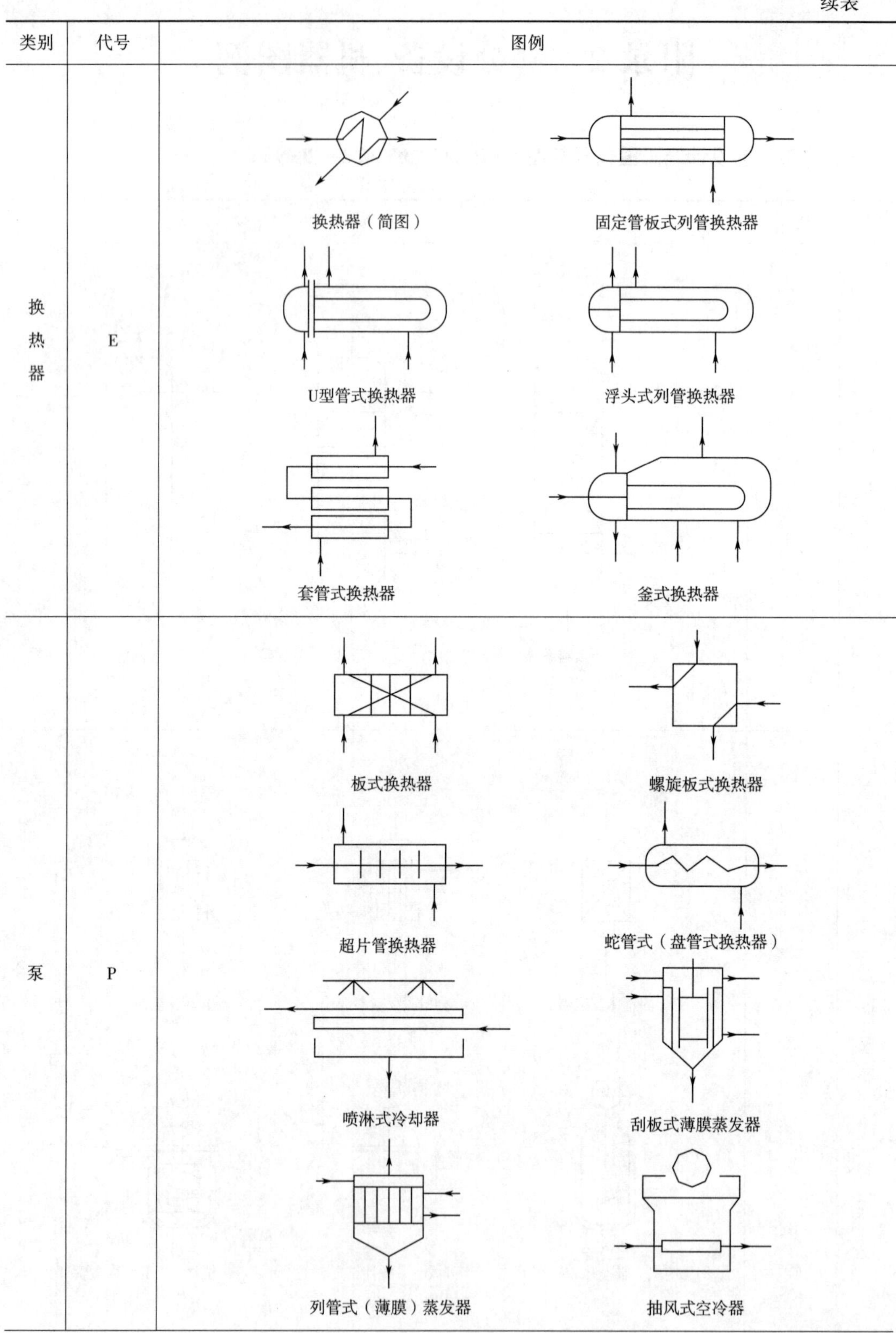

续表

类别	代号	图例
换热器	E	换热器（简图）；固定管板式列管换热器；U型管式换热器；浮头式列管换热器；套管式换热器；釜式换热器
泵	P	板式换热器；螺旋板式换热器；超片管换热器；蛇管式（盘管式换热器）；喷淋式冷却器；刮板式薄膜蒸发器；列管式（薄膜）蒸发器；抽风式空冷器

续表

类别	代号	图例
容器	V	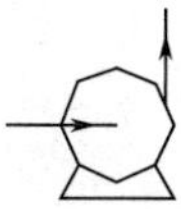 离心泵 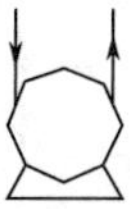　水环式真空泵 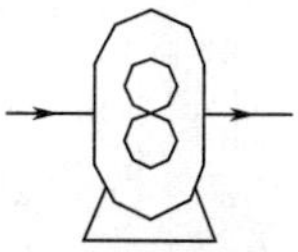　旋转泵 齿轮泵 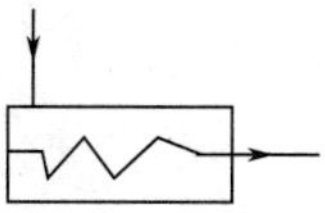螺杆泵 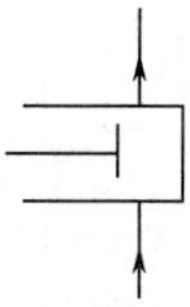　螺杆泵 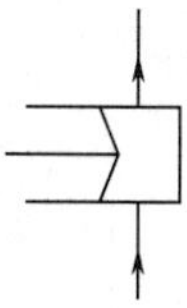　隔膜泵 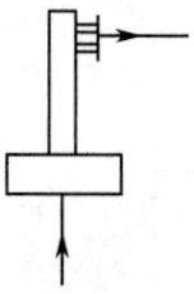液下泵 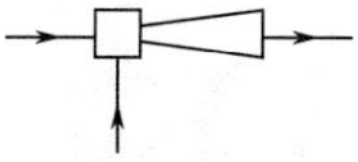　喷射泵 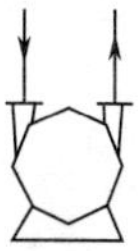　漩涡泵
起重运输机械	T	 圆顶锥底容器 　蝶形封头容器 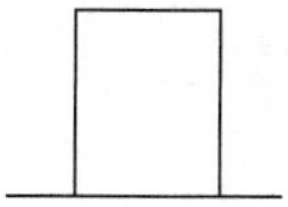　平顶容器 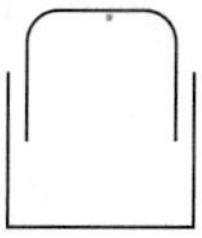干式气柜 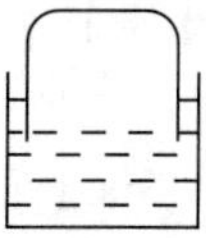　湿式气柜 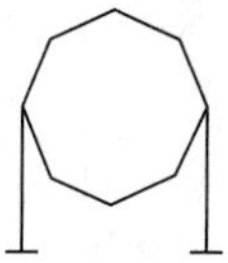　球罐 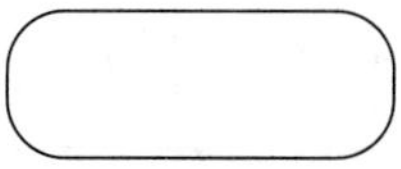卧式容器 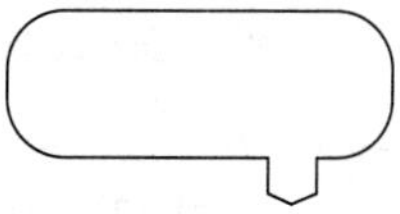　卧式容器 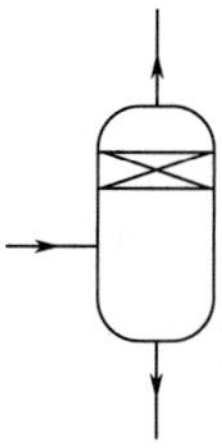填料除沫分离器 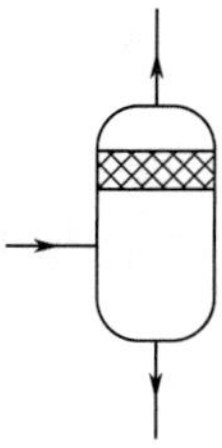　丝网除沫分离器 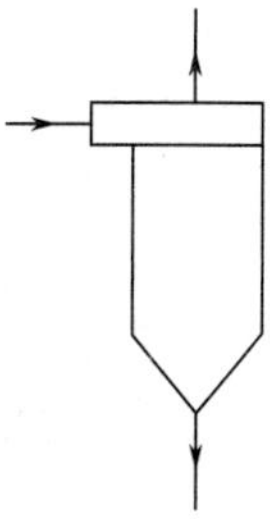　旋风分离器

续表

类别	代号	图例
秤量机械	T	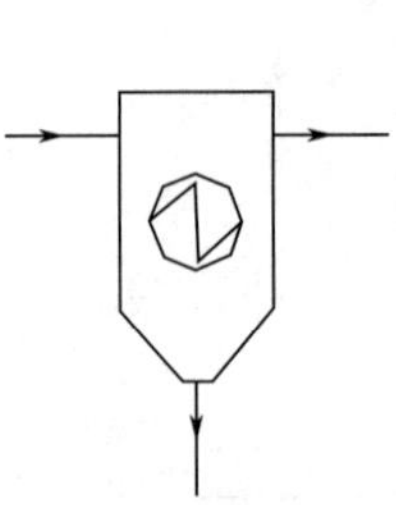 干式电除尘器 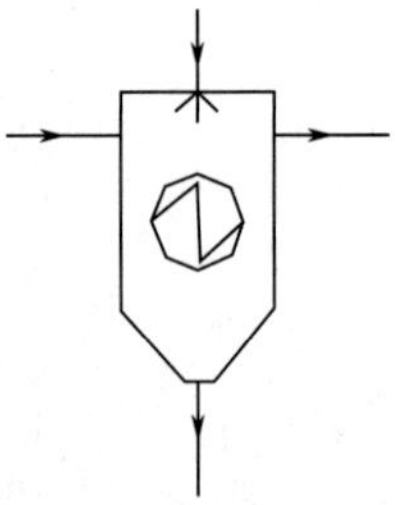　湿式电除尘器 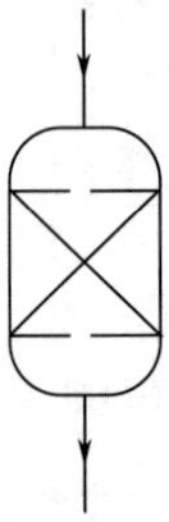　固定床过滤器 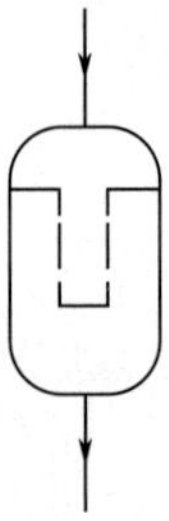　带滤筒的过滤器
其他机械	T	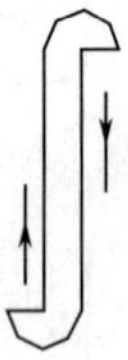 斗式提升机 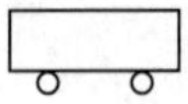　手推车

二、粮油工业用图形符号、代号(GB/T 12529.1—2008)

编号	图形符号及代号	中、英文名称
T101	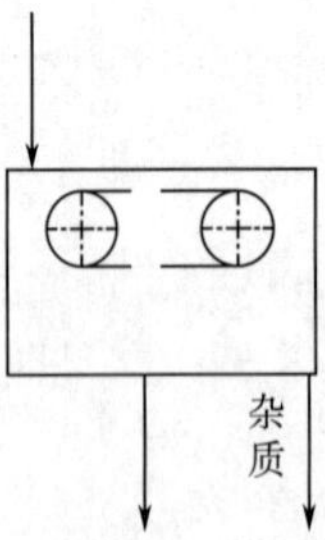 杂质	网带初清筛 endless screen precleaner

续表

编号	图形符号及代号	中、英文名称
T102	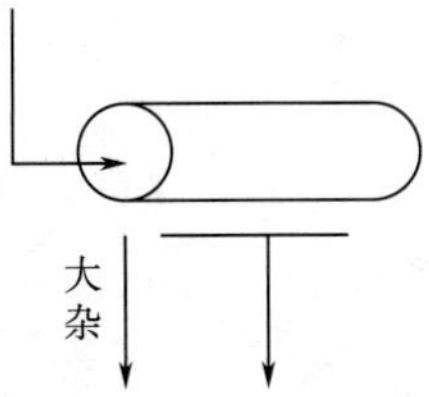 大杂	圆筒初清筛 drum sieve
T103	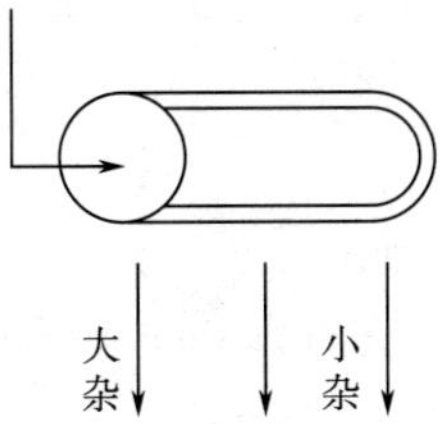 大杂 小杂	双层圆筒初清筛 double drum sieve
T104	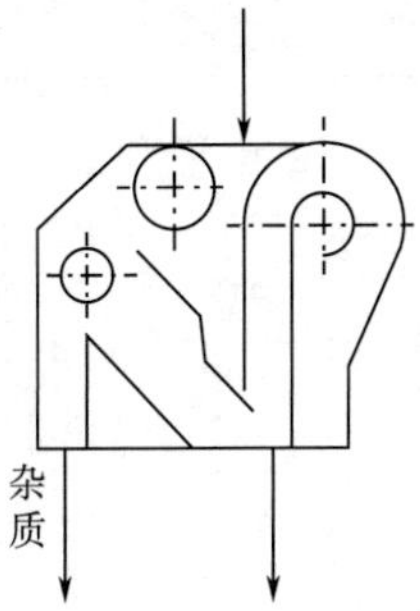 杂质	鼠笼筛 scalperator
T105	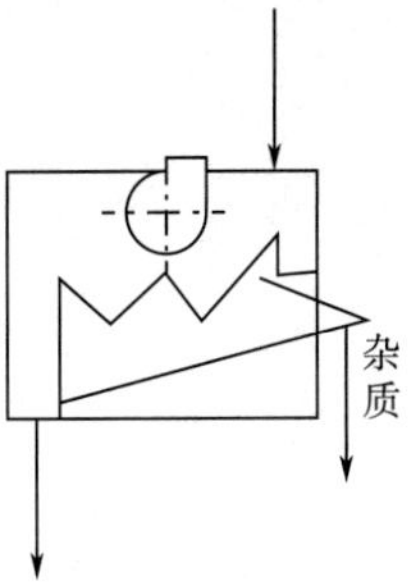 杂质	振动筛(带风机) reciprocating sieve (with fan), vibro separator
T106	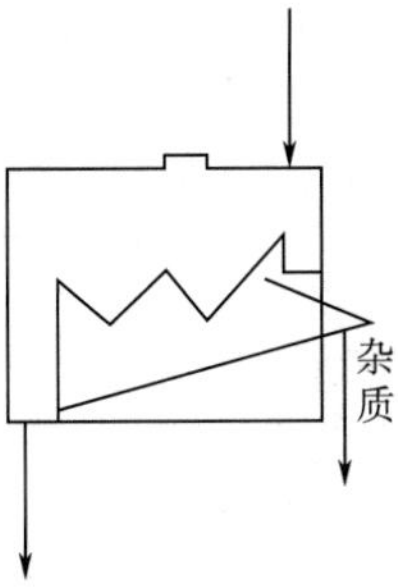 杂质	振动筛 reciprocating sieve, vibro separator

续表

编号	图形符号及代号	中、英文名称
T107	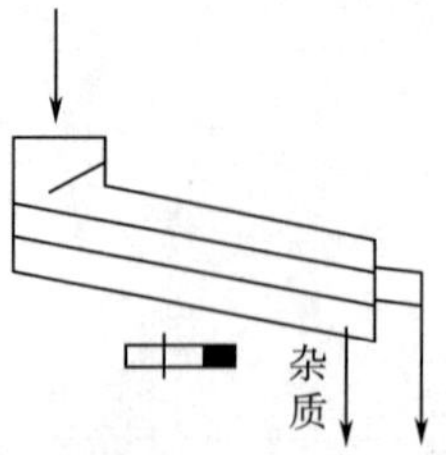 杂质	平面加转筛 rotary separator
T108	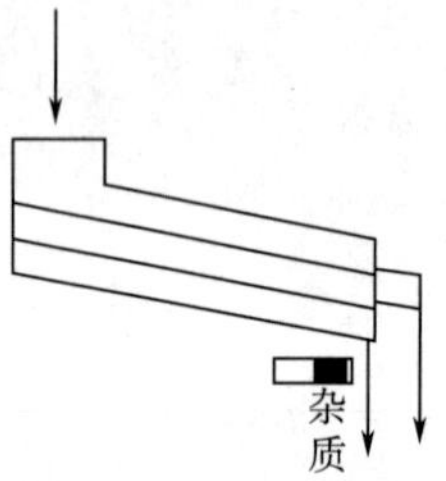 杂质	平面回转振动筛 rotary and reciprocating separator, rotary vibrating separator
T109	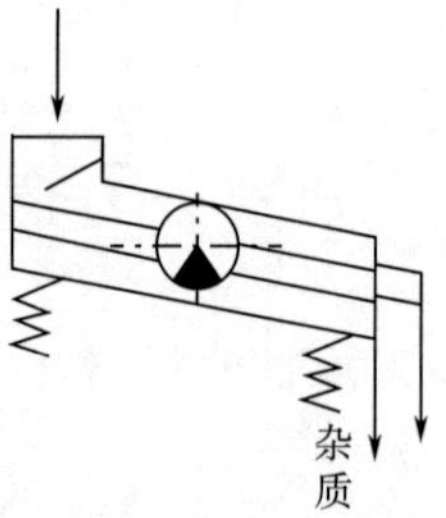 杂质	高速振动筛 ripple sifter
T110	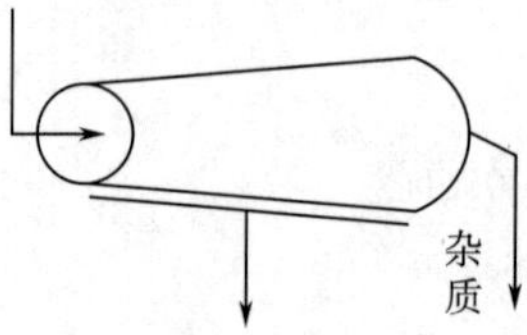 杂质	锥形圆筛 conical reel
T111	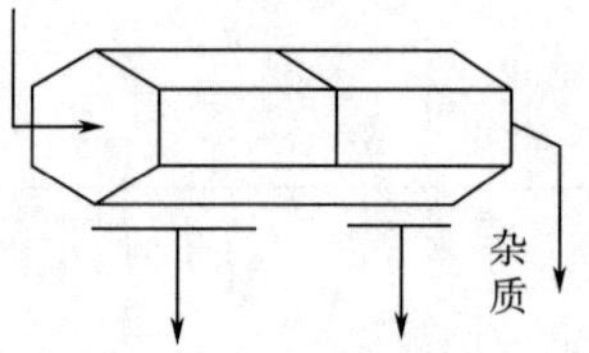 杂质	六角筛 hexagonal reel
T112	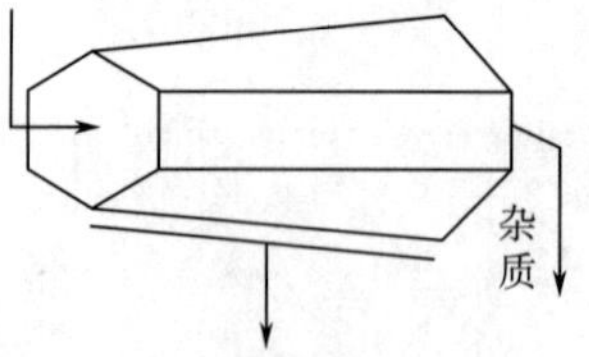 杂质	锥形六角筛 conical bexagonal reel

续表

编号	图形符号及代号	中、英文名称
T113	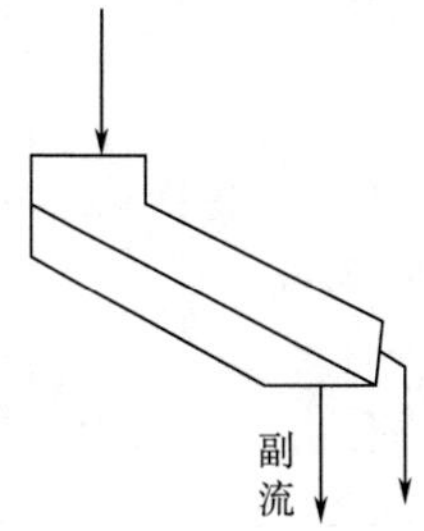 副流	溜筛 gravity sieve separator
T114	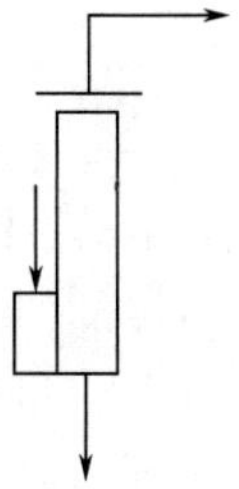	垂直吸风道 aspiration channel(with oscillating feeder)
T115	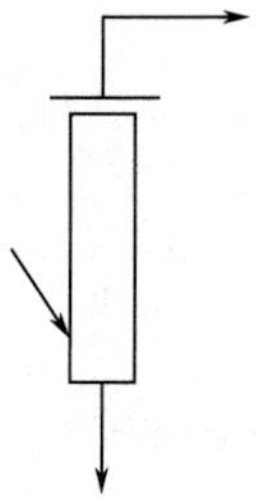	吸风分离器 aspiration channel
T116	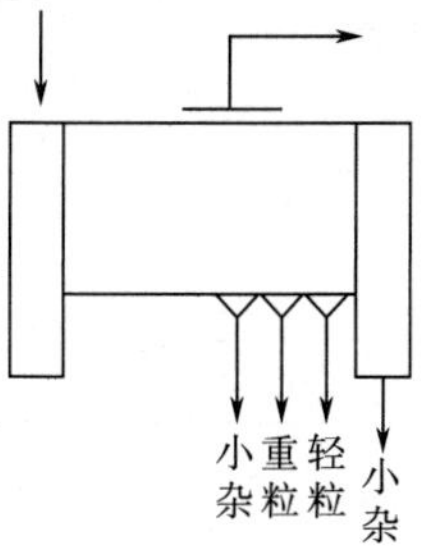 小杂 重粒 轻粒 小杂	集中分级机 concentrator
T117	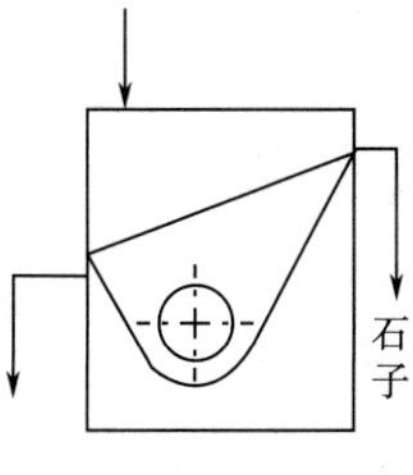 石子	吸式比重去石机 pressure type dry stoner

续表

编号	图形符号及代号	中、英文名称
T118	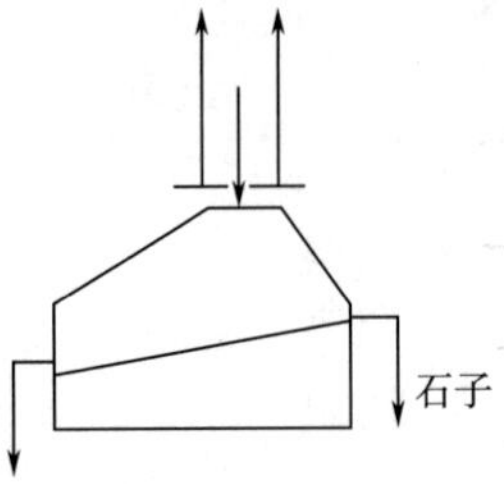 石子	吸式比重去石机 suction type dry stoner
T119	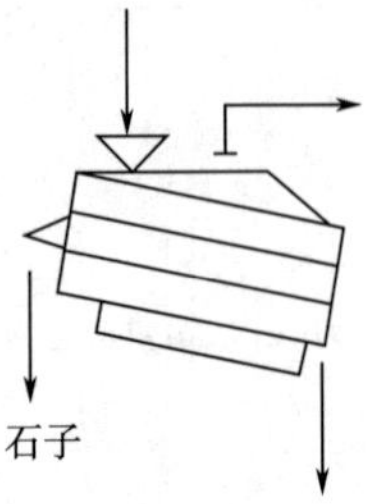 石子	分级去石机 gravitation grading dry stoner
T120	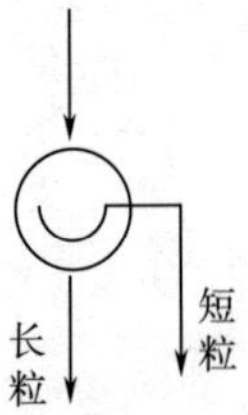 长粒 短粒	滚筒精选机 indented cylinder
T124	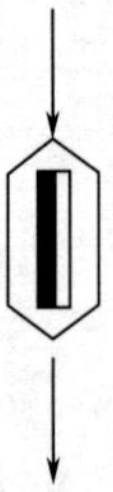	水磁筒 vertical spout magnet
T125	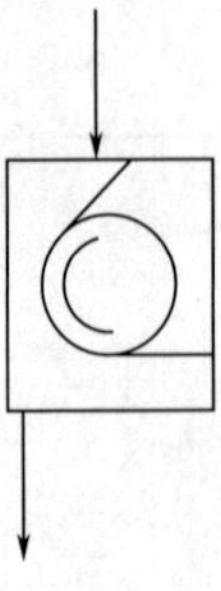	永磁滚筒 permanent magnetic drum

续表

编号	图形符号及代号	中、英文名称
T126	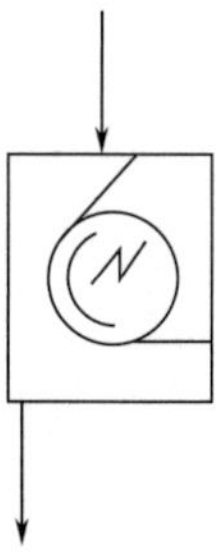	电磁滚筒 electro-magnetic drum
T201	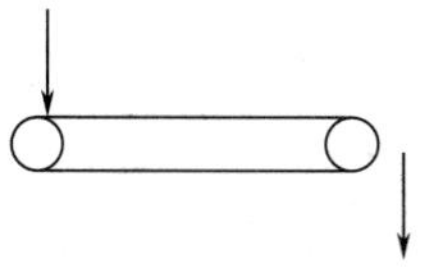	带式输送机 belt conveyor
T202	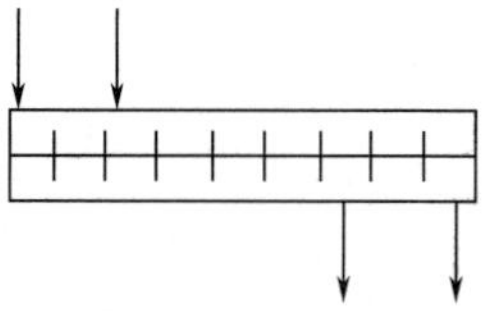	刮板输送机 dragchain conveyor
T203	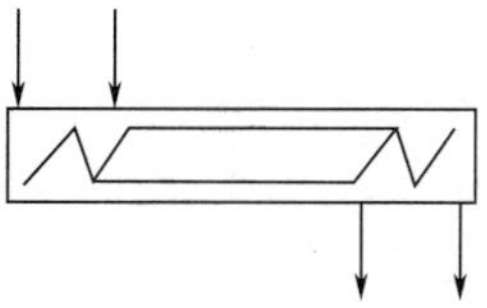	螺旋输送机 screw conveyor
T204	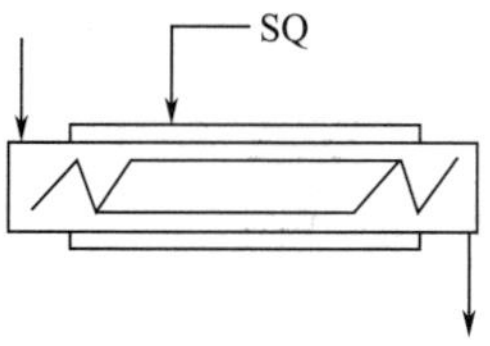 SQ	夹套螺旋输送机,蒸汽绞龙 steam jacketed worm conveyor, jacket screw conveyor
T205	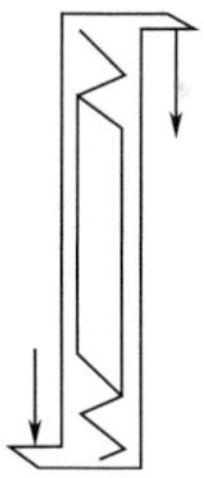	立式螺旋输送机 evrtical screw conveyor

续表

编号	图形符号及代号	中、英文名称
T206	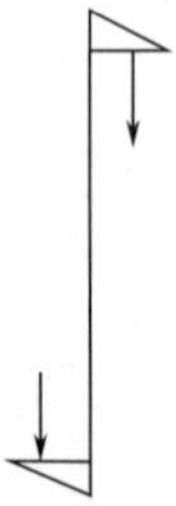	斗式提升机 bucket elevator
T207	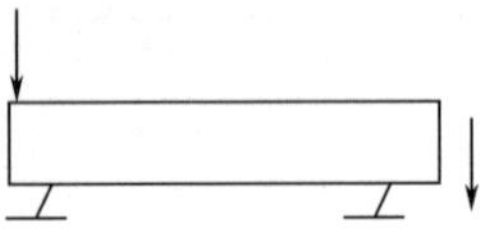	振动输送机 vibrating conveyor
T208		螺旋溜槽 spiral chute
T302	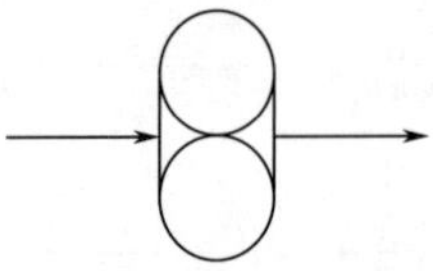	罗茨鼓风机 Roots blower
T303	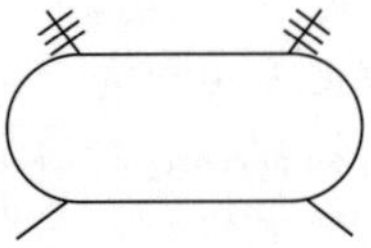	空气压缩机 air compressor
T304	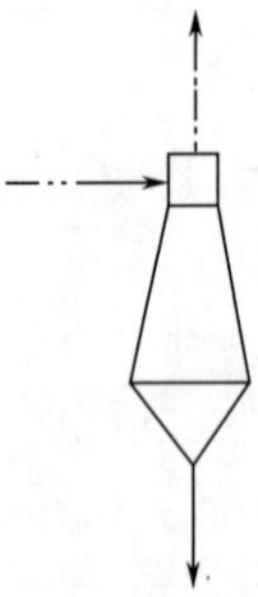	扩散式集尘器 dispersive cyclone

续表

编号	图形符号及代号	中、英文名称
T305	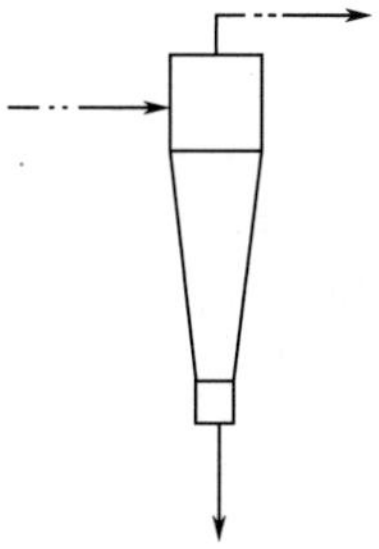	离心集尘器(或卸料器) cyclone dust collector
T306	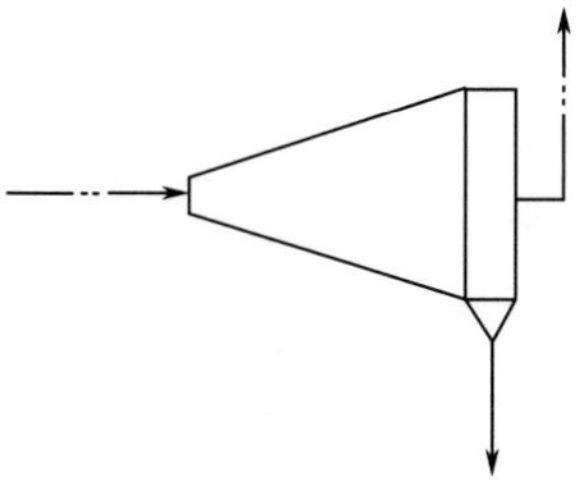	中间分离器 intermediate separator, horizontal air separator
T307	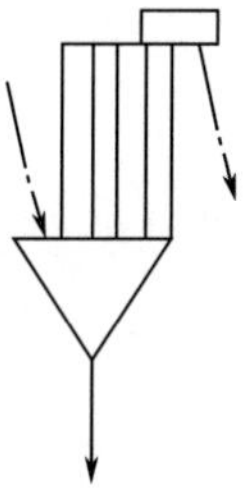	吸入式布筒滤尘器 suction bag filter
T308	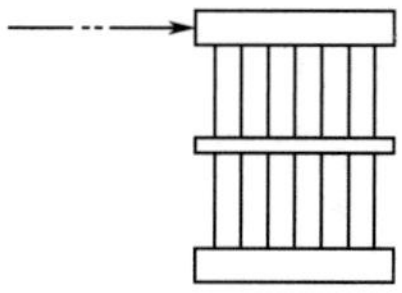	压入式袋式除尘器 pressure bag filter
T309	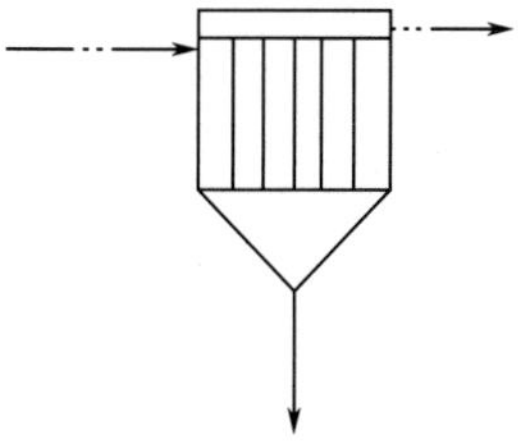	脉冲袋式除尘器(锥底) air jet bag filter(steep bottom)

续表

编号	图形符号及代号	中、英文名称
T316	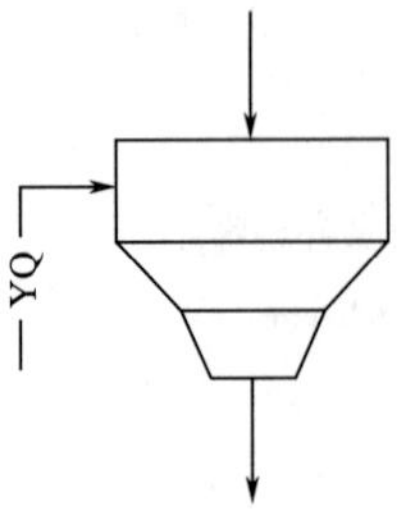 YQ	仓底卸料器(流态化) bin discharger(fluidizing)
T506	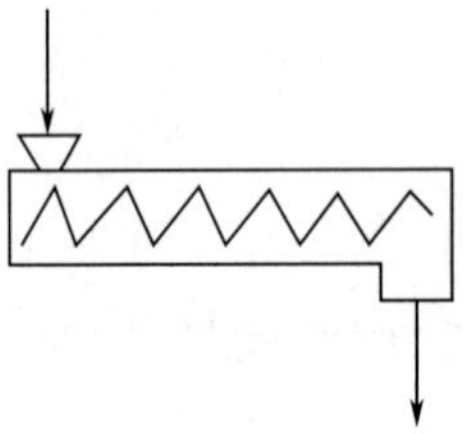	螺旋喂料器 screw feeder
T507	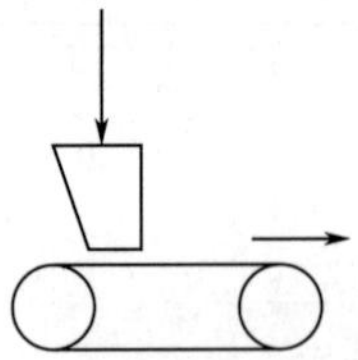	带式喂料器 belt feeder
T508	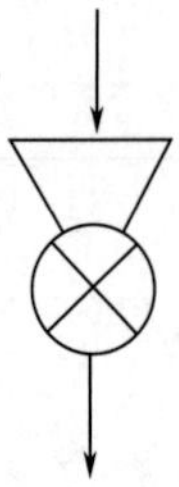	容积式配料器 volumetric measurer
T1002	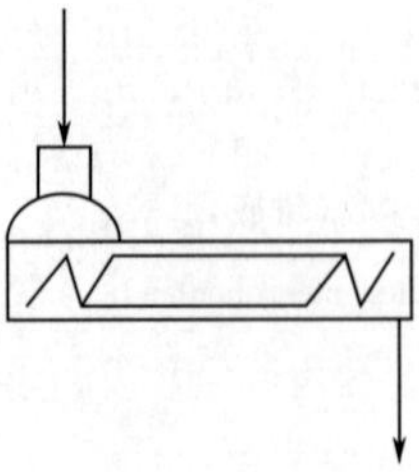	喷雾着水机(卧式) atomizer(vertical)

续表

编号	图形符号及代号	中、英文名称
T1003	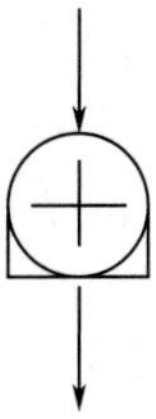	粉碎机 grinder
T1004	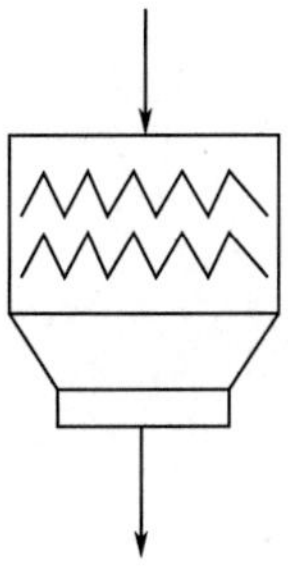	混合机 mixer

附录 3　全国各大城市风玫瑰图

彩图

每一间隔代表风向频率 5%；中心圆圈内的数字代表静风的频率。

———— 表示为全年

———— 表示为冬季

———— 表示为夏季

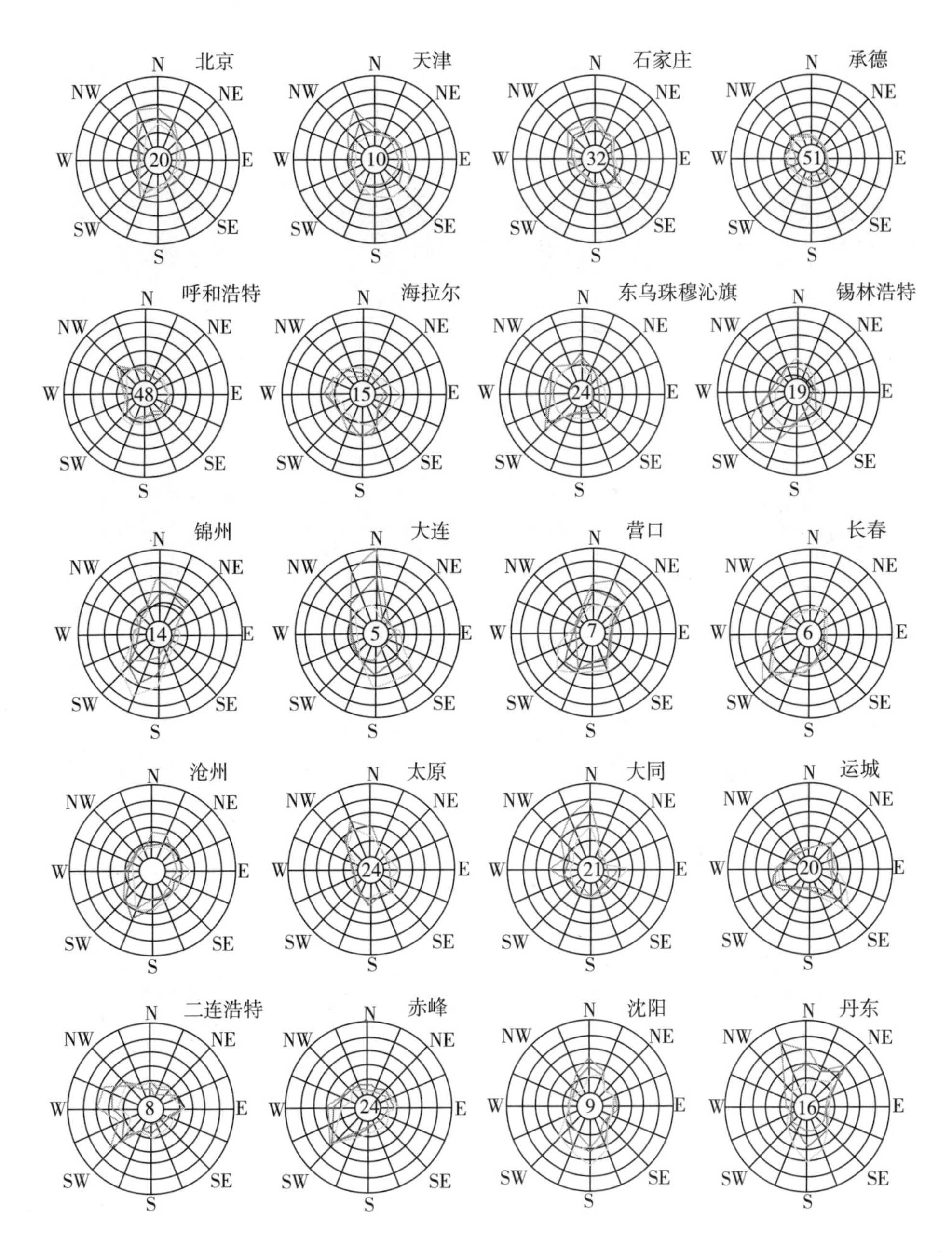

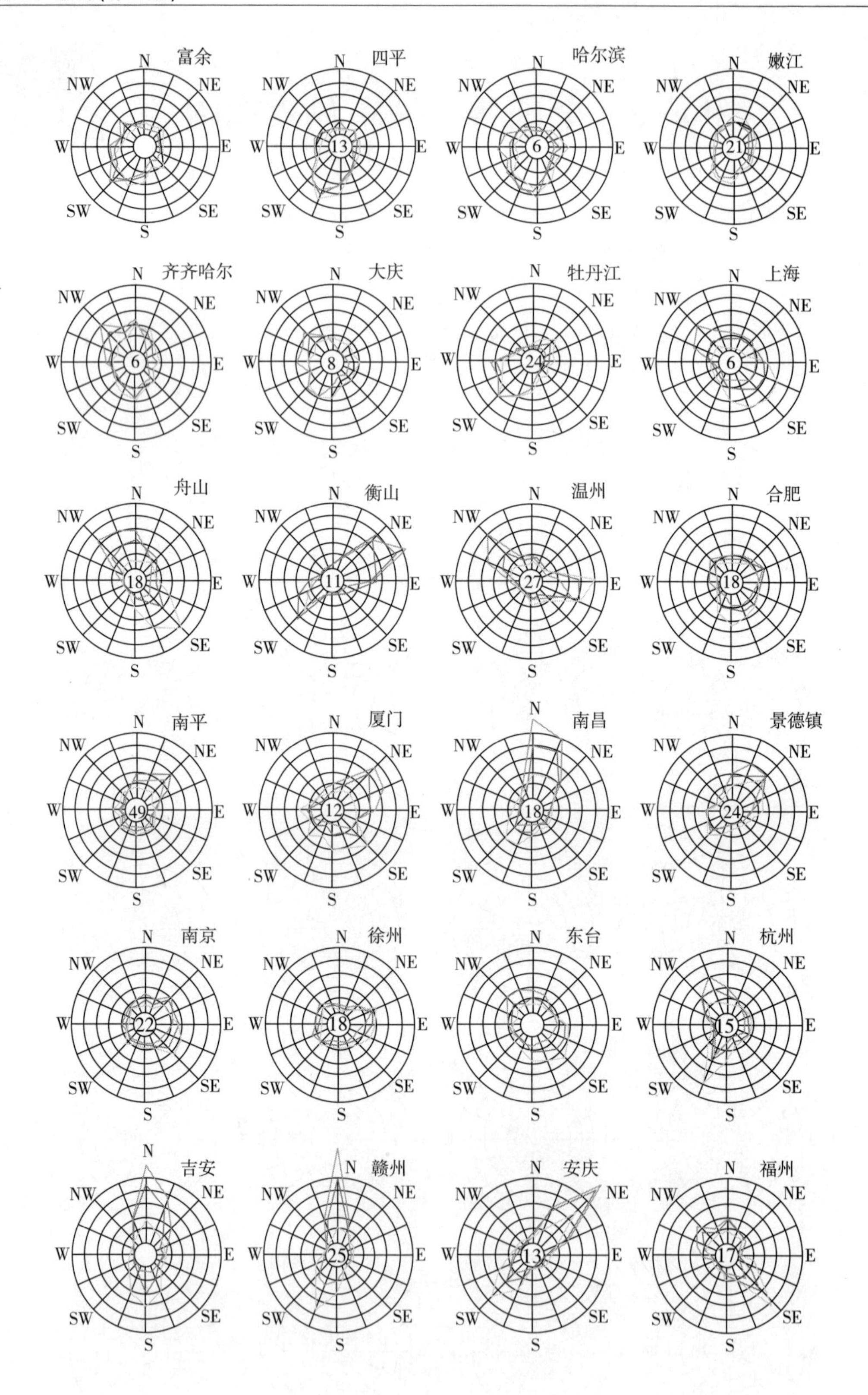
富余
四平
13
哈尔滨
6
嫩江
21
齐齐哈尔
6
大庆
8
牡丹江
24
上海
6
舟山
18
衡山
11
温州
27
合肥
18
南平
49
厦门
12
南昌
18
景德镇
24
南京
22
徐州
18
东台
杭州
15
吉安
赣州
25
安庆
13
福州
17
N
NE
E
SE
S
SW
W
NW

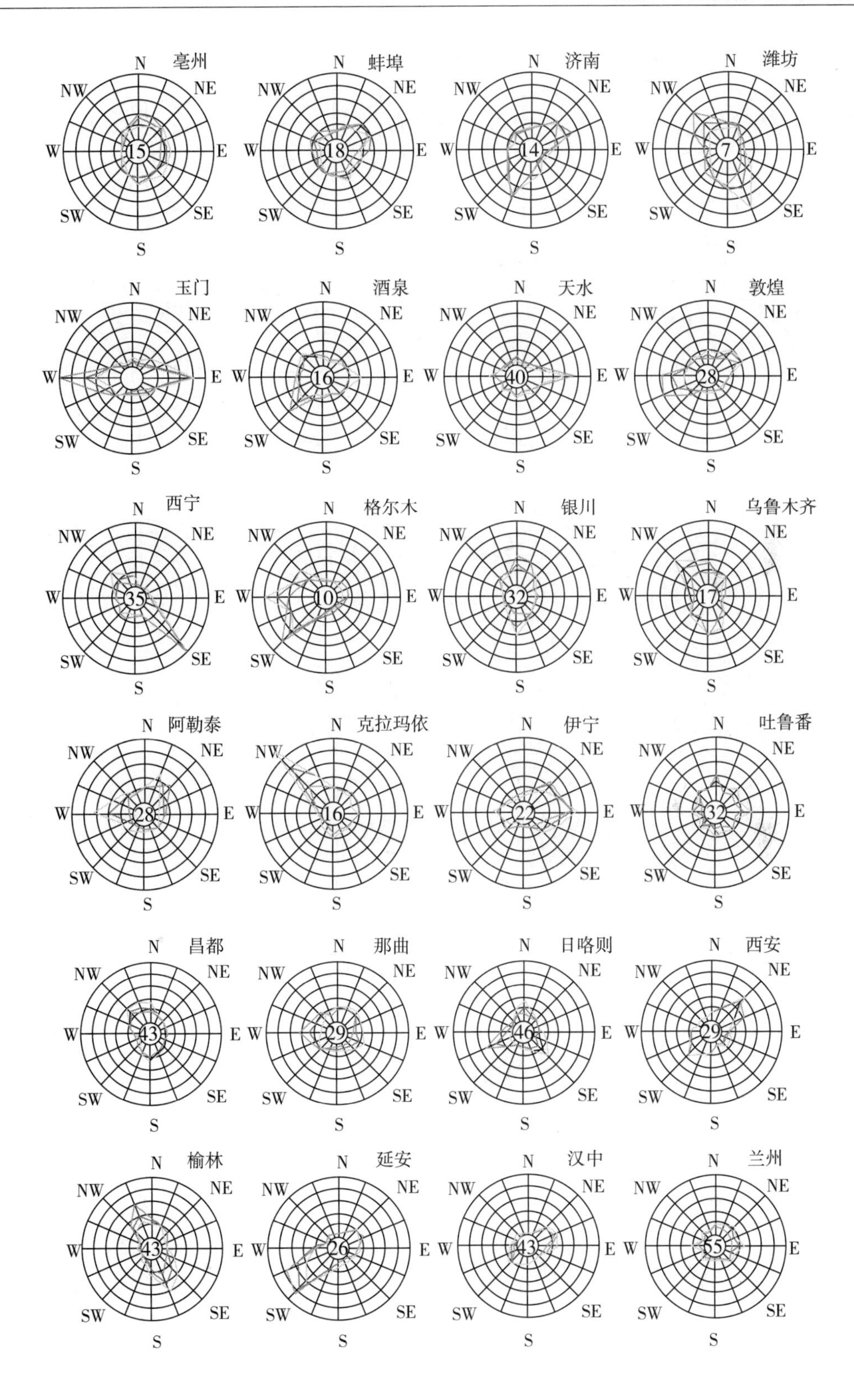

亳州
15
蚌埠
18
济南
14
潍坊
7
玉门
酒泉
16
天水
40
敦煌
28
西宁
35
格尔木
10
银川
32
乌鲁木齐
17
阿勒泰
28
克拉玛依
16
伊宁
22
吐鲁番
32
昌都
43
那曲
29
日喀则
46
西安
29
榆林
43
延安
26
汉中
43
兰州
55
N
NE
E
SE
S
SW
W
NW

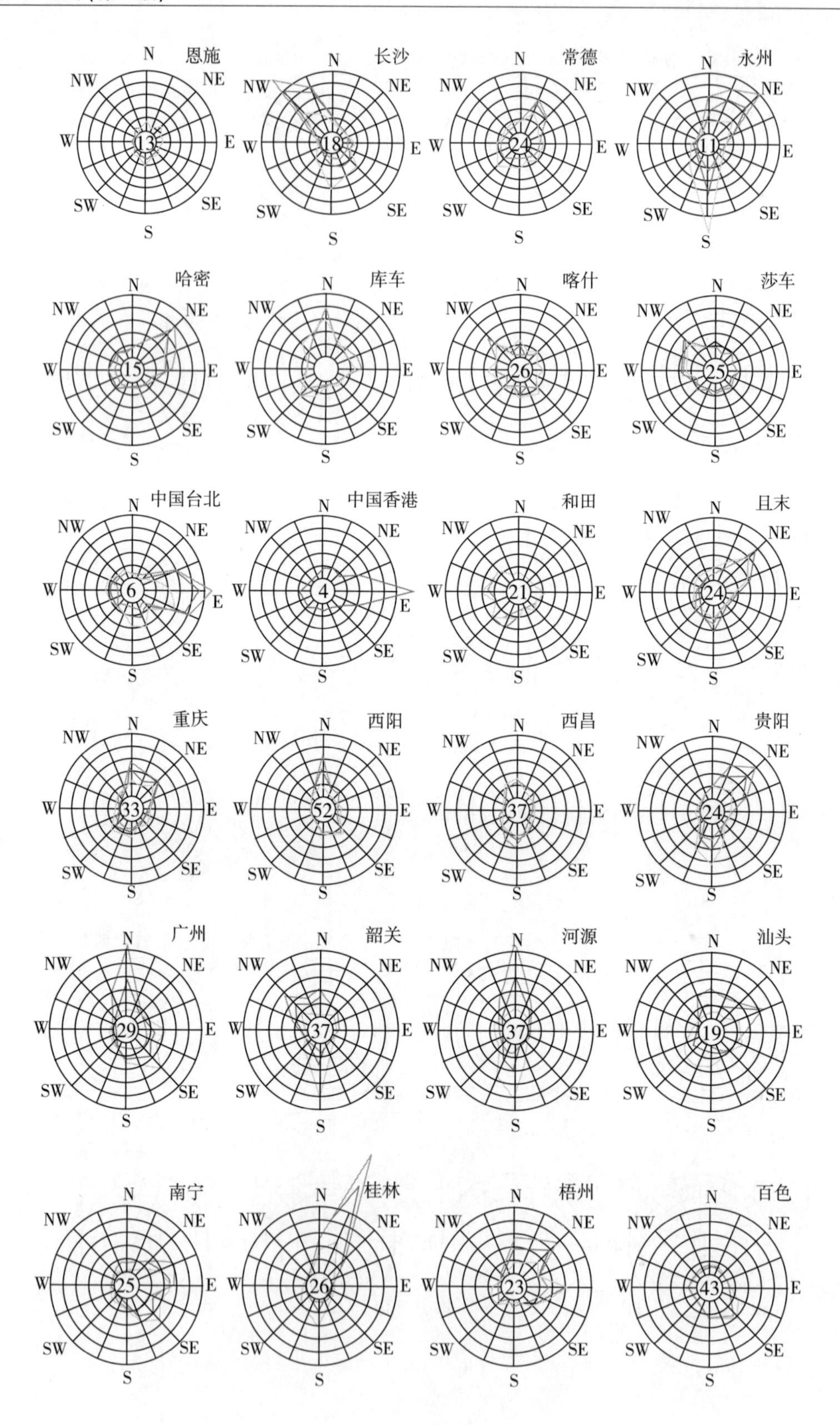
恩施
13
长沙
18
常德
24
永州
11
哈密
15
库车
喀什
26
莎车
25
中国台北
6
中国香港
4
和田
21
且末
24
重庆
33
酉阳
52
西昌
37
贵阳
24
广州
29
韶关
37
河源
37
汕头
19
南宁
25
桂林
26
梧州
23
百色
43
N
NE
E
SE
S
SW
W
NW

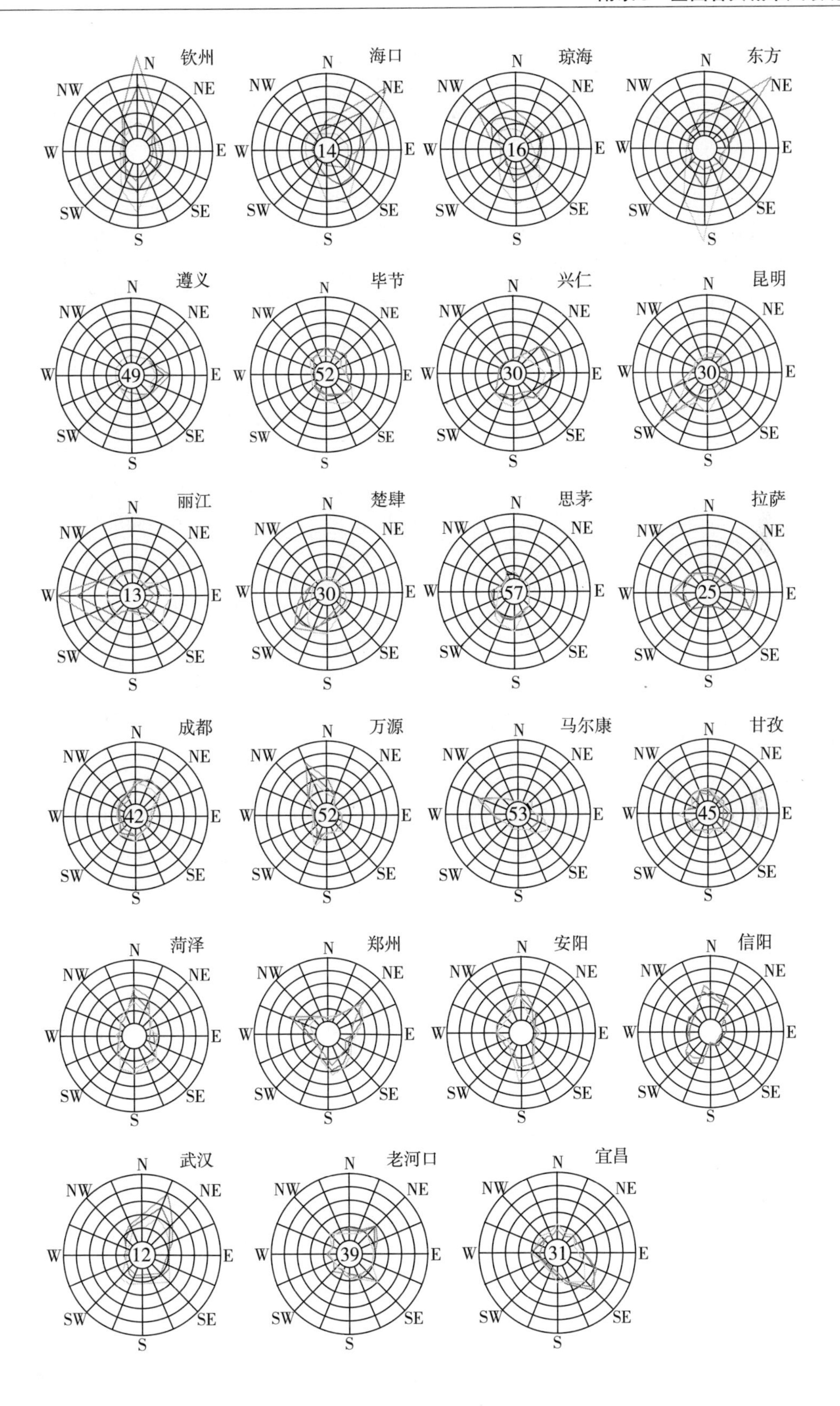
钦州
海口
14
琼海
16
东方
遵义
49
毕节
52
兴仁
30
昆明
30
丽江
13
楚雄
30
思茅
57
拉萨
25
成都
42
万源
52
马尔康
53
甘孜
45
菏泽
郑州
安阳
信阳
武汉
12
老河口
39
宜昌
31
N
NE
E
SE
S
SW
W
NW

附录 4　食品生产通用卫生规范

食品生产通用卫生规范

附录 5　美国 FDA 食品生产良好操作规范

美国 FDA 食品生产良好操作规范